水环境污染物的来源、危害与去除技术

■ 顾宝群　潘增辉　董瑞海　魏丽贤　著

中国环境出版集团·北京

图书在版编目（CIP）数据

水环境污染物的来源、危害与去除技术 / 顾宝群等著．—北京：中国环境出版集团，2022.8（2023.7 重印）

ISBN 978-7-5111-5210-7

Ⅰ.①水… Ⅱ.①顾… Ⅲ.①水污染—研究 Ⅳ.① X52

中国版本图书馆 CIP 数据核字（2022）第 129844 号

出 版 人 武德凯
责任编辑 杨旭岩
封面设计 光大印艺

出版发行 中国环境出版集团
（100062 北京市东城区广渠门内大街 16 号）
网　　址：http：//www.cesp.com.cn
电子邮箱：bjgl@cesp.com.cn
联系电话：010-67112765（编辑管理部）
010-67175507（第六分社）
发行热线：010-67125803，010-67113405（传真）

印　　刷 北京中科印刷有限公司
经　　销 各地新华书店
版　　次 2022 年 8 月第 1 版
印　　次 2023 年 7 月第 2 次印刷
开　　本 787×1092 1/16
印　　张 19.5
字　　数 382 千字
定　　价 85.00 元

前言

水是生命的源泉、农业的命脉。工业的血液，良好的水生态、水环境是人类发展与进步的重要保障。水资源作为非常宝贵的自然资源，对于维持人类生命活动、维持工农业生产和维持良好环境具有无法替代的作用；水环境的健康直接关系着人类的生命健康和社会的稳定。因此，水资源的开发利用与水环境质量密切相关，对社会经济和生态高质量发展具有重要作用。

水利部门作为水资源的主管部门，对水资源的可持续利用起着重要的作用。据不完全统计，截至 2018 年，全国水利从业人员已达到 83 万人以上。笔者在水利行业从业多年，深切地感受到绝大多数水利工作者具有水文水资源管理、规划和水利工程设计、建设等领域扎实的专业基础知识和丰富的实践经验。然而目前大部分水利专业对环境科学专业相关知识课程涉猎较少，大部分水利工作者对水环境质量和水体污染的知识不深。有的水资源管理人员对环境科学的基本概念和基本原理认识不到位，对水体污染物与环境效应之间的因果关系不甚明了；有的水利工程技术人员拿到水库的水质检测结果，却不知如何分析。因此，水利工作者迫切需要加强对环境科学知识的学习。

目前，市面上已有大量关于水环境污染和污水处理技术的书籍，但是这些书籍绝大多数是阐述某种污水处理工艺的设计与运行，或者某项污染治理技术的原理与应用，主要面向环境专业技术人员或者高校学生。对于广大水利工作者来说，学习环境保护知识是一种澄清概念和辨识价值的过程，而非要求所有人都能成为环保专家，因此，急需一部全面系统而又深入浅出的水环境科学普及性读物来弥补从业者知识体系的不足和作为广大水利工作者的案头参考书。基于上述考虑，我们编写了本书。

本书共分四章：第一章为绪论，简要介绍水资源的开发利用、水环境的基本概念并对水体污染与水环境治理进行了概述；第二章介绍物理性污染，主要阐述水体热污染、水体悬浮物、色度污染、臭味污染和放射性污染的来源、危害和处理技术；第三章介绍化学性污染，着重阐述无机非金属污染物（包括酸碱、氯化物、氟化物、溴化物、硫化物、硫酸盐、氮、磷、氰化物污染等）、重金属污染物（包括汞、铅、铬等11种重金属及其化合物污染）、耗氧有机污染物和毒性有机污染物（包括有机农药、抗生素、多环芳烃、环境内分泌干扰素等“三致”有机污染物）的来源、危害和各类污染物去除技术；第四章介绍生物性污染，对生物性污染及环境中的微生物基本知识和典型的生物污染的预防措施进行了说明。

本书在编写过程中，引用和借鉴了大量专家学者的研究成果和公布的权威资料，系统地介绍了水环境中各类污染物的来源及其对生态环境和人类健康的危害，引入了处理各类污染物的新型、实用技术。书中内容涉及环境化学、环境毒理学和环境工程等多学科内容，体现了物理、生物、环境与人之间的相互关联性，希望能为水利工作者厘清概念、快速提高环境知识素养起到事半功倍的作用。同时，本书也可作为水环境管理与环境保护从业者的参考书或者作为科普读物供广大公众学习水环境保护知识。

本书的编著初衷是让读者深入了解水环境污染的来源与变化规律，采取行动减少环境污染物对地球的不利影响。虽然人类生产生活方式的改变要经历漫长的过程，但是每个人都应该站在全体人类的高度去思考我们的未来，解决我们共同的星球面临的环境问题。

本书在编写过程中引用了大量专家学者的研究成果，在此表示衷心的感谢。

由于笔者水平和能力有限，书中的缺点和错误在所难免，恳请各位专家和广大读者不吝指正。

编　者

2022年2月

目 录

第一章 绪论

水是参与生命的形成和地表物质能量转化的重要物质，可以说人类社会的发展历史就是一部人类跟水相互作用的历史：在远古时代，人类“逐水而居”，为了战胜水旱等自然灾害对人类生活和生产的威胁，人类掌握并不断发展着治河、灌溉、航运、渔业等治水、用水技术。在利用自然资源和保护生态环境的实践中，人们逐渐认识到水是非常宝贵的自然资源，对于维持人类生命活动，维持工农业生产和维护良好环境具有无法替代的作用，而水环境的健康则直接关系着人类的生命健康和社会的稳定。因此，水资源的开发利用与水环境保护紧密相关。

1.1 水资源的开发利用

根据世界气象组织（WMO）和联合国教科文组织（UNESCO）发布的《国际水文学名词术语（第三版）》（International Glossary of Hydrology）中有关水资源的定义，水资源是指可利用或有可能被利用的水源，这个水源应具有足够的数量和合适的质量，并满足某一地方在一段时间内具体利用的需求。广义上的水资源是指水圈中水量的总体，但是海洋水有较高的盐分，所以通常所说的水资源是指与人类社会用水和生态环境密切相关的并可以更新的地表和地下淡水。

1.1.1 地球上的水

地球上的水以气态、液态和固态 3 种形式存在于空中、地表与地下，成为大气水、海水、陆地水（包括河水、湖水、沼泽水、冰雪水、土壤水、地下水），以及存在于生物体内的生物水。地球上的总储水量约为 13.86 亿 km^3，其中约 97.5% 为咸水，淡水约占地球总储水量的 2.5%。淡水中有 70% 以上被冻结在南极和北极的冰盖中，加上难以利用的高山冰川和永冻积雪，约 86% 的淡水资源目前无法被利用。人类真正能够利用的淡水资源是江河湖泊水和地下水中的一部分，仅占地球总储水量的 0.26%。

自然界的水不停地运动和相互联系：地表水、地下水和生物体内的水，不断蒸发和蒸腾，化为水汽，上升至空中，冷却凝结成水滴或冰晶，在一定的条件下，转为雨或雪落到地面和海洋；陆地降水有些汇集于江河湖泊，有些渗入地下，最后都流入海洋；降落在地面和海洋的水又重新蒸发、凝结、降水。这种不断地蒸发、输送、凝结、降落的过程称为水循环。水循环的产生有其内因和外因。内因是水的“三态”变化，也就是在常温的条件下，水的气态、液态、固态可以相互转化。外因是太阳辐射和地心引力：太阳辐射的热力作用为水的“三态”转化提供了条件；太阳辐射分布的不均匀性和海陆的热力性质的差异，造成空气的流动，为水汽

的移动创造了条件；地心引力（重力）则促使水从高处向低处流动，从而实现了水循环。

地球上的水循环根据其路径和规模的不同可分为大循环和小循环，见图 1-1。

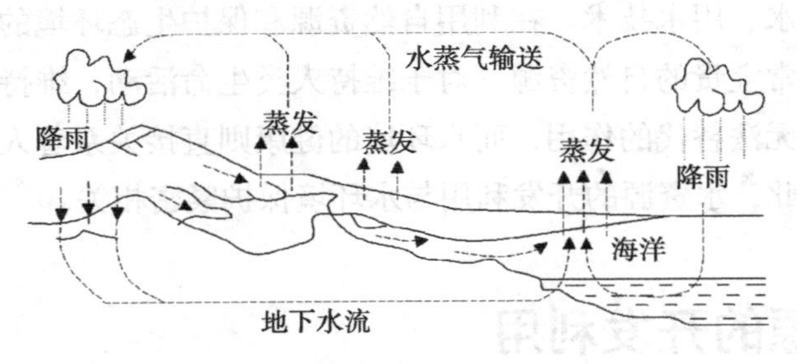

图 1-1　水循环

（1）大循环

从海洋表面蒸发的水汽，被气流带到大陆上空，在适当的条件下，以降水的形式降落到地面后，其中一部分蒸发到空中，另一部分经过地表和地下径流又回到海洋，这种海陆之间的水分交换过程，称为大循环，也称海陆间循环。

（2）小循环

小循环指水仅在局部地区（海洋或陆地）内完成的循环过程，可分为海洋小循环和陆地小循环。海洋小循环就是从海洋表面蒸发的水汽，在空中凝结，以降水形式降落回海洋的循环过程。陆地小循环就是从陆地上蒸发的水汽，在空中凝结，以降水形式降落回陆地上的循环过程。

水循环对于全球性水分和热量的再分配起着重大的作用，这种作用与大气相互联系而发生，从而影响了局地气候的降水与气温特性。水循环不但具有物质“传输带”的作用，而且是自然地理环境中无机成分和有机成分迁移的强大动力。在水循环过程中，产生了各种形态的地貌和河流、湖泊等。水循环还是生物有机体维持生命活动的基本条件，起着联系有机界和无机界的纽带作用。总之，水循环犹如自然地理环境的“血液循环”，连通了各基本圈层的物质交换，水循环过程同时也是水文过程、气候过程、地形过程、土壤过程、生物过程，以及地球化学过程等的一部分。

1.1.2　地表水

地表水主要存在于海洋、河流、湖泊、水库、沼泽等。由于资料和专业原因本节主要介绍河流、湖泊和水库。

1.1.2.1　河流

陆地表面接纳地面径流和地下径流的固定延伸泄水凹槽，称为河流。河水可沿

着河流经常性或者周期性地流进海洋、湖泊或另一河流。按大小和性质河流可分为江、河、溪等。河流是水循环的重要组成部分，是地球上重要的水体之一。它是塑造地表形态的动力，对气候和植被等有重要的影响。自古以来，河流与人类关系密切，是重要的自然资源，在灌溉、航运、发电、水产和城市供水等方面发挥着巨大的作用。

（1）河流的水情要素

①水位

河流的水位是指自由水面相对于基准面的高程，我国采用青岛“1985 国家高程基准”作为全国统一的高程基准面。在生产和研究中，常用的特征水位有：

a. 平均水位。研究时段内水位平均值，如月平均水位、年平均水位、多年平均水位。

b. 最高水位和最低水位。研究段内水位的最大值和最小值，如月最高和最低水位、年最高和最低水位、多年最高和最低水位等。

②流速

流速是指河流中水质点在单位时间内移动的距离。河水的流动属紊流运动，紊流的特性之一是水流各质点的瞬时流速的大小和方向都随时间不断变化，称为流速脉动。天然河道中流速的分布十分复杂，在垂线上（水深方向），从河底至水面，流速随着河槽糙度的减小而增大，最小流速在河底，最大流速在水面下某一深度。河流横断面上各点流速，随着在深度和宽度的位置以及水力条件变化而不同，一般都由河底向水面，由两岸向河心逐渐增大，最大流速出现在水流中部。在河道中流速可用仪器或浮标直接测定，仪器测得的流速实际上是短时间内的平均流速。用仪器测定流速仅限于断面上若干测点的速度，根据过水断面测得的若干测点的流速，可以算出断面平均流速。

③流量

流量指单位时间内通过某一过水断面水的体积，单位为 m^3/s。由于河道断面上流速分布不均，每秒通过过水断面的水体积为一不规则曲面体，称其为流量模型。根据流量的定义，通过微分面积 dF 的流量 $dQ=vdF$，则断面流量可用式（1-1）表示：

$$Q=\int \mathrm{d}Q=\int_0^F v\mathrm{d}F \tag{1-1}$$

因此，测定某断面的流量就要进行流速和断面的测定。从式（1-1）可导出：

$$Q=Fv \tag{1-2}$$

式中，F——过水断面面积，m^2；

v——断面平均流速，m/s。

在河流断面，流量增大，水位升高；流量减小，水位降低。因此，水位和流量具有一定的关系，可用式（1-3）表示：

$$Q=f(H) \tag{1-3}$$

式中，H——水位，m。

这种关系可用曲线表示，即水位流量关系曲线。流量代表着河流的水资源，应用很广泛，故有多种特征值，如瞬时流量、日平均流量、月平均流量、年平均流量等。如将某一时段内的流量加和起来，则叫某时段的径流总量（W），常用以表示水资源。

$$W=Q \cdot T \tag{1-4}$$

式中 W——某时段的径流总量，m^3；

Q——T 时段内的平均流量，m^3/s；

T——时间，s。

（2）河流的补给

河流的补给又称为河流的水源。根据降水形式及其在河流运动的路径的不同，河流补给可分为雨水补给、融水补给、湖泊和沼泽水补给、地下水补给等类型。

①雨水补给

雨水补给是河流最主要的补给类型。大气降落的雨水直接落入河槽的水量是十分有限的，它主要是通过在流域内形成地表径流来补给河流的。因此，雨水补给与降雨特性和下垫面性质密切相关。雨水补给的特点主要取决于降水量和降雨特性。降水量的大小决定了补给水量的大小。降水量大，补给量就大；否则相反。降雨强度的大小也决定了补给量的大小，降雨强度大，历时短，损耗量少，补给流量的水量较多。雨水补给的河流，由于雨水对地表的冲刷作用，所以河流的含沙量较大。

②融水补给

融水补给包括季节性积雪融水和永久积雪或冰川融水的补给。融水补给特点主要取决于冰雪量和气温的变化。冰雪量决定了补给量，冰雪量大，补给量就大。由于气温变化具有连续性和变化缓和等特点，因此融水补给也具有连续性和变化缓和等特点，流量过程线与气温变化过程线一致，流量过程线较平缓和圆滑。由于气温的年际变化小，融水补给的年际变化也较小。我国发源于祁连山、天山、昆仑山和喜马拉雅山等地的河流，都不同程度地接纳了冰雪融水的补给。

③湖泊、沼泽水补给

湖泊位于河流的源头（如我国长白山的天池），或位于河流的中下游地区。由于湖泊面积广阔，深度较深，可接纳大气降水和地表水，并能暂时储存起来，然后再缓慢流出补给河流，对河流水量起到调节作用，可大大降低河流的洪峰流量，使河流水量年内变化趋于平缓。沼泽水补给对河流水量也能起一定的调节作用。沼泽不像湖泊那么深，但由于沼泽中水的运动多属于渗流运动，故补给河流的过程较缓慢，起着调节作用，使河流的流量过程线较平缓。

④地下水补给

地下水是河流比较稳定的补给源。我国西南岩溶发育地区，河水中地下水补给量占比尤其大，例如西江水量丰富，除大气降水丰富外，还有丰富的地下水补给。地下水对河流的补给量的大小，取决于流域的水文地质条件和河流下切的深度。地下水有潜水和承压水，潜水埋藏较浅，与降水关系密切；承压水水量丰富，变化缓慢。河流下切越深，切穿含水层越多，获得的地下水补给也越多。地下水与河流补给关系比较复杂，例如有的是地下水单向补给河流；有的是河流与地下水相互补给：洪水期河流补给地下水，枯水期地下水补给河流。

（3）河川径流

径流是陆地上接受降水形成的从地面或地下汇集到河槽而下泄的水流，一般可分为地表径流和地下径流。从地表和地下汇入河川后，向流域出口断面汇集的水流称为河川径流。一年内经流域出口断面流出的全部水量称为“年径流量”；一月内的称“月径流量”；一次降水形成的称“次径流量”。

径流的形成是各种自然地理因素综合作用的结果。影响径流的因素主要有气候、下垫面和人为因素。其中气候是影响河川径流的最基本和最重要的因素，气候因素中的降水和蒸发量直接影响径流的大小和变化，概括地说，降水多、蒸发少，则径流多，反之径流则少。降水总量相同的情况下，降水的季节分配、强度、历时、雨区分布都会影响径流的大小和变化。下垫面因素包括地貌、土壤、地质、植被、湖沼等，下垫面因素具有对降水再分配的功能。人为因素影响径流是多方面的，例如植树造林、修筑梯田，可以增加下渗水，调节径流变化；修水库虽然会增加蒸发量，但可有计划地控制径流量，蓄洪补枯，均匀径流的年内分配；而进行不合理的枯水期灌溉、围湖、伐林扩大农田等，都会加剧河川径流的枯竭，甚至引起灾害。

1.1.2.2 湖泊

湖泊是大陆上的天然洼地蓄（积）水而成的停滞或流动缓慢的水体。湖泊具有调节河川径流和气候的作用，也是人类生活和生产用水的重要来源。湖泊由于自然环境的变迁、人类活动的影响，湖盆形态、湖水性质、湖中生物等因素在不断发生

变化。其中湖泊形态的改变往往会导致其他方面的变化：当淡水湖泊由深变浅、由大变小，湖岸由弯曲变为平直，湖底由凹凸变为平坦，则处于干燥区的湖泊会因盐分不断积累转化为咸水湖，盐度的增大使淡水生物很难生存；当水量继续蒸发减少，咸水湖可以变干，转化为盐沼，直至湖泊全部消亡。

湖泊的分类方法很多，主要包括按湖盆成因分类，按湖水补排情况分类，按湖水与海洋沟通情况分类等。

①按湖盆的成因分类，可分为构造湖、火口湖、阻塞湖、河成湖、风成湖、冰成湖、海成湖和溶蚀湖等。

②按湖水补排情况分类，可分为吞吐湖和闭口湖。前者既有河水注入，又能流出，如洞庭湖、鄱阳湖等；后者只有入湖河流，没有出湖河流，例如青海湖、里海等。

③按湖水与海洋沟通情况分类，可分为外流湖与内陆湖。外流湖能通过出流最终汇入海洋，如太湖、洪泽湖等；内陆湖则与海隔绝，湖水不能外流入海洋，例如罗布泊（现已干涸）。

1.1.2.3　水库

水库是能拦蓄一定量河川径流并调节流量的蓄水工程，一般指在河流上建造拦河坝（闸）以抬高水位而形成的“人工湖”。水库能起兴利除害（防洪、蓄水、灌溉、发电、航运、供水、渔业、旅游）的作用。天然湖泊、池、淀有拦蓄水量作用被称为“天然水库”；能起到同样作用的地下蓄水层被称为“地下水库”。水库一般由挡水建筑物、泄水建筑物、输水建筑物三部分组成，这三部分称为水库的“三大件”。挡水建筑物用以拦截江河，形成水库或壅高水位，简单来说就是挡水坝；泄水建筑物用以宣泄多余水量、排放泥沙和冰凌以保证坝体和其他建筑物的安全；输水建筑物是为满足灌溉、发电和供水需求起输水作用的建筑物，如隧洞、渠道、渡槽、倒虹吸等。

按照《水利水电工程等级划分及洪水标准》（SL 252—2017），根据工程规模、保护范围和重要程度，水库工程分为5个等别：

Ⅰ等：大（1）型水库，总库容≥10亿 m^3；

Ⅱ等：大（2）型水库，总库容1亿～10亿 m^3；

Ⅲ等：中型水库，总库容0.1亿～<1亿 m^3；

Ⅳ等：小（1）型水库，总库容0.01亿～<0.1亿 m^3；

Ⅴ等：小（2）型水库，总库容0.001亿～<0.01亿 m^3。

1.1.2.4　我国地表水的分布和数量

我国江河众多，主要有松花江、辽河、海河、黄河、淮河、长江及珠江七大水系，其径流总量占全国总径流量的35%。湖泊主要集中分布在5个地区，称五大湖区，即青藏高原湖区、东部平原湖区、蒙新高原湖区、东北平原和山地湖区以及云贵高原湖区。全国流域面积100 km^2以上的河流有5万多条，流域面积1 000 km^2以上的河流有1 500多条。外流河区域约占全国土地总面积的65%，内陆河区域约占全国土地总面积的35%。全国湖面面积大于1 km^2的湖泊约有2 300个，湖泊总面积为7.2万km^2，约占全国土地总面积的0.75%，总储水量约7 090亿m^3，其中约有1/3为淡水，淡水湖多与外流河相通，可互济水量。

1.1.3 地下水

地下水的概念有广义和狭义之分，广义的地下水指以各种形式存在于岩石或土壤孔隙（空隙、裂隙、溶洞）中的水，狭义的地下水仅指赋存于饱和水带岩石空隙中的水。饱和水带的水与包气带的水有着不可分割的联系。本节从广义地下水角度进行介绍。

1.1.3.1 地下水的分类

地下水系统在空间上的立体性是地下水与地表水之间存在的主要差异之一。地下水垂向的层次结构则是地下水空间立体性的具体表征。图1-2为典型水文地质条件下，地下水垂向层次结构的基本模式。

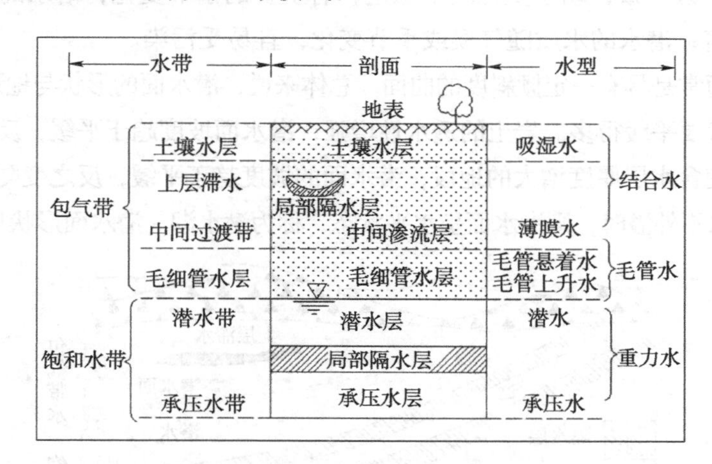

图1-2 地下水垂向结构基本模式

地表以下一定深度岩石中的空隙被重力水充满，形成地下水面。地下水面以上称为包气带；地下水面以下称为饱和水带。包气带自上而下可分为土壤水层、中间过渡带和毛细管水层。饱和水带可区分为潜水带和承压水带，饱和水带岩石空隙全部被液态水所填充，水体是连续分布的，能够传递静水压力，在水头差的作用下可以发生连续运动。饱和水带的重力水是地下水开发利用的主要对象。

根据含水层在地质剖面中所处的位置及受隔水层（弱透水层）限制的情况，地下水包括上层滞水、潜水和承压水。

（1）上层滞水

上层滞水是存在于包气带中局部隔水层上的重力水。它是大气降水或地表水在下渗途中，遇到局部不透水层的阻挡后，在其上方聚积而成的地下水。上层滞水最接近地表，接受大气降水的补给，通过蒸发或向隔水底板（弱透水层底板）的边缘下渗排泄。雨季获得补充，积存一定水量，旱季水量逐渐消耗。当隔水层分布范围不大，厚度小，隔水性不强和埋藏较浅时，上层滞水会因不断向四周流散、下渗以及蒸发，存在的时间较短；当隔水层的分布范围和厚度较大，埋藏较深，隔水性良好时，上层滞水存在的时间较长。由于上层滞水水量小，动态变化显著，只有在缺水地区才能将其视为小型或暂时性供水水源。包气带的上层滞水，对其下部的潜水的补给与蒸发排泄起到一定的调节作用。

（2）潜水

饱和水带中第一个具有自由表面的含水层中的水称为潜水。潜水没有隔水顶板或只有局部的隔水顶板。潜水的表面称为潜水面；潜水面至地面的距离为潜水埋藏深度；自潜水面向下到隔水层底板的距离为含水层的厚度。由于潜水含水层上面不存在完整的隔水或弱透水顶板，这就决定了潜水的特征：潜水面不承受静水压力；分布区与补给区一致；动态变化较不稳定，有明显的季节变化；潜水的补给条件较好，水量丰富；潜水的水质随气候或季节变化，且易受污染。

潜水面通常是具有一定倾斜度的曲面。总体来说，潜水面的形状与地形大体一致，但比地形起伏要平缓得多。岩土的透水性增强，潜水面坡度趋于平缓，反之变陡；隔水底板凹陷使含水层厚度增大的地段，潜水面的坡度趋于平缓，反之变陡。在隔水层凹盆中，潜水不外溢时，则潜水面呈水平状态，称为潜水湖。潜水面形状见图 1–3。

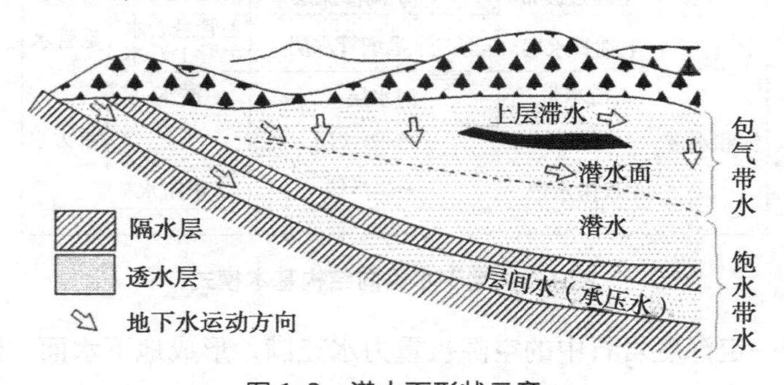

图 1–3　潜水面形状示意

（3）承压水

承压水是充满于两个稳定隔水层（弱透水层）之间含水层中的水。承压水在地形条件适宜的情况下，其天然露头或经钻孔揭露了含水层时，产生自流现象的地下水，称为自流水。上下隔水层分别称为隔水层顶板和底板。两隔水层间的垂直距离称为承压水含水层厚度。当钻孔打穿隔水层顶板时，在静水压力的作用下，水位上升到一定高度不再上升时，这个最终的稳定水位，即为该点的承压水位。承压水的埋藏条件决定了其特征：承压水具有一定的压力水头；补给区与承压区不一致；动态变化较稳定，没有明显的季节变化；补给条件较差，若大规模开发后，水的补充和恢复较缓慢；水质随埋深变化大，有垂直分带规律，但不易受污染。

1.1.3.2 地下水的补给与排泄

地下水不断地参与着自然界的水循环，含水层或含水系统从外界获得水量，通过径流将水量由补给处输送到排泄处向外界排出。含水层或含水系统从外界获得水量的过程称作补给。在补给与排泄过程中，含水层与含水系统除与外界交换水量外，还交换能量、热量和盐分。因此补给、排泄、径流决定着地下水水量水质在空间与时间上的分布。

（1）地下水的补给

地下水的补给主要有大气降水的渗入补给、地表水的渗入补给，水汽的凝结补给等。

①大气降水的渗入补给

大气降水是地下水最主要的补给来源。大气降水到达地面以后被土壤颗粒表面吸附形成薄膜水。当薄膜水达到最大水量之后，继续下渗的水被吸入细小的毛管孔隙而形成悬挂毛管水。当包气带中的结合水及悬挂毛管水达到极限以后，水在重力作用下通过静水压力传递，不断地补给地下水。由此可见，降水的下渗过程是水在分子力、毛管力和重力的综合作用下进行的，下渗强度随土壤湿度而变化。

②地表水的渗入补给

地表水与地下水间的补给，取决于地表水水位与地下水位的关系。如山区河流水位常低于地下水位，河流不能补给地下水，而只能起到排泄地下水的作用。在山前地段的河流，河床抬高，河水补给地下水。一般在冲积平原上的河流，枯水期地下水向河流排泄；在汛期河水上涨快，地下水上涨慢，河水反过来补给地下水。地表水补给地下水量的大小，取决于地表水体底部岩石的透水性，地表水位与地下水位的相对高差，以及地表水与地下水有联系地段的长度。

③水汽的凝结补给

在某些地区，水汽的凝结对地下水的补给有一定意义。由于空气的饱和湿度随温度降低而降低，当空气的绝对湿度与饱和湿度相等时，温度继续下降，超过饱和湿度的那一部分水汽便凝结成水。这种由气态水转化为液态水的过程称作凝结作用。夏季的白天，大气和包气带都吸热增温；而夜晚，土壤散热比大气快。地表温

度降低到一定程度，在土壤孔隙中水汽达到饱和状态，凝结成水滴，绝对湿度随之降低。由于此时包气带土层气温较高，使大气中的水汽向包气带内移动，由此不断补充、不断凝结，当形成足够的液滴状水时，便渗补地下水。一般情况下，凝结形成的水量相当有限，但是高山、沙漠等昼夜温差大的地方，凝结作用不能忽视。

④含水层之间的补给

若两个含水层之间存在水头差且有联系的通路，则水头较高的含水层便补水给水头较低的含水层。当隔水层分布不稳定时，在其缺失部位的相邻的含水层便通过“天窗”发生水力联系。松散沉积物及基岩都可能存在透水的“天窗”，但通常基岩中隔水层分布比较稳定，因此切穿隔水层的导水断层往往成为基岩含水层之间的联系通路。此外，人为钻孔可能会穿越不同含水层，导致地下水由高水头含水层流入低水头含水层。

⑤地下水的其他补给来源

除了上述补给来源，地下水还能从人类某些活动中得到补给。例如建造水库、灌溉以及工业废水与生活污水的排放都能够使地下水获得新的补给。灌溉渠道的渗漏如同地表水补给；田面灌水入渗与大气降水入渗相似。习惯上将灌溉渗漏补给含水层的水称为灌溉回归水。在平原盆地中不适当的灌溉会引起潜水位大幅上升，引起土壤次生沼泽化与盐渍化。

采用有计划的人为措施补充含水层的水量被称为人工补给地下水。其主要目的是：补充与蓄存地下水资源，抬高地下水位以改善地下水开采条件；储存热源用于锅炉用水，储存冷源用于空调冷却；控制地面沉降，防止海水倒灌与咸水入侵含水层等。

（2）地下水的排泄

含水层或含水系统失去水量的过程称为排泄。在排泄的过程中，含水层与含水系统的水质也会相应发生变化。地下水通过泉向河流泄流及蒸发、蒸腾等方式向外界排泄。此外，还存在一个含水层（含水系统）向另一含水层（含水系统）的排泄。地下水通过地下途径直接排入河道或其他地表水体称为泄流。泄流只有在地下水位高于地表水位时才会发生。地下水的蒸发、排泄包括土壤蒸发与植物蒸腾。当地下水埋藏较浅时，强烈的蒸发排泄可使土壤和地下水不断盐化。

（3）地下水径流

地下水由补给区流向排泄区的过程称为地下水的径流过程。该过程可使地下水不断地交替和更新。地下水径流方向的总趋势是由补给区流向排泄区；由高水位流向低水位。但其间由于受局部地形和含水层的非均一性影响，具体的方向路径往往很复杂，通常用地下水等水位线图等来分析确定。

（4）地下水资源的特点

一个地区的水资源是一个相互联系的有机整体，地下水与大气水、地表水在水文循环过程中相互转化。地下水资源是能被人类所利用的一种物质，它不仅具有自然属性，还具有社会属性。地下水与地表水具有许多不同之处。

①空间调节性：地表水的分布仅限于较稀疏的水流网络。地下水则在更广阔的范围内分布。地下水在空间赋存上弥补了地表水分布的不均匀性，使人类利用得更充分。

②时间调节性：地表水循环迅速，其流量与水位在时间上变化显著，干旱、半干旱地区的地表水往往在急需用水的旱季断流；为方便利用往往需要筑坝建库以进行时间上的调节。流动于岩土空隙中的地下水，受到含水介质的阻滞，循环速度较地表水来说相对缓慢；再加上有利的地质结构能够储存地下水，因此，含水系统实际上是具有天然调节功能的地下水库。

③水质稳定性：只有水质符合一定要求的水才能成为可利用的资源。地表水容易受到污染使水质恶化，水温变化大，有时还可能结冰。地下水在入渗与渗流过程中，由于岩层的过滤，水质比较洁净，水温恒定，不容易被污染；然而，地下水一旦遭受污染后，其净化要比地表水困难得多。

④易利用性：利用地表水一般需进行水质处理，然后再用管道输送到用水地段。因此，利用地表水的一次性投资高，一个地区的各个用水单位需要统筹修建供水工程设施。地下水分布广，含水层起着输配水的作用，利用时不需要修建集中的水工设施，并且通常水质较好不需要处理即可利用。然而，把地下水提升到地表要消耗大量能量，运营费用较高；不适当地开发利用地下水会造成严重的环境问题；由于用户分散打井取水，地下水的管理较地表水更为困难。

1.1.4 水资源的特性

水资源通常是指人们可以经常利用的水量，即陆地上由大气降水补给的各种地表、地下淡水体的储存量和动态水量，水资源的可利用量仅为河流、湖泊等地表水和地下水的一部分。水资源是人类生产和生活中不可缺少的一种自然资源，但是和其他自然资源不同，水资源是一项在随时随地都在循环、交换、运动的动态资源，有其独特的性质。只有充分认识它的特性，才能更有效地利用水资源。

1.1.4.1 循环性和有限性

水能以气态、液态、固态三种不同的形态存在，并在一定的条件下，水的三态又能互相转化，形成了自然界中的水循环。陆地上的淡水通过水循环得以不断更新和补充，满足人类生产和生活的需要。然而这种补给量是有限的，从运动更新的角度看，河流水体具有更新快、循环周期短等特点，与人类关系最密切。动态水资源除了河流还有浅层地下水，循环更新快，利用后可以短期恢复。除此之外，淡水资源中还有大量静态水，如冰川、内陆湖泊水、深层地下水，它们循环周期长、更新

缓慢。因此，为了保护自然环境和维持生态平衡，一般不宜动用地表、地下储存的静态水，故其年平均利用量不能超过年平均补给量。

1.1.4.2 时空分布不均匀性

水是具有明显地区差异和时间分配不均的资源，这给水资源的开发利用带来了许多困难。为了满足各地区、各行业的用水要求，需修建蓄水、引水、提水、调水工程，对天然水资源进行时空再分配。由于兴建各种水利工程要受自然、技术、经济条件的限制，因此只能控制利用一部分的水资源。此外，由于排盐、排沙、排污以及维持生态平衡的需要，因此必须保持一定的入海水量。因此，在区域水资源开发利用时需要预留一定的水量，不可将一个流域的产水量用尽耗光，需要综合考虑上下游、左右岸的用水。

1.1.4.3 用途广泛性和不可代替性

水资源既是生活资料又是生产资料，在国计民生中的用途相当广泛，各行各业都需要水。同时，水是一切生物的命脉，它在维持生命和组成环境所需方面是不可代替的。随着人口的增长，人民生活水平的提高以及工、农业生产的发展和生态文明建设的推进，用水量不断增加是必然趋势。因此，水资源问题已成为当今世界普遍重视的社会性问题。

1.1.4.4 经济上的两重性

由于降水和径流的地区分布和时间分配不均匀，往往会出现洪、涝、旱、盐碱等自然灾害。水资源开发利用不当，也会引起人为灾害，如垮坝事故、次生盐碱化、水质污染、环境恶化等。因此，水既能供开发利用造福人类，又能引起灾害，毁坏人民生命财产。这就决定了水资源在经济上的两重性，既能增加收入，又能导致经济损失。因此，应进行水资源的综合开发和合理利用，以达到兴利除害的目的。

随着科学技术不断发展，水的可利用部分不断增加，例如淡化海水、再生水、人工催化降水、南极大陆冰川等都在逐渐被开发利用。因此，水资源的可利用范围将随着人类的科技进步而发生变化。

1.1.5 我国水资源的现状

1.1.5.1 我国水资源的特点

我国位于欧亚大陆东侧，东部和南部濒临海洋，大部分地区受到东南和西南季

风影响，因而形成东南多雨、西北干旱的特点。在冬季，我国大陆受西伯利亚干冷气团控制，气候寒冷，雨雪较少；春暖以后，南方开始降雨增多，然后雨带逐渐北移，大部分地区降水集中于夏秋两季。西北内陆受山脉、高原的阻挡，季风难以深入，降水稀少，气候干燥，仅新疆西部和北部山区，受西来水汽影响，雨雪相对较多。受这些自然因素和社会因素的影响，我国水资源表现为以下特点。

（1）水资源总量丰富，但人均和单位耕地占有量少

根据全国第二次水资源评价的结果，我国的年平均降水总量为6.08万亿m^3（648 mm），通过水循环更新的地表水和地下水的年平均水资源总量为2.77万亿m^3，居世界第6位，其中地表水2.67万亿m^3，地下水0.81万亿m^3，由于地表水地下水相互转换、互为补给，扣除两者重复计算量0.71万亿m^3；我国平均径流深度约284 mm，为世界平均值的90%，居世界第6位。我国水资源总量虽然丰富，但是平均占有量很少。水资源人均占有量为2 200 m^3，约为世界人均的1/4，排在世界第110位，被列为世界13个贫水国家之一。耕地的平均占有径流量为283.2万m^3/hm^2，仅为世界平均数的80%。预测到2030年全国人口增至14.5亿时，人均水资源占有量将降到1 750 m^3。

（2）水资源地区分布不均

我国水资源分布南多北少，相差悬殊。南方地区的长江、珠江、东南沿海、西南诸流域的年径流量占全国总量的82%，而这些地区的耕地面积只占全国耕地面积的38%。干旱少雨的淮河、黄河流域以及东北和西北地区，年径流量之和占全国总量不到18%，但这些地区的耕地面积却占全国耕地面积的62%。全国有45%的国土处在降水量少于400 mm的干旱、少水地带。北方大部分地区人民生活和工农业生产用水十分紧张。

我国降水量的地区分布大致是由东南向西北递减。我国地下水资源同地表水一样分布也不平衡，南方地区约为16.8万m^3/km^2，北方地区约为4.5万m^3/km^2，两者相差2.8倍。

（3）水资源时间分配不均

我国水资源在时间分配上，年内分配集中，年际变化较大。全国大部分地区冬春少雨，多干旱；夏秋多雨，多洪涝。全年的降水量大部分集中在夏秋季湿润高温时期。南方地区受东南季风影响时间长，雨季一般长达半年之久，降水量多的月份一般在3—6月或4—7月，其雨量占全年降水量的50%～60%。而华北及东北地区，多雨季节在6—9月，降水量占全年降水量的70%～80%，并且夏秋降雨多以暴雨形式出现。每逢汛期，河水猛涨，滔滔江水一泻千里，注入海洋，使大量水资源流失。另外，骤增的降水不能及时排泄经常酿成洪涝灾害。

我国不少地区和流域降水量年际相差很大，有的地区高达十几倍甚至几十倍。

我国主要江河都出现过连续丰、枯情况。纵观各江河丰、枯变化，既有大范围的同时遭遇，也有局部地区性的旱涝。

1.1.5.2 我国水资源的开发利用现状

我国是世界上水资源开发利用程度较高的国家之一。截至2020年年底，全国已建成各类水库98 566座，蓄水库容9 306亿 m^3。其中：大型水库744座，总库容7 410亿 m^3；中型水库4 098座，总库容1 179亿 m^3。全国已建成各类装机容量1 m^3/s 或装机功率在50 kW以上的泵站95 049处，其中大型泵站420处，中型泵站4 388处，小型泵站90 241处。地下水工程则主要分布在华北平原和东北平原，全国累计建成日取水大于等于20 m^3 的供水机电井或内径大于200 mm的灌溉机电井共计517.3万眼。近年来还实施了跨流域调水工程，包括南水北调工程、淮河流域引江系统及引黄系统，以及引黄济青等工程（《2020年水利发展统计公报》）。

2020年，全国供水总量和用水总量为5 812.9亿 m^3，较2019年减少208.3亿 m^3。其中地表水源供水量为4 792.3亿 m^3，占总供水量的82.4%；地下水源供水量为892.5亿 m^3，占总供水量的15.4%；其他水源供水为128.1亿 m^3，占总供水量的2.2%。生活用水为863.1亿 m^3，工业用水为1 030.4亿 m^3，农业用水为3 612.4亿 m^3，人工生态环境补水为307.0亿 m^3。

全国人均综合用水量为412 m^3，万元国内生产总值（当年价）用水量为57.2 m^3。耕地实际灌溉亩[①]均用水量为356 m^3，农田灌溉水有效利用系数为0.565，万元工业增加值（当年价）用水量为32.9 m^3，城镇人均生活用水量（含公共用水）为207 L/d，农村居民人均生活用水量为100 L/d（《2020年中国水资源公报》）。

1.1.5.3 我国水资源的开发利用中存在的问题

受我国水资源及人口分布、经济发展程度等诸多因素的影响，我国水资源开发利用主要存在以下问题。

（1）开发强度大，地区差异悬殊

我国经济社会的持续发展导致对水资源的需求量日益增加，对水资源的开发强度也逐渐加大。1980年全国总用水量为4 437亿 m^3，人均用水为450 m^3，2020年增加到5 812.9亿 m^3，人均用水量为412 m^3，可见用水的增长与人口和经济的增长有一定的关系。全国的用水结构发生的变化：1980—2020年，我国农业用水由3 699亿 m^3 下降为3 612.4亿 m^3，工业用水由457亿 m^3 增长为1 030.4亿 m^3，生活用水由280亿 m^3 增长为863.1亿 m^3。

我国不同地区河流开发利用率差异较大，形成了南方水有余，北方水紧缺的局

① 1亩=0.066 7 hm^2。

面。北方地区（东北诸河、海河、淮河和山东半岛诸河、黄河、内陆诸河）地表水资源量相对贫乏，利用率通常在30%以上，海河流域开发程度已超过其承载能力。河流水的过度开发易造成河流断流，从而影响河流沿岸水资源的利用。南方地区水资源利用率通常在10%左右，但是也存在水质型缺水现象。

我国地下水资源开发也存在地区差异，地表水资源的缺乏形成北方地区大量开发地下水资源的格局。全国地下水的利用量占全国水资源利用总量的16%，其中地下水开发利用程度最高的是华北地区，其地下水供水量占全区总用水量的52%。由于地下水超量开采继而引发了地面沉降、海水入侵等一系列生态环境问题。

（2）水资源供需矛盾突出，利用效率偏低

我国人均水资源量只有世界平均量的1/4，尤其在我国黄河、淮河、海河及内陆河流域有11个省（区、市）的人均水资源拥有量低于联合国可持续发展委员会研究确定的1 760 m^3警戒线，其中低于500 m^3严重缺水线的有北京、天津、河北、山西、山东、河南、宁夏等地区。

在缺水的同时，我国还普遍存在水资源浪费、水资源利用效率低等不合理的现象。目前，全国农业年用水量3 612.4亿m^3，占全国总用水量的62.1%。发达国家在20世纪四五十年代就开始采用节水灌溉，现在很多国家实现了输水渠道防渗化、管道化，大田喷灌、滴灌化，灌溉科学化、自动化，灌溉水的利用系数达到0.7～0.8，而我国农业灌溉用水利用系数2020年仅达到0.565。工业用水浪费也十分严重，目前我国工业万元产值用水量约32.9 m^3，是发达国家的5～8倍，我国水的重复利用率为40%左右，而发达国家为75%～85%。对比美、日等发达国家的用水水平，我国的用水效率还比较低。

（3）不合理开发，导致严重的生态后果

水资源的合理开发利用是一项非常严肃的科学问题，如何调度、如何协调上下游关系、如何协调工业、农业、生活以及维持生态平衡等关系，都需要在开发利用中妥善解决。我国在这方面有着足够的教训，例如20世纪六七十年代在全国范围内兴起的围湖造田热导致了很多地区植被破坏，水土流失，大量泥沙被河水带入湖泊水库之中，淤积湖底，导致许多天然湖泊逐渐由大变小，由小变无，严重地破坏了地表水资源。2015年，华北平原、河西走廊地区和塔里木盆地西侧地区的水资源开发利用率分别为185%、313%和128%，不仅远大于40%的水资源合理开发阈值，甚至超过了100%，说明这3个区域的用水量已经超过了区域水资源可更新量。东北平原的水资源利用状态近年来也出现了明显的恶化，例如2005年大连市的水资源开发利用率约为35%，尚处于合理水平，但2015年该区域的水资源开发利用率已经达到了80%。水资源过度开发导致了生态环境的进一步恶化。很多天然湖泊、沼泽、绿洲萎缩甚至消失，如河西走廊的居延海于1992年干涸，华北的白洋

淀屡屡见底等。海河有些年份几乎没有水入海，华北平原、关中盆地乃至上海超采地下水，使地下水位下降，引起咸水入侵、地下水质下降、地面沉降等灾害。

（4）水生态环境有所改善，水质风险仍然存在

20世纪80年代以来，我国高增长、高消耗、高排放的经济增长模式曾导致河流和湖泊环境质量的急剧恶化，进一步加剧水资源短缺。改革开放40多年来，我国水污染防治工作取得巨大成效，特别是党的十八大以后，国务院于2015年印发实施《水污染防治行动计划》，使水污染治理实现了历史性和转折性变化。全国水生态环境虽然总体向好，但成效仍不稳固，依然面临很多困难与挑战：部分地区水环境目标任务严重滞后；长江及渤海攻坚战消“劣”任务仍需巩固；黄河中下游水污染治理迫在眉睫。当前，我国经济增长与发展方式仍然比较粗放，工业源与农业源污染未得到彻底有效控制，城镇污水收集和处理设施短板明显，以国控断面劣Ⅴ类水体、城市黑臭水体等为代表的水环境问题仍较为突出。比如，长江流域沿江集中了众多重化工企业，对水源地安全的风险隐患短期内难以解决；从长远来看，工业、制造业仍将是我国经济的重要支撑，石油、化工、制药、冶炼等行业对水环境安全的威胁仍长期存在。此外，近年来我国部分流域已出现一些新型污染物，如持久性有机污染物、抗生素、微塑料、内分泌干扰物等，这些污染物在环境中难以降解，具有累积性，缺乏有效的管控措施，具有较高的健康风险以及隐患。我国污染型缺水的现状不仅意味着地表水环境，还包括土壤、地下水、近海海域甚至大气等相关的生态环境受到威胁，并会影响饮水安全和农产品安全，最终威胁人体健康。

从以上情况可知，我国是水资源缺乏的国家，水是有限资源，因此我们要开源节流，加强对水资源保护切实防治水污染，要让有限的水奔流不息，碧水长清，为我国经济和社会发展提供稳定可靠的保障。

1.2 水环境的基本概念

1.2.1 水环境

“水环境”一词于20世纪70年代出现，据《环境科学大辞典》定义：水环境是地球上分布的各种水体以及与其密切相连的诸环境要素如河床、海岸、植被、土壤等。水环境是构成环境的基本要素之一，是人类赖以生存和发展的重要场所，也是受人类干扰和破坏最严重的要素。

水环境根据其范围的大小可分为全球水环境和区域水环境（如流域水环境、城市水环境等）。对某个特定的地区而言，该区域内的各种水体如湖泊、水库、河流

和地下水等，都应被视为水环境的重要组成部分。水环境又可分为地表水环境和地下水环境。地表水环境涉及河流、湖泊、水库、池塘、沼泽等；地下水环境涉及泉水、浅层地下水和深层地下水等。目前，水环境污染已成为世界上重要的环境问题之一，所以对水环境进行合理利用和保护，是环境保护和研究的主要内容。

1.2.2 水体及其中的化学物质

1.2.2.1 水体

在环境科学中，水体是河流、湖泊、沼泽、水库、地下水、冰川和海洋等“贮水体”的总称。水体不仅包括水，还包括水中的悬浮物、胶体物质、溶解态物质、底泥及水生生物等。因为它们会随着水流而迁移，它们的存在和性质也直接影响水的质量，成为水体中长期的次生污染。在环境污染研究中，区分“水”和“水体”的概念十分重要。很多污染物在水中的迁移转化是与整个水体密切联系在一起的，仅着眼于“水”往往会得出错误的结论，对污染预防与治理产生误导。例如重金属（Pb、Cu、Cr、Zn、Cd 等）污染物通过沉淀、吸附、螯合等作用，很容易从水相转移到底泥中，所以水中重金属含量一般不高。如果仅从水来看，似乎没有受到污染，但整个水体可能已经受到严重污染。

1.2.2.2 天然水体中的化学物质

天然水从本质上看，属于未受人类排污影响的各种天然水体中的水。这种水的范围日益缩小，目前只存在于河流的源头、荒凉地区的湖泊和深层地下等处。水是自然界中最好的溶剂，天然物质和人工合成的物质很多均可溶解在水中。所有天然水体中都含有各类溶解物和悬浮物，并且随着地域的不同，各种水体天然水含有的物质种类不同，浓度各异，但它代表着天然水的水质状况，故称其为天然水体背景值或水环境背景值。

从宏观上看，化学物质在天然水体中是以溶解物质、胶体或悬浮状态 3 种形式存在的。水中的溶解物质主要是盐类的各种离子和气体，一般是直径小于或等于 1 nm 的微小颗粒，清澈透明，扩散很快，超显微镜下也看不见；胶体物质是许多分子和离子的集合物，包括无机胶体如铁、铝、硅的化合物，有机胶体如植物或动物的肢体腐烂和分解而生成的腐殖质，一般是直径为 0.001～0.1 μm 的微粒，扩散极慢，光照下可看到浑浊；水中的悬浮物是颗粒直径在 0.1 μm 以上的微粒，肉眼可见，这些微粒主要由泥沙、原生动物、藻类、细菌、病毒以及高分子有机物等组成，常常悬浮于水流之中，悬浮物是造成浊度、色度、气味的主要原因。表 1-1 列出了水体中各种物质的存在形态。

表 1-1　水体中各种物质存在形态

分类	主要物质
溶解物质	氧气、二氧化碳、硫化氢、氮气等溶解气体 钙、镁、钠、锰等离子的卤化物 碳酸盐、硫酸盐等盐类 其他可溶性有机物
胶体物质	硅、铝、铁的水合氧化物胶体 黏土矿物胶体 腐殖质等有机高分子化合物
悬浮物质	细菌、病毒、藻类及原生物、泥沙、黏土等颗粒物

严格地讲，水中真正以简单无机离子形式存在的元素是很少的，大多数是以水合离子、无机配离子等形式存在的。水体中元素存在形式主要有以下几类，详见表 1-2。

表 1-2　水体中元素及其存在形式

水体中元素存在形式	元素
游离离子和水合离子	NH_4^+、K^+、Na^+、$[Mg(H_2O)_6]^{2+}$、$[Fe(H_2O)_6]^{3+}$、Cl^-、HCO_3^-、CO_3^{2-}、SiO_3^{2-}等
无机配离子或无机配合物	$[Fe(HO)]^{2+}$、$[CdCl]^+$、$[Hg(SO_4)_2]^{2-}$、$[Ag(SO_4)_2]^{3-}$、$[Cu(CO_3)_2]^{2-}$、$[AlF_4]^-$、$[AlCl_6]^{3-}$、$[CaH_2PO_4]^+$、$MgH_3SiO_4^+$、CaH_2SiO_4 等
有机配合物和螯合物	RCOOM、氨羧螯合物等简单有机配位体形成的配合物等
金属与大分子有机物相结合的形式	M- 腐殖酸、M- 多糖、M- 类脂聚合物等
高度分散的胶体	FeOOH，$Fe(OH)_3$，Cr、Mn、Al 等水合氧化物溶胶，各种硫溶胶、硅酸溶胶等
吸着形式	离子、氧化物、碳酸盐、硫化物等都可以吸着的形式存在
与活体生物相结合的形式	含碘的藻类、富集镉和铬的贻贝、富含钒的海鞘等

资料来源：卢荣 . 化学与环境 [M]. 武汉：华中科技大学出版社，2008.

1.2.3　水质与水质指标

人们在生产、生活中利用水时，要求水必须达到一定的品质。由于水中各种组分及含量不同，水的感官性状（色度、气味、浊度等）、物理化学性质（温度、pH、电导率、放射性、硬度等）、生物组成（种类、数量、形态等）和地质情况不同，这种由水和其中所含杂质共同表现出来的综合特性即为水质。描述水质的参数就是水质指标，通常分为物理性状指标、化学性状指标、生物学指标和放射性指标四大类。

1.2.3.1 物理性状指标

（1）水温

水温是最常用的物理性状指标之一。水温直接影响水中生物生存、水体自净和人类对水的利用，天然水的温度因水源不同而异。地表水温度随季节和气候变化而不同，变化范围为 0～30℃；地下水温度一般比较稳定，变化范围为 8～12℃。

（2）色度

色度是对天然水或经处理后的各种水进行颜色定量测定的指标。纯水无色透明，溶解于水中的物质吸收白色光，同时发出特定波长的光，因而在水中形成了色度。色度可用来作为判别水质好坏和水处理设施效能高低的向导性快速指标。天然水中存在的腐殖质、泥土、浮游生物、铁和锰等金属离子均可使水体着色。废水中常含有大量染料、生物色素和有色悬浮微粒等，因此这类物质是环境水体着色的主要污染源。水的色度单位是度，即在每升溶液中含有 2 mg 六水合氯化钴（Ⅱ）和 1 mg 铂［以六氯铂（Ⅳ）酸的形式］时产生的颜色为 1 度。较清洁的地表水色度一般为 15～25 度，湖泊水可达 60 度以上，饮用水色度不超过 15 度。

（3）臭和味

洁净水体无臭，也无异味。无臭无味的水虽不能保证其不含污染物，但感观较好，水体中的臭和味主要来自生活污水和工业废水中的污染物、天然物质分解及与之有关的微生物活动，臭和味可以作为追查污染源的一种手段。

（4）浊度

水的浊度是指悬浮于水中的胶体颗粒产生的散射现象，表示水中悬浮物和胶体物对光线透过时的阻碍程度。浊度的标准单位是以 1 L 水中含有当于 1 mg 标准硅藻土形成的浑浊状况作为 1 个浊度单位，简称 1 度。浊度是用来判断水质好坏的一个表观特征。

1.2.3.2 化学性状指标

（1）pH

pH 是水中氢离子活度的负对数（$pH=-\lg[H^+]$），反映水的酸碱性质，天然水体的 pH 一般为 6～9。饮用水的 pH 要求在 6.5～8.5 范围内。pH 是水化学中常用的和最重要的检测项目之一。水体受污染时可能造成水体 pH 的明显变化。

（2）总固体

总固体是指水样在一定温度下蒸发干后的残留物总量，包括水中溶解性固体和悬浮性固体，由有机物、无机物和各种生物体组成。总固体越少，说明水质越清洁。

（3）矿化度

矿化度是水中所含无机矿物成分的总量。经常饮用低矿化度的水会破坏人体内碱金属和碱土金属离子的平衡，使人体产生病变，饮用水中矿化度过高又会导致结石症。矿化度一般只用于评价天然水中总含盐量，是农田灌溉用水适宜性评价的主要指标之一。对于无污染的水样，测得的矿化度与该水样在103～105℃时烘干的可滤残渣量相同。

（4）硬度

硬度是指溶于水中钙、镁盐类的总含量，以$CaCO_3$计，单位为mg/L，一般分为碳酸盐（钙、镁的重碳酸盐和碳酸盐）硬度和非碳酸盐（钙、镁的硫酸盐和氯化物等）硬度。也可分为暂时硬度和永久硬度，前者是指水经煮沸后，水中重碳酸盐分解形成碳酸盐而沉淀所除去的硬度，但由于钙、镁的碳酸盐并不完全沉淀，故暂时硬度往往小于碳酸盐硬度；永久硬度是指水煮沸后不能除去的硬度。

（5）含氮化合物

水体中的含氮化合物包括有机氮、氨氮、亚硝酸盐氮、硝酸盐氮和总氮，相互之间可以通过生物化学作用相互转化。有机氮是有机含氮物质的总称，主要源于动植物体的有机物。当水中的有机氮含量显著增高时，说明水体最近受到有机物污染。氨氮是水中以游离氨（NH_3）或铵离子（NH_4^+）形式存在的氮，是判断水体富营养化的重要指标之一。氨氮是含氮有机物（如人畜粪便）在微生物和氧作用下分解的中间产物。氨氮继续氧化，并在亚硝酸菌和硝酸菌作用下，可形成亚硝酸盐和硝酸盐，即氨的硝化。

（6）溶解氧

溶解氧（DO）是指溶解在水中的分子态氧，其含量与大气压力、水温及含盐量等因素有关。大气压力下降、水温升高、含盐量增加，都会导致DO降低。清洁地表水的DO量接近饱和。DO含量随水深增加而降低，特别是湖、塘等静止的水体更为显著。当水中有大量藻类、水生植物时，由于光合作用释放氧气，可使DO呈过饱和状态。当有机物污染水体或藻类大量死亡时，水中DO会被消耗，若消耗速度超过空气溶入水体的复氧速度时，则水中DO不断降低，甚至使水体进入厌氧状态，水质恶化。因此，水中DO含量可作为有机污染及其自净程度的间接指标。我国的河流、湖泊、水库DO一般大于4 mg/L，长江以南的一些河流一般较高，可达6～8 mg/L。当水中DO低于4 mg/L时，会使鱼类呼吸困难，导致渔业减产，水生态受损。

（7）生化需氧量

生化需氧量（BOD）是指在有溶解氧的条件下，好氧微生物在分解水中有机物的生物化学氧化过程中所需要的溶解氧量。水中有机物越多，BOD越高。生物氧化过程与水温有关。在一定范围内，温度越高，生物氧化作用越强烈，分解全部有

机物所需要的时间越短。为使BOD测定值具有可比性，国内外广泛采用的是在20℃培养5 d后，1 L水中减少的溶解氧量，即五日生化需氧量（BOD_5）。BOD_5是反映水体被有机物污染程度的综合指标，也是研究废水的可生化降解性、生化处理效果、生化处理废水工艺设计和动力学的重要参数。清洁水的BOD_5一般小于1 mg/L。

（8）化学需氧量

化学需氧量（COD）是指在一定条件下，水中各种还原性物质与强氧化剂（如$K_2Cr_2O_7$、$KMnO_4$）作用时所消耗的氧化剂的量，结果用mg氧/L表示。COD是测定水体中有机物含量的间接指标，代表水体中可被氧化的有机物和还原性无机物总量。COD是一个条件性指标，随着所用氧化剂和操作条件不同，得到的结果差异较大。只有氧化剂种类、浓度、加热方式、作用时间、pH大小等相同时，COD才具有可比性。根据氧化剂种类不同，可分为重铬酸钾法和高锰酸钾法。前者称为化学需氧量（COD_{Cr}），后者称为高锰酸盐指数（COD_{Mn}）。重铬酸钾法用于生活污水、工业废水和受污染水体的测定；高锰酸钾法仅限于测定地表水、饮用水和生活污水。

如果废水中有机物的组成相对稳定，则COD和BOD_5之间应该具有一定的比例关系。如果废水的BOD_5/COD大于0.3，一般认为是适宜于采用生物化学处理方法的，并且比值越大可生物处理性越强。

（9）总有机碳

总有机碳（TOC）是以碳的含量表示水体中有机物总量的综合指标。它比BOD或COD更能直接反映有机物的总量。但是，TOC只能相对表示有机物的含量，不能反映水中有机物的种类与组成，也不能说明有机污染的性质。

（10）氯化物

氯化物存在于绝大多数水和废水中。天然淡水中氯离子含量较低，为几十毫克每升；在海水、盐湖及某些地下水中，氯离子含量可高达数十克每升。通常，氯离子的含量随水中矿物质的增加而增多，如近海或流经含氯化物地层的水体，氯化物含量较高。在同一地区内，水体中氯化物含量比较稳定，当氯化物含量突然增加时，表明水体有可能被人畜粪便、生活污水或工业废水等污染。

1.2.3.3 生物学指标

生物与环境之间存在相互依赖和相互制约的关系。水环境中存在大量的水生物群落，当水体条件改变时，可根据水生生物对环境变化的反应判断水质状况。水中大部分微生物对水体卫生不会产生影响，只有少数病原微生物对水体卫生具有重要意义。为了判断水质的微生物学性能，常常选取能够代表微生物污染状况的菌种即水体指示菌进行检测。目前，常用的水体指示菌指标为细菌总数和总大肠菌群，前者反映水体受微生物污染的总体情况，后者反映受病原微生物污染的情况。

（1）细菌总数

细菌总数是指 1 mL 水在普通琼脂培养基中经 37℃培养 24 h 后生长的细菌菌落数。它是反映饮用水、地表水等受生物性污染程度的指标，通常情况下污染越严重水的细菌总数就越多。但是，这个指标是在实验条件下测得的，它只能说明在这种条件下适宜生长的细菌数，不能代表水中所有的细菌数，更不能指示出有无病原菌存在。因此，细菌总数只能作为水被微生物污染的参考指标。

（2）总大肠菌群

总大肠菌群是一群需氧及兼性厌氧菌，在 37℃生长时能使乳糖发酵，是一种能在 24 h 内产酸、产气的革兰阴性无芽孢杆菌。它既包括人和温血动物粪便中存在的大肠菌群，也包括存在于土壤、水、植物等其他环境中的大肠菌群。粪大肠菌群是培养于 44.5℃条件下生长繁殖、发酵乳糖、产酸产气的大肠菌群。由于自然环境中生活的大肠菌群在 44.5℃时不能生长，所以二者相比，粪大肠菌群更能直接反映水体被人和温血动物粪便所污染的程度。

有研究表明，某些肠道病毒对氯的抵抗力往往比大肠菌群强，有时水质的大肠菌群数虽然符合规定要求，但仍可检出病毒。因此，应用大肠菌群作为水质在微生物学上是否安全的指标仍有不足之处。尽管如此，目前大肠菌群仍不失为一种较好的粪便污染指示菌。

1.2.3.4 放射性指标

大多数水体在自然状态中都含有极微量的天然放射性物质如铀、镭、氡等，通常以测定每升水中总 α 放射性和总 β 放射性含量来作为水质的放射性性状指标。放射 α 射线的核素有钍（^{232}Th）、镭（^{226}Ra）、铀（^{234}U）等，其丰度与地质条件有关。放射 β 射线的核素有钴（^{60}Co）、锶（^{90}Sr）、碘（^{131}I）、铯（^{134}Cs 和 ^{137}Cs）等，此类核素与人类活动有关。

1.3 水体污染与水环境治理

1.3.1 水体污染源和污染物

1.3.1.1 水体污染

在自然情况下，天然水的水质也常有一定变化，但这种变化是一种自然现象，并非水污染。自然环境对污染物质都具有一定的承受能力，即环境容量。在水体环境容量范围以内，经过水体的物理、化学和生物作用，排入的污染物质的浓度和毒性随着时间的推移在向下游流动的过程中自然降低不会对自然生态及人类造成明显影响，这就是所谓的水体自净作用。但当排入水环境中的污染物含量超出了水体的自净和纳污能力时，水体及其底泥的物理、化学性质和生物群落组成会发生不良变化，破坏水体功能并影响经济发展和人民生活，这种状况称为“水体污染”。水体被污染后，产生如下水质恶化特征。

①水体理化性质恶化，大多数水生生物不能生存，如 pH 过低或过高（pH＜6.5 或 pH＞8.54）；氮、磷等植物营养增加导致水体富营养化；溶解氧下降甚至耗尽；有机物进行厌氧分解，水体变黑发臭；酚、氰、砷等有毒、有害物质在水中浓度上升。

②一些物质因发生化学变化毒性加强，例如三价铬变六价铬；五价砷变三价砷；无机汞经生物作用产生甲基汞等。另一些物质，如重金属、难分解的有机物质等被生物捕食或富集，进入食物链。

③生物群落结构被破坏，导致生物群落结构脆弱，往往经不住外来压力的冲击，生态系统平衡易遭破坏。

1.3.1.2 水体污染源

向水体排放或释放污染物的来源和场所称为水体污染源，这是造成水体污染的罪魁祸首，可以从不同角度对水体污染源进行分类。

（1）按污染源的形态分类

①点污染源：集中在一点或可当作一点的小范围，实际上多由管道收集后进行集中排放（有组织集中排放），其变化具有季节性和随机性。城市生活污水（特点：悬浮态或溶解态有机物种类多；氮、磷、硫等无机盐浓度高；含多种微生物）和工业废水（特点：污染物浓度大、成分复杂且不易净化，有颜色或异味，水量和水质变化大，有的水温高）一般属于点源污染。点污染源排放污水的方式主要有 4 种：直接排放进入水体、经下水道与城市生活污水混合后排入水体、用排污渠将污水送至附近水体、经渗井排入。

②线污染源：指输油管道、污水沟道及公路、铁路、航线等线状污染源。线污染源的危害低于点污染源，但一旦形成污染源，其后果也是极其可怕的。

③面污染源：污染物排放一般分散在一个较大的范围，通常表现为无组织性（无组织任意排放），其排放规律服从农作物的分布和管理。属于面污染源的有农用排水（如灌溉水排放）；大气沉降物（大气中含有的污染物随降水进入地表水体，如酸雨、风刮起泥沙、粉尘进入水体）；工业废渣和城市垃圾（四处堆放后通过降水、淋溶进入地下水和地表水）。

（2）按水体污染的成因分类

自然污染源指由自然因素引起水污染的来源和场所，如特殊的地质条件、森林

地带、爆发的火山等。

人为污染源是由人类的社会、经济活动所形成的污染源。

自然污染源对水体的影响比人为污染源小一些。人为污染源产生污染的频率高、数量大，种类多、危害深，是造成水体污染的主要原因。

（3）按排放污染物的时间分布分类

按污染源排放污染物在时间上的分布特征分为连续排放污染源、间断排放污染源和瞬时排放污染源等。

尽管有的污染源连续地排放污染物，但其排放的污染物的种类与数量在时间分布上仍不均匀，故可分为连续均匀性排放污染源与连续不均匀性排放污染源两类。瞬时排放污染源多为事故性排放污染物的场所或设施等，其发生概率可能较低，但一旦发生事故，会在极短的时间内将大量的污染物排入水体，在发现后很可能已经造成了不可估量的损失，所以绝对不可因其发生概率低而掉以轻心。

1.3.1.3 水体污染物

凡是使水体的水质、底质、生物质等恶化的各种物质或能量均可能成为水体污染物。从环境保护角度出发，可以认为任何物质若以不恰当的数量、浓度、速率、排放方式进入水环境，均可造成水环境污染，成为水环境污染物。尽管有的污染物原本是人类生产和生活中必需的物质，但由于未充分利用或大量排放，也可能变成环境污染物，所以水环境污染物包括的范围非常广泛。根据污染形成的性质，可以将水污染分成物理性污染、化学性污染和生物性污染 3 类。

（1）物理性污染

物理性污染一般容易被人的感官所察觉，主要有热污染、固体悬浮物、色度污染、臭味污染及放射性污染等。

①热污染

热污染是一种能量污染，多由工矿企业向水体排放高温废水造成，热污染导致水温升高，会影响鱼类的生存和繁殖，加速耐温性植物如蓝藻、绿藻和浮游植物的生长，加速生物化学反应，一些重金属还可在微生物的作用下转化成金属有机物，产生更大的毒性。

②固体悬浮物

固体悬浮物指水中的不溶性物质，它们是由生活污水、垃圾和采矿、建筑、食品加工、造纸等产生的废物排入水中或农田的水土流失所引起的。固体悬浮物使水的浊度增加，恶化水的感官性状，还可吸附水中的病原体如细菌、病毒等。当浊度较高的水体作为饮用水水源时，会加大饮用水净化的难度，影响饮用水消毒的效果，从而增加以水为媒介的传染病传播的危险。

③色度污染

色度是一项感官性指标，水体通常会呈现不同颜色。城市污水，有色工业废水，如印染、造纸、农药、焦化及有机化工废水进入水体后，使水体产生颜色变化，引起人们感官不悦。由于色度加深，水体的透光性减弱，影响水生生物的光合作用，抑制其生长繁殖，从而阻碍水体的自净作用。

④臭味污染

水体恶臭多属于有机质在缺氧状态腐败发臭产生的，其危害是使人憋气、恶心，使水产品无法食用，水体失去旅游功能。

⑤放射性污染

水体中的放射性物质分为天然和人工两类。天然地下水和地表水中，常常含有某些放射性同位素，如铀（^{238}U）、镭（^{226}Ra）、钍（^{232}Th）等。人工放射性物质主要来自核生产废物、各类医疗和研究单位的排水等，对人体有重要影响的放射性物质有锶（^{90}Sr）、碘（^{131}I）、铯（^{134}Cs 和 ^{137}Cs）等。放射性污染会导致生物畸变，破坏生物的基因结构甚至致癌；放射性物质可通过接触或饮水进入人体产生外照射或内照射，引发肿瘤等多种疾病。有些放射性物质半衰期长，很难处理。

（2）化学性污染

化学性污染按污染物的种类可分为无机污染物和有机污染物。其中无机污染物又分为酸碱、无机盐、氮、磷和重金属污染物等；有机污染物可分为耗氧（需氧）有机物、毒性有机物、石油类污染物等。

①无机污染物

a. 酸、碱污染

矿山排水、黏胶纤维工业废水、钢铁厂酸洗废水及染料工业废水等常含有较多的酸。碱性污染则主要来自造纸、炼油、制革和制碱等工业。酸、碱污染会使水体的 pH 发生变化，水体遭到酸、碱污染后，当 pH 小于 6.5 或大于 8.5 时，水中微生物的生长就会受到抑制，水体自净能力受到阻碍。酸、碱可以改变物质的存在形态，还可腐蚀水下各类设备及船舶。水体长期受到酸、碱的污染将使生态系统受到影响，使水生生物的种群发生变化、减产甚至绝迹。

b. 无机盐污染

各种溶于水的无机盐类，如氯化物、硫酸盐等虽然不属于毒性物质，但是浓度过高会造成水体含盐量增高，若这类水体作为水源水或者饮用水，则会表现为味道苦咸涩口，甚至引起腹泻，危害人体健康；采用这种水进行灌溉时，会使农田盐渍化。

c. 氮、磷污染

生活污水和某些工业废水中常含有一定数量的氮、磷等植物营养物质，农田径

流中也常挟带大量残留的氮肥、磷肥。这类营养物质排入湖泊、水库、港湾等水流缓慢的水体，会提高各种水生生物活性，刺激它们异常繁殖，造成藻类大量繁殖，这种现象被称为富营养化。藻类的大量生长覆盖了大片水面，减少了鱼类的生存空间。藻类死亡腐败后会消耗溶解氧，并释放出更多的营养物质。如此恶性循环，最终将导致水质恶化、鱼类死亡、水草丛生、湖泊衰亡。

d. 无机有毒污染物

无机有毒污染物如氰化物、硫化物、氟化物等，对人类及生态系统会产生直接的毒害或长期积累性损害。有的进入人体后毒性急性发作，有的毒性作用在人体内长期富集和沉积达到一定浓度后，才显示症状。

e. 重金属污染物

重金属物质如汞（Hg）、镉（Cd）、铅（Pb）、铬（Cr）等是水体中常见的危害较大的污染物。电镀工业、冶金工业和化学工业等排放的废水中往往含有各种重金属元素。重金属排入水体中不能被微生物降解，而会发生各种形态相互转化、分散和富集。由于重金属容易发生价态变化，在水中常发生各种化学反应，很不稳定；价态不同，其活性与毒性不同。重金属除被悬浮物带走以外，也会因吸附沉淀作用而富集于排污口附近的底泥中，成为长期的次生污染源；水中各种无机配位体和有机配位体会与其生成络合物或螯合物，导致重金属有更大的溶解度，使已沉入底泥的重金属重新被释放出来。

②有机污染物

水体中的有机污染物种类极多，从环境工程的角度可将水体中的有机污染物分为耗氧有机污染物、有毒有机污染物和石油类污染物。

a. 耗氧有机污染物

耗氧有机污染物是指一些天然存在的碳水化合物、蛋白质、油脂、木质素等无毒有机物质。这些物质以悬浮或溶解状态存在于污水中，需要通过微生物的生物化学作用而分解。在分解过程中，需要消耗水体中的溶解氧，因此这类污染物也被称为需氧有机污染物。这类污染物产生的主要危害是造成水中溶解氧减少，影响鱼类和其他水生生物生长。当水中溶解氧耗尽后，有机物将进行厌氧分解，在分解的过程中会产生硫化氢、氨和硫醇等物质，气味非常难闻，并且使水质进一步恶化。耗氧有机污染物主要来自城乡生活污水和工业废水（如造纸、食品、印染、制革、焦化、石油化工等）。

b. 毒性有机污染物

毒性有机物品种繁多，且随着现代科技的发展而迅速增加。典型的毒性有机物有有机农药、多氯联苯、多环芳烃、芳香胺类、酚类、腈类等。有些物质引起急性中毒，有些则导致慢性病，而有些已被证明是致癌、致畸、致突变物质。有机毒物

主要来自焦化、染料、农药和塑料合成等工业排放的废水，农田径流中也有残留的农药。这些有机物大部分具有较大的分子和较复杂的结构，不易被微生物降解，在环境中不易除去。

c. 石油类污染物

水体中石油类污染物的来源有运油船的石油泄漏、沿海的石油工业废水、海上石油开采业的“三废”等。据报道，每年通过各种途径排入海洋的石油类污染物达几百万吨至上千万吨。每滴油在水面上能够形成 0.25 m^2 的油膜，每吨石油可覆盖 500 万 m^2 的水面。石油类污染物的危害是多方面的，油膜的存在对海洋、水域造成的危害是：阻碍水体与大气之间的气体交换，致使水中缺氧，影响鱼类生存和水体自净；油膜能吸收 80% 的阳光，使表面水温比日常高 3℃左右，阻碍空气和海洋的热交换，影响区域水文气象条件；对海洋生物的影响最大，油类会黏附在鱼类、藻类和浮游生物上，致使海洋生物死亡，并破坏海鸟生活环境，导致海鸟死亡和种群数量下降。石油污染还会使水产品品质下降，造成经济损失。

（3）生物性污染

水体的生物性污染主要包括水中藻类等生物体和一些病原微生物造成的污染。

①藻类

水体发生富营养化造成藻类疯长，每升水中藻类或细菌总数可达几百万个。水体中有些藻类会产生毒素，对人体健康造成危害，例如湖泊富营养化时蓝藻产生的藻毒素。

赤潮通常是海水中某些藻类在一定环境条件下爆发性增殖造成的，水体颜色因藻类的种类不同而呈红、黄、绿或褐色等。赤潮发生时会造成海水 pH 升高，黏稠度增大，改变浮游生物的群落结构。当藻类过度密集而死亡腐败时，又会造成海域大面积的缺氧，致使许多需氧生物窒息死亡，特别是底栖生活的虾、贝类受害程度更加严重；某些赤潮生物排出的分泌黏液及藻类死亡分解产生的黏液能附着于贝类和鱼类的鳃上，造成它们呼吸困难，甚至致死。赤潮生物会产生大量的有害气体和毒素，毒害水生生物，促使海水变色、变质，破坏原有的生态系统结构与功能。人类误食受赤潮污染的鱼、虾、贝类等，会产生中毒现象。

水华是淡水中藻类大量繁殖的现象，水体呈蓝、绿或暗褐色，主要发生在流动不畅的湖泊、水库等水体。水华严重影响鱼类生存，会造成鱼类大量死亡。此外，水华还对饮水安全造成威胁。

②病原微生物

病原微生物又称病原体、病原生物，是会引起疾病的微生物和寄生虫的总称，主要来自生活污水、医院废水、屠宰业废水等。病原微生物主要有细菌（如痢疾杆

菌）、病毒（如流感病毒）和寄生虫（如疟原虫）。水体受病原微生物污染后，会通过饮用、接触等途径引起传染病暴发流行，危害人体健康。最常见的疾病包括霍乱、伤寒、痢疾、甲型病毒肝炎、隐孢子虫病等肠道传染病及血吸虫病等寄生虫病。很多疾病的传播与水体病原微生物污染有关。世界卫生组织的研究资料表明，当前发展中国家每年约有12亿人口因饮水不安全而患病，有400多万儿童死于水传播性疾病，约有15%的儿童在5岁前死于腹泻，全球每年死于腹泻的幼儿为50万～180万例。在水环境中，各类污染往往同时存在又相互影响或耦合，在环境治理时应予以综合考虑。

1.3.1.4　水污染对水生态系统的损害

水污染对水生态系统的损害具体表现如下。

（1）对水生生物的直接损害

有些污染物对水生生物有毒害作用，它们能直接杀死水生生物或者影响其代谢、生理活性以及它们的遗传或生殖能力，从而威胁在一个既定的水生系统中一些正常的生物种群的延续。此外，有的物质被某些初等生物接触和吸收后并没有明显的影响，但是它们能在有机体中富集并且在食物链中逐级传递放大最后使高级消费者中毒。

（2）对水生生物群落结构与功能的影响

正常水体具有协调的群落结构和功能。当水体受到污染时，敏感种类消失，耐污种类数量增加，群落结构被改变或破坏，功能失调。水体污染对水生生物群落结构的影响可归结为：耐污物种比例增加；生物群落结构改变；生物寿命缩短；食物链缩短；生物多样性降低。

（3）对水生态系统服务功能的影响

水生态系统不仅为人类提供食品、医药及其他生产生活原料，还维持地球生命系统，为人类的生存提供所必需的环境条件。水生态系统服务功能包括合成有机质、保护生物多样性、调节水循环、控制有害生物、净化环境和休闲娱乐。污染严重的水体丧失部分或全部服务功能价值，对人类生理和心理也会产生一定的影响。

综上所述，水体中污染物种类繁多，按污染来源的性质分为物理性污染、化学性污染及生物性污染，表1-3对水体污染物分类及污染特征进行了归纳。

表 1-3 水体污染物及污染特征

污染性质		污染类型	污染物	污染特征	污染物来源
物理性污染		热污染	热量	升温、缺氧、富营养化和加速生化反应	电站、冶金、石油、化工等
		固体悬浮物	泥、沙、渣屑、漂浮物	浑浊	地表径流、农田排水、生活污水、工业废水
		色度	腐殖质、色素、燃料、铁锰	染色	食品、印染、造纸、冶金等工业废水
		臭味	酚、氨、胺、硫醇、硫化氢	恶臭	食品、制革、炼油、化工、农肥等
		放射性	锶（^{90}Sr）、碘（^{131}I）、铯（^{134}Cs 和 ^{137}Cs）等	破坏生物的基因结构和致癌等	核生产废物、各类医疗和研究单位的排水等
化学性污染	无机污染物	酸碱污染	酸或碱	pH 异常	矿山、石油、化工、造纸、电镀、酸洗工业
		无机盐污染	氯化物、硫酸盐等	含盐量增高、味道苦咸、农田盐渍化	食品、化工、制药、造纸、水泥等工业废水
		氮、磷污染	氮、磷等植物营养物质	水体富营养化	石油化工、化肥、养殖等，磷矿开采，洗涤剂等
		无机有毒物	氰、硫、氟等	毒性	化工、火电、农药、化肥等
		重金属污染物	汞、镉、铅、铬	毒性	电镀、冶金和化学工业等
	有机污染物	耗氧有机污染物	碳水化合物、蛋白质、油脂、木质素等	耗氧、缺氧	生活污水和造纸、食品，印染、制革、焦化、石油化工等工业废水
		毒性有机污染物	有机农药、多氯联苯、多环芳烃、芳香胺等	毒性，严重时水中无生物	焦化、染料、农药和塑料合成等工业废水
		石油类	石油及其制品	形成油膜，水体缺氧，水生物和鸟类死亡	石油开采、石油泄漏、炼油等
生物性污染		病原微生物	细菌、病毒和寄生虫	导致水传播性疾病	生活污水、医院废水、畜牧、制革、屠宰业废水等
		藻类污染	氮、磷	富营养化、恶臭	化肥、化工、食品等工业废水，生活污水，农田排水

1.3.2 水体自净与污染物的迁移转化

1.3.2.1 水体的自净能力

自然水体对污染物都有一定的承受能力，水体通过物理、化学和生物等方面的作用使排入的污染物浓度和毒性随时间的推移逐渐降低，经过一段时间后水体将恢复到受污染前的状态，这种现象被称为水体自净。水体自净是水体的一种自我净化过程，是水体生命力的体现。但是水体的自净能力是有限度的，影响水体自净能力的主要因素包括水体的地形和水文条件、水中微生物的种类和数量、水温和复氧情况以及污染物的性质和浓度等。水体自净的原理包括物理净化（稀释、混合、吸附和沉淀等）、化学净化（氧化还原、分解化合等）和生物净化（生物分解、转化和富集等），各种作用同时发生又相互影响。

（1）物理净化

物理净化是指污染物的浓度由于稀释、混合和沉淀等过程而降低。污水进入水体后，污染物被固体吸附或者可沉性固体在水流较弱的地方逐渐沉入水底形成污泥，水体变清，水质有所改善。但是当水体流量增大或者底泥被搅动时，会使已沉淀的污染物再次悬浮于水中，造成水体的二次污染。此外悬浮体、胶体和溶解性污染物的浓度会因稀释作用逐渐降低。污水稀释的程度通常用稀释比表示；对河流来说，用参与混合的河水流量与污水流量之比来表示。污水排入河流经相当长的距离才能达到完全混合，因此这一比值是变化的。达到完全混合的距离受许多因素的影响，主要有稀释比、河流水文情势、河道弯曲程度、污水排放的位置和形式等。在湖泊、水库和海洋中影响污水稀释的因素还有水流方向、风向和风力、水温和潮汐等。

（2）化学净化

化学净化是指污染物由于氧化还原、酸碱反应、分解化合和吸附凝聚等化学或物理化学作用，污染物的性质发生改变，使浓度、毒性降低。例如大气中的氧气溶入水体，使水体中铁、锰等重金属离子氧化，生成难溶物质析出沉淀。某些元素在酸性环境中，形成易溶化合物，随水迁移而被稀释；在中性或碱性条件下，某些元素形成难溶化合物而沉淀。天然水中的胶体和悬浮物质微粒，吸附和凝聚水中污染物，随水流移动或逐渐沉降。化学净化过程改变了污染物的绝对量，但污染物在水体中发生的化学反应可生成减毒或增毒的两种产物，特别是后者应引起高度重视。

（3）生物净化

生物净化又称生物化学净化，是地表水自净作用中最重要和最活跃的过程。在

江河、湖泊和水库等地表水体中，生活着大量的细菌、真菌、藻类、浮游生物、水生植物和各种鱼虾贝类等水生生物。工业有机废水和生活污水排入后，在充足的溶解氧存在的条件下，一部分有机物被分解为水、二氧化碳、硝酸盐等无机物；另一部分在生物合成代谢作用下转化为细菌机体，细菌又成为高等生物的食料，有机物逐渐转化为无机物和高等生物，水体得到自净。同时，水中某些微生物种群和水生植物还可以吸收并富集水体中的汞、镉、锌等重金属或生物难降解的人工合成有机物，使水质逐步得到净化。但如果水体中有机物过多，氧气消耗量大于补充量，水中溶解氧不断减少，有机物由好氧分解转为厌氧分解，产生硫化物、氨、甲烷等，于是水体变黑发臭，水质恶化。

污水中的致病微生物进入水体后，会由于阳光紫外线照射、生物间的拮抗作用、噬菌体的噬菌作用以及环境条件不适宜等因素的影响而逐渐死亡。寄生虫卵进入水体后，除血吸虫卵、肺吸虫卵、姜片虫卵等能在水中孵化外，其他虫卵则沉入水底，逐渐死亡。

生物净化是水体的主要净化途径，对减轻水体的有机物污染至关重要。因此，合理利用水体中微生物对有机污染物的降解特性，是目前污水处理的重要技术手段。

1.3.2.2 污染物的迁移

污染物的迁移指污染物从一点转移到另一点，或从一种环境介质转移到另一环境介质中的过程。它包括污染物随水流机械迁移的过程，在重力作用下的沉降过程，污染物被固体颗粒物和胶体物吸附和凝聚的过程，以及通过水生生物的吸收、代谢、死亡以及食物链的传递过程。水流、悬浮物质和水生生物是水环境污染物迁移的过程中重要的 3 种介质。

①水流的扩散作用：废水中的污染物进入流动的水体后，沿水体流动方向，迅速向纵、横、竖三个方向扩散，将污染物向下游推移和转运。

②悬浮物的吸附作用：有毒金属和很多有机化合物常与悬浮颗粒和水底沉积物紧密结合，因而颗粒物常常是有毒金属和有机化合物的主要迁移介质，并且这些物质在颗粒物和沉积物中的浓度常常比其在水相中高得多。

③水生生物的蓄积作用：水环境中的生物体往往通过生物蓄积、生物浓缩和生物放大作用而使某种元素或难分解化合物从水相转移到生物体和污染物在生物间传递。

1.3.2.3 污染物的转化

污染物的转化指污染物在水体中发生的物理、化学（光化学）和生物学作用，

其固有的理化特性、生态和毒性作用都发生了改变。污染物的物理转化可通过转移、蒸发、渗透、凝聚、吸附以及放射性元素的衰变来实现；化学转化主要指污染物通过水解、络合、氧化和还原等作用发生化学反应；光化学转化是指有机化合物在水环境中吸收了光能而发生的分解过程；生物转化一般是指水环境中的有毒污染物通过微生物的参与或是生物的代谢转变成无毒或低毒化合物的过程。水环境中的微生物对有机污染物的生物降解起着关键性的作用，从简单有机物如单糖到复杂有机物如农药、多环芳烃等均可在不同条件下被微生物利用、降解以及彻底分解成最简单的无机物。此外，微生物也可参与矿物质的转化，如一些微生物能将无机汞转化成有机汞，也有的微生物能使有机汞或无机汞还原为元素汞。这些过程导致污染物的毒性有所改变但改变方向并不明确，有时会导致毒性降低，有时可能导致毒性升高。

1.3.2.4 污染物的生物富集

生物富集指水中的污染物通过某种生物学作用，在水环境中浓度逐步升高，毒性逐步增加的过程。一般可分为生物蓄积、生物浓缩和生物放大 3 种作用。生物蓄积是指污染物在水中生物体内随其个体发育，浓度逐渐增加的过程。生物浓缩指由于水生生物自身的代谢机制使某种污染物在生物体内的浓度明显大于水环境的浓度。生物放大是指污染物通过水生食物链的不断传递，在较高营养级的生物体内浓度逐步增加的过程。生物放大作用是与食物链有关的，但需要强调的是，生物体内污染物浓度的增加还与生物蓄积作用和生物浓缩作用有关，这 3 种作用相互联系又相互区别，其结果是使水生生物体内污染物的浓度逐步升高，对人体的潜在危害逐步增加。

1.3.3 水环境治理

1.3.3.1 水环境治理的目标

人类从自然界取水、净水、供水、使用到使用后污水的收集、处理、排放的过程，构成了人类用水的社会循环。水环境污染已成为世界上重要的环境问题，所以对水环境进行合理利用和保护，是环境保护和研究的主要内容，水环境治理的主要目标是：

①确保地表水和地下饮用水水源地的水质，为向居民供应安全可靠的饮用水提供保障。

②恢复各类水体的使用功能和生态环境，确保自然保护区、珍稀濒危水生动植物保护区、水产养殖区、公共游泳区、水上娱乐体育活动区、工业用水取水区和农

业灌溉等水质，为经济建设提供合格水资源。

③保持景观水体的水质，美化人类居住区的宜人景色。

1.3.3.2 水环境治理的主要内容和任务

地球上的水资源是有限的，而水污染减少了可用的水资源。为了保护水资源、改善水环境必须对水环境进行治理。我国水环境治理的主要内容和任务包括：

①制定区域、流域或城镇的水污染防治规划，在调查分析现有水环境质量及水资源利用需求的基础上，明确水污染防治的任务，制定相应的防治措施。

②加强对污染源的控制，包括工业污染源、城市居民区污染源、畜禽养殖业污染源以及农田径流等面源污染源，采取有效措施减少污染源排放污染物的量。

③对各类废水进行妥善的收集和处理，建立完善的排水管网及污水处理厂，使污水排入水体前达到排放标准。

④开展水处理工艺的研究，满足不同水质、不同水环境的处理要求。

⑤加强对水环境和水资源的保护，通过法律、行政、技术等一系列措施，使水环境和水资源免受污染。

1.3.3.3 我国的水环境法规与标准

水环境质量控制和监督管理的依据是配套的法规和标准。没有法规和标准作为衡量准则，水污染控制就成了抽象的条文。为此，我国出台了《中华人民共和国环境保护法》《中华人民共和国水污染防治法》等法律。在建设项目环境管理制度上还提出了“三同时”制度，即“建设项目需要配套建设的环境保护设施必须与主体工程同时设计、同时施工、同时投产使用”的规定，从而达到控制新污染源产生、加快老污染治理、保护生态环境的目的。对于已有的工业污染源，实行“一控双达标”管理，即“控制污染总量，使环境功能区达标，所有工业污染源排放污染物达标”。

（1）我国的环境保护立法

我国针对水污染防治的立法主要有《中华人民共和国水法》《中华人民共和国环境保护法》《中华人民共和国水污染防治法》，实施细则有《水污染物排放许可证管理暂行办法》《污水处理设施环境保护监督管理办法》《饮用水水源保护区污染防治管理规定》等。基本内容可以概括为以下几个方面。

①关于水污染防治原则的规定包括：水污染防治与水资源开发利用相结合的原则、水污染防治与企业的整顿和技术改造相结合原则、严格保护生活饮用水等原则。

②关于国务院有关部门和地方各级人民政府水污染防治职责的规定。

③关于水污染防治监督管理体制的规定。

④关于水污染防治监督管理制度的规定。

⑤关于综合性水污染防治措施的规定。

⑥关于防治地表水污染的规定。

⑦关于防治地下水污染的规定。

（2）我国的水质标准

为了贯彻落实《中华人民共和国环境保护法》和《中华人民共和国水污染防治法》，防治水环境污染，保障人民身体健康，我国制定了较详细的水环境标准，供规划、设计、管理、监测等部门遵循。现行的水环境标准体系包括水环境质量标准、水污染物排放标准、水环境基础标准、水监测分析方法标准和水环境标准样品标准五类（可参见水环境标准目录）。水质标准是环境标准的一种，是对不同水体的水质指标作出的定量规范。在环境工程实践中遇到的有关水质标准有两类。一类是国家正式颁布的统一规定，如由国家卫健委颁布的《生活饮用水卫生标准》（GB 5749—2022），由国家环境保护总局2002年修订并颁布的《地表水环境质量标准》（GB 3838—2002），国家环境保护局1996年颁布的《污水综合排放标准》（GB 8978—1996）及由生态环境部与国家市场监督管理总局联合发布的《农田灌溉水质标准》（GB 5084—2021）等。这些标准中对各项水质指标都有明确的要求尺度和界限，是一种法定的要求，具有指令性和法律性，有关部门、企业和单位都必须严格遵守。另一类是各用水部门或研究设计单位为进行各项工程建设或工艺生产操作，根据必要的试验研究或一定的经验所确定的各种水质要求，如《无公害食品　畜禽饮用水水质》（NY 5027—2008）、《纺织染整工业回用水水质》（FZ/T 01107—2011）等。这类水质要求只是一种必要的和有益的参考，并不具有法律效力。通常把前一类由国家或政府正式颁布的统一规定称作水质标准，而把后一类由各行业部门建立的参考规定称为水质要求或推荐标准。

按水质标准的性质和适用范围不同大致可划分为3类：用水水质标准、水环境质量标准和废水排放标准。

①用水水质标准

a. 饮用水水质标准

饮用水直接关系人民日常生活和身体健康，因此供给居民以良质、足量的饮用水是最基本的卫生条件之一。《生活饮用水卫生标准》（GB 5749—2022）规定生活饮用水水质要求、相关的卫生要求及水质检测，适用于城乡各类集中式供水以及分散式供水的生活饮用水。

b. 工业用水水质标准

工业用水种类繁多，不同的行业、不同的生产工艺过程、不同的使用目的有不同的水质要求。各行业都相继制定了本行业的工业用水标准，并不断修订完善。

②水环境质量标准

为保障人体健康、维护生态平衡、保护水资源、控制水污染，根据国家环境政策目标，对各种水体规定了水质要求。

a. 地表水环境质量标准

由于地表水体的水质直接影响水资源的合理开发和有效利用，因此保护地表水体免受污染是整个环境保护工作的重要内容之一。《地表水环境质量标准》（GB 3838—88）[①] 中依据地表水水域使用目的和保护目标，将水域划分为 5 类。

Ⅰ类：适用于源头水、国家自然保护区。

Ⅱ类：适用于集中式生活饮用水水源地一级保护区、珍贵鱼类保护区、鱼虾产卵场等。

Ⅲ类：适用于集中式生活饮用水水源地二级保护区，一般鱼类保护区及游泳区。

Ⅳ类：适用于一般工业用水区及人体非直接接触的娱乐用水区。

Ⅴ类：适用于农业用水区及一般景观要求水域。

对同一水域兼有多类功能的，依最高功能划分类别。有季节性功能的，可分季节划分类别。不同功能的水域执行不同的标准值。

b. 地下水环境质量标准

随着我国工业化进程加快，地下水中各种组分正在发生变化，我国修订并颁布的《地下水质量标准》（GB/T 14848—2017），依据我国地下水质量情况和人体健康风险，参照生活饮用水、工业、农业用水质量要求，根据各组分含量的高低分为 5 类：

Ⅰ类：地下水组分含量低，适用于各种用途。

Ⅱ类：地下水组分含量较低，适用于各种用途。

Ⅲ类：地下水组分含量中等，主要适用于集中式生活饮用水水源及工业用水。

Ⅳ类：地下水组分含量较高，以农业和工业用水质量要求以及一定的人体健康风险为依据，适用于农业和部分工业用水，适当处理后可作为生活饮用水。

Ⅴ类：地下水组分含量高，不宜作为生活饮用水水源，其他用水可根据用水目的选用。

③废水排放标准

污染物排放标准是国家对人为污染源排入环境的污染物的浓度或总量所作的限量规定。其目的是通过控制污染源排污量的途径来实现环境质量标准或环境目标。

a. 一般排放标准

一般排放标准有《污水综合排放标准》（GB 8978—1996）和《城镇污水处理厂污染物排放标准》（GB 18918—2002）。

---

① 《地表水环境质量标准》（GB 3838—88）现已废止，但 5 类水域划分仍具有重要意义。

《污水综合排放标准》（GB 8978—1996）适用于排放污水和废水的一切企事业单位。标准按地表水域使用功能要求和污水排放去向，对向地表水域和城市下水道排放的污水，规定分别执行一、二、三级标准。它还将排放的污染物按其性质分为两类：一类污染物是指能在环境和动植物体内蓄积，对人体健康产生长远不良影响者，如汞、镉、铬、铅、砷、苯并 [*a*] 芘等；另一类污染物是指长远影响小于前者的。各类污染物都分别列出了最高允许排放浓度。

对于特殊保护区域，即《地表水环境质量标准》（GB 3838—88）中的Ⅰ、Ⅱ类水域，如城镇集中式生活饮用水水源地一级保护区，国家划定的重点风景名胜区水体、珍贵鱼类保护区、有特殊经济文化价值的水体保护区及海水浴场水体，不得新建排污口。现有的排污单位由地方环保部门从严控制，以保证受纳水体水质符合规定用途的水质标准。

对于重点保护水域，即上述Ⅲ类水域和《海水水质标准》中的第二类水域，如城镇集中式生活饮用水水源地二级保护区、一般经济渔业水域、重要风景游览区和水产养殖场等，对排入本区水域的污水执行一级排放标准。

对于一般保护水域，即上述Ⅳ、Ⅴ类水域和《海水水质标准》中的第三类水域，如一般工业用水区、景观用水区及农业用水区、港口和海洋开发作业区，排入本区水域的污水执行二级排放标准。

对排入城镇下水道，并进入二级污水处理厂进行生物处理的污水执行三级排放标准。

对排入未设置二级污水处理厂的城镇下水道的污水，必须根据下水道出水受纳水体的功能要求，按上述有关规定，分别执行一级或二级排放标准。

b. 行业排放标准

不同的行业因不同的生产工艺过程、不同的使用目的，排放的废水千差万别。行业排放标准是针对特定行业生产工艺、产污、排污状况和污染控制技术评估、污染控制成本分析，并参考国外排放法规和典型污染源达标案例后制定的污染物排放控制标准。目前，有关污水排放的行业排放标准包括：《柠檬酸工业水污染物排放标准》（GB 19430—2013）、《味精工业污染物排放标准》（GB 19431—2004）、《兵器工业水污染物排放标准　火炸药》（GB 14470.1—2002）、《兵器工业水污染物排放标准　火工药剂》（GB 14470.2—2002）、《兵器工业水污染物排放标准　弹药装药》（GB 14470.3—2002）、《合成氨工业水污染物排放标准》（GB 13458—2013）、《制浆造纸工业水污染物排放标准》（GB 3544—2008）、《污水海洋处置工程污染控制标准》（GB 18486—2001）、《畜禽养殖业污染物排放标准》（GB 18596—2001）、《磷肥工业水污染物排放标准》（GB 15580—2011）、《烧碱、聚氯乙烯工业污染物排放标准》（GB 15581—2016）、《航天推进剂水污染物排放与分析方法标准》（GB

14374—93)、《钢铁工业水污染物排放标准》(GB 13456—2012)、《肉类加工工业水污染物排放标准》(GB 13457—92)、《纺织染整工业水污染物排放标准》(GB 4287—2012)、《海洋石油勘探开发污染物排放浓度限值》(GB 4914—2008)、《二硝基重氮酚工业水污染物排放标准》(GB 4278—84)等。

此外，水环境标准又可分为国家标准和地方标准。国家标准一般包括强制性国家标准、推荐性国家标准、国家标准化指导性技术文件等。国家标准具有普遍性，可在各地区使用。由于各地区的环境条件不同，根据各地区的实际情况还可以制定地方标准。通常地方标准要严于国家标准，以保证水环境质量。

标准是具有时间性的，随着经济的发展、技术的进步、认识的提高，标准会不断改进。一般来讲随着时间的推移，标准会越来越严。

1.3.4 水处理技术

水处理的最基本要求取决于有关法规和排放标准以及水体的接受能力和用途。在水的循环、使用中至少有两个方面是应加以注意的：一是从天然水体中获取的生活、生产用水等须进行用水前的处理；二是为防止生活污水、生产废水等引起环境水体污染而必须进行废水处理。实际上，多数天然水体在作为用水水源的同时兼作废水受纳对象，所以很多基本水处理技术在用水处理和废水处理中是类似的。

根据对污染物的作用不同，废水的治理技术大致可分为两类：一类是通过各种外力作用，把污染物从废水中分离出来，称为分离法；另一类是通过化学或生化的作用，使污染物转化为无害的物质或可分离的物质(此部分物质再经过分离予以除去)，称为转化法。分离和转化的技术是多种多样的，常用的水处理技术见表 1-4。

表 1-4 水处理技术

分离技术形式		处理方法
分离法	悬浮物分离技术	筛滤法、重力分离法、离心分离法、磁力分离法、气浮法
	离子态分离技术	离子交换法、电渗析法、离子吸附法
	分子态分离技术	萃取法、结晶法、精馏法、浮选法、反渗透法、蒸发法
	胶体分离技术	混凝法、气浮法、吸附法、过滤法
转化法	化学转化技术	中和法、氧化还原法、化学沉淀法、电化学法
	生物转化技术	活性污泥法、生物膜法、厌氧生物处理法、生物塘法和氧化沟法

其中，生物转化技术具有废水处理量大、处理范围广、运行费用相对较低等优点，所要投入的人力、物力比其他方法要少得多。在污水生物处理的人工生态系统中，物质的迁移转化效率之高是任何天然的或农业生态系统所不能比拟的。

污水处理还有许多其他方法，如采用各种物化和高级氧化工艺处理一些特定种

类的污水。人们对自然法处理废水（采用池塘或湿地等方式）的兴趣越来越浓厚，新的进展包括应用自然的或人工湿地系统以获得高质量的出水，人们也在尝试将各种物化或高级氧化工艺与生化处理工艺组合。

1.3.5 水处理系统

生产、生活废水处理往往需要将几种单元处理操作联合成一个有机整体，并合理配置其主次关系和前后次序，才能最经济、最有效地完成处理任务。根据处理任务的不同，一般将水处理系统归纳为三级处理。

一级处理：处理对象是较大的悬浮物，采用的处理设备有渣水分离的格栅、沉沙池和沉淀池。一级处理也称为机械处理。

二级处理：当出水水质要求较高时，在一级处理的基础上，可再进行生物化学处理，这一处理称为二级处理，也称为水的生化处理或生物处理。二级处理的对象是废水中的胶体物质和溶解态有机物，采用的典型设备有曝气池和二级沉淀池。产生的污泥经浓缩后进行厌氧消化或作其他处理，出水可排放或用于灌溉。

三级处理：出水水质要求更高时，在二级处理的基础上，还可进行三级处理。三级处理的对象是废水中残留的污染物、氮、磷等营养物质和其他溶解物质。三级处理有时也称为高级处理。尽管在处理程度或深度上这两者基本相同，然而概念不尽相同。三级处理强调操作的顺序性，其前面必有一、二级处理，而高级处理只强调处理的深度，其前面不一定有其他处理过程。

本章内容仅对水环境污染物及其影响进行了简单概述，目的是使读者对水环境污染物有一个脉络性的了解。本书将在第二章到第四章对各类水体污染物的来源、危害及去除技术进行更为深入和详细的阐述。

第二章

物理性污染

水体的物理性污染是指水体在遭受污染后，颜色、浊度、温度、悬浮固体等发生变化，这类污染易被感官觉察。

2.1 热污染

2.1.1 热污染及其来源

热污染是一种能量污染，是指人类活动危害热环境的现象。火力发电厂、核电站和钢铁厂的冷却系统排出的热水，石油、化工、造纸等工厂排出的生产性废水中均含有大量废热，若不采取措施，直接排入水体，会使水体温度升高，物理性质发生变化，引起水生动物、植物的异常繁殖与增长，这种现象称为水体的热污染。一般来说，排入水体的废水的温度超过 60℃，即被认为可能造成热污染。例如，在火力发电厂中，燃料燃烧释放出的能量的 40% 左右转化成了电能，约 12% 由烟囱排放到大气中，而其余的约 48% 的热能通过冷却水被排放到水体中。在核电站中，33% 左右的核能转化成了电能，其余约 67% 的核能则全部以热能的形式通过冷却水被排放到水体中。而对于那些发电效率更低的电厂，其产生的热污染就更严重了。

2.1.2 水体热污染的危害

（1）降低水体溶解氧含量

热污染的主要受害者是水体中的生物，由于水温升高，水中溶解氧含量减少，水体处于缺氧状态；同时，随着温度的升高，水体中物理、化学和生物反应速度会加快，因此耗氧有机物氧化分解速度加快，使水生生物代谢率增高，进而需要更多的氧；耗氧量增加使水体缺氧加剧，会引起部分生物窒息，抵抗力降低，造成一些水生生物发育受阻或死亡，从而影响水环境质量和生态平衡。

（2）破坏水生生物的生存环境

水生生物对温度变化的敏感性较一般陆地生物高。温度的骤变会导致水生生物的病变及死亡。例如虾在水温为 4℃时心率为 30 次 /min，22℃时心率为 125 次 /min，温度再高则难以生存。不少水中的生物，特别是鱼类，其适宜生存的温度范围是很窄的，有时候很小的温度波动都会对鱼类造成致命的伤害，它们无法适应水温的改变，极易死亡。水温对于其他生物酶的功能也会产生影响，令新陈代谢发生问题或者改变鱼类的习性和繁殖状况。如水温升高，会导致鱼在冬季产卵及异常洄游；导致水生昆虫提前羽化，由于陆地气温过低，羽化后不能产卵、交配，进

而导致生物种群发生变化；导致寄生生物及捕食者关系混乱，影响生物的生存及繁衍。

（3）导致水质恶化

由于不同生物的温度敏感性不一致，热污染改变了生物群落的种类组成，使生物多样性下降，喜冷的植物（如硅藻）数量减少，耐热的植物（如蓝藻、绿藻）数量增加，进一步消耗了水中的溶解氧，造成水质恶化，鱼类无法生存。富营养化后的水体颜色昏暗、气味腥臭，不但影响水的使用功能，而且还有毒性。富营养化还会降低饮用水水源的水质，阻塞水流和航道。

（4）危害人类健康

水温上升使一些致病微生物得以滋生、泛滥，引起疾病流行，危害人类健康。例如 1965 年澳大利亚流行过一种脑膜炎，后经科学家证实，是由一种变形虫引起的。由于发电厂排出的热水使河水温度增高，这种变形虫在温水中大量滋生，造成水源污染，从而引起了这次脑膜炎的流行。

2.1.3 水体热污染的防治技术

水体热污染的防治，主要是通过提高热能利用效率、减少高温废水排放和利用废热 3 种途径进行。

（1）改进热能利用技术，提高热能利用率

目前所用的热力装置的热效率一般都比较低，即使在工业发达的美国，平均热效率也仅为 44%。在热电生产中，利用热能直接转换为电能的新技术，提高热能利用率，既可以节约能源，又可以减少废热的排放。如果把热电厂和聚变反应堆联合运行，则热效率将可能高达 96%。这种效率为 96% 的发电方法和现在的发电厂浪费 60%～65% 的热能相比，只浪费 4% 的热，有效地控制了热能的浪费，减少了废热污染。

（2）设计和改进冷却系统，减少高温废水排放

一般电厂（站）的冷却水应根据自然条件，结合经济和可行性两方面因素采取相应的防治措施。例如在不具备采用一次通过式冷却排放条件时，可设计采用冷却池或冷却塔系统，使水中废热散逸并返回冷凝系统中循环使用，减少高温废水的排放量。

（3）废热的综合利用

目前，国内外都在开展利用温热水进行水产养殖的试验，并已取得了较好的试验成果。农业是利用温热水的一个重要途径，在冬季用温热水灌溉能促进种子发芽和生长，从而延长适于作物种植、生长的时间。在温带的暖房中用温热水灌溉可以种植一些热带或亚热带的植物。冬季利用温热水进行供暖，以及夏季作为吸收型空

调设备的能源等方面应用前景较为乐观。在瑞典、芬兰、法国和美国，利用温热水的热能进行区域性供暖都已取得成功。温热水的排放可以防止航道和港口结冰，从而节约运输费用，但在夏季会对生态系统产生不良影响。污水处理也是温热水利用的一个较好的途径。温度是水体微生物一个重要的生理学指标，例如活性污泥微生物的生理活动和周围的温度密切相关，适宜的温度范围（20～30℃）可以加快微生物体内酶促反应的速率，提高其降解有机物的能力，从而增强水处理的效果。特别是在冬天水处理系统温度较低的情况下，能将温热水的热量引入污水处理系统，是一举两得的处理方案。

2.2 水体悬浮物

2.2.1 悬浮物及其来源

悬浮物指悬浮在水中的固体物质，包括不溶于水的无机物、有机物，如泥沙、黏土等，这种杂质造成水质浑浊。其中河流悬浮物是一类由无机物、有机物和生物碎屑、浮游动植物、细菌以及其他能被 0.45 μm 滤膜截留的颗粒物组成的混合体。颗粒较重的多数是泥沙类的无机物，以悬浮状态存在于水中，在静置时会自行沉降；颗粒较轻的多为动植物腐败而产生的有机物质，浮在水面上。水体悬浮物主要是由生活污水、垃圾和一些工业（采矿、采石、建筑、食品、造纸等）、农业生产活动产生的废物排入水中或水土流失所引起的。

2.2.2 水体悬浮物的危害

水中悬浮物含量是衡量水污染程度的重要指标之一，在湖泊内源释放和水环境变化中扮演重要的角色。天然的固体悬浮物本身是无毒的，但它漂浮在水体表面，能够截断光线，减少水生植物的光合作用。研究表明，悬浮物浓度的增加是引起水体透明度（SD）降低和光学衰减系数增大的主要原因，水体中悬浮物的存在，会影响水色，增加对光辐射的衰减，从而降低水体 SD，进而改变水下光照强度分布，影响浮游植物光合作用及初级生产力水平。另外，悬浮物会吸附并凝聚重金属及有毒物质，这些物质会随着水流迁移到很远的地方，使污染范围扩大。悬浮固体中的可沉降固体沉积于河底，易厌氧发酵造成底泥积累和腐化，使水体水质恶化。

2.2.3 悬浮物的处理技术

废水中悬浮物的来源和组成的复杂性决定了悬浮物处理的难度。悬浮物处理的目的：一是去除进水中体积较大的物体，以保护处理系统的设备、避免下游管道与水道的堵塞；二是减少后续处理工序的固体负荷；三是分离和收集活性生物、去除过量的有机生物固体，例如生物处理后收集活性生物用于回流，或者去除废弃的活性污泥；四是水处理后排放之前去除细颗粒，改善出水水质。水中悬浮物常见的处理技术包括筛分、沉淀、气浮、离心分离、过滤等。

（1）筛分

用栅栏或网筛截留固体是最古老的废水处理方法之一。格栅或筛网一般作为污水处理系统的第一道处理工序，其主要目的是去除废水中粗大的组分，以保证处理设备或管道等不产生堵塞或淤积。

①格栅

格栅由一组（或多组）相平行的金属栅条与框架组成，斜置在废水流经的渠道上或泵站集水池的进口处或取水口的进口端部。格栅能截留的污染物数量随所选用的格栅条间距和水的性质而变化。格栅条间距一般采用16～25 mm，最大不超过40 mm。格栅的清渣方法分为人工清除和机械清除，机械清除的格栅有履带式机械格栅、链条式机械格栅、圆周回转式机械格栅等。

②筛网

筛网主要截留颗粒度在数毫米到几十毫米的细碎悬浮态杂质，例如某些工业废水（如合成纤维、制革、屠宰、造纸废水等）中含有的细小纤维。有的造纸厂采用筛网分离回收废水中的短纤维纸浆并加以综合利用。对于水中不同类型和尺寸的悬浮物，如纤维、纸浆、藻类等，可以选择不同类型的金属丝网（如不锈钢丝网、铜网等）和不同尺寸的孔眼筛网来处理。筛网孔径一般小于5 mm，最小可为0.2 mm，因此筛网过滤可作为预处理，也可作为水重复利用的深度处理。

筛网装置有转鼓式、旋转式、转盘式和振动筛网等不同类型。例如在大型地表水处理厂的取水口常常装设水力式转动轴旋转滤网，它是由绕在旋转圆锥上的连续网板组成，网眼的大小一般为4 mm×4 mm～10 mm×10 mm，旋转滤网由电动机带动，转速为3～5 r/min。要想去除细小的固体，固定或转动筛原理都可奏效，可选用不锈钢、纤维或其他材料，开口在0.01～0.06 mm。而转动微筛（见图2-1）可用来去除经过生化处理后废水中的剩余悬浮固体，为提高效率可以尽量保持流量的稳定，以使得废水均衡地经过微筛。需要注意的是，不论采用何种结构，既要能截留污染物，又要便于卸料和清理筛面。

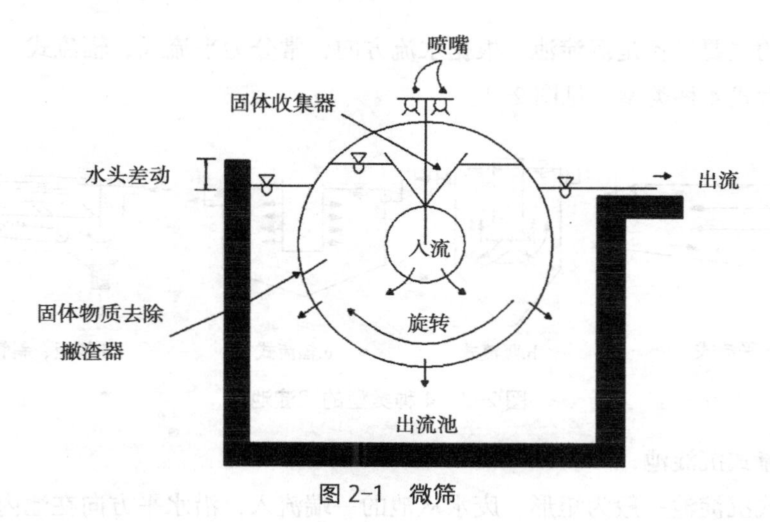

图 2-1 微筛

（2）沉淀

沉淀法是利用废水中的悬浮颗粒和水的相对密度不同的原理，借助重力沉降作用将悬浮颗粒从水中分离出来的水处理方法，应用十分广泛。根据水中悬浮颗粒的浓度及絮凝特性可分为 4 种。

①分离沉降

分离沉降又称自由沉降。颗粒之间互不聚合，单独进行沉降。在沉淀过程中，颗粒呈离散状态，只受到本身在水中的重力（包括本身重力和水的浮力）和水流阻力的作用，其形状、尺寸、质量均不改变，下降速度也不改变。例如在污水处理工艺初次沉淀池内的初期沉降即属此类。

②絮凝沉降

在絮凝沉降过程中，悬浮颗粒因互相碰撞、凝聚而尺寸变大，沉降速度将随深度增加而增加。同时水体越深，较大颗粒追上较小颗粒而发生碰撞并凝聚的可能性也越大。因此，悬浮物的去除不仅取决于沉降速度，还与水的深度有关。在混凝沉淀池以及初次沉淀池的后期和二次沉淀池初期的沉降即属于此类。

③区域沉降

当废水中悬浮物含量较高时，颗粒间的距离较小，聚合力能使颗粒集合成为整体并一同下沉，而颗粒相互间的位置不发生变动，因此澄清水和浑水间有一明显的分界面，逐渐向下移动，此类沉降称为区域沉降（又称拥挤沉降、成层沉降）。例如高浊度水的沉淀池及二次沉淀池后期的沉降多属此类。

④压缩沉降

当悬浮液中的悬浮固体浓度很高时，颗粒互相接触、挤压，在上层颗粒的重力作用下，下层颗粒间隙中的水被挤出，颗粒群体被压缩。压缩沉降一般发生在沉淀池底部的污泥斗或污泥浓缩池中，进行得很缓慢。

沉淀的主要设备是沉淀池，根据水流方向，常分为平流式、辐流式、竖流式和斜板、斜管式4种类型，见图2-2。

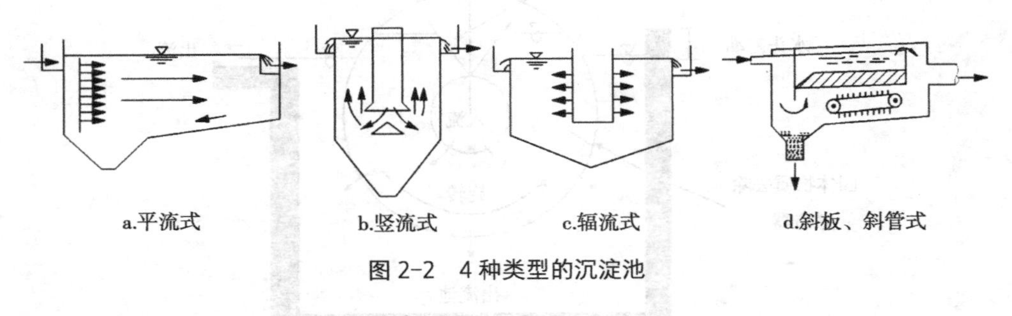

图2-2　4种类型的沉淀池

①平流式沉淀池

平流式沉淀池一般为矩形，废水从池的一端流入，沿水平方向在池内流动，水中悬浮物逐渐沉向池底，澄清水从另一端溢出。池呈长方形，在进口处的底部设污泥斗，池底污泥在刮泥机的缓慢推动下被刮入污泥斗内。平流式沉淀池的长度多为30～50 m，池宽多为5～10 m，为保证废水在池内均匀分布，池的长宽比应不小于4∶1，沉降区水深多为2.5～3.0 m。平流式沉淀池在我国的大、中、小型污水处理厂均有采用，其优点是对冲击负荷和温度变化的适应能力较强；缺点是占地面积大，排泥存在问题较多。

②辐流式沉淀池

辐流式沉淀池多为圆形，直径较大，一般为20～40 m，最大可达100 m，池中心深度为2.5～5.0 m，周边为1.5～3.0 m。池底向中心的坡度为0.06～0.08，泥斗坡度为0.12～0.16。原水经进水管进入中心筒后，通过筒壁上的孔口和外围的环形穿孔挡板，沿径向呈辐射状流向沉淀池周边。由于过水断面不断增大，流速逐渐变小，颗粒沉降下来，澄清水从池周围溢出，汇入集水槽排出。沉于池底的泥渣由安装于桁架底部的刮板刮入泥斗，再借静压或污泥泵排出。虽然辐流式沉淀池占地面积和去除效果都不如平流式沉淀池，但由于这类沉淀池有定型的刮泥机，运行效果好，故障率较小，适用于大型污水处理厂，但对施工质量和管理水平的要求较高。

③竖流式沉淀池

竖流式沉淀池多为圆形，池径在10 m以内（或10 m×10 m以内的方形）。该沉淀池靠重力排泥，无机械排泥设备。竖流式沉淀池占地面积小，排泥方便且便于管理，然而池深过大，施工困难，一般适用于小型污水处理厂。

④斜板、斜管式沉淀池

斜板、斜管式沉淀池又称为斜流式沉淀池，它是根据浅池理论在一般沉淀池的沉淀区加斜板或斜管而构成的。按斜板或斜管间水流与污泥的相对运动方向来划分，斜流式沉淀池有同向流和异向流两种。在污水处理中常采用升流式异向流。由于斜板可以增加沉淀面积，因此使用该池不仅可以缩短沉淀时间，并且占地少，可大大提高沉淀池的处理能力。

各种沉淀池的特点及适用条件见表 2-1。

表 2-1　各种沉淀池的特点及适用条件

池型	优点	缺点	适用条件
平流式	①对冲击负荷和温度变化的适应能力较强。 ②施工简单，造价低	①采用多斗排泥时，每个泥斗需单独设排泥管，操作工作量大。 ②采用机械排泥时，机件设备和驱动件均浸于水中，易锈蚀	①适用于地下水水位较高及地质条件较差的地区。 ②适用于大、中、小型污水处理厂
竖流式	①排泥方便，管理简单。 ②占地面积较小	①池子深度大，池径不宜太大。 ②对冲击负荷及温度变化的适应能力较差。 ③施工困难，造价较高	适用于处理水量不大的小型污水处理厂
辐流式	①采用机械排泥，运行较好，管理也较简单。 ②排泥设备已有定型产品	①池水水流速度不稳定。 ②机械排泥设备复杂，对施工质量要求较高	①适用于地下水水位较高的地区。 ②适用于大、中型污水处理厂
斜板（管）式	①停留时间短，对冲击负荷和温度变化的适应能力较强。 ②占地面积较小，沉淀效果好	①斜板（管）容易变形，水池容易堵塞。 ②机械排泥设备复杂，对施工质量要求较高	①在给水处理中应用多。 ②适用于处理水量不大的小型污水处理厂

资料来源：王光辉，丁忠浩．环境工程导论 [M]. 北京：机械工业出版社，2006.

（3）气浮

气浮法是指在废水中产生大量微小气泡，作为载体黏附废水中微小的疏水性悬浮固体和乳化油，使其随气泡浮升到水面形成泡沫层，然后用机械方法撇除，从而使得污染物从废水中分离出来。气浮在废水处理中具有很多的应用，例如去除沉降性能不佳的固体；去除油和脂类物质；在脱水之前对废水处理产生的污泥进行浓缩。气浮时要求气泡的分散度高，气泡量多，泡沫层的稳定性要适当，不仅便于浮渣稳定在水面上又不影响浮渣的运送和脱水。常用的产生气泡的方法有两种。

①机械法：使空气通过微孔管、微孔板、带孔转盘等生成微小气泡。

②压力溶气法：在一定的压力下将空气溶于水中，并达到饱和状态，然后突然

减压，过饱和的空气便以微小气泡的形式从水中逸出。目前污水处理中的气浮工艺多采用压力溶气法。

气浮法的主要优点：设备运行能力优于沉淀池，一般只需 15～20 min 即可完成固液分离，设备占地面积小，效率较高；气浮法所产生的污泥较干燥，不易腐化，表面刮取操作较便利；整个工作是向水中通入空气，增加了水中的溶解氧量，对除去水中有机物、藻类、表面活性剂及臭味等有明显效果，其出水水质为后续处理及利用提供了有利条件。

气浮法的主要缺点：耗电量较大；设备维修及管理工作量增加，运转部分常有堵塞的可能；浮渣露出水面，易受风、雨等天气现象影响。

（4）离心分离

使水高速旋转，利用离心力分离水中悬浮颗粒的方法称为离心分离法。常用的离心分离设备有利用高速水流形成旋流的水力旋流器及利用机械动力旋转的离心机。

在废水处理中常常使用离心机进行固液分离，其分离效果主要取决于离心机的转速及悬浮物的密度、粒度。离心机的种类很多，按转速大小可分为高速离心机（转速在 30 000 r/min 以上）、中速离心机（转速在 10 000～30 000 r/min）和低速离心机（转速在 10 000 r/min 以内）。中、低速离心机又统称为常速离心机。常速离心机多用来分离废水中的纤维类悬浮物和使污泥脱水，而高速离心机则适用于分离废水中的乳化油脂类物质。对于一定转速的离心机而言，分离效果随颗粒的密度和粒度的增大而提高；对悬浮物组成基本稳定的废水和泥渣而言，颗粒的离心加速度越大，去除率也越高。这可通过增大离心机的转速来实现，也可通过增大离心机分离容器的尺寸来实现。目前国内某些工厂采用离心机进行泥渣脱水或从废水中回收纤维类物质，可使泥饼含水率降低到 80% 左右，化学纤维和纸浆纤维的回收率为 60%～70%。

（5）过滤

过滤的基本原理是通过不同过滤介质、在不同物理条件下截留固体颗粒，从而达到固液分离的目的。进行过滤操作的构筑物称为滤池。在进水中固体浓度相对较低情况下（相当于二级处理的出水），采用过滤法去除固体悬浮物是比较有效的。滤池按滤料类型分为单层滤料滤池、双层滤料滤池和多层滤料滤池，通常双层滤料滤池过滤比单层滤料滤池具有更好的去除效果，图 2-3 为典型的过滤装置的结构。滤池按作用力分为重力滤池和压力滤池；按构造特征分为普通快滤池、虹吸滤池和无阀滤池。但各种滤池的基本构造和工作原理都是相似的。

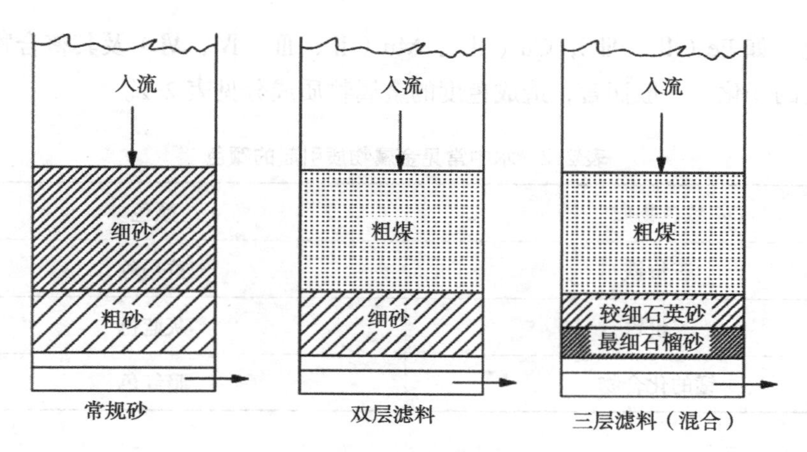

图 2-3　过滤装置结构

深层过滤是一类较特殊的过滤方法，通常使用颗粒滤料过滤（如沙砾或焦炭粒），其主要原理是利用粒状物过滤介质形成的空隙截留悬浮液中的固体悬浮物，液体可依靠自重穿过介质层由下部排出。深层过滤主要用于处理固相含量相当低（质量分数＜1%）的悬浮液，通常处理自来水的砂滤操作即为典型的深层过滤，此外陶瓷、塑料等多孔介质过滤器已广泛用于废水的处理。除上述重力式深层过滤外，还有压力式深层过滤，其过滤过程是将欲过滤悬浮液以一定压力通过密闭罐式过滤器，故也称为压力过滤。深层过滤通常可以得到悬浮物含量不大于 5 mg/L 的澄清液，在与混凝过程相结合的情况下，经沉淀后进行过滤可得到悬浮物含量更低的澄清液。

2.3　色度污染

2.3.1　色度污染及其来源

色度是一项感官指标，表现为水体呈现的不同颜色，分为表色与真色。表色指由悬浮物造成的色度，真色指由胶体物质和溶解物质形成的色度。水体的色度加深，会使水体透光性减弱，还会影响水生生物的光合作用，抑制其生长繁殖，妨碍水体的自净作用。

废水产生颜色的主要原因是含有可发色的有机物和着色金属离子及其螯合物；天然水体色度主要是由腐殖酸引起的。生活污水一般呈灰色；工业废水则由于工矿企业的不同，色度差异较大，如造纸、焦化、制革、酿造及纺织印染等工厂生产污水色度很高，废水中含有大量的带有显色基团的有机污染物，且大部分是以苯、蒽、醌等芳香基团作为显色母体；带有金属化合物和显色有机化合物等的污水呈现

各种颜色，如 Fe（Ⅱ、Ⅲ），Cu（Ⅱ），Mn（Ⅱ、Ⅲ、Ⅳ、Ⅵ）及其螯合物，都会引起色度的变化。一般而言，造成色度的金属物质成分见表 2-2。

表 2-2 水中常见金属物质引起的颜色

致色物质	颜色
三价铁	黄褐色
二价铁	灰蓝色
锰的化合物	暗红色

2.3.2 色度污染的危害

有色废水可能存在有毒有害物质，如印花雕刻废水中含有六价铬，有较强的毒性；大多数染料具有复杂的芳香性、高稳定性，在环境中具有持久性，并且对光和氧化剂具有高度抵抗力，一旦被排放至水体中，极易对水生态环境及人类健康造成危害。

（1）影响水体生物

水中的藻类通过光合作用的方式，向水体中的动物供应氧气。由于色度加深，水体的透光性会减弱，影响藻类的光合作用，抑制其生长繁殖，从而阻碍了水体的自净作用。久而久之，水体中的植物死亡，生态环境遭到破坏。除此之外，水底沉积的有机物厌氧分解会产生硫化氢等有害气体，导致环境进一步恶化。所以在工厂的污水排放点下游一段距离内，水体中生物很少，随着距离的增加，在自净功能作用下水质渐渐变好。

（2）危害人畜健康

有色污染物进入水体后，会严重破坏水体生态环境平衡，引起人们感官不悦。高色度废水含显色有机物或显色金属离子，通过食物链的传播和积累，最终会危害人类的健康。部分染料有致癌、致突变和致畸作用，例如偶氮染料进入胃肠道、肺或接触皮肤进入人体，会影响血红蛋白加合物与血液的形成，原因是偶氮染料如果接触到偶氮还原酶，在酶的作用下会产生一种用于合成偶氮染料的中间体物质芳香胺，芳香胺进入人或动物体内进一步代谢产生具有强亲电性的氮正离子，该离子具有攻击细胞 DNA 的能力，导致细胞癌变；孔雀石绿染料对人体免疫和生殖系统产生不利影响并且具有致癌作用；碱性染料亚甲蓝虽然不是强毒染料，但摄入该染料会引起恶心、腹泻、高铁血红蛋白血症和胃炎等疾病。

2.3.3 色度污染的处理技术

不同物质造成的水体色度，需要利用不同的方式解决。水中有机物引起的色度问题，主要通过化学反应破坏有机物的发色团，达到降低色度的目的；着色金属及其螯合物引起的色度污染，主要利用沉淀法达到净化水质和降低水体色度的目的。有色废水处理技术主要有物理化学法、化学法和生化法以及多种脱色技术的联用。

2.3.3.1 物理化学法

有色废水的可生化降解性低，所以通常使用物理化学方法对有色废水进行预处理或者深度处理。常用的物理化学处理技术有吸附法、膜分离技术等。

1）吸附法

吸附法一般用于有色废水的深度处理，且广泛应用于印染废水生化尾水的处理。这种方法是将活性炭、黏土等多孔物质的粉末或颗粒与废水混合，或让废水通过由其颗粒状物组成的滤床。在吸附的过程中，大量的金属（络合物）离子、阴离子、有机物被吸附在吸附剂中，从而达到降低色度的目的。工业上使用较多的吸附剂有活性炭和天然矿物。

（1）活性炭吸附法

活性炭是一种具有非极性表面的多孔吸附剂，微孔结构和较高的比表面积使其具有良好的吸附能力，对有色废水有着良好的处理效果。活性炭的吸附可分为物理吸附和化学吸附。物理吸附主要发生在活性炭去除液相和气相杂质的过程中，活性炭的多孔结构提供了大量的表面积，从而使其非常容易达到收集杂质的目的。活性炭孔壁上的大量的分子会产生强大的引力，从而达到将介质中的杂质吸引到活性炭的孔隙中的目的。这些被吸附的杂质分子直径必须小于活性炭的孔径，这样才可能保证杂质被吸附到活性炭的孔隙中。除物理吸附外，化学吸附也经常发生在活性炭的表面。活性炭不仅含碳元素，而且其表面存在少量的含氧元素和氢元素的官能团，如羧基、羟基等。这些官能团可以与被吸附的物质发生化学反应，从而使被吸附物质聚集到活性炭的表面。生产活性炭的原料取材广泛，富含碳的纤维材料都能用来生产活性炭。活性炭有粉状、轻质粒状和颗粒状等，其中粉状活性炭不易回收，轻质粒状活性炭强度差，液体通过时易粉碎，因此一般采用颗粒状活性炭作为吸附剂。活性炭对去除水中溶解性有机物非常有效，但它不能去除水中的胶体，并且对活性染料、还原性染料、硫化染料等疏水性染料和金属络合染料吸附效果不佳。不同种类的活性炭对印染废水的处理效果不同，活性炭来源不同，其吸附和脱色效果差别较大。有学者对活性染料 Procion 深蓝的吸附脱色研究发现，椰壳原料活性炭效果最好，果壳原料活性炭脱色效果次之，煤质原料活性炭效果最差。

随着活性炭吸附脱色技术的应用越来越广泛，人们发现对活性炭进行改性可以提高其吸附性能。活性炭的改性主要是通过活性炭与其他化学物质发生反应来改变活性炭表面的一些特定的官能团种类及数量，从而改善活性炭的吸附能力。活性炭经过改性后对印染废水有更好的处理效果，例如蒋柏泉等用废木屑为原料制备载铜活性炭，最优条件下制备的载铜活性炭处理模拟印染废水，其色度的去除率为99%。有学者通过新技术对活性炭纤维进行改性，使其对酸性橙染料废水的吸附率提高了20.9%。陈红英等对蜂窝状煤质活性炭采取先负载锰后负载铜的方式改性，以提高其在微波协同活性炭氧化工艺中对染料废水的色度去除率，研究结果显示，当对模拟染料废水改性活性炭投加量为0.03 g/mL时，色度去除率达到99%。

尽管活性炭对水的色度和绝大多数有机物有突出的去除能力，但活性炭使用成本很高，再生能耗大且再生后吸附能力会有不同程度下降，而且其最大吸附量受到吸附容量的限制。在活性炭的使用过程中，研究人员发现微生物也在其中发挥着作用，因此将活性炭吸附和生物技术相结合的生物活性炭法得以广泛应用。其机理是将活性炭作为微生物聚集、繁殖生长的良好载体，在适当的温度及营养条件下，发挥活性炭的物理吸附和微生物的生物降解作用，使活性炭的吸附能力得到恢复，从而延长活性炭的再生周期。生物活性炭比单独吸附和生物降解更有效，微生物活动对活性炭起到了再生作用，活性炭的存在也减轻了水中有害物质对微生物的影响。生物活性炭法可以去除活性炭吸附和生物法单独使用时不能去除的有机污染物，且处理效率也较两者单独使用时要高。例如黄雅婷等采用生物活性炭法对某公司的印染废水二级处理出水进行深度处理，采用柱状活性炭充填滤池，污水经曝气培养，投加降解菌和硝化细菌，对附着生长型微生物进行挂膜驯化，活性炭表面形成含较多数量微生物的生物膜，对吸附及挂膜稳定期的生物活性炭池系统的进、出水色度进行检测，平均色度由158倍降至24倍左右，达到污水一级排放标准（50倍），生物活性炭法脱色效果很强。范晓丹等利用生物活性炭对印染废水进行深度处理，通过与单纯的活性炭吸附处理比较发现，生物活性炭能很好地降解印染废水中的苯酚类和稠环芳烃污染物，对于COD、氨氮、色度的去除率不会像活性炭那样在运行几次后去除效率骤降，生物膜中微生物的再生作用是生物活性炭能够保持较好废水处理效果的关键；未处理的印染废水的生物毒性较大，经过生物活性炭的处理可以将印染废水的生物毒性降到适于小球藻生长的水平。采用生物活性炭法脱色的优点：一是提高水中溶解性有机物的去除效率，提高出水水质；二是能够发挥活性炭的物理吸附和微生物生物降解双重作用；三是可以延长活性炭再生周期，减少运行费用；四是生物活性炭上形成生物膜可以保持微生物活性作用，对废水深度处理具有持续作用。

活性炭处理染料废水在国内外都有研究，但大多数是和其他工艺结合，并且活性炭吸附多用于深度处理或将活性炭作为载体和催化剂，单独使用活性炭处理有色废水的研究很少。此外活性炭价格高，使处理成本提高，在发展中国家的应用受到限制。

（2）矿物吸附剂

天然矿物吸附剂包括膨润土、海泡石等，这类材料在世界各地储量丰富，具有良好的开发潜力，具备价格低廉、吸附效果好的优点。天然矿物吸附剂在改性和改良方面的研究对废水色度去除具有重要的意义。通过对膨润土的转型和改性，可大大提高膨润土对染料废水的去除效率。马小隆等研究发现，膨润土的转型和改性使膨润土在水中由单晶片形成层状缔合结构，从而在缔合颗粒之间形成吸附容纳有机大分子的空间，增大了晶面间距和膨润土的比表面积，这是能大幅提高处理染料废水效果的根源。

吸附法具有在使用过程中无须投加任何药剂以及无污泥等优点，但是其吸附剂的更换和再生都较麻烦且费用较高；同时废弃饱和的吸附剂及再生的废液会造成二次污染；吸附剂的处理效果随时间的延长而下降。

2）膜分离技术

膜分离技术是利用选择性多孔薄膜的拦截能力，主要以浓度梯度、电势梯度或者压力梯度作为推动力，通过膜对混合物中各组分选择性渗透作用的差异进行分离、提纯和富集的方法。膜分离是一种物理过程，不需加入化学试剂，可避免分离过程中有效成分变质，从而使组分得到分离或提纯，具有分离效率高、工艺简单、操作方便、易控制、无污染、低能耗等优点。

（1）以压力梯度作为传递分离的推动力的主要方法

随着技术的进步，膜分离技术应用到印染等废水处理领域，形成了新的污水处理方法，以压力梯度作为传递分离的推动力的主要方法包括微滤（MF）、超滤（UF）、纳滤（NF）、反渗透（RO）等，而电渗析是在电场的作用下实现膜分离的方法。

①微滤

微滤技术是利用孔径为0.1～10 μm的对称微孔膜，在以压力差为传质驱动力的条件下，过滤含高分子量或细微粒子的溶液，达到与溶液分离的目的。压力差范围为0.05～0.1 MPa，其传质分离机理为筛分截留效应，透过微滤膜的物质可以为溶液与气体，被截留的物质一般为微粒、大分子溶质及悬浮物质。常用的膜材料有聚四氟乙烯、醋酸纤维素、聚氟乙烯等。微滤分离技术的主要优点是孔径均匀，能将液体中所有大于指定孔径的微粒全部截留；孔隙大，阻力小；由均一的高分子材料制成，过滤时没有纤维或碎屑脱落，能得到高纯度的滤液。由于其孔径大，操作压力低，在应用中微滤膜一般用作工艺的预处理，主要用于染色废浆和洗涤水中不溶物、悬浮固体等的脱除，以及超滤、纳滤、反渗透的前处理。

②超滤

超滤是以压力为推动力，利用超滤膜不同孔径对液体进行分离的物理筛分过程。超滤膜的孔径范围为 0.002～0.1 μm，操作的压差范围为 0.1～1.0 MPa，可透过超滤膜的为溶剂和小分子物质，被截留的为生物大分子物质（脂类、核酸等）及胶体物质。超滤膜分离机理包括机械截留、孔中停留、膜表面及膜内吸附。其分离过程为：溶液在静压力差推动作用下，大颗粒物质被膜截留，使其在原液中的浓度越来越大，而溶剂和小粒子则从高压侧透过膜转移到低压侧，称为滤出液或透过液。除了膜孔径，膜表面的化学性质也会影响其分离效率。超滤技术是一种低能耗、无相变的物理分离过程，具有高效节能、无污染、操作方便和用途广泛等优点，且超滤装置操作简单，启动时间短，易维护修理。超滤的应用领域很广，可以单独或与其他方法相结合，应用于以分离为目的的各种工艺过程。目前，超滤主要应用在印染废水中助剂和染料等有用物质的回收方面。

③纳滤

纳滤膜主要用于去除直径为 1 nm 左右的颗粒物，在压强差范围为 0.5～1 MPa 作为推动力的条件下，对分子量为 200～1 000 的有机物和高价、低价、阴离子无机物，有较高的截留性能。由于纳滤膜的表面有荷电基团，纳滤膜的分离既有筛分作用，又有静电作用，在印染废水处理中主要用于去除水中的 COD、色度、硬度和难生物降解污染物等。

④反渗透

反渗透是近 20 年来发展起来的膜技术，是在半透膜一侧施加大于渗透压的压力，通常反渗透膜分离以压强差范围为 0.1～10 MPa 作为传质驱动力，促使溶液中的溶剂逆着渗透的方向做反向迁移，利用反渗透膜只能透过水而不能透过溶质的选择透过性从某一含有各种无机物、有机物和微生物的水体中提取纯水的物质分离过程。反渗透法常用于截留溶液中 0.1～1.0 nm 的离子或小分子物质。反渗透膜已被广泛应用于水质除盐和污水治理等方面，其中包括印染废水中离子及比离子更大的物质的去除及染料回收等方面，主要用于超滤、纳滤后废水深度处理。经反渗透膜处理后的出水能达到无色和低盐度，但其主要的问题是预处理要求高、投资费用高、废液排放量大。

⑤电渗析

电渗析利用半透膜的选择透过性来分离溶液中不同的溶质粒子，一般在阴阳两极间放置若干交替排列的阴膜与阳膜，两端电极通电后，溶液中阴、阳离子分别向阳极、阴极迁移，利用阳膜、阴膜的选择透过性，形成交替排列的低离子浓度的淡室和高离子浓度的浓室，同时，两极上发生氧化还原反应。与反渗透相比，电渗析价格便宜，但脱盐率低。电渗析适用于废水、废液的处理及贵金属的回收等。

作为一种高效的分离技术，膜分离技术在有色废水处理中有独特的优点：①设备体积小、占地面积较少、易于自动化；②处理能力变化范围大、杂质去除率高、产水水质好；③处理废水的同时可分离、回收染料；④处理后的水可回用，节约水资源。各种膜分离技术的特点及应用见表 2-3。

表 2-3 各种膜分离技术的特点及应用

膜分离技术	膜种类	孔径	特点	应用范畴
微滤	微滤膜	0.1～10 μm	孔隙大，操作压力低；对微粒无吸附作用；高纯度的滤液	用于染色废浆和洗涤水中不溶物、悬浮固体等的脱除，以及超滤、纳滤、反渗透的前处理
超滤	超滤膜	0.002～0.1 μm	可透过超滤膜的为溶剂和小分子物质，被截留的为生物大分子物质（脂类、核酸等）及胶体物质	具有特殊的膜结构，在分离过程中不易引起膜孔及膜面的堵塞，主要应用在印染废水中助剂和染料等有用物质的回收方面
纳滤	纳滤膜	1 nm 左右	对分子量介于 200～1 000 的有机物和高价、低价、阴离子无机物有较高的截留性能	主要用于降低水中的 COD、色度、硬度和难生物降解污染物等
反渗透	反渗透膜	0.1～1.0 nm	只允许溶剂透过，出水能达到无色和低盐度，但其主要的问题是预处理要求高、投资费用高、废液排放量大	主要用于超滤、纳滤后废水深度处理及染料回收等方面
电渗析	半透膜	利用半透膜的选择透过性来分离溶液中不同的溶质	价格便宜，但脱盐率低	适用于废水、废液的处理及贵金属的回收等

2）在有色废水处理及回用中的应用

由于膜分离技术的巨大优势及对膜污染控制技术研究的不断深入，膜分离技术在有色废水处理及回用中的应用日益增多，常用技术包括单一膜分离技术和组合膜分离技术。

①单一膜分离技术

膜分离技术最初用于有色废水处理时较多采用单一的膜元件。但由于废水中污染物较多、水质复杂，为了获得较好的去除效果，一般需要使用孔径较小、分离效果较好的反渗透技术。鲍廷镛等采用反渗透技术对染料质量分数为 50% 的锦纶

染色废水进行了处理，结果表明用反渗透法处理染色废水可使弱酸性染色废水浓缩90%以上，色度从1 000～2 000倍下降到110倍以下；处理后的水可作漂洗水，达到闭路循环，减少对环境的污染。涂德贵以水解酸化池－接触氧化池－气浮池工艺处理后部分已达标的印染废水经深度处理，进入反渗透膜处理系统进行脱盐处理。试验结果表明，电导率截留率可达98.6%以上，出水COD_{Cr}在40 mg/L以下，色度低于25倍，废水回收率可达到50%。此外，纳滤膜由于表面的电荷性表现出处理效果较好，因此也被用于印染废水的处理。Qin等采用纳米膜处理印染废水，染料去除率达99.1%，同时70%的印染废水可回用。

尽管反渗透膜和纳滤膜以及新型的微滤膜和超滤膜都能够用于处理有色废水，但仍存在一些问题，如反渗透膜和纳滤膜的孔径较小，容易导致膜污染。随着新型染料开发与染整技术的发展，有色废水中出现大量较难去除的有机物，采用单一膜技术处理已经无法达标排放印染废水，更难满足回用要求。

②组合膜分离技术

越来越多的研究将不同的膜分离技术（如微滤、超滤、纳滤等）相结合或是膜分离技术与其他技术相结合，二者逐渐成为印染等废水深度处理与回用方面的研究热点。通过不同膜材料孔径的差异实现对印染废水的分级处理，以此减小膜污染，同时提高处理效果，使得出水能够达到回用级别。张芸等采用以超滤和纳滤为核心的膜分离工艺对工业生产实际产生的还原染料废水和活性染料废水进行了处理。研究发现，超滤阶段还原染料废水色度和浊度有明显下降，而对于活性染料废水超滤效果较差，双膜系统对活性染料的效果主要体现在纳滤膜对污染物的截留（见表2-4）。超滤处理后还原染料废水总污染物浓度较低，悬浮性颗粒占比较大，易于进行过滤处理。而经过双膜系统后，两种染料废水的各种污染物均得到有效去除，浊度和色度去除率均在90%以上。

表2-4　两种染料废水污染物去除率

污染项目	出水类型	污染项目去除率/%	
		还原染料废水	活性染料废水
色度	UF出水	71.43	19.52
	双膜系统	92.86	99.43
浊度	UF出水	98.21	73.72
	双膜系统	100	98.46
COD	UF出水	78.08	31.38
	双膜系统	95.21	82.85

Rozzi 采用微滤、纳滤和反渗透膜组合进行中试试验，结果表明，二级出水经微滤、纳滤或反渗透处理后水质良好；微滤作为纳滤和反渗透的预处理工艺，可以降低废水中的胶体和悬浮固体浓度，减少膜污染和保证膜具有足够长的运行周期。Marcucci 等采用超滤－反渗透和超滤－纳滤 2 种双膜联用技术对印染废水进行深度处理，结果表明纳滤和反渗透作为最后的膜工艺，出水几乎不含有机物和色度，可回用于印染中的任何生产工序。膜组合分离技术具有相当强的技术优势，具有较好的适用性和技术可行性，针对不同种类的染料废水，可以根据实际需要选择不同的膜分离技术或组合膜系统进行处理并回收染料。

2.3.3.2 化学法

化学法是通过添加化学物质或改变外界反应条件使污染物发生化学反应而将其去除的技术，在有色废水处理中使用较多的有混凝脱色技术和氧化法。

（1）混凝脱色技术

混凝脱色技术是污水处理中应用很广泛的一种技术，投加的混凝剂可以打破水溶液的稳定性，通过压缩双电层、吸附电中和、吸附架桥以及沉淀物网捕的作用使不易沉降的染料分子和水中胶体形成沉淀，降低水的色度，具有操作方便、设备占用面积少的优点。混凝技术主要用于有色废水的预处理、深度处理以及废水回用工艺的预处理等阶段去除水中有机物、重金属等物质，并降低浊度、色度等感官指标。目前用于有色废水絮凝净化的技术主要包括电絮凝技术和混凝剂絮凝技术两种。电絮凝技术是使用可溶性阳极，通过电化学反应，既产生气浮分离所需的气泡，也产生使悬浮物凝聚的絮凝剂，还会产生少量氧化剂，除了降低废水浊度，也可同时去除水中有机物、细菌及重金属；具有占地面积小、污泥产生量少、后续处理简单等优点；缺点为在处理过程中能耗高、电极消耗快，因此运行成本较高。相比较而言，混凝剂絮凝技术的使用更加广泛，是废水处理过程中主要的絮凝处理手段。其中混凝剂的选择以及絮凝条件的优化是达到良好絮凝效果的关键。用于废水脱色的混凝剂主要有无机混凝剂、有机絮凝剂和微生物絮凝剂；此外，结合了各种絮凝剂优势的复合絮凝剂也得到广泛应用。

①无机混凝剂

无机混凝剂是在传统金属离子盐的基础上开发的，包括无机低分子混凝剂［如 $FeCl_3$、$FeSO_4$、$AlCl_3$、$Al_2(SO_4)_3$ 等］和无机高分子混凝剂（如聚合氯化铝 PAC、聚合氯化铁 PFC、聚合硫酸铁 PFS 等）。无机低分子混凝剂因其在絮凝过程中存在投入量大、产生的污泥量大且脱水困难、易腐蚀设备等问题，有被取代的趋势。无机高分子混凝剂是在无机低分子混凝剂的基础上发展的新型水处理药剂，也称为第二代絮凝剂。其絮凝机理为絮凝剂相对分子质量高达 1×10^5，通过黏附、架桥或交

联作用，促进胶体凝聚，同时还中和胶体微粒及悬浮物表面电荷，该过程降低ξ电位，胶体微粒互相吸引，破坏胶团稳定性，胶体微粒发生碰撞，最终形成絮状沉淀。无机高分子混凝剂主要分为聚铝、聚铁、复合型、聚硅酸四大类，各种混凝剂及特点见表 2-5。无机高分子混凝剂形成的絮凝体较大，沉降速度快，pH 适应范围较宽，相较于无机低分子混凝剂，絮凝效果能够提高 2～3 倍，但存在水中残余离子浓度大、易造成二次污染的问题。

表 2-5　无机高分子混凝剂及特点

类别	举例	特点
聚铝	聚合氯化铝（PAC）、聚硅铝、聚合硫酸铝	脱色效果好，吸附性强，但形成的絮体松散且易碎，不易沉降，且使用后水中铝不易处理
聚铁	聚合氯化铁（PFC）、聚合硫酸铁（PFS）	沉降速度快，絮体密集严实，除浊和除重金属能力强，但出水色度较大，絮体小，卷扫作用较差，后续处理困难，具有腐蚀作用
复合型	聚合硅酸铝铁、聚合硫酸铝铁	絮凝效果优于单组分絮凝剂
聚硅酸类	聚合硅酸	絮体沉降速度快；但电中和作用较弱，稳定性差等

②有机高分子絮凝剂

有机高分子絮凝剂根据其来源分为天然有机高分子絮凝剂和化工合成有机高分子絮凝剂。

a. 天然高分子絮凝剂

天然高分子絮凝剂包括壳聚糖、淀粉、木质素、纤维素等具有一定絮凝效果的天然高分子物质。这类高分子絮凝剂具有较为优良的环境友好性，不会造成二次污染，但天然高分子絮凝剂受提取方法和成本的限制，其中有效成分含量较低，因此需通过接枝改性以提高絮凝效率。用于有色废水处理的天然高分子絮凝剂主要有甲壳素衍生物、天然淀粉及其衍生物、木质素衍生物 3 大类。如壳聚糖分子中含有大量的氨基和羟基，能够有效地吸附印染废水中的染料和助剂等污染物，是印染废水处理过程中常用的绿色高分子絮凝剂。然而壳聚糖本身分子量较低，适用 pH 范围较窄，因此作为污水处理的絮凝剂，常常需要对壳聚糖进行改性。壳聚糖改性后生成的壳聚糖季铵盐和羧甲基化壳聚糖对印染废水的浊度、色度和 COD 去除均优于原料壳聚糖的去除效果。目前大部分天然高分子絮凝剂对印染废水处理工艺的依赖性较高，尤其是对印染废水的 pH 依赖性较高，因此在日后的研究工作中，还需对天然高分子絮凝剂种类进行进一步开发。

b. 化工合成有机高分子絮凝剂

化工合成有机高分子絮凝剂指通过人工化学方式合成的絮凝剂，如聚丙烯酸胺、聚乙烯亚胺、聚丙烯酸钠等。化工合成有机高分子絮凝剂用量少，适应 pH 范围广，同时在过滤、脱水等固液分离操作方面都具有优越性能。目前，最常用的高分子有机絮凝剂是聚丙烯酰胺（PAM），其产量约占我国合成高分子絮凝剂总量的 85%。根据使用需求，还开发了阳离子型、阴离子型以及两性型 PAM 等衍生物。但是有机高分子絮凝剂价格较高，不能普遍应用于各种污水处理，主要用作一些特殊用途，如用于高浓度、高有机物残留、高色度的污染废水处理。高华星等以聚丙烯腈（PAN）为主链加双腈双胺（DCD），制得高分子絮凝剂 PAN-DCD，该产品可进一步与盐酸羟胺起作用，增强吸附脱色功能，成为用量更少、脱色效果更好的有机高分子絮凝剂 PAN-DCD-HYA，这两种絮凝剂对中性染料 、活性染料、酸性染料的脱色效果良好，对印染废水有脱色和去除 COD 的双重功效。

③复合混凝剂

复合混凝剂是将两种或两种以上的絮凝剂复配而成，弥补了单一混凝剂或絮凝剂的不足，并简化了混凝投药工艺。复合混凝剂包括无机 - 无机、无机 - 有机、有机 - 有机等类型。其中研究较多的是无机 - 有机复合混凝剂，该类混凝剂结合了无机金属盐的电中和作用和有机高分子化合物的吸附架桥作用，可显著提高印染废水的混凝效果。在无机 - 有机复合混凝剂中，无机组分多为 PAC、PFS、PFC 或镁盐，有机组分多为聚二甲基二烯丙基氯化铵（PDMDAAC）和 PAM。Gao 等将 PFC 和 PDMDAAC 进行复配，在废水 pH 为 7.5～10.5 时对分散蓝和活性蓝染料废水的脱色率分别高于 96% 和 98%，效果优于 PFC 和 PDMDAAC 分别投加的情况。此外，复合混凝剂中的有机组分也包括将不同单体进行聚合而制得的共聚物，以及天然有机高分子。Yeap 等将丙烯酰胺和异丙醇氯化物单体共聚制得聚丙烯酰胺 - 异丙醇氯化物（PAM-IPCl），该聚合物与 PAC 混合制备出 PAC-PAMIPCl 复合混凝剂，当废水 pH 为 7.5、混凝剂加入量为 50 mg/L 时对活性红染料废水的 COD 去除率达 92%，脱色率为 95%；当废水 pH 为 3.0、混凝剂加入量为 20 mg/L 时对分散黄染料废水的 COD 去除率达 93%，脱色率为 96%。此外将天然高分子絮凝剂或改性天然高分子絮凝剂与无机小分子絮凝剂、无机高分子絮凝剂以及有机高分子絮凝剂复配，制备的复合型天然高分子絮凝剂絮凝效果也较为理想。侯玉琳采用微生物絮凝剂和 PAC 复配处理印染废水时比单独使用其中一种絮凝效果更好，与无机絮凝剂相比絮凝率由 89.1% 提高到 97.5%；对比单独使用两种絮凝剂，复配使用时微生物絮凝剂和无机絮凝剂的用量分别减少 20% 和 56%，用量减少，絮凝剂的总投加量降低，大大降低了絮凝污泥的产生量，减少了二次污染和后续沉淀池的工作压力。

复合混凝剂既简化了投药设备，又因各组分之间的协同作用提高了混凝性能，减少投药量，进而降低混凝污泥产量，具有广阔的发展前景。然而目前使用复合混凝剂处理印染废水的研究多以模拟染料废水为主，以实际印染废水为处理对象的较少。

④微生物絮凝剂

微生物絮凝剂是利用生物技术，通过微生物发酵、抽提、精制而得到的一种特殊天然高分子絮凝剂——微生物胶，是从微生物体内或其分泌物提取、纯化而获得的一种安全、高效却能自然降解的新型水处理剂，通过絮凝过程去除废水中悬浮颗粒物、细胞、胶体等有机高分子物质。微生物絮凝剂的产生菌主要来源于活性污泥、土壤和湖底污泥，已发现的具有絮凝性的微生物物种包括霉菌、细菌、放线菌和酵母菌等。微生物絮凝剂应用于有色废水的处理，对含有溶解度低的染料的废水具有较好的絮凝脱色效果。例如曾建忠等从污水处理厂的活性污泥中分离筛选出一株耐盐絮凝菌（命名为 H-6 菌），在最优培养条件下该菌株对直接墨绿溶液的脱色率可达 99.2%，且能在较宽泛环境条件下对直接墨绿溶液进行脱色，为含染料废水的处理提供了新材料。微生物絮凝剂在水处理方面虽然有很多优势，但本身存在的一些问题限制了其实际应用。例如微生物絮凝剂的自身沉降性能较差，在絮凝处理单元之后需要附加过滤等操作，这限制了它的再生利用，进一步增加了其使用成本。此外，微生物絮凝剂对不同的处理对象有不同的处理效果，缺乏普适性，针对特定的废水就需要开发特定的微生物絮凝剂，鉴于有色废水的成分复杂，各种不同类型的染料混合存在于废水中，造成治理技术上的困难，目前采用的微生物絮凝剂处理技术仍不能同时解决印染废水中多种染料的污染问题，因此仍需进一步开展研究。

综上所述，无机絮凝剂、有机高分子絮凝剂和复合絮凝剂具有不同的特点（见表 2-6），应根据有色废水的污染物特征进行选择、应用。此外，研究开发具有广泛适用性的新型混凝剂或对其进行改性，向天然、复合、非金属方向发展是目前混凝技术发展的主要方向。

表 2-6 絮凝剂种类及絮凝特性

类别		典型絮凝剂	絮凝特性	优点	缺点
无机混凝剂	无机低分子絮凝剂	硫酸铝、硫酸亚铁、氯化铝	对以胶体或悬浮状态存在于废水中的染料具有良好的脱色效果，如分散染料、硫化染料以及分子量较大的直接染料和中性染料；而对不易形成胶体的水溶性染料，如酸性染料、活性染料及部分小分子的直接染料的混凝效果不理想	成本低廉、来源广泛、操作简单	存在投入量大，产生的污泥量大且脱水困难，易腐蚀设备等问题
	无机高分子絮凝剂	PAC、PFS、聚硅酸金属盐类	对水中憎水性染料分子如硫化染料、还原染料、分散染料的混凝效果较好；而对于可溶性染料（如活性染料、酸性染料、直接染料等）带负电、且相对分子质量低的混凝脱色效率较差	相对传统的无机絮凝剂，絮凝效果更好、成本更低、沉淀速度更快、对废水的 pH 适应范围较宽	形成的絮体较不稳定、不易沉降、絮凝效果较差，并且使用后水中的铝不易处理、易导致二次污染等
有机絮凝剂	天然改性有机高分子絮凝剂	在壳聚糖、淀粉等天然高分子上接枝改性	对活性染料和直接染料等阴离子型染料的去除率高	价格低廉、具有环境友好性，不会造成二次污染	对印染废水处理工艺 pH 的依赖性较高
	合成有机高分子絮凝剂	聚丙烯酸胺、聚乙烯亚胺、聚丙烯酸钠等	通常不带电或带很少的电荷，对中性染料、活性染料、酸性染料的脱色效果良好，可以提高混凝过程的电中和效果	在水中的伸展度大，絮凝性能好，用量少，pH 范围广，同时在过滤、脱水等固液分离操作方面都具有优越性能	价格较贵，不能普遍应用于污水处理
复合混凝剂	无机－有机复合混凝剂	PAM-IPCl	结合了无机金属盐的电中和作用及有机高分子化合物的吸附架桥作用，可显著提高对印染废水的混凝效果	简化了投药设备，又因各组分之间的协同作用提高了混凝性能，减少投药量，进而降低混凝污泥产量	目前使用复合混凝剂处理印染废水的研究多以模拟染料废水为主，以实际印染废水为处理对象的较少
微生物絮凝剂	微生物胶	具有絮凝作用的微生物包括霉菌、细菌、放线菌和酵母菌等	对含有溶解度低的染料的废水具有较好的絮凝脱色效果	具有无毒、可生物降解和无二次污染的优点	自身沉降性能较差，成本高；对不同的处理对象有不同的处理效果，缺乏普适性，不能同时解决印染废水中多种染料的污染

（2）氧化法

氧化法是使染料分子中发色基团的不饱和双键被氧化而断开，形成分子量较小的有机物或无机物，从而使染料失去发色能力的一种废水处理方法。氧化法又可进一步分为化学氧化法、光催化氧化法和电化学氧化法等。

①化学氧化法

在有色废水深度处理中，臭氧和 Fenton 试剂是比较常用的氧化剂。

a. 臭氧氧化法

臭氧具有很强的氧化性，同时也是一种很好的杀菌剂、脱色剂，它具有杀菌消毒的作用，并能使大分子有机物氧化分解成小分子有机物。臭氧可通过氧化有机物和无机物、消毒杀菌作用去除水体的色度和臭味，从而净化水质。臭氧对于色味的去除是由于臭氧氧化了水中引起色度的溶解性有机物以及铁、锰等无机物，由不饱和化合物着色所产生的色度也能够被臭氧有效地脱除。

臭氧在有机物去除方面有以下各项特征。

臭氧能够氧化的有机物有氨基酸、蛋白质、木质素、腐殖酸、氰化物、链式不饱和化合物等。在臭氧的作用下，不饱和化合物先形成臭氧化物，然后臭氧化物水解，不饱和键开裂。

臭氧对于有机物的氧化，很难达到完全无机化阶段，即被完全无机化而形成二氧化碳和水，只能将其部分氧化，形成中间小分子产物。

二级处理后出水用臭氧进行氧化处理，形成的中间产物主要有甲醛、丙酮酸、乙酸和丙酮醛。但是如果臭氧投加量充足，氧化反应还会继续进行，除乙酸外，其他物质都可能被臭氧继续氧化分解。

用臭氧对污水进行处理，随反应时间延长，BOD/COD 的值会提高，从而可以改善污水的可生化性。

臭氧氧化法的广泛应用主要是因其具有一系列突出的优点，如氧化能力较强、反应速度较快、使用简单方便等。但臭氧在废水处理应用中还存在着一些问题，如臭氧的生产制备成本高而利用率偏低，使臭氧氧化法的处理费用偏高；臭氧与有机物的反应具有较强的选择性，对多数染料具有良好的脱色效果，但对硫化、还原涂料等不溶于水的染料脱色效果较差，致使污染物不能在低剂量和短期内被臭氧彻底矿化或完全处理。因此需改进和发展臭氧联合高级氧化技术以解决上述缺陷。

在臭氧氧化处理基础上逐渐发展起来的臭氧联合高级氧化技术操作方法相对简单，它是利用复合氧化剂或光照射等催化的方法促进臭氧分解产生羟基自由基（·OH）。水中的污染物通过·OH 矿化成无机物或转化为低毒的、易生物降解的中间产物，从而使有机污染物的分解反应速度加快。·OH 可直接与有机物发生取代、加成、断键或电子转移等反应，使水中的绝大多数有机污染物降解为低毒或无毒的小分子物质，甚至直接分解为二氧化碳和水。Moussavi 等研究了臭氧单独氧化和臭氧催化氧化去除废水 COD_{Cr} 的过程，研究结果表明，臭氧催化氧化比单独使用臭氧氧化废水达到的 COD_{Cr} 去除效率要高很多。迟婷采用单独臭氧氧化、紫外催化臭氧氧化和臭氧 - 活性炭 3 种臭氧高级氧化方法分别对偶氮、蒽醌类染料废水进行处理，结果表明，紫外催化臭氧氧化法具有最好的处理效果；臭氧高级氧化法有利于提高染料废水的可生化性，为染料废水的生物处理提供条件。

臭氧高级氧化法具有适用范围广、高效、二次污染较少等优点并且反应条件温和，是一种高效节能的处理技术。

b. Fenton 氧化法

Fenton 试剂由 Fe^{2+} 与 H_2O_2 组成，脱色机理是 H_2O_2 在 Fe^{2+} 的催化作用下产生强氧化性游离羟基自由基（·OH），能使染料中发色基团的不饱和双键被氧化，从而达到去除色度的目的，而 Fe^{2+} 又具有促凝作用，在双重作用下使废水得以处理。

Fenton 氧化法处理印染废水的效果主要受到废水初始浓度和 Fe^{2+} 投加量的影响，而 Fenton 氧化法的最佳工艺条件也随着印染废水的不同而不同。研究表明 Fenton 氧化法处理有机物浓度较高的印染废水，其最佳工艺参数为进水 pH=3，分 3 次投加体积分数 30% 的 H_2O_2（用量为 20 ml/L）和 1 mol/L 的 $FeSO_4$（用量为 25 ml/L），停留时间为 45 min，该条件下色度和 COD 的去除率分别达到 75% 和 80%。而对于活性染料印染废水，其最佳工艺参数为废水 pH=5，反应温度 40℃，$FeSO_4$ 与 H_2O_2 的浓度比为 2：3，该条件下色度和 COD 的去除率分别达到 99% 和 89%。随着研究的深入，将 Fenton 氧化法与电化学、超声波和紫外光等相结合，可使处理技术的氧化能力大大增强。相比传统 Fenton 氧化法，电解 Fenton 法可以在减少药剂投加量的条件下保证印染废水的处理效果；超声 Fenton 法可以起到减少药剂用量，提高氧化能力的作用。

Fenton 氧化法及联用技术的优点是操作方便，处理高效，特别是在处理有毒、有害、难生物降解和高浓度有机废水的应用研究中已取得了较大的成果，但是这一技术处理费用较高，应用于印染废水的全过程处理还存在一定的困难。

②光催化氧化法

光催化氧化法是指在化学氧化和光辐射的共同作用下，产生许多活性自由基从而使有色污染物得以氧化的一种方法，特别适用于废水的深度处理及以回用为目的的废水处理，该技术具有低能耗、无二次污染、氧化彻底等优点。最常用的催化氧化技术有 UV/Fenton、UV/O_3、UV/H_2O_2 等。王涛等用微波无极紫外光氧化反应器对印染厂二级物化处理后终端出水进行深度处理回用中试试验。试验结果表明 COD_{Cr} 去除率达到 73%，色度去除率达到 100%，出水水质能够达到印染厂回用水的要求且很稳定。光催化氧化法研究较多的是以光敏化半导体为催化剂，其中 TiO_2 光催

化剂应用最广，且处理效果最好。冯丽娜等采用了TiO_2/活性炭负载体系对某印染厂的二级处理出水进行处理，在最佳反应条件下，COD由300 mg/L左右降到50 mg/L，色度降为原来的1/3。该研究表明，利用活性炭的吸附性能，有助于解决TiO_2的流失、分离和回收问题，提高光催化效果。但由于废水本身的透光性差和光利用率低的问题，这制约着光催化氧化技术在实际废水处理中的应用。

③电化学氧化法

电化学氧化法是在外加电场作用下，在特定反应器内，通过一定化学反应、电化学过程或物理过程，产生大量的自由基，利用自由基的强氧化性对废水中的污染物进行降解的方法。电化学氧化法包括直接电化学氧化法和间接电化学氧化法。直接电化学氧化是阳极直接与有机污染物和部分无机物发生氧化反应，将其转化为无害物质；间接电化学氧化是通过阳极反应产生具有强氧化作用的中间体，如过氧化氢、羟基自由基、超氧自由基等，这些中间体与水体中的有机污染物和部分无机物发生氧化还原反应，达到去除水体中污染物的目的。电化学氧化法对有色废水中的染料和有机物都有着极佳的处理效果，有学者利用电化学氧化法对印染废水进行处理，结果发现COD和色度的去除率分别为95%和97%，处理效果极佳。同时电化学法作为生化处理的前处理工艺，可以提高印染废水的可生化性，为后续生化处理创造有利条件。因此，采用电化学氧化法对高浓度印染废水进行预处理也是有效可行的。电化学氧化法处理有色废水具有设备小、占地少和脱色去除效果好以及运行管理简单等优点，但是电化学氧化法在运行过程中对电能的消耗较大，设备成本也较高，这也是电化学氧化法在实际工程应用中需要克服的问题。

2.3.3.3 生物化学法

微生物通过吸附或降解的方式去除废水中的有机物或无机物从而降低废水色度的方法称为生物化学法。生化处理的实质就是利用微生物将有颜色的复杂高分子有机物转化为接近无色的、分子结构简单的有机物或无机物。生化法主要包括好氧法、厌氧法和厌氧好氧法。

（1）好氧法

好氧法是在有氧条件下，利用好氧微生物的新陈代谢活动处理废水，常用的脱色技术有活性污泥法和生物膜法。

活性污泥法是较为常见的一种生物处理方法。采用活性污泥法处理以印染废水为主的混合污水时，适当延长反应器的沉淀时间，可以使活性污泥处于一个较高的浓度水平，能够显著提高COD的去除率，再辅以深度处理的设施，能够保证出水水质达到《城镇污水处理厂污染物排放标准》（GB 18918—2002）一级A的要求。

例如活性污泥法处理牛仔纺织废水时，COD 和色度去除率可达 90% 和 75% 左右，再与膜过滤联用后去除率约为 95% 和 97%。好氧法适合处理水质稳定和排放要求高的废水。

（2）厌氧法

厌氧法是在无氧条件下，厌氧微生物通过新陈代谢降解废水中的污染物。厌氧法可以降解好氧法不能降解的结构复杂的有机物，提高废水的可生化性，对高浓度的印染废水有着良好的处理效果。有研究表明，经过折流式水解反应器工艺处理后的牛仔布磨砂洗水，其 BOD/COD 值由 0.25 提高到 0.41，可生化性提高。而采用升流式厌氧污泥床反应器（UASB）对印染废水进行处理后发现，COD 和色度的去除率分别为 90% 和 92%，去除效果良好。

（3）厌氧好氧法

厌氧好氧法通过厌氧过程的产酸阶段，把难降解的大分子有机物降解为小分子物质，提高了废水的可生化性，然后通过好氧法进一步去除。厌氧好氧法广泛应用于实际印染废水的处理。荷兰某公司采用厌氧好氧工艺处理漂白和印染废水，该工艺的厌氧反应容器和好氧反应池体积分别为 70 m^3 和 450 m^3，色度去除率达 80%～95%。我国某公司采用厌氧好氧法处理印染废水，处理后废水的 COD_{Cr} 和色度去除率达到 87% 和 97%。厌氧好氧组合工艺不仅可以有效去除废水中的有机物，还可以通过微生物的硝化和反硝化作用提高废水中氮和磷的去除率，有效地弥补了好氧法和厌氧法的缺点，实现了优势互补。

生物法工艺简单，运行成本低，技术成熟，被广泛应用于印染废水的处理。但是其占地面积大，对水质、水量和成分变化较大的废水的处理效果不佳，出水往往不能达标排放，仍需进行深度处理。

2.3.3.4 联用脱色技术

废水色度的去除仅使用一种脱色技术有时达不到排放要求，这时可以使用多种脱色技术联合处理。多种工艺的联用可以达到协同脱色的效果，如混凝沉淀利用混凝剂改变胶体结构，与水中的胶体和悬浮物反应形成小的絮体，形成沉淀沉降下来，对降低水体色度和 COD_{Cr} 具有一定的作用；活性炭吸附是利用活性炭自身具有巨大的比表面积等优势对水中有机物等进行吸附，可以降低水中有机物含量，从而对降低水体色度等指标具有一定的效果；单一工艺处理废水色度效果远不如联用脱色技术去除废水色度的效果，单独使用混凝脱色工艺和单独使用活性炭吸附脱色工艺都达不到水质处理效果的要求，而混凝沉淀与活性炭吸附工艺的结合，有效地将两工艺独有的优势叠合在一起达到最佳的色度处理效果，使水体色度和 COD_{Cr} 等指标得到更好的处理效果。此外，学者们还研究了高压脉冲放电臭氧氧化处理活

性艳红 K-2BP 废水、化学 - 生化组合方法对印染废水进行深度处理和活性炭 - 臭氧处理印染废水等，这些也都是联用脱色技术的应用实例。

2.4 臭味污染

2.4.1 臭味污染及其来源

水体臭味主要是过量纳污导致水体供氧和耗氧失衡的结果。水体臭味成因较为复杂，从本质上讲就是水体污染负荷超过了水体自净能力，诱发水体水质指标超标。研究发现，水体中的有机物发生厌氧分解是导致水体黑臭的根源。当水体耗氧污染物浓度超出一定范围后，水体的耗氧速度将大于其复氧速度，从而导致水体缺氧。在缺氧环境中，有机物在微生物的作用下被分解为 H_2S、氨、硫醚等致臭物；同时，水体中存在大量放线菌、藻类和真菌，其新陈代谢过程会分泌多种醇类致臭物质。

水体发生黑臭的原因众多，超负荷的污染来源是主要原因，包括外源污染、内源污染和其他污染。

（1）外源污染

大量污染物（如有机物和氨氮）直接排入水体是导致水体黑臭的主要原因，也是最直接的原因。外源污染包括点源和面源污染。点源污染是黑臭水体最为突出的污染问题：社会和经济的快速发展，众多城市面临开发与建设，随之出现了城市工业和生活污水收集能力不足问题，导致工业废水和生活污水未入截污管网而直接排放入河；部分城市由于污水处理能力不足，存在污水直排或污水处理设施超负荷运行问题，导致不达标尾水汇入河流；老旧城区的雨污水合流制管网导致雨季溢流污染入河，雨污管混接和错接使雨水口旱天排污入河，分流制雨水管道的初期雨水未得到有效控制而排放入河。水体黑臭的面源污染来源更为复杂，主要包括河道两岸随意堆放的生活和建筑垃圾以及垃圾渗滤液随雨水排入河道，造成污染；降水冲刷地表、土壤以及沿河路面所带来的雨水径流污染；沿河两岸农业耕作的化肥流失以及散户的畜禽养殖废水排放，使得大量的氮、磷等污染物随雨水进入水体，造成污染。

（2）内源污染

内源污染是导致水体黑臭的另一个重要原因。污染水体中有机物和氮、磷污染物可通过沉淀或颗粒物吸附而沉积在底泥中，但在适当条件下，大量污染物会从底泥中释放，并产生 CH_4、H_2S 等气体，致使水体黑臭。另外，水体中的水生植物可以吸收污染物，但若植物未及时收割，其腐烂分解后会重新释放污染物进入水体，增加水体中污染物浓度。

（3）其他污染

水动力条件是水体黑臭的影响因素之一。当水体生态径流量降低时，水体流动性会变差，水循环不畅，导致复氧能力衰退，形成适宜蓝藻或绿藻快速繁殖的水动力条件，增加水华暴发风险，引起水体水质恶化甚至出现黑臭现象。水温也是水体黑臭的影响因素之一，水温升高，加快水体中微生物将藻类残体分解成有机物及氮、磷等污染物的速度，导致溶解氧浓度降低，加剧水体黑臭。

2.4.2 臭味污染的危害

我国水体黑臭形势严峻，截至 2017 年 2 月底，全国共有 1 861 个水体（河流 85.7%，湖泊 14.3%）被列为黑臭水体。水体黑臭现象不仅严重影响了原有的水体生态系统，还极大地改变了水体中铁、硫、营养物质循环，使自然水体丧失了自净、饮用、灌溉、景观等功能，引发卫生问题，危害人体健康及生态功能。水中厌氧微生物分解有机物产生大量恶臭气体如 H_2S、氨、硫醇等，这些气体逸出水面进入大气形成恶臭，使人憋气、恶心，不仅损害了人居环境，也严重影响城市形象。

2.4.3 黑臭水体的治理措施

国务院发布的《国务院关于印发水污染防治行动计划的通知》（国发〔2015〕17 号）中明确了黑臭水体治理的任务和目标，提出了科学系统的综合治理思路。黑臭水体治理应以改善水环境质量为核心，强化源头控制，落实控源截污优先，统筹水域陆域，实施开源增流和生态修复；坚持问题导向，实施“一河一策”分类分期治理；兼顾治理与管理两手抓，在工程建设的同时，坚持部门联动、责任清晰、信息公开与公众参与的长效保障管理机制。

黑臭水体的本质是问题在水里，根源在岸上，关键在排口，核心在管网。系统解决水体的黑臭问题，必须找准问题根源所在，根据实际情况，提出相应的治理措施。

（1）源头截污措施

从源头对进入水体的污染物进行控制是最为直接的治理措施，也是现阶段治理成效最明显的技术措施，更是保证其他技术应用效果的基础。针对直接排入水体的居民生活污水、工业废水、规模化畜禽养殖污水等，通过截流和收集污水，进行处理后达标排放；针对未铺设管网的老旧城区和城中村，加快污水管网建设，统筹规划建设永久截污工程逐步替代临时截污工程，提高污水截流和收集能力；依据区域和污水特点选择最优工程技术，加快污水处理厂能力建设，实现全收集、全处理、处理达标后排放；针对合流制排水管网溢流污染问题，通过分流制改造、建设溢流污染调蓄池和增设截流管道以提高截流倍数；针对雨污分流制改造难的区域，制定

合理的溢流频次控制标准，加强溢流污水径流削减、过程调蓄、末端截流等综合治理措施，削减和控制溢流污染。

针对城市和村镇的地表径流，采用收集存蓄、水力旋流、快速过滤等处理技术，并结合绿色屋顶、渗透铺装、植草沟、植被缓冲带、人工湿地以及生物滞留池等，对初期暴雨径流进行截流和净化；针对农业面源污染，通过测土配方施肥、增施有机肥、秸秆还田等生态农业技术，从源头减少农业径流中污染物排放量；针对散户畜禽养殖废水，实行循环利用、生态化改造和粪污资源化利用等措施。

（2）底泥疏浚措施

对污染严重的底泥，可通过疏浚技术清除污染物富集层，以有效减少底泥污染，提高水体自净能力。污染底泥疏浚是国内外治理城市内源污染问题较为常见的物理工程方法。底泥疏浚是通过清除大量污染的河道底泥，最大限度地降低底泥中污染物。童敏等对温州市某河道治理工程进行了分析，该工程对6万m^3的河底淤泥进行清除，有效改善了河水的透明度和溶解氧（DO）含量，降低了水体的化学需氧量（COD），但总氮（TN）、总磷（TP）及重金属含量出现了一定程度的反弹。可见，物理治理技术可短暂实现水体净化，但无法彻底解决水体内源污染引起的“复臭”问题。

（3）生物－生态修复措施

生物－生态修复是在控源截污的基础上，基于生态学原理和手段对河岸线、边坡及水体进行生态治理和修复，达到改善水质及恢复水生态系统健康的目的。生物－生态治理技术主要包括人工湿地技术、生物膜技术、生态浮岛、水体曝气复氧等。人工湿地技术是一种典型的原位生态修复技术，利用工程技术手段以填料作为微生物生长载体，通过在湿地内种植不同水生植物并设置曝气系统，构建人工生态系统，利用水生植物、微生物的生化作用及填料的截留过滤使污染物被降解。生物膜技术则以膜材料或填料作为微生物的生长载体，依靠微生物的生化降解作用及载体材料对污染物的截留作用，实现水体污染物去除。生态浮岛则是一种兼具水体生态系统恢复及水体污染治理功能的生态修复技术，该技术主要利用无土栽培的原理，通过设置种植盘并填充基质材料固定水生植物，构建人工生态系统。目前生态浮岛主要采用的是多单元组合式结构。水体曝气复氧技术在国外应用较为广泛，该技术通过在水体中设置曝气设备进行循环复氧，改善水体环境，恢复水体自然净化功能。袁鹏等针对南京市月牙湖的水华暴发、水体黑臭问题，通过构建食藻类大型溞－沉水植物－水生动物－微生物群落的共生生态系统，形成底泥微生物、沉水植物、大型溞、鱼蟹螺贝食物链，将水体污染物转化为生物蛋白，同时大范围的沉水植物通过光合作用增加水体溶解氧浓度，提高水体自净能力，改善水质及景观。

（4）物理－化学－生物－生态组合治理技术

黑臭水体污染物来源广、水质成分复杂，浓度变化较大，单一的治理技术难以

有效实现黑臭水体的净化，往往需要物理、化学、生物和生态技术的协同作用，才能达到预期的处理效果。当前应用较广泛的黑臭水体治理组合工艺以稳定塘－人工湿地技术、曝气复氧－生态浮岛技术以及预处理－生物膜技术为主。

①稳定塘－人工湿地技术

稳定塘和人工湿地是两种常见的生态治理技术。稳定塘具备良好的沉淀性能，可有效去除悬浮物（SS）及部分有机物，作为人工湿地的前置工艺，能有效控制湿地进水中SS的浓度，降低湿地系统堵塞的风险，同时两个阶段的脱氮除磷作用，使氮、磷的去除效率大大提升，两种生态技术的结合对黑臭水体有良好的治理效果。黄建洪等研究了氧化塘与人工湿地复合系统对城市污染河水的治理效果，其研究结果表明，前置氧化塘可去除70%以上的SS，有效降低人工湿地的污染负荷，同时系统对旱期污染河水及雨期重污染河水均有稳定的治理效果，出水中主要污染物指标满足《城镇污水处理厂污染物排放标准》（GB 18918—2002）中的一级A排放标准。刘晓静等的研究改进了稳定塘的结构，通过采用纵向分层直流结构的氧化深塘结合潜流人工湿地技术，使得组合工艺对SS、COD和氨氮的去除率均超过90%，同时在去污效果较差的冬季，出水的各污染物指标仍然满足《城镇污水处理厂污染物排放标准》（GB 18918—2002）中的一级A排放标准。

在实际工程应用中，稳定塘和人工湿地的组合工艺具有运维费用和能耗低、无须污泥处理等优势，但占地面积较大，因此对于土地资源稀缺的地区适用性相对较差。

②曝气复氧－生态浮岛技术

单一的生态浮岛污染物处理效率较低，往往需要联合其他治理技术，目前常用的组合工艺是曝气复氧技术与生态浮岛联合。水生植物及水体微生物是生态浮岛降解水体污染物的主体，对水中溶解氧浓度要求较高，由于黑臭水体中溶解氧浓度十分低，生态浮岛的功能往往难以实现，而曝气复氧技术可有效提高水体溶解氧含量，使水生植物及微生物的生化作用恢复。通过两种技术协同作用，可实现水质的高效净化，并维持较高的运行稳定性。李滢莹在对上海市静安区彭越浦河整治工程的研究中，对比了曝气复氧－生态浮岛组合工艺和单一生态浮岛、单一曝气复氧的脱氮除磷效果，研究结果表明，组合工艺在脱氮除磷方面的效果明显优于单一的处理技术，可实现初期氮磷的快速去除。罗刚等利用人工充氧和生态浮岛技术结合的方法对广州市白云区白海面黑臭水体进行整治，以菖蒲、风车草、海芋、美人蕉等作为浮岛植物，结合人工增氧设备，提升了有机物及氮磷的去除率，实现了污染水体的净化。

生态浮岛的结构简单、易于装卸，应用的灵活性很高，同时具有景观功能，特别适合城市河道、景观水体的治理。与人工曝气等工程技术结合后，生态浮岛的污

染物去除效果有显著提升，但生态浮岛本身的抗风性能较弱，影响了运行稳定性，因此通常需要设置防护和固定装置，并定期进行维护。

③预处理－生物膜技术

膜生物反应器（MBR）与曝气生物滤池（BAF）是最常见的两种生物膜技术，在工业和市政废水治理中有广泛应用。在实际运行中，由于进水负荷变化大，MBR技术容易发生膜污染，而BAF则存在填料堵塞的问题。因此，生物膜技术常结合预处理技术形成组合工艺，以降低进水负荷，维持系统的稳定运行。当前主要采用的预处理方法包括过滤、气浮、磁分离等，预处理过程优先去除污水中大多数的SS及部分有机物，出水进入生物膜系统后，经进一步脱氮除磷实现达标排放。张璇等采用了快滤-MBR工艺对黑臭水体进行净化，经该组合技术处理后，水体黑臭现象明显改善，SS、COD、氨氮、TP等主要污染指标均能达到地表水V类标准要求。黄琼等则采用超磁分离技术作为BAF的预处理工艺，研究结果表明，该项组合技术可实现对黑臭水体的快速净化，出水中的关键污染物指标能稳定达到《城镇污水处理厂污染物排放标准》（GB 18918—2002）中的一级A排放标准。MBR和BAF系统具有占地面积小、运行稳定、污染物降解效率高、建设成本低等优点，未来对于黑臭水体应用性较强。目前该技术的研究主要集中于开发新一代生物膜材料及新型填料。

物理－化学－生物－生态组合治理技术具有良好的环境适应性，对自然生态破坏小，与源头截污、清淤疏浚等工程技术结合可形成综合整治体系，是未来黑臭水体治理的主要手段。

2.5 放射性污染

2.5.1 放射性污染及其来源

放射性元素的原子核自发地放射出α射线、β射线或γ射线的性质，称为放射性。天然地下水和地表水中，常常含有某些放射性同位素，如铀（^{238}U）、镭（^{226}Ra）、钍（^{232}Th）等。在通常情况下，环境中的放射性不构成显著的环境污染，对人体无明显危害。但是，如果环境中的放射性物质增加，使环境中的放射性水平高于自然界的本底水平，出现危害人体健康的现象，就会构成放射性污染。

20世纪40年代以后，由于原子能工业的发展，放射性矿藏的开采，核实验、核电站的建立以及同位素在医药、工业、科研领域中的使用，放射性废水、废物显著增加。人工的放射性污染物主要源于天然铀矿的开采和选矿、精炼厂和放射性同位素应用时产生的废水、原子能工业和原子反应堆设施的废水等。与人们日常生活息息相关的内陆淡水也会受到各类放射性污染的威胁，这些威胁来自内陆核电厂运行、医用核设施应用、核燃料循环系统运行等，例如不同堆型核电厂在正常运行情况下会向环境排放一定量的人工放射性核素。在核事故中释放的人工放射性核素主要有锶（^{90}Sr）、银（^{110}Ag）、碘（^{131}I）、铯（^{134}Cs）、铯（^{137}Cs）、钚（^{239}Pu）、钴（^{58}Co）、钴（^{60}Co）、锰（^{54}Mn），例如日本福岛核事故向环境排放了铯（^{134}Cs）、锶（^{90}Sr）、碘（^{131}I）等。考虑到水体中的α、β射线放射性对人体产生的内照射影响，生活用水（特别是饮用水）的α、β射线放射性比活度值得关注。

地下水受到放射性污染的主要途径有放射性废水注入地下含水层，从地面渗入地下和放射性废物埋入地下等。地下水中放射性核素也可能迁移扩散到地表水中，造成地表水污染。人工放射性废水中主要的放射性同位素除铀（^{238}U）、镭（^{226}Ra）等外，还有锶（^{90}Sr）、铯（^{134}Cs）、碘（^{131}I）、钴（^{58}Co）、铜（^{64}Cu）、磷（^{32}P）等。某些矿泉水和地下水有时还含有放射性氡（^{222}Rn）。

2.5.2 放射性污染的危害

放射性污染与一般的化学污染有显著的不同，具有如下的主要特征：①放射性同位素的寿命是一定的。每一种放射性同位素都有一定的半衰期，任何化学的、物理的或生物的处理方法，都不能改变这一特性。②放射性污染是物理因子污染。放射性污染与化学因子污染的不同之处在于，放射性污染物对有机体的不良影响是放射性元素的射线，而不是由化学反应引起的。③放射性在生物体内会富集。自然界里的放射性元素，可以通过食物链进入人体，而后会在某些器官或组织中富集，致使体内的放射性同位素比周围环境中的放射性同位素浓度高许多倍。例如，牡蛎肉中的锌的同位素^{65}Zn浓度可以达到周围海水中浓度的10万倍。此种现象称为放射性元素的富集作用。④放射性污染物的危害时间长。放射性污染物的半衰期一般都比较长，一旦进入生物体后，将会对生物体造成较长期的危害。

水体中的放射性核素进入人体，使人受到放射性伤害，短期效应如头痛、头晕、食欲下降、睡眠障碍等；长期效应如出现肿瘤、白血病、遗传障碍等。我国已将总α、总β放射性指标列入《生活饮用水卫生标准》（GB 5749—2006）的水质常规指标及限值中，规定饮用水放射性比活度应为总α≤0.5 Bq/L，总β≤1 Bq/L。正常情况下，这些放射性物质不会影响人体健康，但是一旦生活用水被放射性物质污染且超出规定限值，过量的放射性污染物将随饮用水进入人体，产生内照射，造成严重后果。

2.5.3 放射性废液的处理

放射性废液的处理主要包括净化、浓缩和固化。净化和浓缩是放射性废液的减

容措施，采取适当工艺，使其中放射性核素衰变至无害水平，经净化的液体向环境中排放或再循环使用，对浓缩物进行固化处理。

2.5.3.1 放射性废液的减容措施

一般采用蒸发浓缩、化学沉淀、离子交换、过滤等技术对废液浓缩减容处理，净化后的液体则被排入天然水体或循环利用。

（1）蒸发浓缩

蒸发浓缩是将待处理废液送入蒸发器加热管中，同时将工作蒸气通入加热管外侧管道，通过对管壁加热，使水蒸发，冷凝后排放或再处理后排放，蒸发残液经固化后处理。用于蒸发处理废液的蒸发器种类繁多，有釜式蒸发器、自然循环蒸发器（横管式、竖管式）、强制循环蒸发器、蒸汽压缩蒸发器、多效蒸发器、擦膜式或降膜式蒸发器等，其中以自然循环蒸发器的应用最广泛。该法优点是浓缩效果较好，处理效率较高，去污效果较好，特别适合处理含盐量为中、高质量浓度（200～300 g/L），成分较复杂，且其浓度变化较大的废液；该法缺点是处理费用较高，不适于处理含有易结垢物，有起沫性、腐蚀性、爆炸性的废液。

（2）化学沉淀

化学沉淀是将适当的化学絮凝剂加入待处理废液中，经搅拌后发生水解、絮凝，使废液中的放射性核素发生共结晶、共沉淀，或胶体吸附后进入沉淀池中，以此达到分离、去污、浓缩废液的目的。在化学沉淀处理中使用的絮凝剂种类很多，各种絮凝剂及其可去除的放射性同位素汇总于表 2-7。

表 2-7 化学混凝剂与可去除的放射性同位素汇总

序号	絮凝剂种类	可去除的放射性同位素
1	铝盐（硫酸铝、氢氧化铝、碱式氯化铝等）	铈（^{144}Ce）、钇（^{91}Y）、锶（^{90}Sr）、钌（^{106}Ru）、铯（^{137}Cs）、锆（^{95}Zr）、钷（^{147}Pm）等
2	铁盐（硫酸亚铁、氯化铁、氢氧化铁、硫酸铁等）	铈（^{141}Ce）、铈（^{144}Ce）、钡（^{140}Ba）、钴（^{60}Co）、锆（^{95}Zr）、碘（^{131}I）、铯（^{137}Cs）、锶（^{90}Sr）、钷（^{147}Pm）等
3	石灰 - 苏打	钡（^{140}Ba）、锆（^{95}Zr）、锶（^{90}Sr）、钪（^{46}Sc）、钇（^{91}Y）、镧（^{140}La）、铌（^{95}Nb）、钨（^{185}W）
4	磷酸盐（磷酸铝、磷酸铁、磷酸钙等）	铈（^{144}Ce）、锆（^{95}Zr）、锶（^{90}Sr）、钇（^{91}Y）、镨（^{144}Pr）、铌（^{95}Nb）、钌（^{106}Ru）、铑（^{106}Rh）
5	锰盐（硝酸锰、高锰酸钾、锰酸钙等）	铈（^{144}Ce）、钡（^{140}Ba）、锶（^{90}Sr）、钇（^{91}Y）、铯（^{137}Cs）、镨（^{144}Pr）、钷（^{147}Pm）、钌（^{106}Ru）、铑（^{106}Rh）
6	丹宁酸和阴离子交换树脂等	碘（^{131}I）

化学沉淀操作简单，费用低廉，多用于去处理组分复杂的低、中水平放射性废水，在去除放射性物质的同时，还可以去除悬浮物、胶体、有机物和微生物等，一般与其他方法联用时作为预处理方法。该法的缺点是放射性去除效率较低，一般为50%～70%，产生的污泥量较多，需要进一步处理。

（3）离子交换

离子交换是以离子交换剂上的可交换离子与液相中离子间发生交换的分离方法，采用离子交换剂从待处理废液中有选择地去除呈离子状态的放射性核素，从而净化废液。离子交换法适用于处理含盐度较低（小于 1 g/L）、含悬浮固体物质较少（小于 4 mg/L）的低、中水平放射废液，例如核反应堆冷却水、乏燃料暂存冷却水、高放废液的蒸发冷凝液等。

离子交换剂可分为有机和无机两大类，在有机离子交换剂中应用最广泛的是离子交换树脂，如苯酚、甲醛等缩聚物、苯二烯、二乙烯苯等共聚物等，它们对锶（^{90}Sr）、铯（^{137}Cs）具有较好的去污效果；其次为磺酸型离子交换树脂，即由煤、褐煤、沥青、木炭、泥煤、橄榄壳、硬果壳和废咖啡等物质经磺化处理而成的天然有机离子交换树脂。天然无机离子交换剂有膨润土、蒙脱石、伊利石、高岭土、蛭石、沸石、凝灰岩、多价金属的氧化物和氢氧化物（氧化锰、氢氧化锰、磷酸锆）等。

（4）过滤

过滤是用过滤器从待处理废液中除去沉淀物和悬浮固体颗粒的净化处理工艺，它只能有限地去除废液中的放射性核素。常采用的过滤设备有：

①沙滤池

在池底用石英砂、无烟煤、活性炭等滤料铺设成厚滤层，将待处理废液用离心泵压入池中，或自流入池中，废液流经厚滤层时过滤净化。该法常与絮凝沉淀法等联合使用。

②压滤器

在密闭的容器中装一多孔板，板面上预涂有一层硅藻土等过滤材料，废液缓缓流经该类多孔板，即可净化。该法能截留粒径为 1 μm 以下的固体悬浮颗粒。

③微孔元件组合过滤器

是用陶瓷土、金属、聚氯乙烯等烧结成的多孔圆筒形过滤器，其孔径可小至数微米，用以过滤废液中的固体悬浮颗粒。另外，离子交换树脂床具有良好的过滤作用，对废液中的微小悬浮固体颗粒的去除能力远优于一般过滤器，可起到离子交换和过滤双重作用。

除上述方法外，放射性废液的净化方法还有生化处理法、电渗析法、反渗透法和离心分离法等。对于可燃性有机放射性废液，可用焚烧法浓缩减容。

2.5.3.2 放射性废液固化

放射性废液固化是将废液转化为固体的过程，该固体被称为废物固化体，固化废液的材料被称为固化基材（如玻璃、水泥、沥青等）。例如废液经玻璃固化后成为玻璃固化体，经水泥固化后成为水泥固化体。固化是核废物处置前最重要的处置措施之一。核废物固化体的基本要求是：①应具有良好的导热性、化学稳定性、辐射稳定性和一定的机械强度；②具有较低的浸出率；③无爆炸性、自燃性，废物容器无腐蚀性；④固化过程具有明显的减容效果，具有较大包容量；⑤固化时应尽量少产生二次废物污染；⑥固化工艺流程简单，能远距离操作、维修且处理费用较低。

常用的固化工艺有玻璃固化、陶瓷固化、人造岩石固化、水泥固化、沥青固化、塑料固化。表 2-8 列出了放射性废物固化方法种类、主要优缺点等，其中沥青固化和水泥固化是当代工业规模固化低、中强度放射性废液的主要方法，玻璃固化是固化高强度放射性废液的常用工艺；其他固化方法尚处于开发研究阶段。

表 2-8　放射性废物主要固化方法

<table>
<tr><th>方法名称</th><th>固化对象</th><th>主要优点</th><th>主要缺点</th><th>应用状况</th></tr>
<tr><td>玻璃固化</td><td rowspan="8">高放废物</td><td rowspan="3">浸出率较低；减容比较大；辐射稳定性和导热性较好</td><td rowspan="3">成本较高；工艺较复杂，产生二次污染废物；固化体的热稳定性较差</td><td>工业规模应用</td></tr>
<tr><td>陶瓷固化</td><td rowspan="2">处于实验阶段</td></tr>
<tr><td>玻璃陶瓷固化</td></tr>
<tr><td>人造岩石固化</td><td>固化体提出率低；包容比大；辐射稳定性和化学稳定性较好</td><td>工艺较复杂；成本较高</td><td>由实验转入应用阶段</td></tr>
<tr><td>煅烧固化</td><td>减容比大（7～12）；无浸蚀性；导热性、抗辐射性、热稳定性较好</td><td>浸出率高；化学稳定性较差</td><td>流化床法已得到工业规模应用</td></tr>
<tr><td>热压水泥固化</td><td>固化体的浸出率较低；热性能、机械强度、抗辐射性等较好；工艺简单，成本较低</td><td>研究不够</td><td>处于实验阶段</td></tr>
<tr><td>复合固化</td><td>固化体的机械强度大；浸出率低；抗辐射性好</td><td>工艺较复杂；成本高</td><td>处于实验阶段</td></tr>
</table>

续表

方法名称	固化对象	主要优点	主要缺点	应用状况
沥青固化	低、中放废物	固化体浸出率较低；工艺简单，成本低廉；废物包容量大，减容比大（1.5～2）	固化体的导热性、抗辐射性较差；易燃、易爆	工业规模应用
水泥固化		工艺简单，成本低廉；固化体热稳定性、抗辐射性较好；机械强度较大；无二次污染废物生成	增容明显（0.5～1倍）；固化体浸出率高	工业规模应用
塑料固化		工艺简单；减容比大（2～5）；固化体的浸出率较低；热稳定性、导热性等较好；废物包容量大	成本高；设备较复杂	部分得到小范围应用

资料来源：郑正．环境工程学 [M]. 北京：科学出版社，2006.

2.5.3.3 放射性废物的处置

消除核废物对生态环境的危害，一般可通过 3 种途径实现。

①通过裂变反应（加速器、反应堆），将核废物中的放射性核素转变为非放射性或弱放射性核素，即核嬗变处理法。此法耗资甚巨，并产生二次废物，目前各国正探索其实际应用的可能性。

②将核废物极度稀释至对生态环境无害的水平（接近本底值）。例如有控制地向天然水体（河、湖、海洋等）排放经预处理的废液等。

③将核废物与生态环境长期或永久地隔离，不再回取。此类方法曾提出过冰层处置法、太空处置法等，但现在各国倾向于利用地质处置法，即利用土壤、岩石、水等地质介质，采用地质手段将核废物与生态环境长期或永久地隔离，不再回取（核废物安全隔离期为：低中放废物，300 ～ 500 年；高放废物，10 万年以上）。

自 20 世纪 40 年代美国开始处置低放废物以来，已有近 80 年核废物处置经验。虽然目前各国对低、中放废物进行可行性研究，但就整体而言，低、中放废物地质处置技术已较成熟，许多国家已拥有自己的低、中放废物处置场。但对于高放废物处置技术，自 1954 年美国首先开始研究至今仍处于研究和探索阶段，只限于地下实验室研究和场地特性评价。放射性废物处置方法见表 2-9。

放射性废物处置场自建设至关闭，一般需经历以下 4 个阶段：选址（3～5 年）；设计建造（3～5 年）；运行（30～100 年）；关闭（约 1 年）。并且在各阶段必须进行安全分析和环境评价。

表 2-9　放射性废物处置方法分类

放射性废物种类		处置方法（介质）	实际采用现状
放射性液体废物	低、中放废液	地质处置法	
		地下渗滤（土壤、沙、砾）	曾采用，现已停止使用
		深井注入（页岩、黏土岩等）	苏联、美国曾采用，现已停止使用。德国今后拟采用
	高放废液	非地质处置法	
		预处理后排入天然水体（河、湖、海水）	广泛采用
		岩石熔融处置（页岩、花岗岩）	研究中
放射性固体废物	低、中放固体废物	地质处置法	
		陆地浅埋（土壤、沙、砾）等松散沉积物	广泛采用
		废矿井处置（盐矿、铁矿、铀矿等）	广泛采用
		深岩硐处置（盐矿，花岗岩、黏土岩、凝灰岩等）	偶尔采用
		海岛处置（土壤、岩石等）	国际上已禁止
		滨海底处置（岩石）	只瑞典采用
		非地质处置法	
		海洋投弃（海水）	沿海国家曾采用，现已禁止
	高放固体废物（固化体）	地质处置法	
		深岩硐处置（盐矿，花岗岩等）	各国拟广泛采用
		废矿井处置（盐矿等）	采用
		深钻孔处置（岩盐，花岗岩等）	实验开发阶段（丹麦、意大利）
		深海床处置（黏土）	实验开发阶段
		非地质处置法	
		核嬗变处理	实验开发阶段
		冰层处置	已基本摒弃的设想
		太空处置	已基本摒弃的设想
	铀尾矿和铀废矿石	地面处置	广泛采用
		废矿山和岩硐回填	采用

资料来源：郑正．环境工程学 [M]. 北京：科学出版社，2006.

第三章

化学性污染

化学性污染是由于化学物质（化学品）进入环境后造成的环境污染。这些化学物质包括有机物和无机物。它们大多源于人类活动或是人工制造的产品，也有二次污染物。全球已合成各种化学物质 1 000 万种，每年新登记注册投放市场的约 1 000 种。我国能合成的化学品约 3.7 万种。这些化学品在推动社会进步、提高生产力、消灭虫害、减少疾病、方便人民生活方面发挥了巨大作用，但在生产、运输、使用、废弃过程中不免进入环境而引起污染。

20 世纪中期西方工业化国家发生举世闻名的"八大公害"事件以后，欧美国家和日本已付出巨大的代价，通过对毒害性化学污染物进行研究，制定了一系列环境控制标准和法规。美国是最早开展毒害性化学污染物监测的国家，20 世纪 70 年代中期就在《清洁水法》中公布了 129 种优先监测和严格控制的"优先污染物"。其中，毒害性有机污染物 114 种、重金属等毒害性无机污染物 15 种。1984 年，美国环保部门又把"有毒化学物质污染与公众健康问题"列在美国几大环境问题之首，可见美国对有毒化学污染物的高度重视。欧共体在 1975 年提出《关于水质目的排放标准》的技术报告，列出了污染物的"黑名单"和"灰名单"，要求各成员国可结合本国情况规定有毒污染物的控制名单。日本环境部门从 1974 年开始，组织了全国规模的化学品环境安全性综合调查，于 1986 年公布了 600 种优先有毒化学品环境普查结果，并规定将"有毒化学品污染及其防治对策"作为每年《日本环境白皮书》的主要一章进行编报，可见日本对有毒化学品污染的控制和管理已经制度化。

源于杀虫剂、工业化学品、工业生产或燃烧过程副产品的持久性有机物（POPs）具备 4 种特性：高毒性、持久性、生物积累性和远距离迁移性，而对位于生物链顶端的人类来说，这些毒性比之最初放大了 7 万倍以上。由于其在环境中的特点和对人体健康的危害，引起了世界的关注。联合国环境规划署于 1995 年组织对 12 种 POPs 进行国际评估，从 1996 年起开展了各国政府间的讨论和谈判。2001 年 5 月，联合国环境规划署在瑞典召开了《关于持久性有机污染物的斯德哥尔摩公约》（以下简称《斯德哥尔摩公约》）全权代表会议，并开放签约（全世界已有 156 个国家签约，我国是首批 90 个缔约国之一，2004 年 5 月生效），掀起了全球携手共同抗击 POPs 的高潮。根据《斯德哥尔摩公约》，各缔约国将采取一致行动，首先消除这 12 种对人类健康和自然环境特别有害的污染物。《斯德哥尔摩公约》还规定，所控制的 POPs 清单是开放性的，将来随时可以根据公约规定的筛选标准对清单进行修改。

我国虽然是《斯德哥尔摩公约》的首批缔约国，但国内对 POPs 的环境科学研究起步较晚，工作基础薄弱，仅有少数科研院所和高校于 20 世纪 80 年代后期才开展一些基础性研究和局部地域的调查。目前，国内常用的化学需氧量（COD）、生

化需氧量（BOD）等水质监测指标，只能用作表征水体和废水有机污染程度的综合性环境监测指标，不能提示污染物的化学组成和毒害作用。然而，与许多看得见、闻得着或者排放量大、浓度高的污染物不一样，很多毒害性化学污染物在环境中含量甚微，不易被人的感官觉察，需要用专门的分析技术和大型精密仪器才能检测。因此，对毒害性化学污染物，特别是对POPs等微量毒害性有机污染物的监测和控制，是我国环境保护工作中十分重要的环节。

本章主要介绍各类化学污染物（包括无机非金属污染物、重金属污染物、耗氧有机物以及毒性有机污染物）的环境化学性质、环境污染状况、危害及其去除技术。

3.1 无机非金属污染物

无机非金属污染物主要包括酸碱污染以及与非金属元素中的卤族元素、氮、磷、硫元素相关的污染物，常见的污染物主要包括氯化物、氟化物、溴化物、氮磷污染物、硫化物、硫酸盐、氰化物等。

3.1.1 酸碱污染

3.1.1.1 酸碱污染及其来源

水质标准中以pH反映水质的酸碱含量水平。酸碱污染主要是由进入废水的无机酸和碱造成的，酸性废水是pH＜6的废水，其来源很广，主要有矿山排水，湿法冶金、轧钢、钢材与有色金属的表面酸处理、化工、制酸、制药、染料、电解、电镀、人造纤维等工业部门生产过程中排放的酸性废水，最为常见的酸性废水是硫酸废水，其次就是盐酸和硝酸废水。

碱性废水是pH＞9的废水，碱性废水的来源也十分广泛，主要有制碱工业，碱法造纸的黑液，印染工业中的煮纱工艺，制革工业的火碱脱毛以及石油、化工部门生产过程的废水等。

此外，大气中的污染物如SO_2、NO_x等也会影响水体的pH。

3.1.1.2 酸碱污染的危害

各种动植物及微生物都有各自适应的pH范围。天然水的pH常为6.5～8.5，当pH超出这个范围时，表示水体的缓冲系统受到了破坏。环境酸碱度会直接影响细胞酶活性，水体pH小于5或大于9时大部分水生生物不能生存。环境pH改变还可增加某些毒物的毒性：在酸性条件下，氰化物、硫化物毒性增大；在碱性条件下，氨的毒性增加。废气中的SO_2与空气中的水分结合形成酸雨降落地面会降低河水 pH，影响植物生长，影响鱼类洄游，腐蚀建筑物。1970 年美国东北部出现雨水 pH 为 3～3.5，最低达到了 2.1 的情况；北欧许多地区也出现雨水 pH＜4.5 的情况，均造成一系列不良影响。酸性和碱性废水，都能限制和妨碍水体的使用。酸碱废水增大了水体腐蚀性，使输水管道、水工建筑物和船舶等受到损坏；排入农田，会改变土壤的性质，使土壤酸化或盐碱化，破坏土层的疏松状态，影响农作物的生长和增产；人和各种动物如果饮用了被酸碱污染的水，将影响体内代谢，使消化系统失调，引起肠胃发炎等。因此必须进行适当的处理以后，使废水的 pH 处于 6～9，方能排放到受纳水体。

3.1.1.3 酸碱污染治理技术

（1）酸性废水的处理技术

酸性废水中除含有硫酸、亚硫酸等物质外，还可能含有砷、氟、铜、铅、锌、镍、镉、汞等有害物质，例如硫铁矿制酸废水含有砷、氟和悬浮物；冶炼烟气制酸污水中砷、氟和重金属离子含量较高。目前常用酸性废水的处理技术有石灰中和法、高浓度泥浆法、石灰－铁盐法、硫化法和电絮凝法等。

①石灰中和法（LDS 法）

石灰中和法是向废水中投加石灰，使重金属离子与羟基反应，生成难溶的金属氢氧化物沉淀。该方法用于处理含重金属离子、氟等有害物质成分的酸性废水。石灰法是目前国内应用最广泛也是最基本的酸性废水处理工艺，常用的中和剂有生石灰、石灰石和电石渣。石灰法的优点是工艺简单、原料来源广泛、运行费用低、砷和镉脱除效率较高；缺点是生成的重金属氢氧化物（即矾花）比重小，在强搅拌或输送时易碎成小颗粒，设备、管道易结垢堵塞，污泥密度低，废渣中砷和重金属杂质富集程度低，难以回收利用。由于石灰中和生成的亚砷酸钙溶解度较高，因此一般很少单独采用石灰法处理含砷酸性污水。

②高浓度泥浆法（HDS 法）

HDS 法是废水处理新技术，是 LDS 法工艺的革新和发展，在 LDS 工艺产生大量底泥的基础上，通过将底泥不断循环回流，使稀疏底泥颗粒出现比较显著的晶体化、粗颗粒化现象，由此改进沉淀物形态和沉淀污泥量，提高底泥含固率。

HDS 有效克服了石灰中和法的结垢严重、污泥密度低、操作环境恶劣等缺点，与石灰中和法相比，该技术可减少石灰消耗量 5%～10%、沉淀污泥固体质量分数达到 20%～30%。

③石灰－铁盐法

石灰－铁盐法是向废水中投加石灰乳和铁盐，利用废水中的铁盐或外加铁盐与

砷絮凝并进一步反应，生成溶解度较小的砷酸钙铁或亚砷酸铁沉淀，并利用三价铁离子进行絮凝沉淀，进一步除去镉等重金属。该方法是目前硫铁矿制酸常用的酸性污水处理工艺，具有沉淀迅速，除砷及重金属效率较高的优点，适用于含砷较高的酸性废水处理，并可以使除汞之外的所有重金属离子共沉。石灰－铁盐法的缺点是含铁盐石膏渣量大，废渣中砷难以回收利用。

④硫化法

硫化法是向水中投加硫化剂，使金属离子与硫反应，生成难溶的金属硫化物沉淀去除的过程。硫化剂常采用硫化钠（Na_2S）、硫化氢（H_2S）、硫化亚铁（FeS）等。硫化法是冶炼烟气制酸含重金属酸性污水常用的处理工艺，适合处理含重金属离子的高砷酸性污水。硫化法对污水酸度要求较为苛刻，通常先用石灰中和污水酸度，然后加入硫化剂（通常为硫化钠）脱除砷及重金属离子，最后用石灰中和硫酸并除去残余的杂质。硫化法的优点主要有：a. 可以通过调控 pH 和氧化还原电位实现重金属离子的分步硫化，从而有选择性地回收有价金属；b. 砷及重金属脱除效率高，生成的硫化物渣量少，砷及重金属在硫化物渣中得到高度富集，可以进一步深加工利用；c. 经硫化法处理后再用石灰法或石灰－铁盐法处理所产生的废石膏量相对较少，且有害杂质含量较低，可用作建筑材料。硫化法的缺点是工艺流程复杂、操作难度较高、运行成本高，并且存在硫化氢气体逃逸危险。

⑤电絮凝法

电絮凝法是近年开发的一项新技术，利用阳极（通常为铝或铁）在直流电作用下溶蚀产生 Al^{3+}、Fe^{2+} 等离子，再经过水解、聚合及氧化反应，生成各种羟基络合物及氢氧化物，使污水中的悬浮杂质、砷及重金属离子凝聚沉淀而除去。据报道，该技术在锌冶炼装置 170 m^3/h 废水处理系统中成功应用，重金属离子脱除效率在 97% 以上，出水达标排放。与传统石灰－铁盐法相比，电絮凝法具有操作简单、重金属离子回收率高、运行成本低、污泥渣量少等优点。

（2）碱性废水的处理及回用技术

碱性废水中除含有某种不同浓度的碱外，通常还含有大量的有机物、无机盐等有害物质。处理碱性废水的常用方法有酸碱中和法、化学沉淀法、燃烧法和膜处理回用技术。

①酸碱中和法

造纸、化工、纺织、食品、石化等许多工业部门都会产生高浓度的碱性废水，通常采用投加酸性物质方法处理碱性废水，让两者中和后，加以过滤使碱性废水基本净化。很久以来，人们一直使用盐酸和硫酸之类的矿物酸与碱性废水进行中和处理。但这些均是强酸，所以在手工操作时，必须特别小心，大大增加了过程控制、设备维护保养的难度。同时，用盐酸中和碱性废水会生成大量氯化钠又是天然河流所不能容纳的。而且硫酸会导致硫酸盐的生成，由于硫酸盐对混凝土建筑物的侵蚀，许多国家规定硫酸盐在废水中的含量不得超过400 mg/L。因此，有学者提出了新的中和方法，即利用价格低廉的CO_2来调节碱性废水的pH，发现其中和能力比前者好。此法提高了安全系数，减轻了劳动强度，提高了过程控制的能力。而且CO_2系统简单，仅有少量的活动部件，没有计量泵，维护容易，可靠性好，加上CO_2没有腐蚀性，系统可以在线使用很长时间。20世纪80年代末，又有人提出了“以废治废”的思路。德国某公司研制出一种费用低廉、效果良好的烟道气处理碱性废水的中和系统。我国也相继出现了利用碱性废水进行烟气脱硫的诸多应用，采用碱性工业废水作为脱硫剂进行燃煤锅炉烟气湿式脱硫技术，具有投资少、工艺简单、运行费用低、脱硫装置运行可靠的特点，还能同时进行烟气脱硫和除尘，脱硫效率一般可达70%～80%。利用碱性工业废水处理燃煤锅炉烟气，以废治废，既消除了锅炉烟气中SO_2对大气的污染，又减少了碱性工业废水外排对自然水体的污染，具有较好的社会、环境和经济效益，是一种值得推广应用的除尘脱硫技术。有研究通过向含NaClO的碱性工业废水中添加$NaCl_2$组成复合吸收剂脱除烟气中的二氧化硫和一氧化氮，在实验最佳条件下可获得100%的脱硫效率和80%左右的脱硝效率，开发了运行成本低、操作简单、使碱性废水变废为宝的湿式烟气脱除工艺。

②化学沉淀法

化学沉淀法是在废水中加入适当的沉淀剂，使废水中的有害物质变成难溶物进而沉淀除去。有研究采用CuO沉淀剂与含有机硫废碱液进行固液反应过滤回收NaOH，碱液中的有机硫由滤渣吸附除去，灼烧滤渣得到的CuO可循环使用，得到副产品$Na_2S_2O_5$。另有研究利用铁屑、锅炉烟气配合粉煤灰对造纸、印染碱性废水进行了处理，发现粉煤灰中所含的$A1_2O_3$、Fe_2O_3等成分易与碱性废水中的有机物反应生成沉淀，可以提高混凝效果；粉煤灰对碱性废水的COD去除率为60%左右，色度去除率为70%左右；锅炉烟气中含有的SO_2和CO_2等酸性气体能有效中和碱性废水，吸附其中的有机物和色素。利用锅炉烟气、铁屑和粉煤灰联合处理碱性废水具有以废治废、费用低、较好的环境效益和社会效益等优点。

③燃烧法

燃烧法主要用于回收造纸黑液中的碱性物质，其过程是把含碱浓度10%～20%的黑液，经蒸发器处理后使其浓度达到45%以上，再进燃烧炉，黑液继续得到浓缩，有机化合物的钠盐和碱加热分解成无机钠盐，再与碳反应还原成硫化钠重新用于造纸的蒸煮工序。该方法具有焚烧效率高，运行成本低，占地面积小，二次污染小和节能效果好等特点。

④膜处理和回用技术

传统的化学方法处理碱性废水的确是卓有成效的，但是由于碱性废水的排放量大，按传统方法处理需要许多反应罐和储槽，耗费大量试剂，设备投资和生产费用均很大。随着碱性废水处理技术的不断发展，针对膜分离技术处理碱性废水的研究已日趋成熟，从20世纪70年代至今，也有许多利用电渗析、反渗透、超滤、扩散渗析等膜技术回收碱性废水的成功例子，其中电渗析技术的应用最为广泛。

a. 电渗析技术

电渗析技术能量消耗小，经济效益显著，装置设计简单与系统应用灵活，操作维修方便，使用寿命长，原水回收率高，工艺过程洁净。电渗析不存在大量废酸、碱液的排放问题，也没有高压泵的强烈噪声。电渗析的电极产物可以回收也可以稍加处理得以解决。目前电渗析过程在废水处理和化工生产工艺的革新中正在发挥越来越大的作用。张维润等用离子交换膜处理氧化铝生产中产生的赤泥碱液，将含NaOH浓度为7 g/L的废碱液浓缩为80 g/L的浓度，工业用回收率为78.5%，浓碱回收率为12.5%。徐洁等采用电渗析技术处理氧化铝厂碱性废水，结果表明，处理后盐液质量浓度在一定条件下可降低到0.1 g/L以下，达到生产用水标准，从而可以循环使用；浓缩液中Na^+质量浓度可由3.38 g/L提高到21.12 g/L，可进一步回收其中的有用成分。近年来，诸多电渗析法回收利用赤泥碱液的试验证明了电渗析法能够高效浓缩碱液。

b. 反渗透技术

早期用来回收废碱液的反渗透膜为耐碱、寿命长、性能稳定的聚砜膜材料。反渗透法对无机碱的分离率可达84%，但工作压力高，而且反渗透不适宜作为浓缩化学工业废水的手段，因为它们不去除废水中的盐分，而是浓缩成高盐度的废水，这种废水会对下一步进行处理的装置产生更大腐蚀。反渗透法对去除COD、BOD和色度的效果较好，处理过程简单，但是操作压力高，pH要求严格，流量小，膜的质量尚未很好解决，使用寿命难以保证，故尚未广泛运用于回收碱性废水。

c. 扩散渗析法

扩散渗析法依靠浓度差为推动力，利用膜的选择透过性进行分离，而无须外加直流电，能耗很低。由于体系本身条件的限制，工业渗析过程的速度慢，效率较低，且选择性不高，化学性质相似或分子大小相近的体系很难用渗析法分离，这使其发展受到了很大的限制，因而逐渐被借助外力驱动的膜过程如电渗析、超滤等所取代，应用范围日渐缩小。但当使用外力困难或系统本身有足够高的浓度差时，渗析法仍为行之有效的膜分离系统，可长时间任其进行，另外对少量物料的处理，也可采用渗析法。扩散渗析只能起到分离的作用，无法对废碱溶液进行浓缩，并且扩散渗析的残液中依然会存在一定量的碱，故而其应用不如电渗析广泛。

综上所述，膜分离技术在碱性废水处理中具有明显优势，特别是电渗析技术具有能量消耗小，经济效益显著，装置设计简单与系统应用灵活，操作维修方便，使用寿命长，原水回收率高等优点，因此该方法在碱性废水处理和回收碱方面应用前景广阔。

3.1.2 氯化物污染

3.1.2.1 氯化物的来源

氯化物是水中主要的离子化合物，通常情况下淡水、地下水、地表水、水库和河流中氯离子的含量小于 10 mg/L，高浓氯化物的来源可分为自然发生源和人为发生源两类。

（1）自然发生源

在自然界，陆地水中氯化物的主要来源有两种：其一，水源流过含氯化物的地层，导致食盐矿床和其他含氯沉积物在水中的溶解；其二，接近海边的河水或江水往往受潮水及海洋上吹来的风的影响，水中的氯化物含量会升高。含氯量高的水味道又咸又苦，也被称为苦咸水。苦咸水是介于淡水和海水之间的一种水资源，其含盐量高于淡水（＜1 g/L），低于海水（＞35 g/L）。其中含盐量为 1～5 g/L 的咸水被称为低盐度苦咸水，5～10 g/L 的咸水被称为中盐度苦咸水，高盐度苦咸水的含盐量在 10 g/L 以上，而低盐度苦咸水又可细分为微咸水 1～3 g/L 和半咸水 3～5 g/L。

（2）人为发生源

水中氯化物的人为发生源主要来自石油化工、化学制药、造纸、水泥、纺织、油漆、颜料、食品、机械制造和鞣革等行业所排放的工业废水。这类由于人类生产活动而产生的氯化物是地表水中氯化物污染的主要来源。在生活污水中也含有一定量的氯化物，例如尿液中约含 1% 的氯化钠，城市道路上融化的雪水或冰水会含有氯化物。一些城市生活污水中氯化物含量为 125～128 mg/L，尽管生活污水中氯化物的含量较低，但也是地表水中氯化物污染的重要来源之一。

3.1.2.2 氯化物污染的危害

氯离子对人体无害，氯离子每天的平均摄入量为 6 g，但超过 12 g 就被认为会产生危害了（世界卫生组织，1984）。饮用水中的氯离子含量若达到 500 mg/L 便会

产生令人不愉快的咸味。工业废水和生活污水中的氯化物如不加治理直接排入江河，会破坏水体的自然生态平衡，使水质恶化，导致渔业生产、水产养殖和淡水资源的破坏，严重时还会污染地下水和饮用水水源。此外，水中氯化物浓度过高会对配水系统有腐蚀作用，如用于农业灌溉，则会使土壤发生盐化，并妨碍植物生长。

（1）氯化物对水质的影响

研究表明，当水中的氯离子达到一定浓度时，会与相应的阳离子（Na^{+}、Ca^{2+}、Mg^{2+}等）共同作用，使水产生不同的味觉，使水质产生感官性恶化。氯化物导致水产生的味觉，不仅取决于它的浓度，也取决于相对应阳离子的类别，如当氯离子浓度为 250 mg/L，阳离子为钠离子时，人就会感觉出咸味；当水中氯离子浓度为 170 mg/L，阳离子为镁离子时，水就会出现苦味（表 3-1）。由于氯离子对水质产生不同的味觉，会影响水质，若作为水源水，当氯化物含量大于 250 mg/L，则不适于作饮用水；当氯化物含量较高时，也不适于一些工业行业作为生产用水。如制糖工业用水氯化物浓度限值为 20 mg/L；胶片行业工业用水氯化物的浓度限值为 10 mg/L。

表 3-1　水中氯离子与不同阳离子产生味觉的阈值　　单位：mg/L

氯化物	水中阳离子	氯离子浓度阈值（Cl^{-}）	味觉
$NaCl$	Na^{+}	250.0	咸味
$MgCl_2$	Mg^{2+}	170.0	苦味
$AlCl_3$	Al^{3+}	0.4	苦涩味
$FeCl_3$	Fe^{3+}	0.2	异味

资料来源：杨驰宇．浅谈地表水中氯化物的污染与防治 [J]. 环境科学动态，2004（1）：25-26.

（2）氯化物对植物的危害

通常情况下，植物对低浓度的氯化物都有一定耐受力，但一些特别敏感的植物会受到不利影响。如离子浓度为 50 mg/L 时对柑橘有害；浓度为 30 mg/L 时，对柠檬有害。当氯化物为 100～350 mg/L 时，对大部分植物都有致毒作用。

（3）氯化物对水生生物的危害

一般认为氯化物对淡水生物的危害较小。氯化物对水生生物的致毒浓度：淡水鲑和狗鱼为 4 000 mg/L；鲤鱼卵为 4 500～6 000 mg/L。氯化物对水生生物的毒性不仅与氯化物的浓度有关，也与水中存在的阳离子有密切的关系。对水蚤亚目的致死浓度为 4 200 mg/L；当水中阳离子为镁时，水中氯化物浓度为 740 mg/L，水蚤亚目

会中毒。而阳离子为钾时，水中氯化物浓度为373 mg/L，水蚤亚目也会中毒。

3.1.2.3 氯化物的处理技术

（1）海水、苦咸水膜法淡化技术

在海水、苦咸水淡化领域，膜分离技术占有非常重要的地位。淡化系统通常包含预处理、脱盐和后处理3部分。预处理部分对膜法脱盐系统的影响极大，无论纳滤膜还是反渗透膜都极易遭受污染，预处理的目的是尽可能去除原水中的污染源，必要时可以添加化学试剂进行辅助，以实现高效率的脱盐运作。可以说没有好的预处理系统，膜法淡化脱盐的效果是不能够充分发挥出来的，当预处理能够达到膜的进水水质要求时，才能保证系统的正常运行。常见的膜法预处理技术包括微滤（MF）和超滤（UF）技术；常被用作膜法脱盐的技术有纳滤（NF）、反渗透（RO）、电渗析技术（ED）及正渗透（FO），大多数情况下，从纳滤或反渗透膜直接产出的水并不是最终的应用目标，还需要根据使用目的的不同进行后处理。

随着膜材料性能的不断提高和成本的降低，膜法淡化的应用也在不断增加。目前，反渗透膜是新型淡化装置的主导技术，可应用于多种咸水资源的淡化。全世界有15 000多家海水淡化厂在运作，其中大约50%是反渗透厂。例如2005年，以色列建成世界最大的以反渗透技术为核心的海水淡化厂，日产能力达33万m^3，年生产能力达1亿m^3。我国沧州地区采用以反渗透技术为核心的工艺，淡化高浓度苦咸水生产饮用水，日产能力可达1.8万m^3，通过系统的分析和考核，结果表明，其出水水质符合国家饮用水标准且成本较低，有很好的示范作用。以反渗透技术淡化地下苦咸水生产饮用水，经淡化后原水中的无机物大幅降低，所得的渗透产水的电导率很低，符合WHO的饮用水标准。

溶解盐类会产生高硬度、碱度的问题，造成膜面结垢等污染。当单一膜分离技术无法满足过程要求时，膜集成技术被逐渐发展起来。在整个淡化系统中，通过各种膜技术的优势互补，苦咸水经各种膜技术的先后处理，不仅满足纳滤或反渗透膜的进水要求，而且提高了过程的分离效率，使膜的使用时间得到延长节约了成本等。超、微滤在预处理中表现出了优良的性能，在海水、苦咸水淡化中得到了广泛的应用，形成了微滤－超滤、超滤－反渗透的集成膜工艺。金靓婕等考察了微滤和超滤连用作为反渗透预处理的可行性，结果表明出水水质良好，过滤水的浊度在0.09 NTU以下，出水水质符合反渗透的进水要求。孙巍等以超滤膜和反渗透膜连用的集成工艺对含盐量为4.5 g/L的苦咸水进行处理，结果表明，经集成工艺处理对总硬度和盐分的去除率分别达到98%和97%以上，出水质量稳定。范功端等构建超滤－反渗透一体化设备，开展苦咸水淡化的中试研究，结果表明，对盐分

的去除率达 96% 以上，出水回收率为 72%～84%，最终出水满足国家饮用水卫生标准。

（2）海水、苦咸水热法淡化技术

目前，全球有将近 1.5 万家淡化工厂，其中大约有 44% 的淡化厂以热法淡化技术为核心。热法脱盐占全世界脱盐产能的 48%，其中多级闪蒸技术占全世界脱盐产能的 40%。热法脱盐过程不受进料盐度的限制，比较适合高盐度咸水的淡化；传热效率高，出水水质可靠，但能耗较大，传热管壁容易结垢，且设备体积、噪声较大。热法脱盐应用最广泛的技术是多级闪蒸（MSF）和多效蒸馏（MED）。

①多级闪蒸（MSF）

多级闪蒸又称多级闪急蒸馏法，多级闪蒸其实就是逐级递减降压急速闪蒸，基本原理将热盐水引入闪蒸室，控制闪蒸室的压力低于进料盐水的饱和蒸气压，料液会立即成为过热水而汽化，产生的蒸汽经过冷凝，凝结成所需淡水产品。

多级闪蒸可以处理含盐量较高的水，由于其逐级蒸发淡化的缘故，产出淡水的质量较优。多级闪蒸不产生沸腾，一定程度上可以改善常规蒸馏结垢的问题，但是却存在消耗的动力大，热利用率低的缺点。在极度缺水的中东国家率先设计并实施了海水热脱盐，超过 86% 的淡水产能是通过热脱盐实现的。在我国塔里木沙漠油田进行多级闪蒸的现场试验，进料为浓度 120 g/L 的高浓度盐水，淡水产量 30 m^3/d，出水的含盐量一直保持在 20 mg/L 左右，在累计产水 600 t 后发现除闪蒸室外，加热器和冷凝器中无结垢和结晶现象。

②多效蒸馏（MED）

多效蒸馏根据其温度的不同，通常分为低温多效蒸馏和高温多效蒸馏。多效蒸馏最常用的技术是降膜蒸发法，进料盐水先被预加热后，引入到单效蒸发室中，由每一效顶部的喷头喷洒到蒸发器表面，传热表面以一排水平管的形式排列。在自身重力的牵引下盐水沿蒸发管束向下流动，管内部的蒸汽提供了部分盐水蒸发所需的潜热。前一效中蒸发出来的蒸汽可作为下一个效中的热源，将多个单效蒸发器串联，这样循环下来，将冷凝的水收集起来作为淡水。苗超等研制一套多效蒸馏装置用以淡化 15 g/L 的高浓度苦咸水，产能为 1 m^3/h，经过全流程的性能测试，结果表明，该装置传热效率高、易于维护及出水水质能够满足饮用水的要求。

比较不同海水、苦咸水淡化技术的特点：RO 是海水淡化技术中发展最快的技术之一，对大、中、小型规模海水淡化装置均适用，无热源需求，欧、美、亚地区大型海水淡化装置首选反渗透技术；MSF 技术最为成熟、能耗大，适合大型海水淡化装置；MED 技术有着操作温度低、预处理更为简单、操作弹性大、动力消耗小、热效率高、操作安全可靠等优点，发展迅速，是目前热法海水淡化技术中最有发展前景的海水淡化技术。

（3）高氯废水的处理技术

废水中盐含量过高会抑制微生物生长活性，不利于生物处理的高效运行，需考虑去除废水中无机盐污染物，降低盐度对生物系统的抑制作用。最简便的是进水稀释，但会造成水资源浪费和运行费用增加。而蒸发、混凝、电化学、膜分离等方法虽然取得了较高的去除效率，但处理费用较高，可能会造成二次污染，目前尚未得到广泛应用。

超高石灰铝法是一种有效的处理含氯废水的方法。在含氯废水中加入钙盐和铝盐，在一定反应条件下使 Ca^{2+}、Al^{3+} 以及 Cl^- 产生共沉淀，生成Ca-Al-Cl-OH沉淀，达到去除氯离子的目的。程志磊等投加氧化钙和偏铝酸钠处理石化行业汽提净化水，投药比例 n（Ca）：n（Al）：n（Cl）为5：3：1，在温度为40℃的反应条件下搅拌40 min，氯离子去除率为80%。朱峰等的研究表明，如果钙盐和铝盐投加量充足，随着反应温度和氯离子初始浓度的增加，氯离子去除率也随之增大。

3.1.3 氟化物污染

3.1.3.1 氟化物的来源

氟（F）是一种极活泼的非金属元素，为地壳中分布最广的元素之一，占地壳总量的0.077%。氟电负性极强，能与大部分元素相互作用，因此自然界中不存在氟单质，其在土壤和岩石中主要以无机化合物的状态存在，如萤石（CaF_2）、冰晶石（Na_3AlF_6）和氟磷灰石［CaF_2-3Ca（PO_4）$_2$］；而在水中，氟有多种存在形式：可溶的形态（游离阴离子 F^-）、未离解的HF以及与铝、铁、硼形成络合物。

氟化物对植物而言不是一种有益的营养元素，而是环境污染物之一。氟污染指氟及其化合物对环境所造成的污染，主要源于铝的冶炼、磷矿石加工、磷肥生产、钢铁冶炼和煤炭燃烧过程的排放物。氟化氢和四氟化硅是主要的气态污染物；电镀、金属加工等工业的含氟废水，以及用洗涤法处理含氟废气的洗涤水，排放后会造成水污染。含氟烟尘的沉降或经降水的淋洗，用含氟废水灌溉，会使土壤和地下水受污染。

3.1.3.2 氟化物污染的危害

（1）氟化物对人类的影响

氟是人体必需的微量元素之一，微量氟能促进骨骼和牙齿的钙化。儿童的斑釉牙是由于饮水中的氟含量增高所致，但饮水中含氟量过低时，儿童易患龋齿。研究表明，水中氟化物浓度在0.5～1.0 mg/L及以下时，居民龋齿率可随氟化物浓度的

降低有所增加；水中氟化物在 0.5～1.0 mg/L 以上时，氟斑牙的患病率随氟化物浓度的增高而升高；我国《生活饮用水卫生标准》（GB 5749—2006）中规定氟化物含量不得超过 1.0 mg/L。长期摄入被氟污染的水和食物会使氟在体内蓄积，能引起人体的钙磷代谢失调，造成体内缺钙，发生氟骨症。研究发现，当水中含氟量高于 4.0 mg/L 时，就会引起骨膜增生、骨刺形成、骨节硬化、骨质疏松、骨骼变形与发脆等氟骨病。另外氟还会对心血管系统、免疫系统、生殖系统、感官系统等非骨组织造成不同程度的损害。相关研究表明，氟可能是导致布－加综合征发病的原因之一。李加美等的研究表明，低浓度的氟化钠能促进脐静脉血管内皮细胞增殖活性，高浓度时抑制脐静脉血管内皮细胞的增殖活性，且随着氟浓度的增加，抑制作用逐渐增强。因此，卫生部 1986 年颁布的“初级卫生保健计划”，成人每人每日氟总摄入量不能超过 4 mg。

（2）氟化物对动物的影响

氟是积累性毒物，植物叶子、牧草能吸收氟，牛羊等牲畜吃了这种被污染食料，会引起关节肿大、蹄甲变长、骨质变松至瘫卧不起。氟化物对不同种类动物毒害的靶器官有一定差别：氟对草食动物的心脏毒害重；对肉食动物主要侵害中枢神经系统；对杂食动物的心脏和神经系统均有毒害作用。有试验表明，氟化物间接地使动物的组织和血液柠檬酸蓄积，使三磷酸腺苷（ATP）生成受阻，严重影响细胞呼吸，尤其是对能量代谢需求旺盛的脑和心脏的影响最为严重，而引发痉挛、抽搐等神经症状。

（3）氟化物对植物的影响

关于氟化物对植物危害的研究迄今已有 100 余年的历史。许多植物叶片对氟化物的吸收能力很强，吸收的氟化物会对植物产生相当严重的伤害。

急性氟伤害的典型症状是叶尖、叶缘部分出现坏死斑，然后这些斑块沿中脉及较大支脉蔓延，受害叶组织与正常叶组织之间常有明显的界限，甚至有 1 条红棕色带状边界，有的植物还表现为大量地落叶。植物受到慢性伤害时主要表现为生长缓慢、叶片脱落、早衰及物候期延迟。如小麦苗期受到氟化物危害后，在新叶尖端和边缘出现黄化，在抽穗期、孕穗期和灌浆期对氟化物最敏感，对产量影响较大，重者近于绝产，轻者产量低，蛋白质含量下降，严重影响品质。氟污染植物叶片亚显微结构研究表明，叶绿体是氟化物积累的主要场所，细胞损伤最普遍的现象是细胞发生皱缩、干瘪、萎陷，在细胞器中，叶绿体结构破坏严重，造成叶绿体片状结构难以辨认、外膜内陷。

3.1.3.3 水中氟化物的处理方法

目前，可用于水中除氟的处理技术包括物理化学法、化学法和生物法。

（1）物理化学法

①膜处理技术

目前，常用于水中除氟的膜处理技术有电渗析法和反渗透法。

a. 电渗析法

电渗析法除氟是在外加电场的作用下使带负电的氟离子和带正电的其他离子通过在直流电场的引导，分别选择通过膜向阴极和阳极的方向移动，从而达到除氟的目的。经过此方法后溶液中移动的离子经过离子交换膜被分离，形成浓缩水后被排放。电渗析器主要是由电离子交换膜、隔板、阳极和阴极板等组成。电渗析器中所用的离子交换膜通常分为阴膜、阳膜和复合膜 3 种；若按膜的结构类型又可分为均相膜、半均相膜和异相膜 3 种。通常采用异相膜为离子交换膜。阴阳电极在实际使用过程中容易产生极化现象，通过频繁倒极工艺可消除此现象。电渗析工艺可用于处理各种 pH 的含氟水，适用于水中含盐量小于 4 000 mg/L 的原水处理。电渗析法除氟效果稳定，对原水的回收率高，在实际操作过程中无须投加其他药剂，操作简便，去除氟化物的同时又可以达到脱盐的目的。但是电渗析法设备昂贵，运行费用较高。

b. 反渗透法

用反渗透法除氟就是利用半透膜的选择截留作用，使水分子通过半透膜而氟离子不能通过被截留在膜的另一边从而进行除氟，可用于处理氟离子浓度较低的水或作为化学沉淀法的后续处理工艺来使用。由于 F^- 电荷密度和水化半径较大，所以反渗透膜对 F^- 的截留率高。当 pH＞7 时，截留率超过 87%；当 pH 为 12.5 时，截留率甚至达到 95%～98%。但是当水中含盐量过高（超过 5 g/L）时也会降低膜的除氟效率。反渗透技术具有实际使用过程中无须投加任何药剂，操作简便等优点，但反渗透法对渗透膜的质量和管理要求严格，运行成本较高，通常处理 1 m^3 的水需耗能为 3 kW · h，使用一段时间后就需对膜进行更换，膜的价格很昂贵，对一些农村和贫困地区不适合推广使用。

②吸附法

吸附法除氟是利用固体吸附剂将溶液中氟离子吸附在吸附剂表面，其原理是吸附剂上的离子或基团与水中的氟离子发生交换，达到去除氟的目的。处理完成后的吸附剂还可通过再生来继续使用。吸附法通常用于处理水中氟离子浓度含量较低的废水或经过沉淀法处理后的后续处理工艺。经该工艺处理后可将水中氟离子浓度降到 1.0 mg/L。水中 pH 大小、水温和吸附剂自身的性质都将对吸附剂的吸附效果产生影响。常用的廉价而又高效的吸附材料有骨炭、天然沸石、壳聚糖、活性氧化铝、水滑石等。

a. 骨炭

世界卫生组织将骨炭吸附法列为欠发达地区处理高氟水的首选推荐工艺。骨炭

是以脱脂骨头为原料，将其隔绝空气高温处理，去掉有机质碳化得到的一种无定型碳除氟剂。在当代骨炭作为除氟吸附剂被广泛使用。骨炭表面凹凸不平具有一定量的沟槽和凹坑，为中孔结构，粒度呈极不均匀分布，这些特点有助于吸附 F^-，并且大量暴露在外的作用官能团给吸附质提供了充分的吸附点位。骨炭内含有大量呈六方体结构的羟基磷酸钙，具有很强的吸附作用，其表面的羟基亲和力极强，可以运用静电吸附、化学吸附、共价键和离子交换等作用吸附和固定水中的污染物。当 F^- 与水中的 Ca^{2+} 化学反应形成 CaF_2 时，就会被羟基磷酸钙吸附，同时又存在着 F^- 与 OH^- 的离子交换。反应如下：

$$Ca_{10}(PO_4)_6(OH)_2+2F^-=Ca_{10}(PO_4)_6\cdot F_2+2OH^- \qquad (3-1)$$

骨炭除氟容量通常可达 2～3 mg/g，利用改性骨炭处理饮用高氟水能显著提高处理效率。司春朝等利用 $AlCl_3$ 溶液改性的骨炭处理高氟水，经 24 h 吸附，去除效果可达 97% 以上，显著好于原料骨炭。曹俊敏用 $Al_2(SO_4)_3$ 和 $Fe_2(SO_4)_3$ 对牛骨炭进行改性，并探究其除氟效果，发现 $Al_2(SO_4)_3$-$Fe_2(SO_4)_3$- 牛骨炭具有最佳的除氟效果，是改性前吸附容量的 8.5 倍。骨炭饱和失效后，可用 1% 的 NaOH 溶液浸泡，然后再用 0.5% 的 H_2SO_4 溶液中和再生。骨炭的吸附速率比活性氧化铝快，一般只需 5 min，而且价格便宜，但其机械强度低，耗损率高，吸附性能下降较快。

b. 天然沸石

天然沸石是火山岩形成的一种金属有机多孔骨架结构的铝硅酸盐矿物。沸石中骨架原子按照一定的对称性结构排列在一起，使其具有较高的吸附、离子交换和催化性。天然沸石的吸附容量比较低，使用前须经预处理活化改性，经活化后其对氟离子具有高效选择交换性能。饱和失效的沸石可通过用硫酸铝［$Al_2(SO_4)_3\cdot 18H_2O$］浸泡的方法，使沸石恢复活性。沸石的除氟容量不仅与沸石本身的类型、质量有关，还与沸石的粒径、原水 pH、氟离子浓度、滤料高度、滤速、水中共存的其他离子有关。一般而言，降低 pH，增加滤料高度，减小滤速等措施都可以提高除氟效果。实际应用中沸石可用于处理氟浓度较低的水。

c. 壳聚糖

壳聚糖是天然高分子类多糖，一般由甲壳素脱乙酰基制得，其分子链上存在大量的羟基及氨基等基团，可作为活性位点吸附氟离子。但是壳聚糖吸附容量低、易流失，目前多采用改性壳聚糖作为除氟剂，壳聚糖改性的方法主要有负载金属、交联法和絮凝剂技术改性等。Jagtap 等用镧系金属改性壳聚糖以提高其除氟能力。最佳制备条件：壳聚糖重量比 20%，搅拌时间 6.0 h，干燥温度 75℃，测得改性壳聚糖 2.0 h 内的吸附量为 1.27 mg/g。李永富等先选用低毒的乙二醇二缩水甘油醚对壳聚糖进行交联改性，再用进行二次交联改性，制备得到的新型除氟剂，处理初始浓度为 20 mg/L 的含氟水，去除率达 96%。廖国权等将戊二酸为交联剂，将聚合氯化铝负载到片状的壳聚糖原料上，制备出球状交联负载招壳聚糖树脂。该树脂吸附性能稳定，适用范围宽。树脂用量 100 mL/g、吸附时间 12 h 时，除氟率在 80% 左右，吸附达到饱和时可用 $NH_3 \cdot H_2O$ 反复再生，再生后除氟性能基本没有降低。

d. 活性氧化铝

活性氧化铝是天然氧化铝经高温焙烧脱水形成的多孔性、高分散度的白色多孔状颗粒，具有较大的比表面积，孔隙结构发达，热稳定性较好，抗压耐磨性较好，可以与酸或碱发生反应，是一种应用较为广泛、成熟的吸附剂。活性氧化铝的除氟效果与多种因素有关，如颗粒粒径大小、溶液初始浓度、溶液中的共存阴离子等。活性氧化铝的颗粒粒径越小，其比表面积越大，所以吸附容量越大；但粒径颗粒过小，会降低颗粒的机械强度，严重缩短颗粒使用寿命。原水的初始氟浓度越高，单位质量的活性氧化铝的吸附容量就越高，所以活性氧化铝对高氟水有很好的去除效果。王吉坤等将活性氧化铝应用于煤化工废水除氟领域，发现除氟率随着活性氧化铝装填量增加，进水 pH 降低，停留时间越长而提高；但随着吸附时间的延长而逐渐降低；当活性氧化铝装填量 60 g，进水 pH≤6，停留时间 6～8 min，吸附时间≤45 h 时，出水氟含量可保持在≤1 mg/L；采用 1～2 mm 活性氧化铝对煤化工废水开展连续除氟实验，除氟后的活性氧化铝采用硫酸铝再生后重复实验，出水氟含量维持在 1 mg/L 以下，说明活性氧化铝对煤化工废水除氟具有很好的实际应用性。韩晓峰研究了改性活性氧化铝进行除氟，采用浸渍－焙烧法对活性氧化铝（Activated Alumina，AA）进行载镧（La）、载镁（Mg）和载镧－镁（La-Mg）改性，对改性活性氧化铝（Modified Activated Alumina，MAA）去除饮用水中氟化物的效能开展了研究，结果表明 La-Mg-AA（MAA）的除氟效果最好，其最大饱和吸附量为 8.56 mg/g，是改性前的 2.0 倍；使用 0.25 mol/L 的 NaOH 溶液和 1% 的 H_2SO_4 溶液对吸附饱和的 MAA 进行解吸活化再生处理，再生后除氟性能基本不受影响。应用活性氧化铝除氟效果较好，但活性氧化铝售价较高限制了它的工程应用范围。此外除氟水中铝浓度可能较高，在应用中也有一定的局限性。

e. 水滑石

水滑石及类水滑石化合物是层状双金属氢氧化物中一类重要的化合物，具有特殊的层状结构及物理化学性质，在水处理、催化等领域发挥了重要作用。水滑石由于其较大的比表面积，其焙烧产物独特的结构“记忆”效应和较高的重复使用性，作为一种新型的吸附剂得到了广泛的应用。一般温度为 450～500℃时焙烧会破坏水滑石原有的层状结构，转化为金属氧化物，即焙烧水滑石（CLDH），CLDH

有更大的比表面积，能在水中重新吸收阴离子使其恢复其层状结构，这种性质称为记忆效应。因此CLDH也可以作为阴离子污染物的吸附剂提高吸附剂的使用效率。类水滑石作为一种纳米材料，具有热稳定性、离子交换性和吸附性，又具有层间离子可交换性，还可以作为载体使用，是一种极具发展潜力的新型吸附材料。王玉莲等利用Mg-Al水滑石吸附F^-，发现焙烧态水滑石的吸附量明显高于新鲜水滑石，40℃时镁铝比为5：1的水滑石饱和吸附量为23.70 mg/g，而焙烧态水滑石的饱和吸附量达61.32 mg/g；当吸附液的pH超过13时，水滑石对F^-的吸附量大幅下降。

吸附法由于其高效、环保、低成本等优点主要用于处理饮用水及含氟量低的废水，寻求价格低廉、除氟效果好的吸附剂是科研工作者的主要任务。

（2）化学法

①沉淀法

沉淀法多用于含氟废水的预处理，需在含氟废水中加入石灰、电石渣、钙盐等物质，与氟离子反应生成难溶的氟化物沉淀或共沉淀，采用过滤或沉降等固液分离法去除氟离子。沉淀法工艺简单、价格低廉，是除氟工艺中最常用的方法之一。其中钙沉淀法应用于高氟废水处理，通过投加石灰到含氟水中反应生成沉淀除氟。可用反应式表示：

$$Ca^{2+}+2F^- \longrightarrow CaF_2\downarrow \quad (3-2)$$

在实际运行中单纯的化学沉淀法存在着氟化钙沉淀形成时间长、反应慢、处理流量大的废水排放沉淀物周期长等缺点。原因是水中存在硫酸根、碳酸根等其他阴离子时会影响氟化钙沉淀的形成，这些阴离子会吸附在已形成的氟化钙表面，阻止氟离子和钙离子继续形成氟化钙，导致沉淀生成的速度较慢。进一步研究表明，当采用石灰与其他可溶性钙盐、铝盐和磷酸盐结合一同处理含氟废水时，效果要比单纯地投加石灰和可溶性钙盐效果明显。采用可溶性钙盐和磷酸盐结合处理某电子工业产生的含氟废水，结果表明，先投加可溶性钙盐反应30 min后将水中的pH调到10～11.5，再投加磷酸盐，可将水中的氟离子浓度降到5 mg/L以下，达到国家排放标准。钙盐和磷酸盐的投加量比例为钙盐：磷酸盐：氟离子=（15～20）：2：1。所使用的可溶性钙盐可由石灰乳和废盐酸制成，磷酸盐在实际中可重复使用。

②混凝法

混凝法是处理含氟废水中使用最广泛的方法之一。该技术是将混凝剂投加到需处理的含氟废水中，因为含氟水一般是呈酸性所以需用碱来调水中的pH，混凝剂在水中形成带正电的Al^{3+}、Fe^{3+}、Mg^{2+}等的胶体颗粒，吸附水体中带负电荷氟离子，胶体间通常会相互碰撞并聚集成颗粒较大的絮状物进行沉淀分离。常用于除氟的混凝剂是铝盐和铁盐所形成的无机混凝剂以及聚丙烯酰胺（PAM）等有机混凝剂。铝盐混凝除氟是铝盐水解生成具有很大比表面积的无定型态 $Al(OH)_3$（am）絮体，与溶液中 F^- 发生吸附、离子交换等作用，再经过滤将氟化物去除。铁盐混凝除氟是铁盐水解产生的多种带正电的二聚体和高聚体可以与氟发生络合反应，从而去除水体中氟化物。铁盐混凝可以缩短反应时间，提高除氟率。但絮凝沉淀处理费用较大，排出的污泥量多，且出水水质不稳定。此外，大量采用铝盐和铁盐会造成水体中铝、铁离子浓度升高，对健康有害。因此絮凝法除氟在实际应用中受到限制。

③电絮凝法

电絮凝法是在直流电的作用下，通过阳极氧化生成羟基铝络合物和 $[Al(OH)_3]_m$ 凝胶，这两种物质会与水中的氟离子发生络合反应并凝聚，从而达到除氟的目的。其原理是电解阳极的金属铝溶解得到 Al^{3+}，经一系列水解、聚合过程，形成羟基铝络合物以及氢氧化物 $Al(OH)_3$ 絮状物，$Al(OH)_3$ 的絮状物能强烈地吸收 F^-；而与此同时，铝板阴极将释放生成的氢气将絮凝物浮选到溶液表面而分离。一些无机离子能对电凝法的除氟效果产生影响，如 Ca^{2+}、Fe^{3+}、Mg^{2+} 等有促进作用，而阴离子（如 SO_4^{2-}、Cl^-、NO_3^-）会破坏电极的氧化膜，降低除氟率，增加耗电量。电凝法具有设备简单，容易操作，实际使用中无须投加其他药剂而且所形成的沉淀物中含水率较低等优点。缺点是运行时耗能较多，目前实际中只用于处理氟离子浓度较低的水。电凝法对处理饮用水结果表明：该法具有处理后不必再生，工作时管理简单，水经处理后可基本保持原有水质，水中有益于人体健康的离子不会被去除不会影响饮水者的健康。电絮凝法目前主要应用于工业废水和生活污水的除氟处理以及纯水和高纯预处理工艺。

（3）生物技术除氟

在特定的条件下某些菌种可以有效降解含氟有机化合物。通过对这些微生物进行驯化筛选后，就能得到高效除氟的菌种。这种除氟方法一般只用于处理含氟有机化合物的去除，适用的范围比较窄，不能用于去除无机氟。目前生物技术处理含氟有机化合物的研究还处于实验阶段，只有大量理论及实际问题得到解决后才有走向实际应用的可能性。

综上所述，各种除氟技术各有优缺点和适用范围。沉淀法具有材料来源广泛、操作简单、处理方便、成本低等特点，在混凝预处理阶段可大幅降低废水中的氟离子含量，减轻后续处理的负荷。混凝法本身就比较适合处理较低浓度的含氟废水，作为工艺的深度处理阶段通过一次处理就可使出水达标，因此在实际处理含氟离子浓度较高的废水时可将石灰沉淀法和混凝法联合使用。低浓度含氟废水和饮用水则一般使用吸附法、电解法、反渗透法、电渗析法等方法来进行处理。

3.1.4 溴化物污染

3.1.4.1 水中溴化物的来源

（1）自然来源

溴（Br）属于地壳中的分散元素，微量广泛分布。溴的化学性质同氯相似，既能同金属作用，也能和其他非金属单质直接反应，但溴活泼性稍差，仅能和惰性金属之外的金属化合。溴主要聚集在海水内，目前全世界 80% 的溴从海水中提取。除此之外，盐湖和一些矿泉水中也有溴。由于其单质的性质活泼，在自然界中很难找到单质溴，最常见的形式是溴化物和溴酸盐。海藻等生物中也含有溴，最早溴就是从海藻的浸取液中得到的。天然水体中的溴离子可能的来源主要是海水入侵地表淡水水体或渗入地下水的潜水层，以及沉积岩在水体中的溶解。

（2）人为发生源

水中溴离子的浓度还与人类的工业生产有关，例如煤矿开发、各种无机盐类药剂的生产、油田含盐水的排放以及溴代甲烷杀虫剂使用中的污水排放等均会造成部分溴离子排入水体中，使水中的溴化物浓度增加。生活质量的提高使人们对饮用水水质的要求也相应提高，水厂普遍应用臭氧－活性炭深度处理技术使出水水质符合饮用水水质标准，但是当原水中溴离子含量较高时，臭氧消毒技术可使 20% 的溴离子转化成溴酸盐（BrO_3^-）。

3.1.4.2 溴化物的作用与危害

（1）溴化物的作用

溴化物是临床上常用的镇静剂之一，其中常用的有溴化钾、溴化钠、溴化钙、溴化铵及三溴片（由溴化钾、溴化钠和溴化铵合用制成的）等。在大脑皮质中，溴化物通过溴离子对中枢神经系统起作用，主要是加强抑制过程、集中抑制过程以及恢复兴奋与抑制过程的平衡。此外，溴化物还能控制和减少癫痫的发作。

（2）溴化物的危害

溴化物本身对人体的危害较小，但在饮用水的消毒过程中可与消毒剂反应生成对人体具有“三致”（致癌、致畸、致突变）效应的消毒副产物，如溴酸盐、溴代三卤甲烷和溴代卤乙酸等。溴化物的毒理作用主要为对中枢神经系统的抑制作用，它的中毒发病机理与溴在体内的代谢特点有直接关系。因溴与氯的代谢途径很相似，溴能代替组织内（包括体液）氯离子，从而引起中毒。中毒时表现为头痛、头晕、乏力、精神不振、反应迟钝、恶心呕吐、烦躁、易激动、说话不流畅、步态不稳、震颤（手指明显）、腱反射亢进等。此外，眼、鼻、喉及呼吸道的腺体易受溴

影响引起轻度结膜炎、鼻炎等症状。有时溴中毒还可引发精神症状。

溴酸盐为高毒性物质，动物实验证明其具有致癌性，微生物实验也确认其具有致突变性。若一成年人一次性摄入 14 g 溴酸钠时，30 min 内会出现呕吐、腹痛、腹泻及尿闭症状，12 h 内甚至会发生耳聋现象。美国研究者曾报道水中溴酸盐为 0.5～5 μg/L 时，患癌症的概率为十万分之一到万分之一。有研究学者推测，水中 3 μg/L 的溴酸盐浓度相当于增大十万分之一的患癌率。因此，国际癌症研究机构将其确定为 2B 级潜在致癌物。各个国家及相关组织对水中溴酸盐含量制定了不同的标准。世界卫生组织（WHO）及美国国家环境保护局（EPA）将溴酸盐最高浓度限定为 10 μg/L；欧盟将溴酸盐最高浓度限定为 3 μg/L；我国 2006 年新修订的《生活饮用水卫生标准》（GB 5749—2006）将溴酸盐最高浓度限定为 10 μg/L。

3.1.4.3 水中溴化物的去除方法

去除饮用水中溴化物可以考虑从以下三个方面着手：第一，前体物溴离子的去除，一般有膜分离、混凝及吸附等方法；第二，控制溴酸盐的生成，根据生成机理，通过调节 pH，添加 · OH 和 OBr^- 清除剂，添加过氧化氢和氨等方法来控制溴酸盐的生成量；第三，对已经生成的溴酸盐进行去除，一般有吸附法、化学还原法和离子交换法等。

（1）溴离子的去除

通常自然水体中不存在溴酸盐，但是不同地区的不同饮用水水源中或多或少含有一定浓度的溴离子，同时水中溴离子的浓度是决定溴酸盐生成量的重要因素，因此溴离子的去除也是非常必要的。

水体中溴离子的去除方法有膜分离、混凝和吸附等。其中采用膜分离法常常涉及膜污染与膜清洗等问题，由于经济成本高限制了该方法的广泛应用。常用的铝盐混凝剂会残留一些铝成分在水中，而这些残留铝会危害人体健康。而吸附法简单高效，方便快捷，是目前研究领域的热点。Wert 等用磁性离子交换树脂对原水进行预处理后，原水中溴离子含量从原来的 120 μg/L 减少到 94 μg/L，进而使后续的溴酸盐生成量降低，同时还减少了 20% 的臭氧用量，更进一步地降低了溴酸盐生成量。

（2）溴酸盐的生成控制

目前，美国在地下水和地表水中均发现溴酸盐，浓度为 2.6～204.6 μg/L。调查研究发现，我国北方沿海的水体溴离子浓度高达 400 μg/L，黄河水中溴离子平均浓度为 200 μg/L。溴酸盐在水中非常稳定，一旦形成就很难去除，所以很多学者研究了溴酸盐的控制技术，以减少溴酸盐的生成。

研究发现，溴酸盐的生成受水中溴离子浓度、臭氧投加量、pH、温度、反应时间、有机物浓度等因素的影响。因此，可通过加酸降低 pH、加氨、加过氧化氢、

臭氧催化氧化、添加羟基自由基清除剂和优化臭氧的投加方式等反应条件来控制溴酸盐的生成。但是，有研究表明在水体中投加羟基自由基、氨等会生成部分有机溴或者含氮消毒副产物，而且其毒性远比含碳消毒副产物强，所以采用外部投加化学试剂的方式来控制溴酸盐的生成还需要进行深入的研究。

臭氧对水体进行氧化消毒时，可以通过控制臭氧投加方式、接触时间和臭氧浓度等来降低溴酸盐生成量。Amy 等研究表明当水中臭氧浓度为 4.3 g/L 时，才开始生成溴酸盐，低于临界浓度时不产生溴酸盐。此外，降低臭氧与水体接触时间可以降低水中臭氧含量，进而降低溴酸盐生成量。李继等研究发现若以单点投加臭氧产生的溴酸盐量为基准，增加多个臭氧投加点后可以显著抑制溴酸盐生成。因此，在实际水处理工业中，在臭氧消毒环节应尽量多设置臭氧投加点，但考虑到经济及臭氧消毒效果等因素，将臭氧投加点设置为 3～4 个较为合适。

（3）溴酸盐的去除

目前，溴酸盐的去除方法主要包括膜处理法、化学还原法、活性炭吸附还原法、催化加氢去除法等。

①膜处理法

膜过滤已广泛运用于饮用水的处理中，为公众提供了高质量的饮用水。研究发现，溴酸盐能够被纳滤截留，其实验结果表明，初始浓度为 300 μg/L 的溴酸盐溶液经纳滤处理后，溴酸盐的截留率可以达 77%。Gyparakis 等的研究表明，溴酸盐初始浓度为 190.5 μg/L 的原水经反渗透膜处理后，可将溴酸盐的浓度降至 7.4 μg/L。Sarp 等研究报道称，反渗透膜对溴酸盐的去除率高于 90%，而纳滤膜溴酸盐的去除率则在 75% 以上。

膜处理法是一种高效去除溴酸盐的方法，而且不会造成二次污染问题。然而，用膜处理法去除溴酸盐往往处理周期较长，去除较高浓度溴酸盐效率不高；并且其实际应存在膜腐蚀、膜污染、成本高的问题，因此膜处理法去除溴酸盐受到膜技术发展的限制。

②化学还原法

化学还原法是利用具有还原性的活泼金属或贵金属例如铁、铝、钯、钴等与溴酸根发生氧化还原反应，从而达到去除溶液中溴酸盐的目的。常用的化学还原去除溴酸盐的方法有 Fe^0 还原去除法。Wersteroff 等通过间歇实验和填充柱中的连续实验，发现 Fe^0 能快速将溴酸盐还原为溴离子。Li Xie 等用铁粉进行溴酸盐的去除实验，研究了运行参数和共存离子对零价铁还原溴酸盐反应的影响：在 pH 为 6.20 的条件下，25 g/L 的铁粉能在 30 min 内将初始浓度为 100 μg/L 的溴酸盐完全还原为溴离子。

常规零价金属能处理的溴酸盐浓度较低（100 μg/L），而巨大的金属投加量

（50 g/L）会导致水体产生过量的金属离子，造成饮用水的二次污染，给水体环境带来较大的危害，同时也影响饮用水水质的色度。通过进一步将零价铁材料的尺寸缩小到纳米级别，能极大提高零价铁的还原活性，降低其投加量，是一种具有潜力的原位修复材料。然而，纳米铁的强还原性导致其存在不稳定性，自身易氧化，甚至发生自燃现象，不宜在空气中保存，从而失去对污染物的还原能力。目前，国内外学者进行了一系列的研究，在保持纳米铁活性不降低的同时，通过对纳米铁的改性，改变纳米铁颗粒表面的性质来提高颗粒的稳定性。徐咏咏研究了改性纳米去除溴酸盐的效果，结果表明，负载后的纳米 Fe^0 还原溴酸盐的活性得到显著提高，将 1 mg 改性纳米 Fe^0 材料投加到 500 mL 初始溴酸盐浓度为 0.78 μmol/L 的溶液中，反应 20 min 后，溴酸盐的去除率可达到 90% 以上。

目前，采用纳米 Fe^0 去除溴酸盐具有去除率高，出水水质稳定的优点，但是因其价格昂贵，零价铁处理溴酸盐的研究都还处于实验阶段。

③活性炭吸附还原法

在水处理工艺中，活性炭发挥着吸附、过滤和还原的多重作用。活性炭去除溴酸盐也是国内外研究较成熟的方法。研究表明，活性炭去除溴酸盐主要分两步进行：首先活性炭将溴酸盐吸附到表面，然后与活性炭表面的还原性基团将溴酸盐还原为溴离子。Huang 对粉末活性炭去除溴酸盐的研究表明，其对溴酸盐的去除效果主要取决于活性炭的物化性质（如粒度、硬度、堆积密度、表面积、腐蚀性及灰分含量等）。同时，水中的有机物会对溴酸盐的去除产生抑制作用，可能是活性炭将其吸附到表面，阻塞了还原位点。新鲜的颗粒活性炭柱连续运行一段时间后，对溴酸盐的去除能力有明显的下降趋势，这可能是因为活性炭在长期运行下，表面黏附了一些微生物。新鲜活性炭在使用一段时间后，会有生物群落附着在活性炭表面，并最终转化成生物活性炭。在新鲜活性炭向生物活性炭转变的过程中，对溴酸盐的去除能力会有转变，朱琦等经过 8 个月的中试模型连续运行试验，研究结果表明，活性炭对溴酸盐的去除率由新鲜活性炭的 57.1% 提高到成熟生物活性炭的 75.1%，活性炭表面生物量的增加使炭柱对溴酸盐的去除能力逐渐增强，成熟生物活性炭对溴酸盐的去除效果好而且比较稳定。

④催化加氢技术

催化加氢技术是指在含污染物的溶液中，加入氢源和催化剂，利用氢源的还原性将污染物降解成目标物的一种方法。近年来，由于反应条件温和、清洁、高效的特点，催化加氢是去除水中有害物质的一种有效的处理技术。贵金属负载型催化剂具有较高的反应活性和稳定性，是催化加氢过程中最常用的催化剂。贵金属负载型催化剂包括活性金属和载体两部分，载体作为活性金属的支撑，而负载的金属则是催化剂的活性组分。催化剂依靠负载的金属活化氢源产生活性氢，降低反应所需的

活化能，从而加速常温常压下不反应或反应十分缓慢的化学过程。催化加氢还原溴酸盐的反应过程可简单分为吸附、还原、脱附3个步骤。其中，吸附指BrO_3^-从水中被吸附至催化剂表面的过程，是整个催化加氢过程的控制步骤；还原指BrO_3^-与活性氢接触并发生还原反应生成Br^-的过程；而脱附则指反应产物Br^-和H_2O从催化剂上脱附扩散到水中。Chen 等用典型的浸渍法将钯（Pd）和铂（Pt）两种重金属分别负载到二氧化硅（SiO_2）、氧化铝（Al_2O_3）和活性炭（AC）上，从而研究了不同负载型的催化剂进行液相加氢还原去除溴酸盐。实验结果表明，pH 为 5.6 时，Pd/Al_2O_3型催化剂对溴酸盐表现了很高的催化活性，反应进行 2 h 时绝大部分溴酸盐被去除。而在Pd/SiO_2和 Pd/AC 型催化剂条件下，溴酸盐的去除率分别仅为 2.5%和 23.8%。这种现象可能是由等电点的强弱所致，等电点越高其对溴酸盐的吸附去除越有利。Pd/Al_2O_3的等电点为 8.0，超过另外两者的等电点，故其显示出很强的催化性能。周娟等通过溶胶－凝胶法制备出CeO_2载体，并以沉积沉淀法将钯负载到其上，进而研究了该催化剂对加氢还原溴酸盐的催化活性，结果表明，在 50 min 内，对溶液中初始浓度为 0.39 mol/L 的溴酸盐去除率达到 100%。

综上所述，利用膜分离、活性炭吸附还原等方法去除水中溴酸盐都取得了较好的研究成果，但是，在实际应用时每种方法都存在各自的局限性。尤其是膜分离等技术只是简单将溴酸盐与水分离，并未将其彻底降解，再生液或浓水直接排放依然存在污染自然水体的可能性。催化加氢是一种高效的处理技术，具有反应条件温和、无须外加化学药剂、降解彻底和无二次污染等优点，在溴酸盐处理方面具有一定的优势。

3.1.5 硫化物污染

3.1.5.1 硫化物的来源

硫化物污染指硫及其化合物在环境中所造成的污染。硫在地壳中分布很广，各种矿物燃料（煤和石油等）都含有硫。含硫废水来源广泛，包括炼油、焦化、制药、制革等行业，各行业废水的组分以及硫化物浓度都有很大的不同。几种典型含硫废水的来源及水质特点见表 3-2。

表 3-2 几种典型的含硫废水来源及水质特点

所属行业	硫化物产生来源	硫化物浓度范围 /（mg/L）	水质特点
黏胶纤维	黏胶成形工艺	50～200	强酸性，锌盐浓度较高
炼焦化工	脱硫洗氨工艺	50～300	pH 为 8～9，含有较高的 COD、挥发酚和氨氮

续表

所属行业	硫化物产生来源	硫化物浓度范围 /（mg/L）	水质特点
药剂合成	硫化钠生产车间	100～500	pH 为 8～9，主要含无机盐类
炼油工业	催化裂化工艺	500 以上	pH 为 8～10，含有很高的 COD 和挥发酚
皮革制造	浸灰脱毛工艺	1 500～4 000	强碱性，悬浮物浊度高，毒性大

资料来源：李彦俊，魏宏斌．废水处理中硫化物去除技术的研究与应用 [J]. 净水技术，2010，29（6）：9-12.

3.1.5.2 硫化物的危害

（1）对人类健康和生态环境的影响

水体内的硫化物将会给人类的生活质量以及生命健康造成严重的危害。相关研究表明，在饮用水内的 H_2S 超过 0.07 mg/m^3 的情况下，其水质对人类健康有极大的危害。硫化物对环境的污染主要是以硫化氢的形式表现出来。当硫化氢在空气中含量为 0.05 mg/L 时，人就会中毒，当浓度大于 1 mg/L 时，会导致人死亡。当排水沟废水的 pH 为 7～8 时，只要有很少量的硫化钠存在，就有可能在排水沟上部空气中产生对人体有危险量的硫化氢。水中的硫化物还会危害到水生动植物的生长，H_2S 与氢氰酸同样剧毒，新放养的鱼苗和鱼卵在 H_2S 含量达到 0.15 mg/L 的水中，其存活将受到威胁；硫化物在水中的含量为 1.0～25 mg/L 时，淡水鱼将在 1～3 d 内死亡。若用含有硫化物的废水灌溉农田，植物的根系生长将受到抑制，使植物根部发黑而腐烂，导致农作物枯萎。农田灌溉用水硫化物（以 S 计）的最高容许浓度为 1 mg/L。

（2）对设备的腐蚀

硫化氢可与水中的亚铁离子发生反应，生成 FeS 和 $Fe(OH)_2$，这是造成铁管锈蚀的主要原因。其反应过程如下：

$$4Fe+8H_2O_4 \longrightarrow Fe^{2+}4H_2+8OH^- \quad (3\text{-}3)$$

$$4Fe^{2+}+H_2S+8OH^- \longrightarrow FeS+3Fe(OH)_2+2H_2O \quad (3\text{-}4)$$

$$Fe^{2+}+S^{2-} \longrightarrow FeS \quad (3\text{-}5)$$

同时，在潮湿的条件下，挥发至空气中的硫化氢会被细菌氧化成硫酸，从而腐蚀混凝土中暴露出来的钢筋和碳酸钙。

（3）对微生物的影响

考虑到 H_2S 中的 S^{2-} 处在最低氧化态，所以 H_2S 呈现出很强的还原性特征，能够大量消耗水体内的溶解氧，导致微生物无法顺利代谢，水体净化活动受阻，废水生化处理有效性降低。同时，硫化物浓度很高的情况下，也会对微生物细胞已

有的正常结构造成破坏，让菌体酶面临变质失活的问题，微生物难以存活。生化处理运行实践表明，当废水中硫化物浓度小于 30 mg/L 时，可直接进行生化处理。当硫化物浓度过高时微生物将受到抑制和毒害，主要表现在细胞的正常结构遭到破坏以及菌体内的酶变质，并失去活性。在厌氧生物反应器中，高浓度的硫化物能严重抑制产甲烷菌（MPB）的生长，从而影响甲烷的产量。Karhadkar 等研究发现，当厌氧反应器中硫化物达到 500 mg/L 时，产甲烷菌有一半的活性受到抑制；当硫化物浓度达到 800 mg/L 时，甲烷产量已经很少，此时产甲烷菌活性完全受到抑制。

3.1.5.3　硫化物处理技术

硫化物的处理技术主要是物化法、化学法和生物法，在实际水处理中多采用几种技术的联合应用。

（1）物化法

去除水中硫化物的物理化学方法主要包括蒸汽气提法和吸附法。

①蒸汽气提法

蒸汽气提法是指利用水蒸气在汽提塔中将废水中的硫化氢、氨气、挥发酚等可挥发组分进行分离，用于石油炼制废水的预处理。例如某炼油厂利用气提法预处理含硫废水，将含硫废水加热到一定温度后送入汽提塔的中上部，塔底由重沸器提供 162℃高温蒸汽使废水的温度在塔内由上至下逐级升高，废水中的 H_2S 和 NH_3 被上升的蒸汽从液相气提到气相中。废水从塔底排出，绝大部分的氨从塔中部被抽出，而 H_2S 则单独从塔顶抽出，送入硫黄回收装置制成硫黄产品。结果显示，S^{2-} 浓度可由进水时的 6 318 mg/L 降至 50 mg/L，脱硫效果显著。该法除硫去除效率高，工艺成熟，适用于含硫量高、废水量大的水。局限性在于能耗较大，工艺复杂，对水量小、含硫量低的废水并不适用。

②吸附法

吸附法是依靠放置到废水内的多孔吸附剂呈现出来的强吸附力作用来达到吸附 H_2S 的效果，进而完成脱硫目标。应用相对较多的吸附剂为活性炭以及离子交换树脂等，并且研究者也在持续拓展全新的吸附材质与处理方案，以期能够得到更好的处理效果。例如刘明华等将以谷壳为原料制成的吸附剂填入内径 5 cm、长度 10 cm 的玻璃柱中，然后用蠕动泵将含硫制革废水通入柱中进行吸附处理。结果表明，硫化物浓度可由初始的 512.0 mg/L 降至 5.6 mg/L，去除率高达 99%。席宏波等采用自制的纳米铁吸附配制原水中的 S^{2-}，可使 100 mg/L 的 S^{2-} 去除率达到 100%。吸附法受负荷波动的影响程度相对较小，操作便捷，设备成本低，在高浓度废水处理领域拥有一定优势。

（2）化学法

①碱液吸收法

该法通过向含硫废水中加入无机酸，使硫化物在酸性条件下生成极易挥发的 H_2S 气体，再用碱液吸收硫化氢气体，生成硫化碱回用。反应方程式如下：

加酸生成硫化氢气体：

$$Na_2S+H_2SO_4 \longrightarrow H_2S+Na_2SO_4 \quad (3-6)$$

碱液吸收：

$$H_2S+2NaOH \longrightarrow Na_2S+2H_2O \quad (3-7)$$

$$H_2S+NaOH \longrightarrow NaHS+H_2O \quad (3-8)$$

$$Na_2S+H_2S \longrightarrow 2NaHS \quad (3-9)$$

由于该反应产生的 H_2S 具有毒性与腐蚀性，为确保人员安全和系统正常运行，在操作过程中吸收装置不仅需要处于负压状态，且整个设备完全密封，以保证工作时 H_2S 气体不发生泄漏。此法早期较多用于造纸行业处理废水。此外，制革生产过程中，在准备环节出现的脱毛废液含硫量很高，通常借助碱液吸收法将硫化物进行初步处理，来降低后续生物处理时需要的工作负荷，采用该法处理脱毛废水，硫化物去除可达 90% 以上，同时 COD 去除率也能达 80% 以上。

②化学沉淀法

化学沉淀法主要是通过金属离子与二价硫离子反应生成的硫化物沉淀，并借助固液分离法加以去除。实际应用中化学沉淀法通常适合废水量和含硫量低的情况。常用的金属离子添加剂有含铁盐，包括铁盐、亚铁盐和高铁盐，使其与 H_2S 生成难溶固体，产生的沉淀颗粒较小，在混合物中难以沉降，容易通过过滤层导致出水处理效果减弱。所以实际生产中一般借助混凝剂（如硫酸铝、聚合氯化铝等）来提高沉淀性能。

化学沉淀法具备易操作、脱硫效率高、处理速度快的特点，但是结合工业生产的实际情况能够发现，对高含硫废水进行处理时，为了取得较好的脱硫效果，通常需要大量的沉淀剂，还会出现大量带有还原态硫的污泥，导致二次污染。

③氧化法

由于硫化物具有还原性，因此易与氧化剂作用，经氧化反应生成硫或硫酸盐以去除废水中的硫化物。氧化法主要有空气氧化法、化学试剂氧化法、电化学氧化法、光催化氧化法。

a. 空气氧化法

空气氧化法是指利用空气将负二价硫离子氧化为无毒的硫代硫酸盐和硫酸盐。理论上氧化 1 kg 的硫化物需要 1 kg 氧气，约 4 m^3 空气（一个标准大气压），实际中空气用量为理论值的 2～3 倍。pH 对空气氧化的效果也有一定的影响。有文献报

道，pH 为 10 时硫化物的氧化效果最佳。

反应中单纯采用空气对硫化物进行氧化，过程比较慢，并且整体的脱硫效率低。在特定的温度、压力以及采用相应的催化剂等条件下能够增强整个反应的脱硫效果。目前，国内对含硫制革废水的处理多采用空气－硫酸锰催化氧化法。在碱性条件下，锰离子会促进氧对 S^{2-} 的氧化作用。陈绍伟等利用空气催化氧化法对硫化物浓度为 1 580 mg/L 的制革废水进行预处理，发现催化剂 $MnSO_4$ 的最佳投加量为 200 mg/L，最佳曝气时间为 2 h，此时硫化物去除率可达 57.9%。除锰盐能对空气氧化进行催化外，铜、钴、铁盐和某些醌类化合物也能对硫化物的氧化起到催化作用。空气氧化法应用广泛、易于管理，目前主要应用于硫化物低（800～1 000 mg/L）且废水量不大的含硫制革废水、石油化工废水等工业废水的预处理，缺陷在于运行费用较高，效率低，还会使一部分硫化氢进入空气，造成二次污染。

b. 化学试剂氧化法

化学试剂氧化法通过将具有氧化能力的化学氧化剂投加至含硫废水内，让其能够和硫化物发生氧化还原反应的方式来实现脱硫的整体处理目标。目前常用氯气、臭氧、高锰酸钾、过氧化氢等作为氧化剂。其中王根等利用臭氧氧化 35 mg/L 的含硫石油污水，硫化物的去除率可达到 100%，同时 O_3 在降解水中有机物方面也发挥了作用。

c. 电化学氧化法

电化学氧化法主要原理是：设置外加电场，在电场作用下将二价硫离子氧化成为高价的单质硫或者含氧酸盐，最终达到将有害的硫转化为无害或者可利用的硫。电化学氧化法不需要添加氧化剂或者还原剂，一般在常温常压下，很少或者不会产生二次污染，并且反应器设备相对简单，操作简便；但是它能处理排污的规模较小，适用范围较小。

d. 光催化氧化法

该法通过紫外光照射半导体催化剂，在光的照射下半导体价带上的电子吸收光能而被激发到导带上，即在导带上产生带有很强负电性的高活性电子，同时在价带上产生带正电的空穴（h+），从而产生具有很强活性的电子－空穴对，形成氧化还原体系，这些电子－空穴对迁移到催化剂表面后，与溶解氧及 H_2O 发生作用，产生活性极强的羟基自由基，从而加速了氧化还原反应的进行。张宗才等利用波长为 254 nm 的紫外光照射 TiO_2 光催化氧化模拟含硫废水。结果表明，光催化反应 8.5 h 后，硫离子浓度从 565.7 mg/L 下降至 6.215 mg/L，去除率高达 98.9%。将该法用于制革厂综合废液处理，结果表明光催化氧化 8.5 h 后，废水中硫化物浓度从 92.4 mg/L 下降至 24.29 mg/L，去除率达 73.71%。

光催化氧化技术对污染物无选择性，不需要高温高压，反应条件温和，可利用太阳能作为能源，具有无毒、安全、稳定性好、催化活性高、见效快、可重复使用

等优点，但也存在催化剂价格昂贵、光能利用率低、对高浓度有机废水处理效果不理想等问题，不适合用于大规模工业废水的处理。

（3）生物化学法

生物化学处理技术是指利用微生物的新陈代谢作用，实现对硫化物去除的一种方法，该法利用无色硫细菌、丝状硫细菌、光合硫细菌等微生物使硫化物被氧化并回收，产物为硫单质或硫酸盐。根据其反应环境的不同，分为有氧生物处理和缺氧生物处理。目前，有氧生物处理技术效果较好的是生物接触氧化法，生物接触氧化法又称固定式活性污泥法，兼有活性污泥和生物膜法的优点。生物接触氧化法处理含硫废水对进水水质变化的适应能力较强，出水水质稳定，污泥生成量少，不产生污泥膨胀的危害。李亚新等研究了以陶粒为填料的顺流式 CSB 接触氧化法处理模拟含硫废水的效果，当温度为 17～22℃、进水 pH=7、HRT=22 min、硫化物负荷 = 5 kg/（m^3 · d），DO=1.95 mg/L 时，硫化物去除率可达 98%，被去除的硫化物有 84.5% 转化为单质硫。

生物脱硫法设备简单，运行费用低，利用范围广，但对废水水质要求高，仅限于处理硫化物浓度较低的废水。

（4）多种技术联用除硫

目前，结合各行业产生的污水中硫化物的构成特点，需考虑选择不同的处理方案。但是在实际操作中这些方法存在着不同程度的局限性，如电化学氧化法得到的单质硫产物会沉积到电极板上，进而对设备的运转带来影响，需要定期对电极板进行清洁甚至更换处理；生化法脱硫菌种驯化过程复杂，不适合高浓度硫化物废水，处理周期长且投资及运行成本高。其余脱硫方法要求设备以及环境需达到的条件相对苛刻，并且处理周期较长，难以有效完成硫化物的彻底处理。

伴随环保制度的日益完善以及各行业含硫废水的复杂程度加大，单纯依靠一项技术难以达到理想的除硫效果。实际工程运用期间，往往会采用多种方法联合使用的处理方式来克服单一方法的局限性，使整体处理工艺过程更加完善，处理效果更加理想。例如我国某石油化工企业采用“负压脱硫 + 化学反应脱硫 + 絮凝沉降 + 陶瓷膜过滤 + 高压反渗透 + 臭氧催化氧化”专利技术，实现了油气田高含硫废水的深度脱硫处理。

3.1.6 硫酸盐污染

3.1.6.1 硫酸盐的来源

（1）海水和苦咸水

通常海水和苦咸水含有硫酸盐。海水中已发现含有 80 多种化学元素，总盐量

为 3.5% 左右。海水中含有的盐类是重要的无机盐工业资源，可以制取食盐、石膏、芒硝、溴、硫酸镁、氯化钾、氯化镁、碳酸镁、氧化镁等产品。天然苦咸水是在漫长的地质历史时期里和复杂的地理环境中由多种因素综合作用下形成与演变的，其中古地理环境、海侵活动、地质构造和水文地质条件等起了重要作用。浅层地下苦咸水，主要是在大陆盐化过程中地下水中盐分的蒸发浓缩形成的。典型天然苦咸水组成见表 3-3。

表 3-3　天然苦咸水典型水质主要指标　　单位：mg/L

水源	pH	K^+	Na^+	Ca^{2+}	Mg^{2+}	Cl^-	SO_4^{2-}	HCO_3^-	F^-	NO_3^-	总硬度
地表水	7.6	3.7	310.5	96.2	85.1	298.8	576.4	280.1		27.5	290.8
地下水	7.3	3.3	360.0	379.2	113.9	499.2	1 326.2	181.1	20		

资料来源：胡亮，陈加希，何艳明 . 硫酸盐污水的污染状况分析 [J]. 云南冶金，2010，39（3）：102-105.

人类不适当的经济活动，造成沿海地区海水入侵，不合理的灌溉、排水、改良盐碱地等活动也会使地下水变咸。

（2）工业废水

工业废水多种多样，通常具有毒性、刺激性，特别是化学工业、医药工业、矿山和冶金工业在生产过程中产生大量含硫酸盐废水；此外，一些企业在二氧化硫污染治理中，固体脱硫剂去除烟气中二氧化硫时，固体脱硫剂再生废液中也都含有高浓度的硫酸盐。几种典型的硫酸盐废水来源及水质特点见表 3-4。

表 3-4　几种典型的硫酸盐废水来源及水质特点

所属行业	硫酸盐污染物产生来源	废水特征
化学工业	在黏胶纤维纺丝成型过程，纺丝浴中产生大量硫酸钠，多数企业对纺丝二浴中含有的大量硫酸钠不予回收，排出后对外界水体构成污染	通常具有毒性、刺激性，会导致水体富营养化等
	生产用于石油冶炼的硅铝微球催化剂的过程中，排出大量的凝胶滤液	硫酸钠按重量比约为 3.6%，硫酸铵约为 3.3%
	用 $FeSO_4$ 和 NaOH（或 Na_2CO_3）作原料进行复分解反应制取铁系氧化物（如磁粉 γ-Fe_2O_3）	排放大量的硫酸钠稀溶液
医药工业	抗生素生产企业排放的生产废水	除高浓度 SO_4^{2-} 以外，还含有淀粉、蛋白质、脂肪、残留抗生素等
	生产肝素钠药品生产中酶解、沉淀、过滤、洗涤等工艺	废水中含有 4 000～6 000 mg/L Na_2SO_4
	水杨酸、氨基比林和安乃近生产过程中	废水中硫酸钠平均含量约 17%

续表

所属行业	硫酸盐污染物产生来源	废水特征
矿山和冶金工业	开采金属矿体矿石中含有硫化矿这些硫化矿物在空气、水和微生物作用下，发生溶浸、氧化、水解等一系列物理化学反应，产生硫化物	形成的黄棕色酸性废水中含有大量的 SO_4^{2-}，并且酸度高，重金属含量高
	开采金属矿体矿石中含有硫化矿，硫酸体系湿法冶金废水或冶炼烟气（尘）洗水中含有大量硫酸及硫酸盐	
二氧化硫污染治理	电力、陶瓷、纺织印染、水泥、有色金属冶炼及压延加工等行业采用固体脱硫剂去除烟气中二氧化硫，固体脱硫剂再生废液中都含有高浓度的硫酸盐	高浓度硫酸盐废水

3.1.6.2 硫酸盐污染的危害

（1）饮用水中硫酸盐对人体的危害

饮用水含少量硫酸盐对人体无影响，但大量摄入硫酸盐后会引起腹泻、脱水和胃肠道紊乱。人们常把硫酸镁含量超过 600 mg/L 的水用作导泻剂。当水体中硫酸盐高至 1 000 mg/L 时，还可抑制和减弱胃液分泌，胃液酸度下降，胃蛋白酶活力下降，妨碍消化。硫酸盐味觉阈值视盐类不同而各异，一般硫酸盐 300～400 mg/L 开始感觉水有苦味。由于硫酸盐对水味影响和轻泻作用，《地表水环境质量标准》（GB 3838—2002）中规定，集中式生活饮用水中硫酸盐（以 SO_4^{2-} 计）不超过 250 mg/L。

（2）硫酸盐对水工建筑物的侵蚀

水体中硫酸盐侵蚀混凝土水利工程建筑物，其破坏实质是水中的硫酸根离子与混凝土中的氢氧化钙和水化铝酸钙反应，生成三硫型水化硫铝酸钙（钙矾石），固相体积增大约 94%，其溶解度极小，即使在浓度很低的石灰溶液中它也能稳定存在，引起混凝土的膨胀、开裂、解体，这种破坏一般会在构件表面出现比较粗大的裂缝。如果硫酸盐浓度较高时则不仅生成钙矾石，还会有石膏结晶析出。一方面石膏的生成使固相体积增大，引起混凝土膨胀开裂；另一方面，消耗了氢氧化钙，而混凝土生成的氢氧化钙不仅是水化矿物稳定存在的基础，且它本身以波特兰石的形态存在于硬化浆体中，对混凝土的力学强度有贡献，因此该反应将导致混凝土的强度损失和耐久性下降。

（3）水中硫酸盐对工业生产的不利影响

硫酸根是盐中一种常见的杂质离子，它的存在给许多化工操作带来不利影响：比如在烧碱行业，硫酸根的存在将阻碍氯离子放电，促使氢氧根离子放电产生氧

气，降低阳极的电流效率，减少氯气的纯度，导致阳极腐蚀加快；在制盐企业，硫酸根离子偏高将影响盐水中氯化钠含量，导致在生产过程中加热管结垢、堵塞，影响传热效率，浪费能源；在纯碱行业，硫酸根的存在，将加剧蒸氨塔及输送管道的结垢，缩短生产周期。

（4）硫酸盐对环境的危害

含硫酸盐废水排入水体会使受纳水体酸化，pH 降低，危害水生生物；排入农田会破坏土壤结构、使土壤板结，减少农作物产量及降低农产品品质。高浓度硫酸盐污水产生的 H_2S 能严重腐蚀处理设施和排水管道，在生化水处理系统中，这些硫酸盐在厌氧生物处理中会直接或间接地影响或抑制甲烷菌的活动，常常导致厌氧反应器处理效果低下，甚至整个处理系统的失败。

3.1.6.3　硫酸盐污染物的去除方法

为解决硫酸盐对人类健康、生产生活和环境的危害问题，需要对饮用水及污水中的硫酸盐进行去除。去除水中硫酸根离子的方法有很多种，主要包括化学沉淀法、生物法、吸附法、离子交换法和膜分离法等。

（1）化学沉淀法

化学沉淀法是利用化学物质与硫酸根离子反应生成硫酸盐沉淀，从而达到去除硫酸根的目的，常用的沉淀剂有氯化钡和氯化钙等。

①氯化钡法

氯化钡法是用钡离子与盐水中的硫酸根离子发生反应生成沉淀，由于化合物硫酸钡的溶度积很小，所以该法去除效果较好。2000 年以前国内大部分氯碱企业采用该方法去除硫酸根，但使用时应注意防止钡离子过量。因为过量的钡离子会与电槽中的 NaOH 反应生成沉淀，堵塞电槽隔膜，形成不导电的化合物，使阳极涂层活性降低，电压升高。该法去除硫酸根离子，虽然效果好、反应率高，但是由于氯化钡属于剧毒物质，副产物及氯化钡的包装袋回收较困难，给生产和现场管理带来较大难度，如果操作不当还会引起钡离子超标；氯化钡法最大的缺点是使用成本高，以 10 万 t/a 离子膜烧碱装置为例，每年处理的成本高达 1 100 万元。因此该方法逐渐被其他先进的方法取代。

②氯化钙法

氯化钙法是利用钙离子与硫酸根反应生成硫酸钙沉淀，然后通过澄清将硫酸钙沉淀分离，最后以石膏（$CaSO_4 \cdot 2H_2O$）的形式去除。此方法一次性投资少，运行费用较低，比较适合处理 SO_4^{2-} 浓度较高的污水；但所需反应时间长，实际操作技术复杂，由于硫酸钙溶度积较大，尤其在盐水中的溶解度要增大三四倍，故该法去除效果不如氯化钡法好。研究者在该方法的基础上提出了许多改进的方法，如石灰乳－氯化钙法，其工作原理和操作过程是向水中加入氯化钙的同时，加入一定量的石灰乳，调节溶液的pH，最后生成硫酸钙沉淀和少量$Mg(OH)_2$胶体，$Mg(OH)_2$胶体的存在能够加快硫酸钙的沉淀，同时该沉淀具有巨大的表面积，能够吸附和包裹$Fe(OH)_3$、$Al(OH)_3$、SiO_2等物质，沉淀过程中可以通过协同沉淀作用去除部分SO_4^{2-}、Fe^{3+}、Mn^{2+}等离子，达到进一步净化的作用。

氯化钙法去除硫酸根因氯化钙价格相对便宜，因而成本较低。但缺点是硫酸钙的溶度积较大，生成的硫酸钙是微溶沉淀，由于盐效应，在饱和盐水中溶解度高于水溶液中2～3倍，因而去除硫酸根的效率不高，而且盐水中含有钙离子，会使盐泥量增加并且很难处理，不符合国家的减排政策。

（2）生物法

生物法去除硫酸盐的原理是利用硫酸盐还原菌（SRB）的还原作用将废水中的SO_4^{2-}转化为硫化物（包括H_2S、S^{2-}、HS^-），然后在光合硫细菌或无色脱硫细菌的作用下将其氧化为单质硫，最后进行分离和回收，从而达到根本上脱除SO_4^{2-}的效果。Sergey等使用升流式厌氧污泥床反应器，以乙醇作为唯一的电子供体和碳源，考察了水力停留时间、进水SO_4^{2-}浓度、pH等多种因素对SO_4^{2-}去除率的影响，研究发现，当进水SO_4^{2-}浓度为0.84～5.0 g/L、水力停留时间为0.5～0.85 d时，硫酸盐的去除率可达80%以上。生物法具有能耗小，投资少，见效快，适用性强，无二次污染等优点，但是目前生物法去除硫酸盐技术多为实验研究，尚未广泛应用。

（3）吸附法

吸附法通常是采用多孔性吸附剂将水中的SO_4^{2-}吸附到固体表面，进而达到SO_4^{2-}与水分离的效果。常用的吸附剂有水滑石及柱撑蒙脱石等矿物。其中水滑石又称阴离子黏土，结构特殊，水滑石及其焙烧产物具有良好的阴离子交换能力和吸附性能。李冬梅等利用焙烧水滑石对水中SO_4^{2-}进行了吸附性能研究，研究发现焙烧水滑石对水中SO_4^{2-}具有优良的吸附能力，吸附能力随pH不同而变化，当pH较低时吸附效果较好，且室温下饱和吸附量高达32.895 mg/g。柱撑蒙脱石是一种新型孔道吸附材料，具有良好的孔道性和热稳定性。刘桂荣等利用改性柱撑蒙脱石对水中SO_4^{2-}进行了吸附实验，并通过正交实验确定了最佳吸附条件。实验结果表明，钠蒙脱石对水中SO_4^{2-}的吸附作用不明显，而Al_{13}及Al_2O_3柱撑蒙脱石对SO_4^{2-}具有很强的吸附能力。当pH为4，反应时间9 h时，Al_{13}柱撑蒙脱石对SO_4^{2-}吸附效率为73.0%；当pH为5，反应时间5 h时，Al_2O_3柱撑蒙脱石对SO_4^{2-}吸附效率为86.4%。吸附法操作简洁，吸附效果优良，吸附剂来源广泛且价格低廉，然而该方法仍处于研究阶段，实际应用较少。

（4）离子交换法

离子交换法是德国开发的一项除硫酸根的专利技术，去除硫酸盐所用的离子交

换树脂为 Lewatit E304/88，其官能团为聚酰胺。离子交换法能高效去除 SO_4^{2-} 是因为离子交换树脂中的离子能够与水相体系中的 SO_4^{2-} 发生交换特性，从而达到去除 SO_4^{2-} 的效果。离子交换法能够高效、连续、有选择性去除 SO_4^{2-}，而且不会引入新的污染物，反应过的树脂还可以再生回用。其优点是适用性广泛，不受 SO_4^{2-} 浓度的影响，树脂再生速度快，自动化程度高，无毒害作用。不足是预处理要求十分严格，投资大；由于树脂的吸附容量有限，需定期清洗，清洗时用水量大，且易造成二次污染。

（5）膜分离法

利用膜分离去除硫酸盐的相关技术及原理可参见氯化物的去除技术。

以纳米过滤膜技术为基础开发出了膜分离技术（SRS）技术，专门用于去除 SO_4^{2-}，工业应用效果很好。SRS 技术的关键在于其中有一层纳滤膜（NF 膜），这层纳滤膜对高浓度的 SO_4^{2-} 进行排斥，却不排斥较高浓度的氯化物溶液通过，利用这种特性可以有效地将 SO_4^{2-} 从水中分离出来，排除率可高达 98%。20 年前美国某石油化学公司已将此技术成功地应用于去除盐水中 SO_4^{2-}。目前，该技术已被广泛应用于化工、造纸、水处理等行业。工业上一般采用圆柱形结构的装有微渗透膜的设备，以保证最大程度利用膜表面积进行过滤。目前，SRS 技术中采用了高压膜技术，为保证膜不发生结垢现象，延长膜的使用寿命，必须最大程度地降低盐水中悬浮固体杂质的含量。SRS 膜分离技术与化学沉淀技术相比除 SO_4^{2-} 具有显著的优势，虽然一次性投资费用大，但在生产过程中操作费用小，生产过程中不存在化学毒性；与离子交换法相比，其排污量少，不产生二次污染，具有较好的应用前景。

3.1.7 氮污染

3.1.7.1 氮的存在形态与氮循环

众所周知，氮气是空气中含量中最多的气体，在空气中的体积分数为 78%，它是一种无色无味的不活泼气体，环绕在我们周围。进入水体中的氮主要有无机氮和有机氮。无机氮包括氨态氮（简称氨氮）和硝态氮。氨氮包括游离氨态氮（NH_3-N）和铵盐态氮（NH_4^+-N）；硝态氮包括硝酸盐氮（NO_3^--N）和亚硝酸盐氮（NO_2^--N）。有机氮主要有尿素、氨基酸、蛋白质、核酸、尿酸、脂肪胺、有机碱、氨基糖等。可溶性有机氮主要以尿素和蛋白质形式存在，它可以通过氨化等作用转换为氨氮。有机氮是植物通过固氮细菌从大气中固定下来的，并转化为生物可以利用的形式，在生物体内经过代谢，又以 NH_3 的形式排出，后者在环境中经亚硝化菌和硝化菌的作用，依次转变为 NO_2^- 和 NO_3^-，然后又经反硝化细菌的作用，最终转变为 N_2 再返回大气，这样就完成了氮在环境中的最基本的循环。

3.1.7.2 水环境中氮污染的来源

氮污染是指由氮的化合物引起的环境污染。水环境中氮污染的来源主要是城镇生活污水，含氮的工业废水和农田氮肥。城镇生活污水中的氮主要来源于人类日常生活中产生的一些含氮的溶解或非溶解性物质，如厨房垃圾、排泄物等。工业废水中的含氮物质常见于金属冶炼、石油化工、化肥、养殖等工农业生产过程中排放的废水以及垃圾处理过程产生的有机废水。如皮革厂废水中含氮物质多为有机氮，而化肥厂产生的废水中则多为氨氮、硝酸盐氮等无机氮，且氮含量也有很大区别。由农田氮肥所带来的水体氮污染较易被人们所忽视。事实上施入农田的氮肥只有一小部分能被农作物吸收，大部分的氮肥则因为径流和淋溶损失于环境中。面对当今日益增长的氮肥施用量，农田氮素造成的非点源污染将成为世界水质恶化的最大威胁。

3.1.7.3 水体中氮污染的危害

氮是一种价态多变（从正五价到负三价）的环境元素，既可作为电子供体，也可以作为电子受体，从而形成一系列的形态多样的有机物和无机化合物。水体中的含氮物质主要有以下 3 类：离子态的氨氮（NH_4^+-N）、亚硝酸盐氮（NO_2^--N）和硝酸盐氮（NO_3^--N）；气态的 NH_3、N_2、N_2O 以及有机质中的有机态氮。含氮化合物在水体中转化可分为两个阶段：第一阶段为含氮有机物如蛋白质、多肽、氨基酸和尿素转化为无机氨氮，称为氨化过程；第二阶段氨氮在亚硝化细菌的作用氧化成亚硝氮，继而在硝化细菌的作用下氧化成硝酸氮，称为硝化过程。而在缺氧体系中，硝态氮可以在反硝化菌的作用下进行反硝化作用形成 N_2，最终离开水体。

我们通常所说的水环境“三氮”污染，指的是可溶性无机氮，包括氨氮（NH_4^+-N）、亚硝酸盐氮（NO_2^--N）和硝酸盐氮（NO_3^--N）。水中无机氮的危害性主要表现在以下几个方面。

（1）氨氮

高浓度的氨氮会抑制水生生物体内血液的携氧能力，甚至会导致窒息死亡。其中有毒害作用的主要是非离子氨氮，它在总氨氮中所占的比例随 pH 和水温的升高而增长。在碱性水体中，氨氮的毒性会更加严重。也有研究表示，外部基质中的氨浓度增加会使得水生生物的氨排泄受阻，导致生物亚急性氨中毒，使水生生物摄食减少，体重减轻，生长缓慢。而在集约化养殖业中，这一问题则更加突出。研究显示，所有通过饲料投递进入水域的含氮物质中，只有 19% 是被鱼类真正利用吸收的，另外有 20% 作为沉积物沉积下来，而剩下的 61% 的含氮物质则作为溶解态成分滞留于水体中。因此氮污染已成为制约集约化水产养殖环境的主要胁迫因子。

（2）亚硝酸盐氮

亚硝酸盐氮毒性因水体的 pH、Na^+、DO 等含量不同而呈现差异。亚硝酸盐能将亚铁血红蛋白转成亚硝铁血蛋白，使血红蛋白失去携带氧气的功能，引起鱼体缺氧；通过扩散进入血液中的亚硝酸盐会引起血细胞溶解，导致用于携带氧的红细胞减少，进一步加重机体缺氧状况。亚硝酸盐还会影响鱼、虾等养殖动物体内抗氧化酶活性，同时也影响溶菌酶的活力，从而降低养殖动物的抗病力与免疫力，诱发养殖动物疾病。研究表明，长期生活于低浓度亚硝酸盐下的养殖动物会引发抗病力与免疫力下降，高浓度的亚硝酸盐更会引起养殖动物急性中毒，继而引发褐血病、偷死病等鱼类疾病，水体中的亚硝酸盐氮浓度过高是近年来鱼病频繁发生的不可忽视的原因。

（3）硝酸盐氮

饮用水中过量的硝酸盐氮会引起婴幼儿高铁血红蛋白症，使血液不能输送氧气。20 世纪 60 年代末 70 年代初曾引起广泛关注的由氮污染导致的婴幼儿死亡事件，就是因为不少婴幼儿饮用了含高浓度硝酸盐的水后患高铁血红蛋白症造成的。此外，饮用水中过量的硝酸盐氮还会在胃中还原为亚硝酸盐氮，与胃中的物质作用形成亚硝胺，而亚硝胺现已被确认为致癌、致畸物质。因此我国及美国、日本、俄罗斯等许多国家的饮用水中硝酸盐氮的允许含量为 10 mg/L，欧盟提出的允许含量为 5.6 mg/L。

此外，氮污染带来的另一个后果便是水体的富营养化，在淡水湖泊或河流会发生“水华”现象，在海湾或近海产生“赤潮”。富营养化首先表现为水生植物的迅速生长，以至于覆盖水面或造成水体变绿使水体的透明度下降，阳光无法透入至水体深处，导致水体深处的藻类植物无法得到足够的光照而死亡，不仅不能通过光合作用释放氧气，植物的死亡分解还会进一步消耗水体的溶解氧，最后的结果是溶解氧急剧下降，鱼类等水生动物死亡，在尸体的分解过程中继续消耗仅存的溶解氧，最终水体发黑发臭。严重的还会导致湖泊沼泽化，河道淤塞。因此水体的富营养化过程实际是水体的“死亡”过程。

3.1.7.4 氮污染的治理方法

目前含氮废水的处理技术包括物理化学法、传统生物脱氮技术和新型脱氮技术以及多种技术结合。

（1）物理化学法

采用物理处理手段对氮的去除率较低，因此需结合化学处理手段，称为物化法。主要包括吸附法、化学沉淀法、空气吹脱法、折点氯化法和电化学氧化法等。

①吸附法

吸附法是利用多孔结构、表面积较大的吸附剂对废水中污染物的吸附作用进行水处理。常用的吸附剂有活性炭、膨润土、沸石、硅胶等。唐朝春等比较了膨润土、生物质炭、粉煤灰及沸石等几种吸附材料对氨氮的吸附量及去除率，结果显示，沸石黏土类吸附材料吸附性能高，又因其具有较强的稳定性及表面活化改性，是比较理想的氨氮吸附材料。吸附法由于成本低易操作，已经广泛应用于废水的预处理、三级处理以及应急处理。

②化学沉淀法

化学沉淀法是指向含氮废水中加入 Mg^{2+} 和 PO_4^{3-} 两种离子，使其与废水中的氨氮反应生成磷酸铵镁，然后静止沉淀，最后分离，达到去除的效果。文艳芬等运用沉淀法脱氮，在镁：氮：磷 =1.2：1：1.2，25～35℃，pH 为 10 的条件下，反应时间 20 min，氨氮对初始浓度为 1 000 mg/L 的废水去除率达到了 98.7%。化学沉淀法处理高浓度氨氮废水效果较好，反应快，去除率高，还可作为高效缓释肥料进一步回收，因可实现氨氮循环再利用而广泛应用。

③空气吹脱法

空气吹脱法是向氨氮废水中通入气体，通过大量的气体循环，使得气液两相充分接触，存在于液相中的游离氨（NH_3）和铵离子（NH_4^+）穿过气液两相的界面，向气相转移从而脱除氨氮的方法。目前国内多采用吹脱法处理氨氮废水。徐彬彬对焦化厂氨氮废水进行了吹脱处理，研究显示，对于氨氮初始浓度为 8 000 mg/L 的废水，温度控制为 70℃，pH 为 10.4，气液比为 6 000，反应时间为 2 h 的条件下氨氮去除率可达 95% 以上。吹脱法具有操作简单，运行成本低等优点，多用于中高浓度的大流量氨氮废水的处理中。但此方法的氨氮去除率易受温度影响，在秋冬季节的处理效果会降低，同时液态氨氮转化为气态会引起二次污染，需要进行中和处理。

④折点氯化法

折点氯化法的原理是向废水中投入一定量的氯气或者次氯酸钠，其中的有效氯将氨氮氧化成氮气，从而达到处理目的。在反应过程中，当投入量达到某一个点时，水中的游离氯含量最低，同时氨氮的浓度降为 0，该点则称为折点，该状态下的氯化过程称为折点氯化。鲁璐等通过研究发现，采用折点加氯法处理低浓度氨氮废水时，可以使废水浓度从 100 mg/L 降到 18 mg/L，反应效率高，且氨氮去除率与废水初始浓度成反比关系。李婵君等采用折点加氯法处理初始浓度低于 100 mg/L 的氨氮废水，将 pH 调节为 5.5～6.5，通过计量连续加药，使氯气与铵根质量之比为 8～8.2，控制反应 30 min，处理后氨氮小于 10 mg/L。

折点氯化法操作方便、反应速率快、效果稳定，同时因为氯的加入量的可控性使得氨氮的去除率可以达到 90% 以上。但是处理过程中废水的氨氮浓度、温度、

pH 会对氯的加入量产生影响，这就导致反应中涉及氯的安全使用问题，且反应后的产物中含有余氯，会造成二次污染，出水排放前需进行一定的处理，提高了折点氯化法的成本。

⑤电化学氧化法

电化学氧化法是在直流电的作用下，通过电极的氧化作用，将氨氮转化为氮气，以达到去除废水中污染物的目的。李德生等利用电化学方法对污水处理厂尾水进行深度处理，TN、NO_3^--N 去除率分别达到 54.90% 和 72.8%；马宏瑞等采用电化学氧化法处理皮革厂某工段高浓度氨氮废水，结果表明，对于初始氨氮浓度 5 000 mg/L 的高浓度氨氮废水，最佳电解条件是电流 2.5 A，初始 pH 为 10，在 180 min 内，氨氮即可完全去除；王家宏在电流密度为 20 mA/cm^2、废水初始 pH 为 7.6 等条件下进行电解实验，对某化工厂曝气生物滤池（Biological Aerated Filters，BAF）工艺出水进行了深度处理，在反应 60 min 后废水中氨氮浓度从 303 mg/L 降至 0 mg/L。电化学氧化技术因其可控性较强、占地面积小、易操作等优点，是一种可行性较高的氨氮去除技术。

（2）传统生物脱氮技术

利用生物法处理含氮废水，首先在氨化菌的作用下使有机氮化合物进行氨化作用形成氨态氮，再在硝化菌的作用下通过硝化反应将氨态氮转化为硝态氮，最后硝态氮在反硝化细菌的作用下发生反硝化还原成氮气，实现废水脱氮。传统生物脱氮法有活性污泥法、A/O 法、A^2/O 法、氧化沟、序批式活性污泥法等。

① A/O 法

A/O 法又被称为前置反硝化生物脱氮系统，其运行原理是由 A/O 系统的 A 池（即反硝化池）和 O 池（硝化池）分别提供缺氧和有氧环境，在 A 池内，反硝化细菌在缺氧状态下利用有机物作为碳源提供电子和能量，将游离氨和铵离子还原，生成的氮气从水中逸出；在 O 池内，有机物在有氧条件下发生硝化反应，氨氮被硝化细菌氧化成亚硝酸盐和硝酸盐，使得有机物被进一步除去，氧化过程中释放的能量同时被硝化细菌利用。郝祥超等利用 A/O 工艺处理合成氨工段产生的废水，该废水氨氮质量浓度达到 380 mg/L，同时存在硫化物、石油类和悬浮物等，经过调试后在较长的连续运行时间内出水氨氮质量浓度都在 5 mg/L 以下，出水的各项指标均达到国家要求。

A/O 法在较低浓度的氨氮废水处理中有较好的应用，处理效果较好，同时不产生二次污染，但是由于需要在两个池中交替处理废水，使得工艺操作较复杂，设备占地面积较大。

② A^2/O 法

A^2/O 工艺是厌氧－缺氧－好氧生物脱氮除磷工艺的简称，又称 A/A/O 工艺。

在处理过程中，废水经过厌氧池、缺氧池和好氧池，氮磷有机物逐步被降解。徐磊采用 A^2/O 工艺处理某化工企业排放的废水，该废水氨氮浓度为 300 mg/L，同时含有难降解的苯环类有机物，经过处理氨氮去除率达到 97%。A^2/O 工艺与 A/O 工艺相比，引入了厌氧生物预处理，使得废水中的苯环类有机物发生结构改变，废水的可生化性明显增强。

③氧化沟

氧化沟又被称为“循环曝气池”“无终端曝气池”，因其处理构筑物呈封闭的环形沟渠而得名，属于活性污泥法的一种变法。氧化沟处理的整个过程如进水、曝气、沉淀、污泥稳定和出水等全部集中在沟内完成，污水和活性污泥在环形沟渠中不断地循环流动，从而使污水得到净化。氧化沟独特的水流状态使其可以在沟内区分为富氧区和缺氧区，通过硝化和反硝化作用进行生物脱氮。付朝臣等研究了不同运行工况条件下 Orbal 氧化沟工艺脱氮除磷效果。研究结果表明，在水温 25℃左右时系统脱氮效果较好，NH_3-N 去除率在 90% 左右，TN 去除率 67.14% 左右。增加污泥回流比可以提高系统脱氮效率，污泥回流比为 100% 和 200% 时，TN 平均去除率分别为 55% 和 65%。

尽管氧化沟具有很多优点：出水水质好、污泥产率低、不需要回流装置、抗冲击负荷能力强、便于自动化控制、能耗省等，但是氧化沟在实际的运行过程中，仍存在易造成污泥膨胀、产生泡沫、污泥上浮、流速不均及污泥沉积等问题。

④序批式活性污泥法

序批式活性污泥法简称 SBR，工艺过程按照进水、曝气、沉淀、排水进行周期循环，是一种间歇曝气式的污水处理技术。该工艺把调节、曝气、生物脱氮等过程集中于一池，每个操作步骤按顺序在不同时间段进行，其原理同样是调节不同的微生物生存条件，使得硝化和反硝化反应循环往复。SBR 工艺为生物脱氮提供了缺氧、厌氧和好氧的环境条件，从而能有效脱氮。尹翠霞等采用 SBR 工艺处理高氨氮煤制甲醇废水，这类废水的氨氮质量浓度约为 300 mg/L，经处理后出水氨氮平均浓度降低到 2 mg/L 左右。

传统的生物脱氮工艺通常把硝化反应和反硝化反应分开独立进行，在低浓度氨氮废水的处理方面有较好的应用。同时，由于生物的氨氮承受能力有限，过高的氨氮浓度会抑制微生物活性，制约其对高浓度废水的处理效果。

（3）新型脱氮技术

生物法具有操作简单、效率高且无二次污染等特点，但生物法对于温度、碳含量、溶解氧、pH 及有毒物质要求高，且反应周期长。因此科研人员开展了进一步的改进研究，开发出了新型脱氮工艺。经过多年的探索与研究，一些学者发现反硝化不只在缺氧条件下进行，某些细菌在富氧条件下也能进行反硝化；而氨不仅可以

在好氧条件下进行硝化反应，也可以在厌氧条件下进行反应。新的发现突破了传统生物脱氮理论上的认识，对生物脱氮新工艺的研发和设计提出了新的思路。新型脱氮工艺包括厌氧氨氧化、同时硝化反硝化、固定化技术和短程硝化反硝化等。

①厌氧氨氧化

厌氧氨氧化是指在一定的缺氧条件下，微生物将氨态氮转化为氮气的过程。早在1977年，Broda就曾预测自然界可能存在反硝化氨氧化菌，后来Mulder等证实了Broda的预测，他们在研究流化床的生物反硝化时，发现了氨氮的厌氧氧化现象。厌氧氨氧化菌作为能够有效且充分利用亚硝态氮氧化氨氮反应产生的新菌种，受到越来越多的重视。厌氧氨氧化技术的脱氮效果及其稳定性受到诸多因素的影响，如温度、pH、COD和重金属含量等。郑平等对厌氧氨氧化菌进行系统研究，获得了突破性进展，不仅纯化了多种厌氧氨氧化酶，更提出了厌氧氨氧化的代谢模型，成功分离并鉴别了5属9种厌氧氨氧化菌。但是由于厌氧氨氧化菌生长缓慢，细胞产率低，对工艺运行条件要求严格，导致该工艺在实际工程应用上受到极大限制。为了提高厌氧氨氧化工艺的处理效率，徐浩然将电气石引入厌氧氨氧化反应系统，研究了厌氧氨氧化污泥物理、生化特性以及污染物去除特性，研究结果表明，电气石可以将溶液pH调节为弱碱性，并且能促进厌氧氨氧化菌的生长和代谢，提高厌氧氨氧化菌的活性。电气石强化厌氧氨氧化系统经过112 d完成启动，比普通厌氧氨氧化系统提前12 d。随着进水氮负荷的增加，电气石强化厌氧氨氧化系统的运行比普通厌氧氨氧化系统更稳定。

厌氧氨氧化不需要外加的碳源，产生的污泥量小，处理费用低，不产生碱性物质，与传统的生物脱氮技术相比更实用经济环保，应用前景广阔。厌氧氨氧化技术未来将会围绕如何加快厌氧氨氧化菌的生长、如何提高生物反应的速率、如何提高对低温的抵抗力等方面发展。

②同时硝化反硝化

同时硝化反硝化技术即硝化反应与反硝化反应在同一个反应容器中各处供氧不均匀条件下，在各自不同的微小区域内同时进行。硝化反应生成的物质能够继续进行反硝化，而反硝化过程会使pH升高，为硝化过程提供所需碱度。因此不需要另外添加碱性物质，成本降低，并且反应过程迅速，脱氮效果好。同时硝化反硝化技术具有显著的优势：反应的时间短，降低曝气需求、节能，水力停留时间短，节省反应器体积。目前硝化反硝化脱氮技术已经成功运用于丹麦、荷兰和意大利等国家的污水处理厂。

③固定化技术

固定化技术是指利用物理或化学的方法使游离的微生物固定在一定的载体上，利用微生物代谢处理水中氨氮的技术。陈圳等研究了固定化微生物技术对某维生素厂含氨氮废水的中试运行，结果表明，系统稳定后固定化微生物用于处理进水浓度为 120～220 mg/L 的氨氮废水，氨氮去除率可以达到 85%。丁一等以海藻酸钠作为载体，氯化钙为交联剂，研究小球藻最佳固定化条件及其对海水养殖废水氨氮和磷酸盐的处理效果，结果显示，最佳固定化条件下，氨氮去除率能够达到 63.26%，并能同时实现磷去除率 62.76%。尚海等以淀粉核球藻、蛋白核小球藻及四尾栅藻为材料，以海藻酸钠和聚乙烯醇为固定化载体，固定化微藻处理模拟氨氮废水，在对工艺条件优化的情况下，氨氮去除率可达 80.14%，比游离态微藻对氨氮去除率提高 20%。固定化技术能有效地处理氨氮的废水，反应时间短，去除效果稳定，具有较高的去除效率和广阔的发展前景。

④短程硝化反硝化

短程硝化反硝化是指通过改变溶解氧及温度等条件，把硝化反应限定在亚硝化阶段，避免传统脱氮过程中亚硝酸盐被氧化成硝酸盐，最终被还原成亚硝酸盐，缩短了反应时间，节省了氧供应，降低了碳源使用量，同时大大减少了污泥生成量。目前，针对不同的水质有很多工艺上的实际应用研究。李萍在曝气量为 40 m^3/h、pH 为 8.5、C/N 约为 4 的最佳实时控制条件下，用短程硝化反硝化处理化学合成氨废水，出水氨氮去除率高达 99%，出水 TN 在 15 mg/L 以下。

（4）多种技术的结合

为了弥补各种工艺的缺陷，科研工作者探索了多种技术相结合的可能性，以实现对更高浓度、更复杂、更难处理含氮废水的处理方案。王凡等通过在原有的短程硝化－厌氧氨氧化工艺基础上前置串联反硝化反应器，将去除率由 90.3% 提高到了 98.6%，处理氨氮废水的能力由 600 mg/L 提高到 1 100 mg/L。

随着科技进步及科学工作者不断探索，更新的处理技术将被研发出来，使含氮废水的处理方案朝着高效、环保、经济的方向逐步发展。

3.1.8 磷污染

3.1.8.1 磷的来源

（1）磷的存在形式

磷是一种生命必需元素，在细胞生命活动中有着举足轻重的作用。磷以磷酸盐岩石、鸟粪石及动物化石等磷酸盐矿石为主要天然存在形式。自然中磷近乎单向循环，经人工开采或天然侵蚀后释放出来，再经生产加工或生物转化转变成可溶性磷酸盐，其中少部分的磷能被生物利用，随着生物的死亡分解又回到环境中完成一个短暂的局部循环，最终随着地表径流转移并沉积在海底。在这种始于陆地终于海洋周而复始的单向直线式运动下，陆地磷资源日益短缺。

从自然界开采的磷矿资源大部分应用于磷肥生产，少部分被摄入人体内，绝大

部分的磷都会随着径流或尿液、粪便排放于污水之中。磷在水环境中存在的形式主要是$H_2PO_4^-$、HPO_4^{2-}、PO_4^{3-}、H_3PO_4和有机磷。所有生命形式在为细胞代谢提供能量的过程中都需要磷，但磷及其化合物若过量排放会造成水体中养分过多并污染水体。根据李比希最小因子定律，植物的生长取决于外界供给它所需养分中最少的一种。从藻类原生质的组成$C_{106}H_{262}O_{110}N_{16}P$就可看出，在自然环境中，每生产1 kg这种藻类，需要碳358 g、氢74 g、氧496 g、氮63 g、磷9 g。可见，磷是最小限制因素，其次是氮。所以，从养分供给的角度看，磷和氮最容易超过限量，一般当水体中磷的质量浓度超过0.01～0.02 mg/L，氮的质量浓度超过0.2～0.3 mg/L时，就足以引起藻类的急剧繁殖，从而导致水体的富营养化，其中磷是关键因素。

（2）水体中磷的来源

磷在工业、农业、畜牧业以及人类日常生活中发挥着关键作用。磷资源的广泛使用不可避免地会产生大量含磷废物，这些废物通常被排放到城市和工业废水中，造成磷污染。水环境中的磷来源可分为外源磷和内源磷。

内源磷主要来自于进入水体后沉积于底部沉积物中的磷酸盐。在适宜的条件下，磷会从上覆水转入沉积物并发生转化。当外界条件发生改变时，沉积物中的磷会重新释放出来，对维持藻类生长，促进水体的富营养化起到重要作用。湖泊沉积物中磷酸盐的释放受溶解氧、水环境pH、温度等条件的影响。一般情况是厌氧条件将有助于沉积物磷的释放。水环境的pH对沉积物中磷的释放，取决于沉积物的化学性质：在石灰性沉积物中，pH升高，会使方解石吸附磷从而减弱磷的释放能力；在非石灰性沉积物中，pH升高时，体系中OH^-可与无定形Fe-Al胶合体中的磷酸根发生交换，使与Fe^{3+}结合的磷酸盐释放。

外源磷主要来自于磷矿开采，工业原料、农业化肥、洗涤剂等的使用以及其他人类生产生活中的磷排放。磷进入水体中的途径有多种，例如城镇生活污水洗涤剂的排放（国外生活污水中的磷50%～70%来自洗涤剂，我国比例较小，只占7%左右）、排入水体的工业废水、垃圾渗滤液等；此外湖泊养殖投饵、工业固体废物排入水体也会引起水体磷污染。

3.1.8.2　水体中磷污染的危害

磷污染主要是指水体中磷的浓度过高引起的水体富营养化。水体在自然演化过程中也会出现富营养化现象，但人类生产活动产生的大量氮、磷营养元素进入湖泊、河流等水体，使水体中氮、磷快速积累，加剧了水体富营养化的进程。

关于富营养化的成因，目前人们普遍接受的是生命周期理论，即氮、磷的过量排放是造成富营养化的根本原因。藻类是富营养化的主体，它的生长速度直接影响水质状态。一般来说，引起富营养化现象发生的主要营养成分有有机碳、磷、氮、钾、铁等十几种元素。在藻型湖泊中，这些指标的内在联系为：

N，P↑⟶藻类↑⟶Chla（叶绿素）↑⟶SD（透明度）↓⟶DO↓⟶水质↓

（注："↑"表示上升，"↓"表示下降）

在这个联系中，后面一系列的变化都是由于藻类增加引起的，而藻类增加又是由于N、P增加引起的，因此N、P是导致水华、湖泊富营养化的主要因素。近几十年来，蓝藻水华的发生频率、发生规模以及持续时间均呈现增加的趋势，给淡水水体的功能与生态系统造成了很多有害的影响。

①消耗水体中的溶解氧

水华藻类在水体中大量繁殖，形成一层厚厚的绿色漂浮物，阻隔空气中的氧气进入水体，在夜间藻类的呼吸作用大量消耗水中的溶解氧，而其死亡分解过程也会进一步消耗水中氧气。水体中溶解氧严重不足，长时间处于缺氧或者亚缺氧状态，使鱼、虾、贝等水生动物因缺氧而窒息死亡。

②降低生物多样性

当水体中的蓝藻成为绝对优势种群时，水面覆盖着的藻类会遮蔽湖面，使阳光难以透过水面，加剧了水体通风及光照条件的恶化，阻碍其他藻类的光合作用，抑制水体中其他浮游生物的生长繁殖，使水体中的浮游植物得不到充足的阳光而使其生存和繁殖受到影响。因此水华的形成会破坏生态系统的完整性，降低生物的多样性。

③产生异味

大多数水华藻类都会产生异味，目前已知产生异味的藻类有50种以上，其中比较常见的有10余种。水体中溶解氧严重不足导致鱼类及其他浮游动物死亡，而使死鱼等漂浮于水面，如没有及时捞出还会腐烂发臭，严重破坏水质。

④影响自来水厂的生产和自来水的质量

如果自来水厂的水源发生水华，就会严重影响自来水的生产和自来水的质量。大量水华藻类会造成水厂的滤池堵塞，并使水厂的处理能力下降。水华导致水厂投资加大，成本提高，并使出水水质降低，造成供水紧张及水资源的浪费。更为严重的情况：在发生富营养化的水体中，高毒性蓝藻大量繁殖释放毒素，对水体生态环境及水生生物的生命活动产生威胁。为此，现在欧盟和美国等国家（地区）已经制定了饮用水中的藻毒素限量标准，规定饮用水中藻毒素的含量不得超过1 μg/L。此外，富营养化的水体中一般含有过量的亚硝酸盐和硝酸盐，如果人畜长期饮用，将会对健康造成危害。

3.1.8.3 含磷废水的处理方法

20世纪70年代，经济合作与发展组织（OECD）进行了国际湖泊富营养化合

作研究，在调查了全球200多个湖泊后OECD认为，世界上有80%的湖泊属于磷控制型，而只有20%的湖泊属于氮控制型。在对我国的湖泊进行调查后也发现，大多数湖泊属于磷控制型。目前，国内外公认水体中总磷超过0.02 mg/L、总氮超过0.2 mg/L时，就会产生藻类过度繁殖的现象。因此，水体中磷含量的控制对防止富营养化是极为重要的。同时，由于环境中的磷是一个单向流失过程，磷资源的大量开采使用，终将导致磷资源匮乏。所以，对水体磷污染的治理应着重考虑磷资源的回收，一般只能通过物化法或者生物法把它浓缩到难溶或不溶于水的固体之中，再进一步与水分离。目前水中磷污染的处理方法主要有化学沉淀法、离子交换法、膜分离法、吸附法和生物法等。

（1）化学沉淀法

化学沉淀法是指通过向废水中投加化学试剂，与废水中溶解态的磷酸盐发生反应，生成难溶于水的磷酸盐沉淀，再经过凝聚、絮凝、过滤等手段固液分离，达到去除水中磷酸盐的目的，常使用的沉淀剂包括钙盐、铁盐、铝盐3类。

①钙盐除磷

钙盐价格低廉、易于管理操作，因而成为最常用的去除磷的金属盐。钙盐除磷主要生成磷酸钙沉淀和羟基磷灰石，而羟基磷灰石性质非常稳定。在钙盐除磷中，pH是影响沉淀是否彻底的一个关键因素，在合适的pH下调整钙离子与磷酸根离子的浓度比可以形成稳定的钙盐沉淀。研究表明，用钙盐沉淀法除磷时，应控制含磷废水的pH在较高水平，用质量分数为10%的氢氧化钠溶液调节磷废水pH为9，按一定比例投加固体氯化钙，最终出水中磷的质量浓度为1 mg/L左右，磷的去除率达到99.98%以上，便于出水进行生化处理。同时生成的沉淀物可作为高品位磷矿或缓释肥使用，具有一定的经济效益。采用钙盐除磷投加的药剂相对廉价，简单易行，无二次污染，符合清洁生产和循环经济的要求，可实现废弃物的资源化利用。

②铁盐除磷

铁离子在水中会发生水解聚合反应，由离子态向多种羟基络合物形式转变。因此，铁盐除磷有两种表现形式：一种为铁离子直接与磷酸根离子反应生成难溶的磷酸盐沉淀，这一步起主要作用；另一种为多种羟基络合物对各种形式的磷的吸附，这一步为次要过程。研究表明，铁与磷的摩尔比和pH是铁盐除磷反应的主要影响因素，高铁盐的除磷效率高于亚铁盐。谢经良等研究了不同形态铁盐除磷的效果发现，离子态的铁除磷效果最好，聚合态和凝胶态铁除磷效果均次于离子态铁。铁盐除磷的不足之处在于Fe^{3+}处理废水后残留的色度，这限制了该方法的广泛应用。

③铝盐除磷

化学沉淀法除磷的过程中，往往伴随着物理吸附反应的发生，这是由于生成的化学沉淀多为絮状物，具有较大的比表面积，其通过物理吸附捕捉水体中的磷酸盐。铝盐除磷法一方面铝盐能够与磷酸根生成磷酸铝沉淀，另一方面则以吸附形式除去污水中的磷，而吸附是铝盐除磷的主要过程。

化学沉淀法除磷具有操作简单、占地面积小、处理迅速等优点，通过调控加药量和加药比例就可以达到很好的去除效果，适合于处理高浓度的含磷废水；其缺点是需要消耗大量的金属盐，产生大量污泥，不仅浪费了金属离子，而且多数情况下沉淀的磷难以回收利用。因此，研究开发化学沉淀与固体吸附相结合的除磷技术，发展含磷化学污泥的回收将是化学法除磷的新趋势。

（2）离子交换法

离子交换法是指利用多孔离子交换剂上的功能基团与水体中的磷酸盐进行交换，达到去除磷的目的。然而在使用该方法除磷时，存在易发生药物中毒、吸附容量低、无吸附选择性等缺点，因此难以得到实际应用。复合型离子交换树脂的研究成功改善了这些不足。吴梦对大孔强碱性苯乙烯系阴离子交换树脂（D201）在水体中的除磷性能进行了研究，通过负载稀土元素镧，极大地增强了其对磷的吸附效率，在初始磷浓度为 5 mg/L，反应温度为 25℃，溶液 pH 为 7，吸附剂投加量为 0.5 g/L，反应时间为 4 h 的条件下，La-201 树脂对磷的去除率达 99.1%。采用 0.5 mol/L 的氢氧化钠溶液对 La-201 树脂进行再生可以取得 91.26% 的再生效率。机理分析的结果表明吸附过程主要通过离子交换作用、氢键作用、络合作用以及化学反应作用实现。采用离子交换法除磷能极大地提高污水处理中无污泥产生的可能性。

（3）吸附法

吸附法是利用一些具有较大比表面积的多孔固相吸附剂与溶液中的磷酸盐发生物理或化学作用而达到除磷效果，如利用吸附剂表面所带的正电荷对磷酸盐进行化学吸附。吸附法不仅可以实现去除废水中的磷，还可以通过解吸实现吸附剂循环再生和磷的回收利用。吸附法去除磷具有容量大、费用低、可循环等优点。吸附法的核心是寻找优良的吸附剂。常用的吸附剂有活性炭、高岭土、蒙脱石、膨润土、天然沸石等天然吸附剂，以及金属氧化物、石墨烯材料、纳米纤维复合材料等人工合成吸附剂。已经有很多学者对天然材料和工业炉渣的吸附脱磷性能进行了广泛的研究及试验。试验表明，这些材料的磷吸附容量与材料中 Ca、Mg、Al 和 Fe 等金属元素氧化物含量有关，金属氧化物可能是对磷吸附的主要活性点；无定形非晶态物含量、pH、材料的比表面积和孔隙率都对吸附容量起了重要作用。一般来说，天然吸附剂不会同时具有上述特点，故人工合成吸附剂成为目前提高吸附剂容量，提升吸附法应用性能的重要途径。

沸石等碱或碱土金属铝硅酸盐矿物、膨润土或蒙脱石等黏土矿物，都是重要的吸附剂，在许多领域已得到广泛的应用，而其作为除磷剂使用时，通常需要采用针对性的改性措施。研究显示，采用酸处理组合絮凝剂改性使沸石吸附剂的除磷效

率提高到98%以上。煅烧法是调节吸附剂孔隙结构和电子状态的重要方法。例如膨润土通过酸处理煅烧组合改性，在优化条件下的除磷效率能够提高到92%以上，出水总磷浓度低于0.5 mg/L；550℃煅烧的白云石凹凸棒黏土在6个月内的对磷去除率保持稳定，均能接近100%，出水磷浓度和pH均能满足《污水综合排放标准》的一级A标准。负载改性可以充分利用不同物质的对磷吸附能力，并产生协同吸附效应，从而使除磷综合性能得到提高。

（4）生物法

生物法除磷的原理是通过聚磷菌在厌氧的条件下，把细胞中的聚磷分解为磷酸盐排放到细胞外，由此产生能量，一部分能量用于自身的生理活动需要，一部分能量用于吸收外界可溶性脂肪酸（VFA）合成贮能物质聚β羟基丁酸（PHB）。在好氧或缺氧的条件下，聚磷菌以氧气、硝态氮、亚硝态氮作为电子受体，分解代谢体内贮藏的PHB产生能量，从废水中过量摄取磷，产生新的细胞物质，通过剩余污泥的排放而达到高效除磷的目的。

随着微生物除磷技术的发展，实际工程中已开发出多种工艺，主要有A/O工艺、A^2/O工艺、Phoredox工艺、UCT工艺、SBR工艺、EBPR工艺等。其中强化生物除磷工艺（EBPR）已经被广泛地应用于废水中磷的去除。

生物法除磷兼具除磷和去除有机物的功能，且处理工艺自动化程度高，运行费用低；但生物法除磷的波动性较大，处理工艺运行不稳定，单独运行时仅能将总磷浓度降至1～2 mg/L，难以满足排放标准（≤0.5 mg/L）。生物法除磷处理效果随水质的变化较大，对有机物浓度的依赖性较强，当废水中有机物含量较低或磷含量较高（>10 mg/L）时，出水很难满足磷的排放标准，需要进行二次除磷。最近生物除磷工艺与其他工艺的联用极大地扩展了生物除磷工艺的应用，例如采用EBPR与侧流磷回收技术耦合可实现磷的高效去除与回收再利用，是具有较高研究前景和发展价值的技术方法。

3.1.8.4　底泥控磷技术

在外源性磷污染得到有效控制的情况下，内源性磷将会成为水体磷污染的主要来源。底泥中的磷含量约为上覆水体中磷酸盐含量的数百倍甚至上千倍，研究显示，当外源磷被截断后，蓝藻水华的发生仍将持续若干年，原因就在于沉积物中磷的“活化”。作为水环境重要组成部分的沉积物，生物可利用磷的吸附与解吸是决定水体富营养化进程的重要方面。如果对污染底泥不加任何控制，即使是外源得到完全控制，内源的释放仍然会使地表水体的上覆水污染物浓度处于较高的水平。为此，世界上许多国家纷纷展开底泥污染控制技术的研究工作。总的来说，底泥的污染控制技术主要分为两大类：异位控制技术和原位控制技术。

（1）异位控制技术

受污染底泥的异位控制技术主要是指疏浚技术及底泥的疏浚后处理技术。通过水力或者机械方法挖除水体底泥表层的污染物，再对疏浚底泥进行转移处理，减少底泥沉积物的释放。一般认为当底泥中污染物的浓度高出其本底值2～3倍时，即需要进行疏浚。

目前，疏浚技术已经在全世界范围得到应用。我国的滇池草海、安徽巢湖、杭州西湖和瑞典的Trummen湖等均通过疏浚方式对底泥进行处理。对于疏浚的效果，历来就有争议。安徽巢湖和杭州西湖，通过底泥疏浚去除了大量氮磷等内源负荷，使水质在疏浚后的一段时间内得到很大改善。但是，疏浚可能引起污染底泥的再悬浮，而引起水体的污染。而且污染底泥运输过程也会因溢出和挥发等原因引起污染物损失。可以确信的是，疏浚作为一种可以将污染物移出河湖生态系统的重要方法，现阶段还是值得推广的。

（2）原位控制技术

污染底泥的原位控制技术是在水体内部利用物理、化学或者生物方法减少受污染底泥的体积，减少污染物量或降低污染物的溶解度、毒性或迁移性，并减少污染物释放的底泥污染控制技术。按其原理不同可分为：原位物理处理、原位化学处理、原位生物处理和原地生态处理4种技术。

①原位物理处理技术

最常用的是原位物理覆盖，即将受污染的沉积物在原地长时间封闭起来。原位覆盖本身并不能真正地把沉积物中的污染物变成无害物质，但覆盖给了沉积物更长的时间通过自然过程来分解这些有机物。常见的底泥覆盖系统所采用的材料包括清洁的未污染的底泥、清洁砂子、砾石、钙质膨润土、灰渣、人工沸石、水泥，还可以采用方解石、粉煤灰、土工织物或一些复杂的人造地基材料等。其中沸石是一种无毒材料，具有长期的物理和化学稳定性。且沸石较容易被改性，利用改性剂改性之后，能够改变对污染物质的亲和性，同样对磷等阴离子也具有较高的吸附能力。因此改性沸石被看作是一种新型的潜力巨大的颗粒状磷钝化剂。

原位物理覆盖能有效防止有机物、重金属及营养盐进入水体造成二次污染。但原位物理覆盖并没有将污染物从沉积物中去除，因此有毒物质再次暴露的风险始终存在。

②原位化学处理技术

化学控制技术是通过在已经污染的底泥表层或者内部加入化学试剂，与底泥释放出来的磷形成沉淀，使底泥中的污染物得到转化（无害化）或者固定化，阻止磷向水体的扩散对水体造成二次污染。常用的药剂主要有硝酸钙、氯化铁，铝盐和石灰等。在工程上得到较多应用的是铝盐，如$A1_2(SO_4)_3$和$NaAlO_2$，应用铝盐是因为铝盐与磷形成的络合物或聚合物，性质较为稳定，即便在缺氧或厌氧条件下，也

不容易重新释放底泥中的磷至水体中。且铝盐水解会形成 $Al(OH)_3$ 絮体，还可以进一步吸附水中的有机物、含磷化合物等其他粒子。Welch 和 Cooke 等研究了美国 21 个用铝盐处理的湖泊后得出结论，当没有大型水生植物干扰时，使用铝盐对底泥进行处理，处理的有效期大约为 10 年。

新西兰某公司首先开发了以沸石黏土为铝载体的名为“Z2G1”的磷钝化剂，为之后改性沸石的研究奠定了基础。此后，Sun 等研究了表面活性剂改性沸石（SMZ）及铝改性沸石，研究表明，通过覆盖、共沉淀以及吸附效应对沉积物磷的抑制要远远高于天然沸石，2 cm 厚的改性沸石覆盖层能够减少 60%～70% 沉积物磷的流出。负载硝酸盐的有机改性沸石对磷释放的抑制效果也非常显著，一方面覆盖过程中硝酸盐的溶解将 Fe^{2+} 氧化成 Fe^{3+}，降低了弱结合态磷在厌氧状态下的释放，另一方面改性吸附剂对沉积物磷有良好的吸附效果。尹洪斌等以我国储量丰富的凹凸棒黏土为基础，采用热活化固结塑型、活性负载以及干法一次成型等改性技术与工艺，研发出了双金属抗风浪扰动型固磷材料和高容量镧铝复合除磷材料，可用于底泥内源磷的固定与控制。

③原位生物处理技术

原位生物处理技术是指通过利用底泥中生物的代谢活动来降解污染物，减轻污染物的毒性，改变有机污染物的化学结构、重金属的活性或重金属在底泥中的结合态，影响污染物在环境中的迁移、转化和降解速率，以此对受污染的河湖底泥进行处理。原位生物处理技术根据选用生物种类的不同，可以分为植物处理、动物处理、微生物处理和生态修复这 4 种方法。由于生物本身的生长周期较长，处理效率相对较低，因此简单的植物处理和动物处理还很少得到应用。由于微生物具有生命周期短、繁殖速度快等优点，目前的生物处理还是主要以微生物处理为主。

④底泥原地生态修复技术

生态修复技术是应用生态系统中所独有的物质的共生、物质循环再生以及结构与功能协调原则，结合系统工程的最优化方法设计的分层多级利用物质的生产工艺系统。事实上，所有的生物处理都只是生态修复的一种，生态修复是目前公认的能够彻底解决湖泊污染问题的最好的方法。有学者认为，底泥中的微生物在对污染物进行处理时，主要是利用底泥间隙水中的水溶态物质，而对底泥中污染物的直接利用不多，所以当底泥中存在水生植物时，可以对底泥中的所含有的污染物进行富集，通过根际微生物吸收、移去、挥发或稳定底泥中的污染物，最终使河湖底泥，甚至整个湖泊生态系统得到修复。生态修复在底泥污染中的应用，目前报道的还不多，但值得注意的是，生态修复强大的功效不仅可以通过微生物将底泥中所积累的污染物去除，而且可以通过植物的吸收积累作用，将底泥中的重金属、磷等不可降解污染物逐渐输移到环境之外。

由于受污染的河湖底泥中有着大量可以被生物利用的有机物，而生物可以通过生命代谢活动来完成对污染物的去除，同时还可以促进自身的生长。因此在很长一段时间内，河湖底泥污染生物处理技术得到了广泛的关注。但单一的生物处理技术由于其设计伊始针对性较强，只是对部分污染物有较好的作用，无法全面解决河湖底泥的污染，因此需要通过整个河湖生态系统的物质循环才能最终有效地将这些污染物质带离湖泊系统，使湖泊从整体上得到净化。显而易见，底泥的生态修复技术将是河湖底泥污染治理的重要途径。但与其他处理技术相比，其周期长、见效慢。考虑到我国国情，针对污染程度不同的河湖，同时保证短期效益与长期效益，使用不同的底泥处理技术与生物修复技术相结合，最终转向生态修复才能解决河湖底泥污染问题。

3.1.9 氰化物污染

3.1.9.1 氰化物的存在形态

氰化物特指带有氰基（—CN）的化合物，其中的碳原子和氮原子通过三键相连接。这种键给予氰基以相当高的稳定性，使之在化学反应中总以一个整体存在。因该基团具有和卤素类似的化学性质，常被称为拟卤素。氰化物在环境中可能以各种各样的形式存在，其中氰化氢是最常见的形式，以无色气体或液体存在，略带苦杏仁味，当遇高温、火焰和氧化剂时，氰化氢是非常危险的火灾隐患。当氰化物与金属离子和有机化合物结合时，形成简单或复杂的盐和化合物，包括氰化钠、氰化钾和各种氰化复合物（如氰化锌和铁氰化钾）。由于氰化物不能被土壤强烈吸附，所以它们通常存留在水中，并与工业废水中的金属污染物（如铁、铜、镍和锌）形成复合物。所有形式的氰化物都具有毒性，尤其氰化氢，其毒性是致命的。

3.1.9.2 氰化物污染的来源

氰化物广泛地存在于自然界中，天然地表水中氰化物含量为 0.001～0.005 mg/L。动植物体内都含有一些氰类物质，如动物界的蜈蚣、甲虫和一些种类的蝴蝶等；有些植物（如杏仁、白果、果仁、木薯、高粱等）含有相当量的含氰糖苷，其水解后释放出游离的氰化氢，在一些普通粮食、蔬菜中，也可检出微量氰。

造成环境污染的氰化物主要源于人类活动。因为氰化物对金属具有很强的亲和力，使得它广泛应用于金属矿加工、冶炼、化工和电镀等工业生产中。而这些工业生产活动产生的废水、废气和废渣，正是环境中氰化物的主要来源。据统计，电镀废水和焦化废水中氰化物含量分别为 30～50 mg/L 和 8.3～520 mg/L。然而电镀和金属加工厂的个别操作中氰化物废料在储存几年后，其废水中氰化物的浓度可能高达

10 000～30 000 mg/L。焦炉废水性质最为复杂，因为在这种废水中不仅有高浓度的氨氮、硫氰酸盐及高浓度的有机化合物，氰化物的含量也很高，对环境的危害也较大。

3.1.9.3 氰化物的性质及危害

多数氰化物易溶于水，因此排入自然环境中的氰化物易被水淋溶稀释、扩散，迁移能力强。氰化氢和简单氰化物在地面水中很不稳定，氰化氢易逸入空气中，或当水的pH大于7和有氧存在的条件下，也可被氧化而生成碳酸盐与氨；简单氰化物在水中很易水解而形成氰化氢，水中如含无机酸，即使是二氧化碳溶于水中生成的碳酸（弱酸），亦可加速此分解过程。

氰化物为剧毒物质。氰化物中毒机理是通过抑制细胞色素氧化酶的活性，导致组织细胞生物氧化受阻，产生“细胞内窒息”，因而使机体严重缺氧。氰化氢对人的致死量平均为 5.0×10^{-5} g；氰化钠约为 1.0×10^{-4} g；氰化钾约为 1.2×10^{-4} g。氰化物经口、呼吸道或皮肤进入人体，极易被人体吸收。急性中毒症状表现为呼吸困难、痉挛、呼吸衰竭，导致死亡。

氰化物不仅对人体有危害，对水生生物及农作物也有潜在的危害。浓度低于0.1 mg/L 的氰化物对某些水生生物可能有致毒作用，故氰化物被列入国际重点污染清单。氰化物又属于第二类污染物，肆意排放会污染环境，破坏生态平衡，危害人体健康。氰离子浓度达到0.04 mg/L 时就足以使虾类死亡，达到0.3～0.5 mg/L 可使鱼类致死。浮游植物对氰离子异常敏感，最大容许浓度仅为0.01 mg/L。若超过一定浓度标准的含氰废水流入农田，人类食用被污染的农作物轻者中毒，重者则导致死亡，直接威胁到人类的饮食安全及健康。目前，国内外均已频频出现水体受到氰化物污染的事例。2015年，天津市一家危险品仓库发生爆炸，约700 t的氰化钠泄漏，引起了社会很大的恐慌。2010年年初，湖南省怀化市某金矿用氰化物来提炼尾砂中的黄金，其处理后的废水直接排入河道里，给当地人民群众的健康和周边环境造成了极大的危害。2000年1月30日，大量含氰化物和重金属的废水流进了罗马尼亚的提萨河，造成大量的鱼类死亡，甚至破坏了索梅什河的水环境。

3.1.9.4 氰化物废水的处理技术

由于氰化物的潜在危害，含氰废水的控制和处理通常是非常必要的。目前国内外将含氰废水的处理技术主要有物理法、化学法、物理化学法和生物处理等。

（1）物理法

物理法一般采用酸化释放－碱液吸收法，即在强酸的情况下，以氰化氢的形式挥发出来，实现气液分离，然后再用强碱将氰化氢吸收。金矿和氰化电镀厂处理含氰废水选用的传统方法是酸化法，即采用酸化挥发，碱性吸收的工艺。首先使用硫酸酸化含氰废水至pH为2，并向含氰废水中鼓入空气，以氢氰酸的形式从废水中挥发逸出，随后用碱液吸收。氰化物在碱性条件有很强的溶解性，可以稳定地存在，并可重新用来提取金矿，取得了较好的经济效益。早在1930年，此法被国外某金矿采用进行氰化物废水的处理。酸化法处理高浓度含氰废水在我国已经具有较长的历史和较大的使用规模。1979年新城金矿成为第一个使用酸化回收法处理高浓度含氰废水的企业，随着社会发展我国已经陆续建成并投入使用的酸化回收法处理氰化物废水装置共有几十套。酸化法处理氰化物废水的优点是药剂来源广泛、价格低廉、废水对药剂使用影响作用小。此法适用于高浓度的氰化物废水，具有较好的经济效益和环境效益；但对于低浓度的氰化物废水处理，表现出很低的实用性，因为处理成本远高于回收成本，经酸化回收处理的废水需要进行二次处理才能达到排放标准，并且HCN气体具有极强的腐蚀性，大多数设备需防腐。

（2）化学法

化学法主要通过各种化学试剂，实现化学氧化，包括碱性氯化法、过氧化氢法、臭氧氧化法、电化学氧化法等。

①碱性氯化法

碱性氯化法就是在碱性条件下，利用氯的氧化性把废水中的氰氧化成二氧化碳和氮气，以达到去毒的目的。通常使用的氧化药剂包括次氯酸盐、氯气、二氧化氯等。碱性氯化法，即向含氰废水中投加氯系氧化剂，在强氧化性物质的作用下，首先将氰化物进行部分氧化生成毒性较低的氰酸盐，随后再进一步被完全氧化成二氧化碳和氮气。碱性氯化法于1942年开始应用于污水中氰化物的处理，该方法到目前为止已经比较成熟，应用很普遍。二氧化氯氧化法能高效地处理高浓度氰化物废水，该处理系统具有工艺简单、处理成本低廉、操作安全方便和自动化程度高等优点；但此方法需严格控制在较高的pH下进行，应防止酸性条件下氰化物的挥发。此外碱性氯化法在反应过程中，会有氯化氰等气体产生，气味太重且不利于人体健康。反应后产生较多的废渣，易带来二次污染，此法对络合氰化物的去除效果不明显，因此具有一定的局限性。

②过氧化氢法

美国于1974年研制的过氧化氢氧化法被应用于处理黄金矿山含氰废水。过氧化氢具有强氧化性，过氧化氢不仅可以氧化游离氰化物及金属络合物（铁氰化物除外）生成氰酸盐，同时对以铜、锡等金属氰络合物形式存在的氰化物进行分解破络，一旦氰化物被氧化去除后，金属离子就会生成氢氧化物沉淀。1984年，世界上第一套过氧化氢氧化装置在巴布亚新几内亚的一家矿山金氰化厂建成投产，可以工业规模地对含氰污水进行处理。由于该工艺具有投资省、操作简单、处理效果明显等优点，国外已有多家矿山采用了这一污水处理工艺对含氰废水进行处理，具有一定的实用性。

③臭氧氧化法

在pH为11～12条件下，臭氧（O_3）在水溶液中可释放出氧原子参加反应，表现出很强的氧化性，氰化物立即被氧化为氰酸，进一步被氧化为二氧化碳和硝酸盐。该方法已被国外用于处理金属加工厂的含氰废水，但由于臭氧发生器产生臭氧的成本高，传质受限制，因此在工业应用上有一定局限性。我国从20世纪80年代开始对臭氧氧化法去除金矿含氰废水进行研究，但至今没有在实际工程中推广应用。该方法在处理氰化物废液时具有以下突出特点：借助臭氧的强氧化性在整个处理过程中无须增加其他污染物；处理工艺简单，只需一台臭氧发生器，无须药剂购运与添加；污泥产量少；由于水中的溶解氧含量增加，出水不易发臭；处理工艺费用低，原料易得，不需要贮藏等。由于臭氧发生器产生臭氧的限制，该方法一直未得到广泛应用，一旦臭氧发生器能在工程应用上取得突破，工业应用前景将非常广阔。

④电化学氧化法

电化学氧化法进行电镀含氰废水处理过程如下：电解前加入少量食盐，并调整pH＞7。电解时，CN^-在阳极被氧化生成CNO^-、CO_2、N_2，同时溶液中的氯化钠提供大量的Cl^-被氧化成Cl_2，Cl_2进入溶液后水解生成HC1O，加强了对氰化物的氧化作用；溶液中的金属离子在阴极得电子、析出金属。电化学处理氰化物废水的优点是占地面积小，污泥产量低，对络合金属氰化物能实现金属回收。但也存在一些缺点：电流效率低，能耗大，处理成本比使用漂白粉高，在处理过程中会产生催泪气体CNCl，处理废水难以达标排放。

（3）物理化学法

物理化学法包括离子交换法、气膜法、活性炭催化氧化法等。

①离子交换法

离子交换法对游离氰与络合氰都有很好的去除能力，通常先用碱性树脂去除氰络合物，然后再除去游离氰。离子交换法的优点是净化水质好、水质稳定，可以回收氰化物和重金属络合物。目前，国外用离子交换法处理含氰废水较为成熟，且处理效益好，但是我国在该工艺的应用方面还存在一定距离。南非和加拿大在氰化物废水处理过程中，采用IRA400型苯酸阴离子树脂能将氰化物含量降到0.1 mg/L。由于离子交换工艺复杂，操作难度大，树脂价格昂贵，树脂再生困难等问题，一直制约着该处理工艺的快速发展。此外离子交换树脂对不同种类的离子有不同的选择性，例如使用离子交换树脂法吸附含氰尾液之后残余氰化物浓度太高（一般≥15 mg/L），仍需要二次处理来达到排放标准，处理成本较高，因此对复杂的多离子体系要实现完全处理效果更困难。

②气膜法

美国明尼苏达大学Semmens M J教授于1987年将离子交换法与气态膜联合起

来组成气膜法处理氰化物。去除原理是先用离子交换树脂将氰化物进行富集，然后用盐酸进行洗脱，洗脱液流经中空纤维膜时，氰化氢通过膜渗透到另一边，被另一边膜的 NaOH 溶液所吸收，溶液中的 CN^- 实现不可逆转迁移，最终以 NaCN 形式回收。经过处理达标后的废水可再返回电镀车间作洗水，实现水的闭路循环及资源重复利用。气膜法具有以下优点：去除速度快、操作方便可行、反应能耗低、占地面积小，但目前该方法还仅仅处在实验室阶段，距离工程应用还有一段距离。

③活性炭催化氧化法

将活性炭的吸附特性和 Cu^{2+} 的催化特性结合起来实现含氰废水降解，这种处理方法是活性炭催化氧化法。在有溶解氧存在的条件下，该方法可以将氰化物氧化成低毒或无毒成分，最终达到去除污染物的目的。活性炭除氰需要经过吸附、氧化和水解 3 个步骤。活性炭较强的吸附性可以吸收含氰废水中的氧气和氰化物；聚集在活性炭表面上氧气和水生成过氧化氢（活性炭本身作催化剂），进而借助过氧化氢的强氧化性对氰化物进行氧化；若遇到废水中过氧化氢产量不足，则在活性炭表面上发生水解反应。活性炭对络合氰化物具有很强的吸附能力，同时对氧气也具有很高的吸附能力。吸附在活性炭表面上的活性氧将氰化物氧化成氰酸盐，进而氰酸盐水解成碳酸盐和铵。我国采用活性炭催化氧化法处理含氰废水的工业实验在黑龙江乌拉嘎金矿获得成功，并对废水中的黄金进行了回收。吸附－催化氧化法的特点为反应条件温和，操作安全可靠，实现深度净化，最终达到处理水回用目的。

（4）生物处理法

生物处理法是借助微生物的转化或吸附作用使水体中的氰化物得以去除，氰化物属于剧毒性物质，许多微生物（细菌、真菌或微藻）和植物能够降解氰化物使其成为低毒或无毒的环境友好型产物。例如某些特定微生物可以从氰化物废水中获取碳、氮等微生物生长所必需的养料，有的微生物甚至以氰化物作为唯一的碳源和氮源，既达到去除氰化物的目的又满足无二次污染环保的要求，已得到广泛应用。在生长代谢过程中微生物将氰化物转化为二氧化碳、氨类物质、甲酸或甲酰胺等，通过微生物的代谢最终使氰化物废水具有可生物降解性。Babu 等研究用恶臭假单胞菌来处理氰化物的问题，发现恶臭假单胞菌可利用氰化物作为碳氮源，转化其为无毒物质（氨和二氧化碳）。生物处理法一般适用于低浓度含氰废水，浓度小于几十毫克每升。氰化物生物去除方法与其相比，成本较低，二次污染的可能性小，避免了物理化学法产生的二次污染，已成为当今污水处理中的重要研究方向。但是氰化物生物降解的应用仅仅出现在由实验室富集培养或天然筛选得到的天然细菌中。在极端环境条件下（如 pH 较低或较高，存在其他污染物的毒害），各种废水中氰化物的生物去除效果并不稳定。氰化物以外的各种污染物能抑制微生物的生长，导致生物降解能力下降。

综上所述，各种氰化物去除技术各有其适用条件，具体处理技术的原理及优缺点详见表 3-5，在实际应用中宜结合废水的特性和经济条件采用不同的处理方法。

表 3-5　氰化物去除技术原理及优缺点

技术类别	处理技术	原理	优缺点
物理法	酸化释放-碱液吸收法	氰化物在酸性条件下，产生氢氰酸，挥发逸出的氰化氢用 NaOH 碱液吸收达到处理回收利用废水中氰离子的目的	具有药剂来源广，易实现自动化控制等优点。但 HCN 气体具有极强的腐蚀性，大多数设备需防腐
化学法	碱性氯化法	在碱性介质中，首先用含氯药剂使废水中的氰化物氧化为氰酸盐，氰酸盐再进一步被氧化成二氧化碳和氮	氯氧化法处理后，废水中含有余氯，设备腐蚀严重；但其投资少、易操作、处理效果好、污泥量少
	过氧化物法	H_2O_2 在碱性（pH 为 10～11）和 Cu^{2+} 作催化剂的条件下，将游离氰根氧化为氰酸盐，然后氰酸盐再水解成碳酸铵或碳酸氢铵	H_2O_2 氧化法操作简单、速度快、处理效果好、无二次污染；但 H_2O_2 价格过高和来源有限且只适合处理低浓度含氰废水限制其广泛应用
	臭氧氧化法	利用 O_3 发生器产生的 O_3，在碱性条件下，使氰化物硫氰酸盐氧化为无毒的 N_2	优点是污泥量少，工艺简单、方便。但成本昂贵，电耗高，设备复杂，维修困难
	电化学氧化法	以石墨为阳极，铁板为阴极，电解氰离子氧化成 CO_2 和 N_2 等物质，同时 Cl^- 被氧化成 Cl_2，Cl_2 进入溶液后生成 HClO	该法操作简单、安全、占地面积小、污泥量小；但电流效率低、电耗大、成本高而难以推广应用
物理化学法	离子交换法	用阴离子交换树脂吸附废水中以阴离子形式存在的各种氰络合物和硫氰化物阴离子	优点是处理后水质好且稳定，同时能回收氰化物；缺点是树脂昂贵，再生困难，操作复杂等
	气膜法	先用离子交换树脂将氰化物进行富集，再用盐酸进行洗脱，洗脱液流经中空纤维膜时，氰化氢通过膜渗透到另一边，被另一边膜的 NaOH 溶液吸收，溶液中的 CN^- 实现不可逆转迁移，最终以 NaCN 形式得到回收	优点是去除速度快、操作方便可行、反应能耗低、占地面积小；但目前该方法还仅处在实验室阶段，距离工程应用还有一段距离
	活性炭催化氧化法	用活性炭处理废水时，既存在活性炭的活性表面吸附氰化物的现象，同时还存在氰与吸附在活性炭上的氧发生的催化氧化反应	优点是工艺设备简单、投资少、易于操作、管理，处理成本较低；但活性炭再生频繁，再生效率低等问题还有待解决
生物处理法	生物处理法	借助微生物的转化或吸附作用使水体中的氰化物得以去除	优点是成本较低，二次污染的可能性小，避免了物理化学法产生的二次污染；但是在极端环境条件下其他污染物可能抑制微生物的生长，导致生物降解能力下降

3.2 重金属污染物

3.2.1 重金属概述

重金属元素通常是指密度>5 g/cm^{3}的金属元素，已知的天然金属元素中，有50余种为重金属，包括镉、铬、铅、汞、镍、硒、锌、铜、铝等元素。有的地区由于岩层、土壤或地下水中某种金属元素含量过高，对人体产生不良影响，导致在该地区地方病的发生。进入环境中的金属能够在环境中发生迁移、富集与转化。金属主要通过水在环境中迁移转运，也可以通过复杂的食物链（网）进行转移。

从人体生理影响的角度讲，金属可分为必需金属、可能必需金属和非必需金属。锌、铁、铜、钴、镁、锰、钼和硒等元素被认为是必需金属，因为它们在人体生化和生理过程中起着重要作用。镍和钒等元素被认为是可能必需金属，尚未知其是否为人类健康所必需，但在低暴露水平下可能会产生一些有益的影响。汞、镉、铬和铅等元素是非必需金属，没有已知的营养或有益影响，甚至在低浓度下也有危害。此外，必需金属和可能必需金属也能在高浓度下产生毒性作用。

从环境污染的角度来说，重金属主要是指汞、镉、铅、铬以及类金属砷等生物毒性显著的重金属，也包括有一定毒性的一般重金属（如锌、铜、钴、镍等）。重金属污染不同于有机物污染，后者在环境中可被微生物降解，或者通过化学反应而分解从环境中消除。水体之中重金属来源十分广泛，其主要来源可以分为两种：自然源和人为源。自然源是指经生物地球化学循环进入水体，包括岩石的自然风化和侵蚀、火山爆发、水动力、风暴、雨水淋洗、陆地径流、大气沉降等方式，这些自然禀赋的重金属构成水环境本底值，对水环境不构成威胁。人为源是指通过人类活动使得重金属进入水体，主要包括工业污染源、生活污染源、农业污染源，交通污染源等。其中工业污染源是重金属污染物的最主要来源，其次是农业污染源。值得注意的是，造成重金属污染的其他因素是一些并未进行科学处理的过期废旧蓄电池，其中含有大量的镉（Cd）、铅（Pb）等元素，使得水体受到严重污染。常见的污染源及相关的重金属污染物见表3-6。

表 3-6　工业污染源及相关的重金属污染物

行业类别	污染源	重金属污染物
工业	金属开采、冶炼	铅、锌、锰、镉
	纺织工业	锌、铝
	塑料工业	钴、铬、镉、汞、锰
	微电子业	铜、镍、镉、锌、锑
农业	农田化肥	镉残留
	有机肥	锌、铜、铬、铅残留

环境中金属的化学形态会发生转化，从而影响金属在环境中的迁移转化、毒性大小以及被人体吸收的可能性。例如，生物吸收水环境中的金属后可在体内发生甲基化反应，从而使无机汞转化为毒性较高的甲基汞。环境中即使浓度很低的重金属，经过食物链的逐级转移富集，以"植物－动物（肉、内脏、蛋、乳等）－人"的方式进入人体，增大了人体中毒的危险性。重金属污染物进入人体后不易排泄，逐渐蓄积，当超过人体的生理负荷时，就会引起生理功能改变，导致急、慢性或远期危害。同时，重金属对于水生动、植物的呼吸作用、光合作用等产生抑制作用。由于受重金属污染的水在颜色、气味等方面与正常水没有太大差别，难以引起人们警觉，容易引发重金属污染事故。

3.2.2　汞

3.2.2.1　汞的性质与污染的来源

汞（Hg）的原子序数为 80，相对原子质量为 200.59，能以金属单质形式存在，并且金属单质在室温下容易挥发。汞是人类发现和利用较早的几种金属之一，也是一种毒性较强的有色金属，常温下是银白色发光液体，故俗称为水银。汞的熔点为 -38.87℃，沸点为 356.95℃，常温下就会有汞蒸发。在常温下汞可与硫结合生成硫化汞，可大大降低汞的毒性。汞在自然界以金属汞、无机汞和有机汞的形式存在。有机汞的毒性较大，包括甲基汞、苯基汞和甲氧基乙基汞。无机汞在微生物的作用下会转化为有机汞。

汞在水体中存在的化学形式有 3 种。

（1）元素汞或金属汞，为液态又称水银，在室温下易挥发，是汞元素在大气中的主要存在形式，几乎不溶于水。

（2）二价无机汞（Hg^{2+}），易与许多阴离子形成汞盐，易于离子化，水溶性差。大气中的 Hg^{2+} 易与颗粒物和水结合。

（3）甲基汞是汞最重要的有机形式，环境中任何形式的汞（金属汞、无机汞、芳基汞等）均可转化为剧毒的甲基汞，称为汞的甲基化。甲基汞包括一甲基汞和二甲基汞。某些含有甲基钴氨素（甲基维生素 B_{12}）的微生物可将甲基转移给无机汞而形成甲基汞。一甲基汞（CH_3Hg^+）溶于水，并且由于共价键 C–Hg 的存在变得很稳定。二甲基汞［$(CH_3)_2Hg$］没有一甲基汞稳定，而且水溶性也比一甲基汞差，易挥发。

环境汞污染的来源有自然和人为两个方面。汞的自然来源比人为因素复杂，主要包括火山与地热活动，土壤、自然水体、植物表面的蒸腾作用，森林火灾岩石风化等。汞污染的人为来源主要有：①采矿、运输和加工含汞的矿石；②排放工业废水进入江河湖海，由电池制造业、控制设备业、纸浆造纸业、氯碱化工厂、汞合金和催化剂产生的汞废弃物污染相当严重；③燃料、纸和固体废物的燃烧，其中燃煤电厂是我国重要的人为汞排放源；④农业耕作中不合理地施用含汞肥料和农药，以及污水灌溉；⑤熔炉的排放；⑥实验室汞的排放。

3.2.2.2　汞在环境中的迁移转化与生物富集

汞的化合物溶解度很小，这种性质直接影响它在环境中的贮存形态和迁移转化规律。汞的天然来源为含汞原矿。在风化作用下，汞以固体微粒等形态进入环境。进入土壤中的汞可以被植物吸收，也可以挥发进入大气，还可以被降水冲入地表水和进入地下水中。大气中气态和颗粒态的汞随风飘散，又可沉降到地面或水体中。水体中的汞主要存在于沉积物中，且水中汞主要被悬浮物吸附，影响吸附的主要环境是 pH 及颗粒物含量。在河流底质中，汞主要与有机质的迁移转化相联系，悬浮态汞是汞迁移的主要形式。底泥中的汞可在微生物的作用下转化为甲基汞。甲基汞可溶于水，因此又从底泥回到水中。环境中汞在大气、土壤、水之间就是这样不断迁移和转化的。

自然界的水和底泥中的汞浓度很低，不足以直接对人体造成危害。但水生生物会直接从水体吸收和富集甲基汞化合物，同时还可以通过食物链转移和富集，从而大大提高了汞对人类健康的危害。甲基汞脂溶性较强，鱼体富含脂肪，故汞能被鱼吸收并蓄积起来，而汞的转化和排出又很缓慢，使它能长期保存在鱼体中，使鱼体内甲基汞的浓度随年龄和体重的增加而增大。

3.2.2.3　汞污染的危害

汞对人体健康的危害与汞的化学形态、环境条件和侵入人体的途径、方式有关。金属汞蒸气有高度的扩散性和较大的脂溶性，侵入呼吸道后可被肺泡完全吸收并经血液运至全身。血液中的金属汞，可通过血脑屏障进入脑组织，然后在脑组织

中被氧化成汞离子。由于汞离子较难通过血脑屏障返回血液，因而逐渐蓄积在脑组织中，损害脑组织。在其他组织中的金属汞，也可能被氧化成离子状态，并转移到肾中蓄积起来。金属汞慢性中毒的临床表现主要有神经性症状，有头痛、头晕、肢体麻木和疼痛、肌肉震颤、运动失调等。大量吸入汞蒸气会出现急性汞中毒，其症候为肝炎、肾炎、蛋白尿、血尿和尿毒症等。急性中毒常见于生产环境，一般生活环境很少见。金属汞被消化道吸收的数量甚微。通过食物和饮水摄入的金属汞，一般不会引起中毒。

无机汞化合物分为可溶性和难溶性两类。难溶性无机汞化合物在水中易沉降。悬浮于水中的难溶性汞化合物，虽可经人口进入胃肠道，但因其难以吸收，不会对人体产生危害。可溶性汞化合物在胃肠道吸收率也很低，汞离子与体内的巯基有很强的亲和性，故能与体内含巯基最多的物质如蛋白质和参与体内物质代谢的重要酶类（如细胞色素氧化酶、琥珀酸脱氢酶和乳酸脱氢酶等）相结合。汞与酶中的巯基结合，能使酶失去活性，危害人体健康。体内的汞主要经肾脏和肠道随尿液、粪便排出，故尿汞检查对诊断汞中毒有重要参考价值。

甲基汞主要是通过食物进入人体，在人体肠道内极易被吸收并输送到全身各器官，尤其是肝和肾，其中只有15%到脑组织。但首先受甲基汞损害的是脑组织，主要部位为大脑皮层和小脑，故有向心性视野缩小、运动失调、肢端感觉障碍等临床表现。

由于汞的毒性强，产生中毒的剂量就小，因此我国饮水、农田灌溉，都要求汞的含量不得超过0.001 mg/L，渔业用水要求汞不得超过0.005 mg/L。

3.2.2.4 汞污染的案例

汞中毒，通常又叫“水俣病”。1956年，日本水俣湾附近发现了一种奇怪的病。这种病症最初出现在猫身上，被称为“猫舞蹈症”。病猫步态不稳，抽搐、麻痹，甚至跳海死去，被称为“自杀猫”。随后不久，当地也发现了患这种病症的人。患者由于脑中枢神经和末梢神经被侵害，症状类似。当时这种病由于病因不明而被叫作怪病。这种怪病就是当时轰动世界的水俣病，是最早出现的由于工业废水排放污染造成的公害病。

水俣病的罪魁祸首是当时处于世界化学工业尖端技术的氮生产企业。氮用于肥皂、化学调味料等日用品以及醋酸（CH_3COOH）、硫酸（H_2SO_4）等工业用品的制造。日本的氮产业始创于1906年，其后由于化学肥料的大量使用而使化肥制造业飞速发展，甚至有人说“氮的历史就是日本化学工业的历史”，日本的经济成长是“在以氮为首的化学工业的支撑下完成的”。然而，这个“先驱产业”肆意地发展，给当地居民及其生存环境带来了无尽的灾难。

氯乙烯和醋酸乙烯在制造过程中要使用含汞（Hg）的催化剂，这使排放的废水含有大量的汞。当汞在水中被水生生物食用后，会转化成甲基汞（CH_3Hg）。这种剧毒物质只要有挖耳勺的一半大小就可以致人于死命。水俣湾由于常年的工业废水排放而被严重污染了，水俣湾里的鱼虾类也由此被污染了。这些被污染的鱼虾通过食物链又进入了动物和人类的体内。甲基汞通过鱼虾进入人体，被肠胃吸收，侵害脑部和身体其他部分。进入脑部的甲基汞会使脑萎缩，侵害神经细胞，破坏掌握身体平衡的小脑和知觉系统。据统计，有数十万人食用了水俣湾中被甲基汞污染的鱼虾。更可悲的是，由于甲基汞污染，水俣湾的鱼虾不能再捕捞食用，当地渔民的生活失去了依赖，很多家庭陷于贫困之中。

3.2.3 铅

3.2.3.1 铅的性质与污染的来源

铅（Pb）在室温下为一种软的灰色金属，呈固态。在加热到400～500℃时会有铅蒸气逸出形成铅烟，在用铅锭制造铅粉和极板的过程中都会有铅尘散发污染空气，当空气中铅烟尘达到一定浓度时对人体是有害的。在形成无机化合物时，铅的一般化合价是二价；形成共价化合物时，铅也可以以四价铅的形式存在。

环境中的铅主要有两个方面的来源，一是自然来源，二是非自然来源。自然来源是指火山爆发、森林火灾等自然现象释放到环境中的铅。非自然来源是指人类活动，主要是指工业和交通等方面的铅排放。铅的人为排放是造成当今世界铅污染的主要原因。

水环境中的铅少部分源于天然含铅矿物的溶出，大部分来自含铅矿山、含铅化合物冶炼和生产工厂及企业排放的废水。汽车废气的排放是空气铅污染的主要来源，科学研究表明，现在空气中90%以上的铅污染来自含铅汽油的燃烧，原因是汽油中往往会加入四乙基铅作为防爆剂，汽油在燃烧的过程中四乙基铅被氧化成铅和氧化铅。因而汽车废气可以说是空气中铅污染的主要来源。燃煤所产生的工业废气是空气中铅污染的另外一个来源，煤炭在燃烧的过程中，能够产生1/5的煤灰，这些煤灰之中有30%能够在空气中形成铅尘，飘尘中的铅一般能够达到110 ppm。

除了汽车尾气、工业废气，在采矿、冶炼、铅工艺加工、铅蓄电池制造、铅管制造、化学电极生产、建筑材料生产、放射性物质生产、含铅电子产品、陶瓷生产、石油化工等多种工业工艺中均能够产生铅污染物。铅在生产和使用过程中会逸出烟尘进入环境中，从而污染大气层，在大气层中平均滞留10 d，然后沉积于尘埃、农作物和水体中。泥土中的铅可能会被植物（如谷类和蔬菜）吸收，而空气中的铅粒子也可能会积聚在植物叶子和茎秆的表面；食用水产品，尤其是贝类，会从

受污染的水和沉积物中积聚铅。自来水的铅基本上源于家用饮用水管道系统，包括含铅的水管、配件、连接设备、焊料等。水环境中的铅很难被降解，最终会以一种或多种形态长期存留在水体中，造成永久性的潜在危害。

3.2.3.2 铅污染的危害

铅是已知毒性较大、累积性也较强的重金属之一，若长期蓄积于人体，将严重危害神经、造血系统及消化系统。经饮水、食物进入消化道的铅，有 5%～10% 被人体吸收。通过呼吸道吸入肺部的铅，其吸收沉积率为 30%～50%。侵入体内的铅有 90%～95% 形成难溶性的磷酸铅［$Pb_3(PO_4)_2$］，沉积于骨骼，其余则通过排泄系统排出体外。人体内血铅和尿铅的含量能反映出体内对铅的吸收情况。血铅含量大于 80 μg/100 mL（正常应小于 40 μg/100 mL）和尿铅含量大于 80 μg /L（正常应小于 50 μg/L）时，即认为体内铅吸收过量。蓄积在骨骼中的铅，当遇上过劳、外伤、感染发烧、患传染病、缺钙或食入酸碱性药物，使血液酸碱平衡改变时，铅会再变为可溶性磷酸氢铅（$PbHPO_4$）进入血流，引起内源性铅中毒。铅主要是损害骨髓造血系统和神经系统，对男性的生殖腺也有一定的损害。对造血系统主要是引起贫血，这是因为铅干扰血红素的合成而造成的。铅会引起贫血的另一个原因是溶血。正常的红细胞膜上有一种三磷酸腺苷酶。这种酶能控制红细胞膜内外的钾、钠离子和水分的分布。当这种酶被铅抑制，红细胞膜内外的钾、钠离子和水分的分布便失去控制，使红细胞内的钾离子和水分脱失而导致溶血。

铅对神经系统的损害是引起末梢神经炎，出现运动和感觉障碍。此外铅随血流入脑组织，损害小脑和大脑皮质细胞，干扰代谢活动，使营养物质和氧气供应不足，引起脑内小毛细血管内皮细胞肿胀，进而发展成为弥漫性的脑损伤。经常接触低浓度铅的人，当血铅含量达到 0.6～0.8 μg/mL 时，就会出现头痛、头晕、疲乏、记忆力减退和失眠，常伴有食欲不振、便秘、腹痛等消化系统的症状。

铅还能透过母体胎盘，侵入胎儿体内和脑组织。幼儿大脑对铅污染比成年人敏感。儿童对铅的吸收率一般是成人的 5～7 倍，但其排铅能力不到成人的 1/3。大气中的铅对儿童的智力发育和行为会有不良影响。最新的医学研究成果显示，儿童体内血铅含量超过了 0.5 μg/mL 的时候，会出现智能发育障碍和行为异常。铅对儿童骨骼的生长发育也能造成损害，例如能使长干骨骺端钙化带密度增强、宽度加大和骨骺线变窄等。

3.2.3.3 铅污染的案例

我国是世界上最大的精炼铅消费国，其中 70% 用于制造电池。从近几年媒体曝光的血铅事件来看，可以发现全国有几个事故多发地区，如河南济源、湖南郴州、浙江台州等地。这些地方之所以频频发生铅污染事件，与这几个地方铅冶炼、铅开采、铅蓄电池生产的企业较多存在相关性。

河南济源的铅冶炼业比较发达，20世纪50年代，济源的铅冶炼工业就成为当地的支柱产业，几十年来随着科技的发展，冶炼技术的进步，铅冶炼企业的生产规模也不断扩大，尤其是从20世纪90年代以来采用的烧结锅工艺造成大量的铅排放，以及在生产过程中对废渣处理不当，导致含铅的重金属及其氧化物在周边土壤、水体中沉积，从而对人体及环境造成了影响。

湖南郴州是我国著名的稀有矿产资源所在地，其铅、锌含量位居全国前列，长期以来的稀有金属的开采，为郴州市的GDP发展做出了巨大的贡献，同时也带来了严重的环境污染。2010—2013年连续4年发生了多起铅污染事件，血铅超标儿童的数量越来越多。

浙江省是铅污染的重灾区，这里有很多小型电池制造厂和其他需要用铅的小企业。浙江台州是著名的铅蓄电池之乡，有各类铅蓄电池生产企业300多家，从2010年起发生了多起铅污染事件。2012年3月，浙江省台州市路桥区峰江街道上陶村部分村民陆续发现血铅超标，引起社会关注。到6月，上陶村等3个村庄共检测597人，血铅超标168人，其中儿童53人。这起事故发生的原因是肇事企业的生产厂区与居民区仅一墙之隔。企业投产前，虽然制订了附近居民的搬迁计划，但企业投产了，居民的搬迁计划却没有落实。

由此可见，在铅冶炼、开采等涉铅企业较为集中的地方，是铅污染的高发区域，虽然上述三地近几年来陆续关闭了多家涉铅企业，对铅开采的矿山也进行了相关的整治，但这些行动并非是治本之策。在铅污染防治的过程中，我们不仅要关注企业的“三废”排放以及对环境造成危害的治理，根本出路还是转变经济发展方式，实现产业的改造与升级。

3.2.4 铬

3.2.4.1 铬的性质与污染的来源

铬（Cr）为银白色金属，质硬而脆，密度7.20 g/cm^3。金属铬在酸中一般以表面钝化为特征，具有很高的耐腐蚀性，在空气中，即便是在赤热的状态下，氧化也很慢。一旦去钝化后，即易溶解于大部分的无机酸中，但不溶于硝酸。铬有二价、三价和六价三种化合物。二价铬不稳定，易氧化。三价铬是最稳定的氧化态，是人体必需的微量元素，常见于生物系统中，是体内葡萄糖耐量因子的活性部分。六价铬化合物是强氧化剂，对生物和人体有毒性作用。在厌氧条件下，在热和化学还原物的作用下，或在酸性溶液中，六价铬也可被还原成三价铬。

铬广泛存在于自然环境中，有铬铁矿、铬铅矿和硫酸铬矿。铬的天然来源主要是岩石风化，且大多为三价铬。铬污染主要来自工业生产过程，铬多用于金属加工、电镀、皮革、制药、研磨剂、防腐剂、染料、媒染剂、颜料以及合成催化剂等工业生产过程。为了防止工业生产过程中循环水对设备的腐蚀，常要加入铬酸盐。工业部门排放的废水和废气，是环境中铬的人为来源。工业废水中的铬主要是三价化合物，冶金、水泥生产、煤和石油燃烧的废气中，含有颗粒态的铬。由于排放到自然环境中的三价铬有可能会转变成毒性更强的六价铬，所以对污染物排放有严格的指标控制标准。

3.2.4.2 铬污染的危害

（1）对人体的危害

超量的三价铬和六价铬对人体健康都有害，被怀疑有致癌作用。铬吸收后可影响体内氧化、还原和水解过程，并可使蛋白质变性，使核酸、核蛋白沉淀，干扰酶系统。例如，六价铬或其在体内的代谢中间产物能与核酸、核蛋白结合，使遗传密码发生改变，引起细胞突变乃至癌变。

三价铬参与正常糖代谢，有激活胰岛素的作用，是生物必需的微量元素。三价铬在胃肠内不易吸收，故毒性不大。六价铬化合物容易被吸收，且有强氧化性，一方面可以氧化生物大分子（DNA、RNA、蛋白质、酶）和其他生物分子（如使维生素 C 氧化），使生物分子受到损伤；另一方面在六价铬还原为三价铬的过程中，对细胞具有刺激性和腐蚀性，导致皮炎和溃疡发生。六价铬的毒性比三价铬要高 100 倍，而且可在体内蓄积，是强致突变物质，可诱发肺癌和鼻咽癌。

（2）对环境的危害

三价铬和六价铬对水生生物都有致死作用。水体中的三价铬主要被吸附在固体物质上而存在于沉积物中，六价铬则多溶于水中。六价铬在水体中是稳定的，但在厌氧条件下可还原为三价铬。三价铬的盐类可在中性或弱碱性溶液中水解，生成不溶于水的氢氧化铬而沉入水底。天然水中一般仅含微量的铬，通过河流输送入海，沉于海底。海水中的铬含量不到 1 μg/L。据试验，水中含铬在 1 mg/L 时可刺激作物生长，1～10 mg/L 时会使作物生长减缓，到 100 mg/L 时则几乎使作物完全停止生长，濒于死亡。废水中含有铬化合物，会降低废水生化处理效率。

3.2.5 镉

3.2.5.1 镉的性质与污染的来源

镉（Cd）为银白色金属，略带淡蓝光泽。相对原子质量为 112.4，相对密度为

8.65 g/cm^3，熔点 320.9℃，沸点 767℃。镉蒸气有毒，在空气中可氧化生成氧化镉。在各种镉化合物中，氧化镉的毒性最大。镉主要以正二价形式存在，有时可见正一价。镉化合物在酸性溶液中易溶解，而在碱性溶液中可形成沉淀。金属镉、氧化镉和氢氧化镉难溶于水；硝酸镉、卤化镉（除氟化镉外）及硫酸镉均溶于水。镉是对人体有害的元素，在自然界中常以化合物状态存在，一般含量很低，正常环境状态下，不会影响人体健康。环境中镉污染的最主要来源是有色金属矿产开发和冶炼排出的废气、废水和废渣。

20 世纪初发现镉以来，镉的产量逐年增加。镉广泛应用于电镀工业、化工业、电子业和核工业等领域。镉是炼锌业的副产品，主要用在电池、染料或塑胶稳定剂上，它比其他重金属更容易被农作物所吸附。相当数量的镉通过废气、废水、废渣排入环境，造成污染。煤和石油燃烧排出的烟气也是镉污染源之一，含镉肥料的施用也存在镉污染问题。此外，镉在雷达、电视机荧光屏、半导体元件、塑料、枪械弹药、照相材料、化肥、杀虫剂、电镀、制造合金、焊料、颜料、电池等生产中被用作原料或催化剂，其在生产过程中可向环境排放含镉废物。水体中镉的污染主要来自地表径流和工业废水。用硫铁矿石制取硫酸和由磷矿石制取磷肥时排出的废水中含镉较高，每升废水含镉可达数十至数百微克，大气中的铅锌矿以及有色金属冶炼、燃烧、塑料制品的焚烧形成的镉颗粒都可能进入水中；用镉作原料的触媒、颜料、塑料稳定剂、合成橡胶硫化剂、杀菌剂等排放的镉也会对水体造成污染，在城市用水过程中，往往由于容器和管道的污染也可使饮用水中镉含量增加。工业废水的排放使近海海水和浮游生物体内的镉含量高于远海，工业区地表水的镉含量高于非工业区。

3.2.5.2 镉污染的危害

环境受到镉污染后，镉可在生物体内富集，通过食物链富集在其他生物体内，继而通过食物、水或者其他途径进入人体，当镉的浓度达到一定程度时，就会发生镉中毒。长期饮用受镉污染的自来水或地表水，并用受镉污染的水进行灌溉（特别是稻谷），会致使镉在体内蓄积，身体积聚过量的镉会损坏肾小管功能，造成体内蛋白质从尿液中流失，久而久之形成软骨症和自发性骨折。

进入人体的镉，在体内形成镉硫蛋白，通过血液到达全身，并有选择性地蓄积于肾、肝中。肾脏可蓄积吸收量的 1/3，是镉中毒的靶器官，慢性镉中毒主要影响肾脏，最典型的例子是日本著名的公害病——痛痛病。1930—1960 年，日本富山县神通川流域部分被镉污染，事源炼锌厂排放的含镉废水污染了周围的耕地和水源。人们吃了受采矿熔炼废物中镉污染的大米而导致镉中毒。病人表现出来症状包括严重肾功能下降、软骨化、骨痛，骨组织破坏并伴随严重的疼痛，所以又名为

痛痛病。慢性镉中毒还可引起贫血。急性镉中毒，大多是由于在生产环境中一次吸入或摄入大量镉化物引起的。大剂量的镉是一种强的局部刺激剂。含镉气体通过呼吸道会引起呼吸道刺激症状，如出现肺炎、肺水肿、呼吸困难等；镉从消化道进入人体，则会出现呕吐、胃肠痉挛、腹疼、腹泻等症状，甚至可因肝肾综合征死亡。

3.2.6 砷

3.2.6.1 砷的性质与污染的来源

砷（As）属于类金属，具有两性元素的性质。金属砷的相对密度为5.727 g/cm^3，熔点814℃，升华温度为615℃，不溶于水，可溶于硝酸和王水形成亚砷酸或砷酸。砷的主要矿物有砷硫铁矿、雌黄和砷石等，但多伴生于铜、铅、锌等的硫化物矿中。自然界的砷多为五价，污染环境的砷多为三价的无机化合物，动物体内的砷多为有机砷化合物。

未被污染河流底泥及水体中可溶性砷的含量约为5～40 mg/kg和0.1～0.8 μg/L，砷污染的主要来源：①砷化物的开采和冶炼；②在某些有色金属的开发和冶炼中，常常有或多或少的砷化物排出，污染周围环境；③砷化物的广泛利用，如含砷农药的生产和使用，又如作为玻璃、木材、纺织、化工、陶器、颜料、化肥等工业的原材料，均增加了环境中的砷污染量；④煤的燃烧，可致不同程度的砷污染。此外，地热发电厂的废水也含有砷。

3.2.6.2 砷污染的危害

砷元素以其氧化物三氧化二砷即砒霜被人们所熟知，被认为是主要的环境致死、致癌物之一。世界卫生组织建议饮用水的砷浓度控制在10 μg/L以下。目前，全球约有一亿人处在砷污染的风险之下，砷污染逐渐成为严重的环境和公共健康问题。砷污染仅次于致病微生物，是全球第二大水健康危害因素。

砷污染可视情况引起急性、亚急性和慢性砷中毒，急性中毒多为误服或使用含砷农药或大量含砷废水污染饮用水所致。环境砷污染引起的慢性中毒病例最多，长期持续摄入低剂量的砷化合物，可经过数月乃至数年、十几年的砷蓄积而发生疾病，例如，我国台湾省西南沿海地区慢性砷中毒引起的乌脚病。慢性砷中毒主要有以下症状和体征：患者表现为无力、厌食、恶心，有时呕吐、腹泻等；随后发生结膜炎、上呼吸道炎，且常有鼻中隔穿孔等症状；皮肤色素沉着、皮肤过度角化，皮肤角质增生变厚、干燥、皲裂；指甲失去光泽，脆而薄，头发也变脆、易脱落。此外，慢性砷中毒还可引起肝、肾的损害，血清丙酮酸和巯基含量降低等生理生化改变。砷化物还伴随有致癌作用，并具有潜伏期较长的远期效应。砷除了可引起皮肤癌及肺癌，还可引起肝、食管、肠、肾、膀胱等内脏肿瘤和白血病。此外，污水中砷浓度如大于 1 mg /L，会影响污水处理工程的净化效率。

3.2.6.3 砷污染的案例

孟加拉国的砷污染被世界卫生组织称为“历史上一国人口遭遇到的最大的群体中毒事件”。据报道，2009 年 11 月孟加拉国可能有 200 万人集体砷中毒，造成多人丧命，堪称人类史上最大的中毒案。孟加拉国挖掘许多池塘作为养殖鱼类与储水灌溉用，科学家发现，这些池塘是居民集体砷中毒的罪魁祸首。孟加拉国当局挖掘这些池塘，并以挖出的泥土防洪。据孟加拉国政府估计，大约有 3 000 万人饮用含砷量超过 50 ug/L 的水源。政府根据的实地调查结果估计，每 10 万口管井中有 40%～50% 受到砷污染，有些乡镇的这一数据甚至高达 80%～100%。问题是，原本未受污染的一些管井仍在不断遭受污染。孟加拉国砷浓度最高的井水约有 50 年历史，同时砷一旦经过微生物新陈代谢，会让砷从沉积物释放出来，且很快就能从地表渗入地下。在孟加拉国，几乎所有人都知道很多管井受到了污染，但他们仍然继续饮用这些井水。政府官员无奈地说：“早些时候，在确定一口管井受到砷污染后，我们会在它周围涂上红色，并告诉人们不要饮用，但并未对它进行封锁。后来，由于没有其他水源，人们只好又开始饮用。由于砷无色无味，而且不会引起像发烧或疼痛那样的急性症状，所以人们仍然继续饮用。”

3.2.7 铝

3.2.7.1 铝的性质与污染的来源

铝（Al）元素在地壳中的含量仅次于氧和硅，居第三位，是地壳中含量最丰富的金属。铝是一种轻金属，纯净的铝为银白色，具有良好的延展性、导电性、导热性、耐热性和耐核辐射性，是国民经济发展的重要基础原材料。纯铝较软，在 300℃左右失去抗张强度。铝在空气中易与氧气化合，在表面生成一种致密的氧化物薄膜（氧化铝 Al_2O_3），所以通常略显银灰色。铝在自然界中主要的存在形式和最有工业价值的矿物是铝土矿，它是一种含有杂质的水合氧化铝矿（$Al_2Q_3 \cdot xH_2O$）。铝能够与稀的强酸进行反应，生成氢气和相应的铝盐。与一般的金属不同的是，它也可以和强碱进行反应，形成偏铝酸盐和氢气。因此，铝是一种两性金属。

在土壤中铝多以硅铝酸盐的形式存在，近年来由于酸雨、酸雾的频繁降落，加上酸性化肥的施用，使土壤过度酸化，并使大量的 Al^{3+} 释放出来。铝进入人体的渠道包括含铝净水剂的使用、含铝膨松剂的作用、铝制炊具的不当使用、饮茶及含铝

药剂的使用等。

3.2.7.2 铝污染的危害

（1）铝对植物的危害

可溶性铝对植物毒性较大，产生危害的初始质量浓度一般为 1 mg/L，1 mg/L 的可溶性铝可抑制蚕豆、豌豆、葱的生长，并使小麦、大麦、高粱的根、茎、穗受到危害；25 mg/L 的可溶性铝可严重影响燕麦的生长，故使用含铝废水灌溉农田及施用污泥改良的含铝农肥是不合适的；一般规定，灌溉水和改良水中的铝化合物最高允许质量浓度为 1 mg/L。

（2）铝对水生生物的危害

水生生物因其所处环境特殊，铝毒的程度完全依赖于地表水体中活性铝的浓度。由于 $Al(OH)_3$ 的不溶性，天然水中 Al^{3+} 浓度很低。又由于 $Al(OH)_3$ 是两性物质，酸雨的降落或酸性废水的排出，会使 $Al(OH)_3$ 溶解，Al^{3+} 浓度溶出。另外，酸雨和酸性排水可以使碳酸钙转化为可溶性的碳酸氢根离子（HCO_3^-），碳酸氢根离子也可以使氢氧化铝沉淀中的 Al^{3+} 溶出，从而进入表层水中，其反应方程式如下：

$$Al(OH)_3+3HCO_3^- = Al^{3+}+3CO_3^{2-}+3H_2O \tag{3-10}$$

铝对水生生物的最大毒性是当 pH 为 5 左右时，以氢氧化铝的形态沉积在鱼鳃里，中毒的过程是鱼鳃遭到破坏，很难将氧送到血液之中，并使鱼体内的含盐浓度失调导致死亡。水中铝浓度的增加会导致水体中有机物的凝聚作用增加，使有机物浓度减少，同时还将水体中可溶性磷沉淀为 $AlPO_4$，对水生动物的生命带来极大的威胁。

（3）铝对人体健康的危害

近年来医学界发现过量铝对人体健康会造成种种危害，能引起痴呆、骨痛、非缺铁性贫血、肾功能降低、胃液分泌减少等多种疾病。对脑组织及智力的损害尤其引人注目。铝在人体内还干扰磷的代谢，磷在生物体内起着举足轻重的作用，磷的缺少会引起机体的代谢紊乱，也会影响机体对钙的吸收，造成机体脱钙现象，最终导致骨软化及骨萎缩甚至发生骨折。另外，Al^{3+} 能取代重要酶及生物分子上的 Mg^{2+}，这将引起机体代谢的不平衡，造成神经系统等各方面的疾患。

3.2.8 锌

3.2.8.1 锌的性质与污染的来源

锌（Zn）是自然界中分布较广的金属元素，主要以硫化锌、氧化锌状态存在。锌与很多元素（如铅、铜、镉）的矿物共生。锌是动、植物所必需的营养元素，是大多数酶的必要成分。标准人体（体重 70 kg）含锌 2 300 mg，平均浓度为 33×10^{-6}，其中以肝、肌、骨骼含锌量为最高。在血液中锌是血清、红细胞、白细胞的固有成分。锌化合物在机器制造工业中用于金属电镀，在木材加工中用于木材防腐，在油漆工业中用于生产锌颜料、白色涂料和白色立德粉颜料。锌化合物还用于纺织工业、化学制药和造纸工业。

锌不溶于水，但是锌盐（如氯化锌、硫酸锌、硝酸锌等）则易溶于水，而碳酸锌和氧化锌不溶于水。全世界每年通过河流输入海洋的锌约为 393 万 t。由采矿场、选矿厂、合金厂、冶金联合企业、机器制造厂、镀锌厂、仪器仪表厂、有机合成工厂和造纸厂等排放的工业废水中含有大量锌化合物。废水中常见锌离子和锌的羟基络合物。氢氧化锌沉淀的最适 pH 为 9～10，当 pH 升高时，沉淀物将重新溶解。

3.2.8.2 锌污染的危害

金属锌本身无毒，但是环境中过量的锌离子或含锌络离子会对人体健康、水生生物和植物等造成危害。我国规定生活饮用水的锌含量不得超过 1.0 mg/L，渔业用水中锌的最高容许浓度为 0.1 mg/L，工业废水中锌及锌化合物的最高排放浓度为 5.0 mg/L。

（1）对人体的危害

过高含量的锌会引发锌中毒，主要表现为神经症状睁眼昏迷。同时，人体内锌含量过高会引起高血压，对于新生儿会造成无脑畸形和脊柱裂。摄入大量的氯化锌会导致急性肺水肿或死亡。

（2）对水生生物的危害

锌离子对水生生物的毒性最大，也十分容易在其体内富集，对鱼类和其他水生生物的毒性比对人和温血动物大许多倍。吴丰昌等对锌的毒性特征开展了深入研究，结果表明，不同水生生物对锌毒性的敏感性排序为甲壳类＞其他类＞鱼类＞两栖类，基于物种敏感性不同，得出保护鱼类、甲壳类和其他无脊椎动物的急性生物基准值分别为 298.9 μg/L、67.3 μg/L 和 76.9 μg/L；慢性生物基准值分别为 36.9 μg/L、12.9 μg /L 和 14.8 μg/L。

（3）对植物的危害

锌以 Zn^{2+} 形态进入土壤溶液中，可能成为一价络离子 $Zn(OH)^{+}$、$ZnCl^{+}$、$Zn(NO_3)^{+}$ 等，也可能形成氢氧化物、碳酸盐、磷酸盐、硫酸盐和硫化物沉淀。锌离子和含锌络离子参与土壤中的代换反应，常有吸附固定现象。在一些因素的影响下，锌离子浓度过高会对水稻的生长产生抑制作用，严重会引起水稻的死亡。锌离子对小青菜叶绿素含量的抑制作用最强，会使叶片黄化，阻碍其光合作用；同时

也会伤害植物的根尖，使其侧枝发育不良，还会造成植株矮小。用含锌污水灌溉农田对农作物特别是小麦影响较大，会造成小麦出苗不齐，分蘖少，植株矮小、叶片萎黄。锌在土壤中的富集，必然导致在植物体内的富集，这种富集不仅对植物，而且对食用这种植物的人和动物都有危害。过量的锌还会使土壤酶失去活性，细菌数目减少，土壤中的微生物作用减弱。

3.2.9 铜

3.2.9.1 铜的性质与污染的来源

铜（Cu）的化合物以一价或二价状态存在。在天然水中，溶解的铜量随 pH 的升高而降低。pH 小于 7 时，以碱式碳酸铜［$Cu_2(OH)_2CO_3$］的溶解度为最大；pH 大于 7 时，以氧化铜（CuO）的溶解度为最大。水体中固体物质对铜的吸附，可使溶解铜减少，而某些络合配位体的存在，则可使溶解铜增多。世界各地天然水样品铜含量实测的结果是，淡水平均含铜约 3 μg/L，海水平均含铜 0.25 μg/L。在冶炼、金属加工、机器制造、有机合成及其他工业的废水中都含有铜，其中以金属加工、电镀工厂所排废水含铜量最高，每升废水含铜几十至几百毫克。

3.2.9.2 铜污染的危害

含铜废水排入水体，会影响水的质量。水中铜含量达 0.01 mg/L 时，对水体自净有明显的抑制作用；超过 3.0 mg/L 会产生异味；超过 15 mg/L 就无法饮用。若用含铜废水灌溉农田，铜在土壤和农作物中累积，会造成农作物特别是水稻和大麦生长不良，并会污染粮食籽粒。灌溉水中硫酸铜对水稻危害的临界浓度为 0.6 mg/L。铜对水生生物的毒性很大，有人认为铜对鱼类毒性浓度始于 0.002 mg/L，但一般认为水体含铜 0.01 mg/L 对鱼类是安全的。在一些小河中，曾发生铜污染引起水生生物的急性中毒事件；在海岸和港湾地区，曾发生铜污染引起牡蛎肉变绿的事件。水生生物可以富集铜，通过食物链的富集，最终使大量铜进入人体；农作物可通过根吸收土壤中的铜，其中一部分也可经食物进入人体。当铜在体内蓄积到一定程度后即可对人体健康产生危害，人食用含铜较高的农作物以后可能对身体造成危害，引起呕吐、腹痛、肝硬化、肝豆状核变性等。

3.2.10 锰

3.2.10.1 锰的性质与污染的来源

锰（Mn）是一种灰白色、硬脆、有光泽的过渡金属，纯净的金属锰是比铁稍软的金属，含少量杂质的锰坚而脆，潮湿处会氧化。锰在地壳中的平均丰度为950 ppm，是微量元素中丰度最大的。锰广泛存在于自然界中，土壤中含锰0.25%，茶叶、小麦及硬壳果实含锰较多。锰在钢铁工业中主要用于钢的脱硫和脱氧；也用作为合金的添加料，以提高钢的强度、硬度、弹性极限、耐磨性和耐腐蚀性等；在高合金钢中，用于炼制不锈钢、特殊合金钢、不锈钢焊条等。此外，二氧化锰又用于制造干电池的去极剂。在生产玻璃着色剂、染料、油漆、颜料、火柴、肥皂、人造橡胶、塑料、农药等工业中也用锰及其化合物作原料。锰的天然风化量每年380万t，从河流流向海洋输送量为30万t。全世界每年锰的开采量达2 460万t，大于天然循环量。

锰污染是人类生产活动中排放的含锰物质对环境造成的污染，主要污染物是锰的采矿场、冶炼厂、以锰为生产原料的工厂所排放的废水、废气和废渣等。

3.2.10.2 锰污染的危害

锰是人体必需的营养元素。人每公斤体重平均含锰为0.2 mg。正常人每日从食物和水中摄取锰3～10 mg。我国规定生活饮用水中锰的含量不得超过0.1 mg/L。

水中的二价锰对人、畜和水生生物的毒性很小。例如对于水生生物的异脚目，锰的毒性浓度为15 mg/L，对鲤鱼为600 mg/L。锰对丝鱼的致死浓度为40 mg/L，对溞类为50 mg/L。低浓度的锰会影响水的色、臭、味性状，锰浓度为0.15 mg/L时，水出现浑浊；锰浓度为0.5 mg/L时，水有金属味；氯化锰浓度为1.0 mg/L和硫酸锰浓度为4 mg/L时，水便有感觉出味强度为1级的异味。二氧化锰可使水染成红色，吸着在工业品上，会产生难看的斑点。因此多种工业用水对锰含量提出了相当严格的要求。例如，美国规定纺织品染色、纤维造纸、照相业用水中锰的最大容许浓度为0.01 mg/L；透明胶和黏胶制品生产用水为0.02 mg/L；高级纸张生产用水为0.05 mg/L；啤酒酿造、木质纸浆、牛皮纸、漂白纸和主要纺织工业用水为0.10 mg/L；若干种食品工业用水为0.2 mg/L。地表水中锰的含量不高，为0.02～130 μg/L，平均为8 μg/L。主要由地下水补给的河流的水和湖泊底部的湖水，由于缺氧而还原性增强，二氧化锰还原为易溶解的二价锰。在二价锰重新被空气氧化而生成水合氧化锰沉淀以前，水体中锰含量可达到100 mg/L，甚至更高。

锰对植物的毒害发生于二价锰水平较高的土壤中，主要是强酸性土壤、淹水的或夯实的土壤中及锰矿地带；长期大量施用磷酸铵和过磷酸钙等肥料会使土壤酸化，也易产生此种毒害。植物锰中毒的一般症状是：根系变褐、根尖损伤、新根少；叶片出现褐色斑点，叶缘白化或变成紫色，幼叶卷曲等。不同植物锰中毒的表现症状不同，水稻叶色黄化，下部叶片、叶鞘出现褐色斑点；棉花出现萎缩叶；马

铃薯在茎部产生线条状坏死；茶树叶脉呈绿色，叶肉出现网斑；柑橘出现异常落叶症，落叶通常有小型褐色斑和浓褐色大斑（称为“巧克力斑”）。过量锰还会阻碍植物对钼和铁的吸收，促使植物出现缺钼症状。

3.2.11 钴

3.2.11.1 钴的性质与污染的来源

钴（Co）是一种银白色铁磁性金属，表面呈银白略带淡粉色，是生产耐热合金、硬质合金、防腐合金、磁性合金和各种钴盐的重要原料。钴主要作为黏结剂用于制造硬质合金。此外，还用于陶瓷、玻璃、油漆、颜料、搪瓷、电镀等行业。

钴在天然水中常以水合氧化钴、碳酸钴的形式存在或者沉淀在水底，或者被底质吸附，很少溶解于水中。淡水中钴的平均含量为 0.2 μg/L，在酸性溶液中以钴的水合络离子或其他络离子的形式，在碱性溶液中以$[Co(OH)_4]^{2-}$的形式逐渐增大溶解度。钴与天然水中的配位体往往生成二价的络离子，但与氨、含铵和含硝基等类配体化合物生成络离子时，钴先由分子氧氧化生成三价的络离子。在海水中钴的平均含量只有 0.02 μg/L，溶解的钴主要是以Co^{2+}和$CoCO_3$的状态存在。从淡水与海水的钴浓度之比可以看出，钴在入海河口附近沉积物中有中等程度的富集。

3.2.11.2 钴污染的危害

水溶性钴盐的毒性较大，《地表水环境质量标准》（GB 3838—2002）中规定，水中的钴浓度不得大于 1.0 mg/L。人类摄入过量钴可引起红细胞增多症、血清蛋白成分改变、引起肠胃功能紊乱、耳聋、甲状腺肿大，甚至还会造成心脏损伤、心肌缺血、损害胰腺等问题。钴对鱼类和其他水生动物的毒性比对温血动物大，钴的毒性作用临界浓度为 0.5 mg/L，钴浓度达到 10 mg/L，可使鲫鱼死亡。

3.2.12 镍

3.2.12.1 镍的性质与污染的来源

镍（Ni）是银白色金属，具有磁性和良好的可塑性。世界上红土镍矿分布在赤道线南北 30° 以内的热带国家，集中分布在环太平洋的热带—亚热带地区，主要有：美洲的古巴、巴西；东南亚的印度尼西亚、菲律宾；大洋洲的澳大利亚、新喀里多尼亚、巴布亚新几内亚等。我国镍矿分布就大区来看，主要分布在西北、西南和东北，其保有储量占全国总储量的比例分别为76.8%、12.1%、4.9%。就各省（区、市）来看，甘肃储量最多，占全国镍矿总储量的62%，其次是新疆（11.6%）、云南（8.9%）、吉林（4.4%）、湖北（3.4%）和四川（3.3%）。

镍是近似银白色、硬而有延展性并具有铁磁性的金属元素，它能够高度磨光和抗腐蚀。溶于硝酸后，呈绿色。因为镍的抗腐蚀性佳，常被用在电镀、合金上。用于电镀，如制造货币等，镀在其他金属上可以防止生锈；用于合金，可制造不锈钢和其他抗腐蚀合金，如镍钢、镍铬钢及各种有色金属合金，含镍成分较高的铜镍合金，不易腐蚀。镍也作加氢催化剂和用于陶瓷制品、特种化学器皿、电子线路、玻璃着绿色以及镍化合物制备等。镍镉电池含有镍。

当遇到Fe^{3+}、Mn^{4+}的氢氧化物、黏土或絮状的有机物时被吸附。天然淡水中镍的浓度约为0.5 μg/L，海水中的浓度为0.66 μg/L。环境中镍的污染主要是镍矿的开采和冶炼、合金钢的生产和加工过程，含镍合金钢用于加工磨碎食品过程中造成的镍污染；石油中镍的含量为1.4×10^{-6}～64×10^{-6}，大部分煤也含有微量镍，因此煤、石油燃烧时排放的烟尘中含有微量镍。不同工业的废水中镍浓度差别很大，如镀镍工业废水为2～900 mg/L，机器制造业废水为5～35 mg/L，金属加工业废水为17～51 mg/L。即使同一企业，废水中镍含量也会因工艺和设备条件的差异而有所不同。

3.2.12.2 镍在水环境中的迁移转化

水中的镍常以卤化物、硝酸盐、硫酸盐以及某些无机和有机络合物的形式溶解于水。水中的可溶性离子能与水结合形成水合离子$[Ni(H_2O)_6]^{2+}$，与氨基酸、胱氨酸、富里酸等形成可溶性有机络离子，它们可以随水流迁移。镍在水中的迁移，主要是形成沉淀和共沉淀以及在晶形沉积物中向底质迁移，这种迁移的镍共占总迁移量的80%；溶解形态和固体吸附形态的迁移仅占5%。水中的可溶性镍离子能与水结合形成水合离子，当遇到Fe^{3+}、Mn^{4+}的氢氧化物、黏土或絮状的有机物时会被吸附，也会和硫离子（S^{2-}）反应生成硫化镍而沉淀。为此，水体中的镍大部分都富集在底质沉积物中，沉积物含镍量可达18×10^{-6}～47×10^{-6}，为水中含镍量的38 000～92 000倍。土壤中的镍主要来源于岩石风化、大气降尘、灌溉用水（包括含镍废水）、农田施肥、植物和动物遗体的腐烂等。植物生长和农田排水又可以从土壤中带走镍。通常，随污灌进入土壤的镍离子被土壤无机和有机复合体所吸附，主要累积在表层。

3.2.12.3 镍污染的危害

镍是人体必需的生命元素，人体对镍的日需要量约为0.3 mg，主要由蔬菜、谷

类及海带等供给。正常情况下，成人体内血液中镍的正常浓度为0.11 μg/mL。但是，过量的镍会对人体造成危害。镍的毒性与镍的形态有关，金属镍几乎没有急性毒性（纳米级镍尘除外），一般的镍盐毒性也较低，但胶体镍或氯化镍、硫化镍和羰基镍毒性较大，可引起中枢性循环和呼吸紊乱，使心肌、脑、肺和肾出现水肿、出血和变性。实验证明，镍及其化合物对人皮肤黏膜和呼吸道有刺激作用，可引起皮炎和气管炎，甚至发生肺炎；调查表明，井水、河水、土壤和岩石中镍含量与患鼻咽癌的死亡率呈正相关；白血病人血清中镍含量是健康人的2～5倍，且患病程度与血清中镍含量明显相关；镍还有降低生育能力、致畸和致突变作用。另外还发现，各种可溶性镍化合物对于水环境中的生物也有明显的毒害作用，当水体中的氯化镍浓度为1.2 mg/L时即可引起鱼群死亡。

鉴于镍污染的危害性，我国对水体中镍的含量有严格的规定。其中《生活饮用水卫生标准》（GB 5749—2006）中规定，饮用水中镍的限值为0.02 mg/L;《地表水环境质量标准》（GB 3838—2002）中关于集中式生活饮用水地表水源地特定项目标准限值也规定，水体中镍的含量限值为0.02 mg/L。水体中镍的含量一旦超过此限值，便会对人体健康产生威胁，因此该指标常作为给水监测中重点监测的重金属指标。

3.2.13 水体中重金属的去除技术

重金属毒性大、不易被代谢、易被生物富集，若未经处理就直接排放到自然界中，将导致生态系统严重破坏，造成水环境污染的同时，也使得水生生物的生存和人类健康遭到严重威胁。因此，如何有效地处理含有重金属的废水已成为全世界人类共同关注的问题。目前，废水中重金属的去除技术主要有化学法、物理化学法和生物法。

3.2.13.1 化学法

化学法去除重金属主要是将合适的化学清除剂加入含重金属离子的污水中，通过化学反应，污水中的重金属离子转变为不溶于水的重金属化合物沉淀，再经过过滤分离将沉淀物从溶液中去除。化学处理法主要有化学沉淀法、电化学法和氧化还原法等。

（1）化学沉淀法

化学沉淀法是重金属污水处理领域应用最广泛、最成熟的方法，主要包括中和沉淀法、硫化物沉淀法和铁氧化沉淀法等，其中中和沉淀法应用最为广泛，具有操作简单、廉价和易于控制pH等优点。

①中和沉淀法

中和沉淀法是指通过投加碱中和剂，使废水中重金属离子形成较小的氢氧化物或碳酸盐沉淀进而被去除，其特点是在去除重金属的同时能中和各种酸及其混合液。碱石灰（CaO）、硝石灰［$Ca(OH)_2$］、飞灰（石灰粉，CaO）、白云石（CaO · MgO）等石灰类中和剂价格低廉，可以去除汞以外的重金属离子。生成的沉渣脱水性能好，但反应速度较慢，沉渣量大，出水硬度高，因而会使土壤和水体碱化。张更宇等采用氢氧化钙来处理含重金属的电镀废水，研究表明，当溶液 pH 为 8、温度为 20℃时，向 50 mL 废磷化液中投加 0.42 g 的 NaF 和 1.85 g 的 $Ca(OH)_2$，反应 1 h 后，锌、锰、镍三种重金属的去除率分别达到 99.8%、99.5%、99.7%。

②硫化物沉淀法

硫化物沉淀法是指向废水中加入硫化物，使重金属离子生成硫化物沉淀析出。常用的硫化剂有 Na_2S、NaHS、H_2S 等。该方法可以去除的金属污染物有汞、镉、铅、银、镍、铜、锌。与中和沉淀法相比，硫化物沉淀法的优点是，重金属硫化物溶解度比氢氧化物的溶解度更低，而且反应的 pH 为 7～9，处理后的废水一般不用中和。但是金属硫化物沉淀法也存在着一些缺陷，金属硫化物的颗粒半径很小，在水中容易发生团聚和凝胶现象，因此采用金属硫化物沉淀法来处理重金属，废水需要考虑后续废水的固液分离的问题。并且所产生的硫化物与酸性物质接触，存在产生硫化氢气体的安全隐患。

③铁氧化沉淀法

铁氧化沉淀法是指向需要处理的含重金属离子的废水中投加铁盐，使污水中的多种重金属离子与铁盐生成稳定的铁氧共沉淀，再通过适当的固液分离手段，达到去除重金属离子的目的。铁氧体约有百种以上，最简单而又最常见的是磁铁矿 Fe_2O_3 或 Fe_3O_4。铁氧化沉淀工艺处理含重金属污水，可一次除去多种重金属离子，不会形成二次污染、形成的沉淀颗粒大易分离，并且操作方法简单。但是这种方法在操作过程中需要加热到 70℃左右或更高，并且需要在空气中慢慢氧化，处理时间长，能耗较高。

（2）电化学法

电化学法指在直流电的作用下，通过控制电压或电流，发生电化学反应使重金属离子在溶液中发生迁移从而实现对废水的净化。电化学法既能去除废水中的重金属离子，又能实现重金属的回收，具有较好的应用前景。电化学法主要有电催化氧化法、电沉积法、电吸附法、电絮凝法和微电解法等。常见电化学法处理过程与特点见表 3-7。

表 3-7　常见电化学法处理过程与特点

处理方法	处理过程	优点	缺点
电催化氧化法	利用具有催化作用的电极来进行氧化从而去除废水中的重金属离子	清洁环保、不用添加其他化学药剂等	处理规模小、对电极要求高等
电沉积法	在水溶液、非水溶液或熔融盐体系中，将电流引入电极时阳极发生氧化反应和阴极发生还原反应的过程	处理效率高、清洁环保等	处理低浓度废水效果不理想等
电吸附法	利用电极表面带电的特性，带电离子趋近电极，可形成双电层，从而将水中带电污染物吸附，最终被去除的过程	可循环使用、运行管理简单等	处理效果一般、电极材料回收困难等
电絮凝法	在外加电场的作用下，阳极产生的阳离子在废水中形成氢氧化物等絮凝剂，通过凝聚和吸附等作用去除废水中的重金属离子	同时具有电化学氧化/还原和絮凝沉淀作用，易与其他工艺结合应用等	阴极的极板容易钝化，影响反应过程、阳极极板容易发生氧化，需要经常更换，成本较高等
微电解法	利用铁和碳两种电极材料之间产生的电势差，组合成无数微型原电池来电解废水，从而降解废水中的污染物	无须外加电场、能耗低、易于控制等	对废水中 pH、溶解氧和电导率等化学特性较敏感、占地面积大，投资规模大

资料来源：赵次娴，刘陈，刘锐利，等．重金属污水处理技术研究进展 [J]. 广东化工，2021，48（442）：179-181.

电化学法对含有难降解的有机物和污染物的废水处理方面具有较好的效果，但是在实际工业应用中，由于处理规模小，能耗高，成本居高不下等问题，使得实际应用较为困难。

（3）氧化还原法

氧化还原法是指利用重金属的多种价态，在废水中加入一定的氧化剂或还原剂，使重金属获得人们所需价态的方法。常用的还原剂有铁屑、铜屑、硫酸亚铁、亚硫酸氢钠、硼氢化钠等，常用的氧化剂有液氯、空气、臭氧等。例如含铬废水的处理，最常用的是加入硫酸亚铁、亚硫酸、硫化物或通入 SO_2，将六价铬还原成三价铬，从而降低了毒性。因此，废水处理的预处理常使用化学还原法。氧化还原法的优点是原料来源容易，处理效果好，适用于水量少处理效果好、水量少的小厂。但它的缺点是占地面积大，污泥体积大，处理重金属后的污水呈碱性，若直接排放会使土壤碱化，容易对环境造成二次污染。

3.2.13.2 物理化学法

物理化学法中包含了离子交换法、膜分离法、吸附法等技术，且这种处理方法主要适用于处理金属离子浓度不高的废水。

（1）离子交换法

离子交换法就是将交换剂上的离子与水中的重金属离子进行交换处理，从而实现去除重金属离子的目标。经离子交换处理后，废水中的重金属离子转移到离子交换树脂上，经再生后又从离子交换树脂上转移到再生废液中。目前，离子交换技术已成为治理电镀废水及回收某些重金属的有效方法之一。离子交换法的优点是可以回收废水中有用物质并进行水的循环使用，尤其对低浓度废水，能较彻底地净化和回收。但缺点是树脂易受污染或氧化失效，再生频繁，操作费用较高。

（2）膜分离法

目前常用的膜分离技术主要有超滤、微滤、纳滤、反渗透和电渗析等。万金保等采用中和 / 微滤工艺，材质为聚四氟乙烯的微滤膜反应器处理 Zn^{2+}、Pb^{2+} 废水，在一定条件下去除率分别为 99.92%、99.77%。Mohsen–Nia 等利用反渗透技术处理含有 Cu^{2+} 和 Ni^{2+} 离子的重金属废水，去除率可达 99.5%。相较于其他重金属废水处理方法，膜分离法处理效率高、工艺简单、占地面积小、投资小、一般不需要投加其他化学药剂，并且对重金属离子的回收效果较好，具有较好的工业应用前景。但是膜分离效率会随着时间而衰减，需要定期更换膜，运行成本较高。

（3）吸附法

吸附法就是借助多孔吸附材料的高比表面积结构或者特殊官能基团的物理或者化学吸附作用将废水中的重金属离子去除的方法。吸附法应用之初，采用的吸附剂主要是一些天然物质，包括沸石、活性炭和黏土矿物等，这些物质虽然吸附效果好，但是价格昂贵，使用寿命短，不利于实际工程应用。为了降低处理成本，提高处理效果，人们开始寻找新的天然吸附剂，如膨润土。国内外研究者还利用改性技术对吸附材料进行相关改性，增加材料表面有效官能团的数量，大大提高了材料的吸附能力。罗道成等通过对天然膨润土改性，并将其应用于电镀废水中吸附 Pb^{2+}、Cr^{3+}、Ni^{2+}，与改性前相比，吸附量分别提高了 28.8 mg/g、21.9 mg/g、21.5 mg/g。郝鹏飞等利用盐酸对沸石进行浸泡改性，用改性后的沸石处理含铅废水，最大去除率可达 99.4%。王静等对粉末活性炭进行巯基改性，发现其对水溶液中汞的最大吸附容量高达 556 mg/g。

由于吸附法具有操作简便、吸附材料来源广泛、适用范围广等特点，因此，该种方法在水体重金属污染物的去除方面有着良好的应用前景。其中，吸附材料是影响吸附法处理重金属废水的关键因素。由于传统的单一吸附材料对于水体中金属污

染物的吸附能力十分有限且生产成本较高难以大规模投入应用。因此随着技术的不断发展，人们逐渐将目光转移到复合型的纳米型吸附材料和高分子吸附材料上。目前，开发出廉价、高效、可回收并能重复利用的新型高效吸附材料。

①纳米型吸附材料

a. 碳纳米材料

目前，用作吸附材料去除水中重金属污染物的碳纳米材料主要是碳纳米管和石墨烯。

碳纳米管（carbon nanotubes，CNTs）是由碳原子共价结合的六边形卷曲形成的中空型圆柱状结构组成。自碳纳米管发现以后，其在环境工程的应用主要集中在对有机化合物的吸附。近年来，碳纳米管尤其是经氧化处理后的碳纳米管对水中重金属污染物的去除效果也逐渐引起了研究者的重视。研究表明，碳纳米管对多种重金属离子都有很好的去除效果，如 Pb^{2+}、Cd^{2+}、Cr^{6+}、Cu^{2+}、Zn^{2+}、Co^{2+}、Hg^{2+}、As^{3+}、Ni^{2+} 等。

石墨烯是拥有 sp^2 杂化轨道的碳原子晶体，最常见的二维碳纳米材料，由 Novoselov 等于 2004 年发现，这是目前世界上最薄的材料，即单原子厚度的材料。石墨烯具有优良的导电性能、机械性能及光学性能，应用于制作晶体管、传感器、透明导电薄膜、清洁能源设备等有极大的优越性。氧化石墨烯是经超声降解溶剂中的氧化石墨悬浮液等方法制成的单层氧化石墨，表面有大量的羟基、羰基、羧基等含氧功能团。碳纳米管和石墨烯具有很强的重金属离子吸附能力，但是实际应用到水处理中仍然存在一些问题，如碳纳米材料不易从水中回收，对某些重金属离子吸附能力有限等问题。

为解决这些问题，一些研究者以碳纳米材料为基质负载其他物质，制备成复合碳纳米材料，提高碳纳米材料对重金属离子吸附能力和选择性。纳米金属氧化物如氧化铁、二氧化锰、氧化铝也是一类比表面积大、活性位点多的材料，并且它们对重金属离子有特殊的亲和力，能够高效去除水中的重金属离子。研究表明将一些纳米金属氧化物固载到碳纳米材料制成的复合碳纳米材料，能够显著提高对重金属离子的吸附能力和选择性。例如，纳米零价铁和铁氧化物对水中的 As^{3+}、As^{5+}、Cr^{6+}、Cd^{2+}、Cu^{2+} 等都有很好的去除效果。碳纳米材料对铬及类金属砷没有明显的去除效果，通过氧化改性虽然能提高对砷和铬的去除能力，但是效果仍然不理想。而后，研究者发现利用一些方法将纳米氧化铁固载到碳纳米材料上后，能够显著提高碳纳米材料对砷和铬的吸附能力。另外，纳米铁氧化物、碳纳米材料复合材料还有一个引人注目的优势是它们带有一定的磁性，在弱磁场作用下就很容易与水分离，这一点可以解决碳纳米材料去除水中重金属离子后回收难的问题。

也有研究者将碳纳米材料与比表面积大或多孔的易回收材料复合，提高碳纳米

材料的回收率。Gao 等将氧化石墨材料固载到细沙上制成的 GO-Sand 复合材料，对水中 Hg^{2+} 的去除能力至少是普通细沙的 5 倍，这种材料更容易填充到过滤柱中，是一种高效、经济的净水材料。

b. 矿物黏土及改性材料

将矿物黏土通过不同的方法进行改性，以改善吸附性能，例如比表面积、表面官能团、孔体积、CEC 值、孔径等，通过化学预处理进行吸附应用。Bhattacharyya 等评估了水中 Fe（Ⅲ）离子从水到高岭石上的吸附及其修饰形式。随着初始浓度和相互作用时间的增加，高岭石和改性高岭石上 Fe（Ⅲ）的量增加，其最大去除量为 11.2 mg/g。通过修饰改性，发现对于 Cu（Ⅱ）初始浓度为 50 mg/L，改性高岭土的吸附容量为 28.8 mg/g，而未改性高岭土则为 10.8 mg/g。此外，Zhou 等对水滑石进行改性，显著提高了其对重金属阳离子（Co^{2+} 和 Ni^{2+}）和氧阴离子（CrO_4^{2-}）的吸附能力。对 Co^{2+} 和 Ni^{2+} 的吸附量分别达 88.6 mg/g 和 76.2 mg/g，分别比改性前高 405% 和 281%。CrO_4^{2-} 的批吸附量达 34.7 mg/g，比原始水滑石的吸附量高 40%。Mahfuza 等则通过热法制备 Mg/Fe 层状双氢氧化物（MF-LDH）空心纳米球，经实验纳米球对砷［As（Ⅴ）］和铬［Cr（Ⅵ）］均表现出优异的吸附效率，在 5 min 内表现出 99% 的去除率，最大去除量为 178 mg/g［As（Ⅴ）］和 148.7 mg/g［Cr（Ⅵ）］。

c. 纳米复合材料

纳米复合材料根据其基质类型主要分为 3 类：陶瓷基质、金属基质和聚合物基质。陶瓷基纳米复合材料以金属或陶瓷作为最终分散相，以获得特定的纳米外观特性。金属基质纳米复合材料具有不规则的增强材料作为分散相。在聚合物基质纳米复合材料中，将纳米尺寸的颗粒适当地添加到聚合物基体中，这些材料也称为纳米填充聚合物复合材料。关于陶瓷基质类材料，Zhu 等利用静电纺丝技术所制备出来的电纺纳米纤维膜（ENFM）实现对于水体中重金属污染物的有效吸附，并发现 ENFM 对重金属的吸附选择性和容量在很大程度上取决于膜表面官能团的类型和数量，通常官能团越多，吸附能力就越高。关于金属基质类材料，Zhang 等通过液质分离的方法将聚多巴胺涂层的三氧化二铁（Fe_2O_3）纳米颗粒共混在聚醚砜（PES）基质中，成功开发了新型复合膜，实验证明复合膜具有同时催化有机污染物降解和重金属离子吸附的多功能功能。Li 等研究出一种 ZnS 纳米晶体（NCs）的吸附剂，并显示出优异的去除 Hg^{2+}，Cu^{2+} 等重金属离子的性能。关于聚合物基质类材料，Lakouraj 等研究了基于纳米复合材料（藻酸钠四噻唑钠及芳烃四磺酸盐）的纳米凝胶。发现其对 Cu、Cd、Co、Pb 等重金属的去除率均较高，其中对 Pb（铅）的去除率为 99.8%，在所有重金属离子中最高。

②高分子型吸附材料

高分子型吸附材料主要包括无机类高分子吸附材料以及有机类高分子吸附材料。

在无机类高分子吸附材料方面，Zhou 等设计和制备了聚两性电解质水凝胶。该材料具有较高的机械强度，可以快速分离、易于再生和高度重复利用的特点。这种聚两性电解质水凝胶存在大量的活性基团，对 Pb^{2+} 的吸附容量高达 216.1 mg/g，对 Cd^{2+} 的吸附容量高达 153.8 mg/g。吸附可以在 pH 为 3 ～ 6 的范围内进行，并且由于其极好的水渗透性，能在 30 min 内快速达到平衡，可以用于从实际废水中去除重金属离子。

在有机类高分子吸附材料方面，Zhu 等制备了一种新型的大孔磁性水凝胶吸附剂。大孔水凝胶的多孔结构可通过稳定化粒子的数量，控制表面活性剂及辅助表面活性剂的量来调节。吸附实验表明，在 20 min 内迅速达到吸附平衡，对 Cd^{2+} 的最大吸附容量为 308.8 mg/g，对 Pb^{2+} 的最大吸附容量为 695.2 mg/g。经过五个吸附 - 解吸循环，吸附剂可以保持其高吸附容量。

新型吸附材料的研究为吸附法去除重金属污染开辟了新途径，然而这些新型吸附剂大多处于实验室研究阶段，尚未应用于实际废水处理中。

3.2.13.3 生物法

生物法主要利用藻类、细菌等微生物来处理低浓度的重金属废水，主要依靠附着于生长在某些固体物表面的微生物将重金属离子吸附到表面，然后通过细胞膜将其运输到细胞的不同部位，从而达到去除重金属的效果。生物法包括生物絮凝法、生物吸附法和植物修复法。

（1）生物絮凝法

生物絮凝是利用微生物代谢过程中产生的代谢产物进行絮凝沉淀的一种污染物去除方法。微生物絮凝剂是微生物产生并分泌到细胞外的一种代谢产物，具有絮凝活性，它由多糖、蛋白质、纤维素、糖蛋白、聚氨基酸等高分子物质组成，可使废水中的胶体悬浮液相互团聚并形成沉降。在废水生物絮凝处理过程中，有机污染物的去除率在很大程度上取决于固液分离的效果，而生物絮凝剂是影响固液分离的关键因素，良好的生物絮凝可以提高活性污泥的沉降性能和脱水性能，不仅使出水水质良好，还可以降低污泥后续处理的成本。因此，生物絮凝剂是该方法的关键。在土壤、活性污泥和沉积物中，能够产生微生物絮凝剂的微生物种类很多，主要包括细菌、霉菌、酵母菌、放线菌和藻类等。生物絮凝技术在重金属废水处理中的应用具有操作方便、絮凝效果好、絮凝物易于分离、微生物新陈代谢快等特点。但缺点也很明显，生物絮凝剂不易保存、生产成本高，规模化生产的经济成本高，制约了生物絮凝法的应用。

随着对生物絮凝剂的研究深入，越来越多的学者发现单一的微生物对重金属离子的絮凝效果不够理想，主要问题在于绝大多数微生物只对某些金属具有选择絮凝吸附作用，不具有广泛絮凝吸附重金属离子的作用，且对低浓度的重金属离子去除效果较好，对于实际生产中较高浓度的，如冶炼废水等，去除效果明显比较差。因此，人们开始对具有絮凝作用的微生物进行复配、改性，以提高生物絮凝剂的絮凝效果，以期可以在实际废水中得以应用。复合型微生物絮凝剂很明显的优势是复合菌比单一菌的微生物种类更为丰富，通过菌种间的共生关系，其结构也更为稳定，对重金属废水的处理效果也更为明显，具有一定的经济优势。姬秀娟等制备的复合型生物絮凝剂 XJBF-1 比单一菌种制备的絮凝剂效果更好，且生产周期更短。其后，絮凝剂复配选择的范围得以扩展，将生物絮凝剂与常用的化学絮凝剂进行复配，使无机絮凝剂如铝系絮凝剂或者铁系絮凝剂与筛选出的具有较好絮凝效果的微生物絮凝剂进行简单复配即得到新型无机－有机絮凝剂。刘伟以云南某冶炼厂酸性含重金属废水为研究对象，采用自制生物絮凝剂协同石灰中和沉淀脱除重金属的技术，净化后水中 Pb^{2+}、Zn^{2+}、Cd^{2+} 和 Cu^{2+} 浓度均可稳定达到《地表水环境质量标准》（GB 3838—2002）中的Ⅲ类标准，完全可以满足冶炼生产回用要求。

（2）生物吸附法

生物吸附法的原理是利用生物体（如藻类、细菌等）固有的化学结构和组成特性吸附溶解在水中的金属离子，通过固液两相分离去除废水中的重金属离子。目前对生物吸附法的应用研究主要集中在细菌、真菌及藻类这 3 个方面。其中细菌、真菌主要是通过其表面以及细胞内的硫蛋白与金属离子形成络合物来实现重金属的富集吸收；藻类则可以通过离子交换、络合吸附、氧化还原等多种方式实现对于重金属污染物的吸附，并且最重要的是藻类属于自养型生物，不需要人为的物质能量输入，便可自主净化水体。故藻类相较于前两者有着更强的优势。除了活藻体对低浓度重金属废水有一定的净化作用，死藻体同样对重金属废水有相应的净化作用。藻体死亡之后，对重金属有吸附作用主要是细胞表面的一些功能基团，如羧基基团、硫酸化半乳糖等。

大部分活藻体对重金属污染物的耐受能力有一定的限度，因此活藻体适合用于低浓度重金属水体的生物修复如地表水等。目前主要通过基因工程对藻体耐受性和富集能力两方面进行改良，如改造 MTs 编码基因，来提高藻体内金属结合蛋白含量；或者利用工程手段，如在培养基中添加硫酸盐和磷酸盐等，来提高藻体内重金属结合相关的代谢产物量。

由于死藻体在培养成本以及适用性方面的优势，相较于活藻体，其更适合用于工业重金属废水的处理。如褐藻，其细胞表面具有大量功能基团，通过预处理提高

藻体表面的功能基团，可有效改进藻类吸附性能。另外，为降低制备成本，除大规模培养藻类来制备吸附剂以外，甚至可以使用生产藻类过程中产出的代谢物对重金属离子进行吸附。

生物吸附剂因其来源广泛、价格低廉、吸附能力强、易分离回收重金属等优点而得到广泛应用。例如，腐殖酸是一种相对便宜的吸附剂，通过合成腐殖酸树脂，可成功地处理含Cr、Ni废水；再如海泡石是一种含镁的天然纤维状水合硅酸盐黏土，对废水中的Ni、Co、Pb、Cu、Cd等重金属离子具有良好的吸附作用，对高浓度重金属的吸附性能更为显著。从发酵工厂、污水处理厂产生的微生物菌体，均可用于重金属的吸附处理。在实践中，生物吸附法也存在一些缺陷，如吸附效应的能力很容易受到环境因素的影响；微生物通常是选择性地吸附重金属，废水中常含有多种重金属，使微生物的吸附特性受到影响，甚至影响微生物的生长繁殖。

（3）植物修复法

植物修复法是利用植物对污染物进行转移、转化、富集，从而改变污染物对环境的危害。1983年，美国科学家Chaney首次提出了利用某些能够富集重金属的植物来清除重金属沉积物的思想，即植物修复。植物处理重金属废水主要包括3部分：吸收、沉淀或富集废水中的有毒金属；减少有毒金属的活性，以减少重金属到土壤的浸出或通过空气载体扩散；将废水中的重金属吸收、富集、输送到植物根系的采收部位和植物地上的枝条上，人工采集或去除已累积了重金属的根系和枝条，从而降低重金属的浓度和总量。植物修复重金属污染的水体具有独特的优越性，水生植物种类繁多，自然界可以净化环境的植物有100多种，比较常见的沉水植物有苦草、金鱼藻、狐尾藻、黑藻、眼子菜等；挺水植物有芦苇、蒲草、荸荠、水蕹、荷花、香蒲等；漂浮植物主要有水浮莲、凤眼蓝、浮萍等。

植物修复是一项新兴的绿色环境治理技术，它具有成本低、不破坏河流和土壤生态环境、不产生二次污染，并且改良生态环境、实现生态环境的良性可持续发展等优点，已成为环境污染治理领域的前沿性科学研究课题。作为一种新的污染治理替代技术，在重金属废水处理领域，植物修复具有很大的潜力。目前，植物修复主要应用于矿山和尾矿库的生态修复、人工湿地等工程。但是由于生态修复的周期长，需要开展实验研究特定植物对特定污染物的吸收去除过程，以缩短净化周期，提高污染物的去除效率。如根据盆栽试验，对重金属的迁移过程进行详细的追踪，根据重金属浓度的变化计算出去除效率，从而估算出该盆栽植物的修复潜力。因此，植物修复技术被大规模广泛地应用还需要不断地进行实验研究。

综合比较各种重金属废水处理技术，以化学沉淀法为代表的传统典型工艺能够针对特定的重金属进行处理，技术成熟，设备运行稳定，去除效率高，运行周期短，能实现快速处理。但需持续投加化学试剂，长期运行试剂消耗量大；运行过程中消耗大量的电能，使经济性降低；对反应条件要求高，需控制废水酸度；分离出的重金属浓度高，如不妥善处理或泄漏，将造成二次污染。生物处理技术能够弥补传统工艺的缺陷，运行成本低，重金属降解效率高，日常管理简便，运行能耗低，一般不产生二次污染，有利于实现生态环境的持续改善。因此今后的处理工艺应该将传统工艺与生物处理技术相结合，采用生物－化学协同絮凝、生物－纳米材料联合吸附、生物－高分子材料联合吸附等，将会是未来处理重金属污染更为有效的方法。

3.3 耗氧有机物污染

3.3.1 耗氧有机物污染的来源

有机化合物经典的定义是含碳化合物。有机化合物种类繁多，数量巨大，并以惊人的速度增长。有机化合物和人类息息相关，但也是污染环境的原因之一。碳水化合物、蛋白质、脂肪和维生素是人类生命过程不可缺少的营养物质，但它们排入水中，会使水中氮、磷增加，引起水体富营养化，也就成了污染物。

耗氧有机物又称为无毒有机物、可生物降解有机物，主要包括碳水化合物、蛋白质和脂肪三大类，其他有机化合物多为它们的降解产物。生活污水和食品、屠宰行业等在生产加工过程中因经洗涤、浸泡、烫煮和设备清洗等操作时会产生大量高浓废有机废水，其中含有糖类、蛋白质、油脂、氨基酸、脂肪酸、酯类等大量有机物质，这些有机物可在微生物作用下最终分解为无机物质如 CO_2 和 H_2O 等。虽然耗氧有机污染物没有毒性，但这些有机物在分解过程中需要消耗大量的氧。

3.3.2 耗氧有机污染物的危害

在标准状况下，水中溶解氧约 9 mg/L，耗氧有机污染物随污水进入水体后，在微生物对它们的分解过程中，需要消耗水体中的溶解氧，使水体含氧减少。当溶解氧降至 4 mg/L 以下时，将严重影响鱼类和其他水生生物的生存；当溶解氧降低到 1 mg/L 时，大部分鱼类会窒息死亡；当溶解氧降至 0 时，水中厌氧微生物占据优势，有机物将进行厌氧分解，产生甲烷、硫化氢、氨和硫醇等难闻、有毒气体，造成水体发黑发臭，影响城市供水及工农业用水、景观用水。

3.3.3 耗氧有机废水的处理技术

典型的耗氧有机污染物包括食品、屠宰行业废水中存在的悬浮物、微生物、氮磷、乳糖、蛋白质和碳水化合物等。目前，耗氧有机废水处理在工程化应用中一般

采用物化（预处理）+ 生化（包括厌氧和好氧）+ 化学或物化（深度处理）的组合工艺实现达标排放。其中，预处理阶段的主要作用是分离、降解部分有机物或提高废水的可生化性，主要技术有絮凝沉淀、臭氧氧化等；生化阶段的主要作用是去除废水中的可生化有机物，主要工艺有 SBR、BAF、RBS、MBR、AF、UASB 和 EGSB 等；深度处理的主要作用是进一步去除废水中的特定物质保证其达标排放，主要技术有高级氧化法、电化学法、吸附和膜处理工艺等。

3.3.3.1 物化处理法

耗氧有机废水的物化处理技术是指废水中的污染物在处理过程中通过相转移变化来实现分离去除的一种技术，通常用于生物处理之前的预处理或之后的深度处理工艺中。目前常见的物化处理技术有吸附法、絮凝沉淀法以及膜分离技术等。

（1）吸附法

吸附法主要就是利用了吸附剂所具有的发达孔结构，将其投放到废水中使有机物吸附在吸附材料表面，从而使废水中杂质被去除，废水中杂质和有机物质移向固体表面发生吸附。选择合适的吸附剂对于废水的吸附处理很关键，一般采用活性炭吸附或者树脂吸附。但是利用树脂作为吸附剂时，再生树脂的时候会产生洗脱液，造成二次污染。活性炭是一种高效无机吸附剂，可以由一切含碳原材料制造，内部含有丰富的孔结构和孔分布，可实现对废水中的颜色、有机物和悬浮颗粒等杂质的吸附。同时，活性炭上适宜的孔隙直径会为微生物提供良好的生存环境。根据这一特性，可以利用菌种在活性炭纤维上形成的生物膜处理有机废水，对 COD 和油的去除率可达 84% 和 91%。该法集物理吸附和生物降解为一体，不仅解决了微生物超标问题，还能有效去除污染物。此外，活性炭表面含有大量含氧基团，可以吸附废水中大量的极性和非极性有机物，废水中的有机物或者其他固体可以进入孔隙形成螯合物，且价格低廉，但活性炭选择性吸附较差，再生的能力有待提高。

（2）絮凝沉淀法

絮凝沉淀法常作为预处理工艺处理高浓度有机废水，处理效果取决于絮凝剂的选择。Amunda 等考察氯化铁和聚电解质对饮料工业废水的絮凝效果，按一定比例添加质量浓度 100 mg/L 的氯化铁和 25 mg/L 聚电解质，COD、TP、TSS 去除率分别为 91%、99%、97%，证实了絮凝法在饮料工业预处理工艺的有效性。絮凝技术除可应用于处理富含营养物质的废水，还可对蛋白、淀粉等营养物质进行回收以供动物食用。作为最基本的物化处理法，化学絮凝法因工艺简单、适用范围广、絮凝剂材料丰富，具有较大的可应用性。

（3）膜分离技术

膜分离法按照允许通过的粒子的大小分为微滤、超滤、纳滤，另外还可利用反渗透膜或者组合膜分离的方法处理废水，使有机物和废水分离。

①微滤

微滤（MF）对耗氧有机废水的处理主要是采用孔径介于 0.1～1 μm 的微滤膜，以筛分机制为原理，在静压差的驱动下对滤液中的悬浮物、胶体、微生物和细菌等进行筛选的方法。该法一般被用做废水的预处理。赵俊杰等采用微滤技术对大直径的菌体、悬浮固体等进行分离，回收废水中的蛋白，为后续超滤膜减轻负担；然后再用纳滤膜脱盐、浓缩乳糖，滤液过反渗透膜即可达到回用或排放要求。

②超滤

与微滤相似，超滤（UF）也可用于耗氧有机废水的除菌、除浊，但其主要应用于蛋白、脂肪、矿物质等营养物质的浓缩。Chollangi 等采用 3 种不同大小的超滤膜处理乳品废水，确定膜截留相对分子质量为 10×10^3 时，可实现废水中乳糖的 100% 回收。由于被截留的物质易附着在膜上造成浓差极化，因此通常选用臭氧氧化、活性炭吸附、絮凝或微滤等方法作为超滤的预处理以保护超滤膜。不过预处理操作只能缓解膜污染现象，并不能有效防止膜特性的改变，因此新型膜材料和工艺参数是当下研究的重点。

③纳滤

纳滤（NF）膜是从超低压反渗透膜衍生出的新型分离膜，通过 NF 处理可以同时达到脱盐和浓缩的效果，其截留分子质量一般为 200～1 000，对溶液中离子及小分子游离酸具有很好的脱除效果，可用于分离小分子有机物，可用于乳制品废水、大豆乳清废水等中回收乳糖等低聚糖，同时，对色度、金属离子也有良好的截留率。

以上耗氧有机废水物化处理法都具有能耗低，工艺流程简单，操作管理方便等优点，但是有机污染物并没有得到根本的降解，只是简单地将有机污染物从液相转移到固体或另一液相中，如果要对废水中的有机污染物进行完全降解，则往往需要用到化学氧化技术和生物处理技术。

3.3.3.2 高级氧化法

（1）臭氧氧化法

利用臭氧氧化法可将废水中大分子有机物氧化为可以被生物降解的小分子化合物，同时对除臭、脱色、杀菌、去除有机物效果明显，处理后废水中的臭氧易分解，不产生二次污染。臭氧对多种行业产生的耗氧有机废水有很好的处理效果，在工业废水处理中的应用越来越广。近年来，为了克服单一臭氧化处理技术存在的局限性，出现了各种臭氧联用技术，如 O_3/BAC、O_3/UV、O_3/UV/TiO_2 和 O_3/H_2O_2 等，通过它们的协同效应可以促进臭氧的分解，产生更多的羟基自由基，提高其利用率和适用范围。

（2）Fenton 氧化法

Fenton 氧化法能够高效处理耗氧有机废水，原因在于 Fenton 试剂中的 Fe^{2+} 能够催化 H_2O_2 分解，产生羟基自由基（·HO），其强氧化性能将废水中有机污染物彻底氧化为 CO_2、H_2O 和无机盐等物质。Antonio Lopez 等利用 Fenton 试剂法处理垃圾渗滤液，原水 COD 高达 15 040 mg/L，经过处理后 COD 去除率在 60% 以上，B/C 由 0.2 上升至 0.5，废水可生化性显著提高。Fenton 氧化法具有反应速度快、反应条件温和、反应彻底等特点，既可以在废水处理中段提高废水的可生化性，又能作为末端处理工艺，在废水处理中有着巨大的应用潜力。

3.3.3.3 生物处理技术

生物处理技术是利用微生物的凝聚、吸附、氧化分解等作用降解耗氧有机废水中污染物的一种技术，而且废水中的有机物通常作为微生物自身新陈代谢的营养和能源，该技术具有经济可行、无二次污染等特点，符合可持续发展的思想，近几年来在高浓度有机废水处理中具有极其重要的地位。根据微生物需氧程度可将其分为好氧生物技术和厌氧生物技术两大类。

（1）好氧生物处理技术

好氧生物处理技术是指异养型好氧微生物在有氧情况下，以耗氧有机废水中的有机物等作为电子供体，游离态的氧作为电子受体，通过氧化废水中的有机物产生的能量来维持自身的生命活动和满足生长需求，从而实现降低废水中有机物浓度的处理技术。近些年来，随着水处理技术的飞速发展，学者们研制出一大批可用于处理高浓度有机废水的好氧生物处理工艺，其中典型的有序批式活性污泥法（SBR）、曝气生物滤池法（BAF）、生物接触氧化法、生物降解反应器（RBS）、吸附生物降解法（AB）和膜生物反应器（MBR）等。

①序批式活性污泥法（SBR）

序批式活性污泥法是在同一反应池中，按时间顺序由进水、曝气降解、泥水分离、排泥水和待机五个基本工序组成的活性污泥废水生物处理技术，主要特点是其运行是有序和间歇操作的，反应池集均化、初沉、生物降解、二次沉淀等功能于一身，无须污泥回流系统，但是其自动化程度要求较高，对管理、操作、维护人员的素质有较高要求。梁红等以 SBR 法处理豆类加工废水，根据不同水质排放标准决定曝气时间。曝气时间为 3.5 h 时，排放水质满足《污水综合排放标准》（GB 8978—1996）中的二级标准；曝气时间确定为 7 h，排放水质满足《污水综合排放标准》（GB 8978—1996）中的一级排放标准。郑效旭等利用 SBR 串联生物强化稳定塘（BSPs）技术对养猪废水进行处理，出水的 COD、氨氮、总氮和总磷的平均浓度分别为 155 mg/L、67 mg/L、89 mg/L 和 6 mg/L，满足《畜禽养殖业污染物排

放标准》（GB 18956—2001）的要求。

SBR可根据进水水质的变化灵活调整周期和运行状态，具有脱磷除氮效果好、可有效防止污泥膨胀的特点。由于不设初沉池和污泥回流设备，SBR工艺流程简单、基建和运行费用低，极其适用于中小型企业。

②曝气生物滤池法（BAF）

曝气生物滤池法是于20世纪80年代兴起的生物膜污水处理技术，该法结合吸附过滤与生化降解为一体，利用微生物氧化降解作用，达到硝化、除磷、去氨氮的目的。影响BAF去污效果的关键因素在于填料的选择，陈重军等选取斜发沸石、生物陶粒和砾石BAF的填料，研究其对甲鱼养殖废水处理效能的影响。实验结果表明，沸石的除氮效果最佳，陶粒和砾石的除磷效果较优，综合考虑成本，以砾石效益最高。

BAF对进水有机物含量高、水质波动大的耗氧有机废水适应性差，在高有机负荷下，氨氮去除率会明显降低。因此选用BAF时一般都需对水体进行预处理操作，以防悬浮物进入曝气滤池堵塞系统，从而影响系统运行效果。通过改性填料以及优化曝气池也可为BAF法提供更大的可能性。

③生物接触氧化法

生物接触氧化法是一种介于活性污泥法与生物滤池两者之间的好氧生物处理法，兼具活性污泥法和生物膜法两者的优点，有较高的处理负荷，能够处理高浓度的有机废水。梁启煜等运用多段式生物接触氧化法处理焦化废水等高浓度有机废水，结果表明，当进水COD为2 800～3 000 mg/L时，出水COD能达到200～260 mg/L，去除率90%，出水氨氮也明显下降。

④生物降解反应器（RBS）

RBS是日本开发的一种处理高浓度有机废水的好氧生物处理技术，该技术是利用一种腐植化环境培养的高活性兼性菌，通过生物化学作用来去除废水中的有机物，具有操作简便、占地面积小、抗冲击负荷能力强等优点，可处理BOD_5范围在1 000～15 000 mg/L的废水，而且对COD_{Cr}、SS、磷、氨氮的去除率也高于传统活性污泥法，该技术已在处理垃圾渗滤液和猪场废水等方面取得了很好的效果。

⑤吸附生物降解法（AB）

吸附生物降解法由A和B两段独立活性污泥系统组成，因A段的高负荷可为B段提供稳定的进水水质，使得AB法适用于进水污染物含量高、水质波动大的耗氧有机废水。张华等采用AB法处理啤酒废水，以糖化废水培养菌种，经A段吸附絮凝，COD、BOD_5去除率达60%；再经B段的氧化曝气，COD、BOD_5去除率高于90%，出水水质达到《污水综合排放标准》（GB 8978—1996）一级标准。相较

于常规活性污泥法，AB 法具有良好的沉降性和稳定性，但该法存在污泥剩余量大的问题。为此，可通过好氧消化、重力浓缩、机械脱水等操作深度处理剩余污泥，得到稳定减量的污泥。

⑥膜生物反应器（MBR）

膜生物反应器是膜分离单元与生物处理单元相结合的新型污水处理法，以膜分离技术取代活性污泥法的二沉池，截留微生物以充分氧化有机物并借助膜分离提高污泥活性，实现对高浓度有机废水和难降解废水的固液分离。宋小燕等采用一体式膜生物反应器处理养猪沼液，结果表明，MBR 处理效果较普通活性污泥法更优，其还可通过微生物和污泥絮体的吸附作用实现对重金属的去除，其中 Cu、Zn、Fe、Mn 的平均去除率分别为 87.5%、94.1%、92.7%、94.2%。MBR 基本解决了活性污泥法的污泥膨胀、泥龄长的问题，但同样面临着常见的膜污染问题。

（2）厌氧生物处理技术

厌氧生物处理技术是利用兼性厌氧菌和专性厌氧菌的共同作用，将耗氧有机废水中的有机物分解并产生 CO_2、CH_4 等物质的一种生物处理技术，其具体过程是通过水解、发酵（或酸化）、产乙酸和产甲烷 4 个阶段来去除有机物的。与好氧生物处理法相比，厌氧生物处理法不需充氧、能耗低、污泥量小，而且还能去除难降解有机物，但是厌氧反应器的启动时间较长、处理出水水质较差，往往需要进一步利用好氧法进行处理。厌氧生物处理至今已经有 100 多年的历史，目前国内外常用的厌氧生物处理设备有厌氧生物滤池（AF）、上流式厌氧污泥床反应器（UASB）和厌氧膨胀颗粒污泥床（EGSB）等。

①厌氧生物滤池（AF）

厌氧生物滤池是一个内部充有填料的厌氧反应器，填料浸没在水中，微生物附着在填料上，耗氧有机废水从反应器的下部或上部进入，通过固定填料床，在厌氧微生物的作用下将有机物进行分解。厌氧生物滤池内通常可维持很高的微生物浓度，具有较高的有机容积负荷，对难降解、高浓度有机物具有很好的降解作用，因而被广泛应用于水质水量变化较大、冲击负荷高的废水（如制革废水、造纸废水、印染废水、啤酒废水和垃圾渗滤液等）处理领域。厌氧生物滤池与好氧生物处理法相比，厌氧污泥具有良好的生物活性，能够在饥饿状态下存活，对于难降解、成分比较复杂的废水仍能获得较好的处理效果，且能耗低、有机负荷高、无须污泥回流，剩余污泥大约仅为好氧处理产生污泥量的 10%，能更好适应废水水量变化较大的情况，尤其适用于低浓度、间歇排放等场所。同时，厌氧生物滤池也存在如下一些问题：启动时间长，对进水 SS 要求较高，对氮、磷等污染物去除效率较低，需要经常更换填料，系统对布水要求较高，否则易发生短流，不能直接达标，影响处理效果。

②升流式厌氧污泥床法（UASB）

升流式厌氧污泥床反应器由分配板、颗粒污泥处理区、膨胀污泥床再生区和气固分离区等4部分组成，底部是污泥床区用以发酵分解有机污染物生成甲烷和二氧化碳；上部是三相分离器，用以分离沼气、污泥和废水。其处理效率及稳定性的衡量指标取决于污泥颗粒化及污泥与废水的接触程度，颗粒污泥具有高活性和沉降性，可提高UASB的运行性能。UASB具有容积负荷率高、水力停留时间短、能耗低、能形成高活性的厌氧颗粒污泥等优点，其能处理几乎所有以有机污染物为主的废水，目前已被应用于味精、化工、制药和制糖等各个行业。Huang等通过对UASB反应器进行改良处理玉米乙醇废水，经过2个月的操作，63%的颗粒污泥大于1.3 mm，甲烷产量和COD去除率分别为539 L/d和90%。

该法的主要优势在于能将高含量有机物转化为沼气，且不需填料和搅拌设备，具有良好的经济性。值得注意的是，操作过程中需向UASB反应器中投入足够的厌氧污泥，促使污泥快速颗粒化以减少启动时间。

③厌氧膨胀颗粒污泥床法（EGSB）

厌氧膨胀颗粒污泥床反应器主要是由进水系统、反应区、三相分离器和沉淀区等部分组成，是一种经改造的UASB，通过水回流系统提高水流上升速度、维持颗粒污泥的膨胀状态，其显著特点是增加了出水再循环部分，使反应器内液体上升流速远远高于UASB，强化了废水与微生物之间的接触，具有污泥产率低、适应性强的特点。Zhang等通过在中温条件下运行EGSB反应器，以研究其在棕榈油废水中的运行效果。结果表明，EGSB反应器对去除COD效果良好，HRT为2 d时，COD去除率高达91%。EGSB反应器除对温度的适应性强外，在负荷范围大的条件下仍能稳定工作。李津等采用EGSB处理啤酒废水，20℃下，HRT为18 h，经184 d的运行，COD去除率基本稳定在85%，且沼气产量为0.58 m^3/kg。EGSB因具有更强的稳定性和抗冲击力，弥补了UASB在高负荷条件下处理低浓度有机废水的不足，其应用前景也更为广阔。

与好氧法相比，厌氧法所产污泥少、节省能源。UASB和EGSB均能产生沼气，但UASB反应器内混合强度不够，易致底部污泥超高负荷运行，从而抑制微生物活性。兼氧工艺将好氧、厌氧法有机结合，集去除有机物、悬浮物和除磷脱氮为一体。

生物法处理周期长、工艺复杂，一般存在污泥剩余问题及污泥、微生物易随排水流失的问题。通过与其他工艺相耦合处理食品废水可以获得更好的处理效果。生物联合技术处理典型耗氧有机物废水的应用实例见表3-8。目前，我国不仅可以对工业有机废水进行相应的净化处理，同时还可以将废水中的有机物如沼气、酵母等进行二次利用，这又极大地提高了有机废水处理技术水平，对于废水处理技术发展来说是非常重要。

表 3-8　生物联合技术处理典型耗氧有机物废水应用案例

废水	工艺	去除率 /%			
		COD	BOD_5	NH_4^+-N	SS
冷饮	水解酸化 - 气浮 - 生物接触氧化法	95.5	97.2	71.4	84
罐头	水解酸化 - 厌氧 - 好氧	95.6	98.6	—	93.3
棉蛋白	UASB-SBR-MBR	98.0	—	70.0	95
豆沙	气浮 - 厌氧 -BAF	98.6	—	—	86.7
可乐	UASB- 活性污泥法	98.0	99.2	—	94
豆干和膨化食品	预处理 -UASB-A/O	97.3	98.5	81.1	94.5
糖蜜发酵	EGSB-MBR	85.5	—	85.1	—
猪场	EGSB-A/O-MBR	85.6	88.3	88.5	71.9

资料来源：张磊，赵婷婷，何虎．食品加工废水处理技术研究进展 [J]. 水处理技术，2018，44（12）：7-13.

3.4　毒性有机污染物

毒性有机物一般是指其本身的化学组成对其周围的生物生命或人体健康造成危险的有机化合物。有毒有机物具有以下特性：

①长期残留性（持久性）。有毒有机物（如滴滴涕、多氯联苯、六氯苯等）一般对于自然条件下的生物代谢、光降解、化学分解等具有很强的抵抗能力。一旦排放到环境中，它们大多数难以进行降解，因此可在水体、土壤和空气等环境介质中存留数年甚至数十年或更长时间。

②生物蓄积性。大多数有毒有机物具有低水溶性、高脂溶性的特征，因而易蓄积于沉降物和生物脂肪组织层中，从而导致其从周围媒介物质中富集到生物体内，并通过食物链的生物放大作用达到中毒浓度，对生物体或环境造成长期的或累积性的毒性危害。

③高毒性。有毒有机物一般具有阈值，即在一定浓度限度以上均有毒性。因为它们的分子结构中含有危害性的官能团，可以抑制或破坏生物组织的功能。还有一些有毒有机物，即使在低浓度范围内，也会对人体或其他生物体产生严重的影响，有时甚至是不可逆的。

随着工农业的发展和人民生活水平的日益提高，各种化工产品、医药产品、农

业化肥、除草剂以及杀虫剂等有机化学产品种类越来越丰富，大量毒性有机物被使用并通过工业废水和生活污水的排放以及农用化学品的土壤渗漏、地表径流和大气沉降进入环境水体。其中有一些毒性有机污染物虽在环境中浓度很低，属痕量和超痕量级，污染环境也可能只在某些局部地区，但由于这些有害物质对人体健康，对生态系统有严重危害，因此受到世界各国的高度重视。20 世纪 70 年代，美国国家环境保护局从有机污染物中选出了 65 类，共计 129 种对人体构成潜在威胁的有机化合物作为优先控制污染物，其中 114 种为有毒有机物，占总数的 88.4%。20 世纪 80 年代以来，针对我国江河湖泊有机污染严重和监控指标缺憾的现实，我国提出了《中国环境优先污染物黑名单》，其中水体优先控制污染物黑名单分为 14 类 68 种，而其中有毒有机物为 12 类 58 种。

由于水环境中毒性有机污染物种类众多、结构复杂，涉及人类生产和生活的每个方面，如农药、内分泌干扰素、抗生素等。本书根据有毒有机物的使用成分，重点叙述与人类生活密切相关且常发生健康危害的毒性有机污染物，包括有机农药、抗生素、多环芳烃、环境内分泌干扰素、塑化剂及其他有毒污染物。

3.4.1 有机农药污染

3.4.1.1 农药残留

农药主要是指用来防治危害农林牧业的有害生物（害虫、害螨杂草及鼠类）和调节植物生长的化学药品。农药是重要的生产资料，在农业生产中发挥了积极的作用，据有关资料统计，由于农药的使用，每年挽回的粮食作物约为总产量的 7%。我国是农药生产和使用大国，每年要施用 80 万～100 万 t 化学农药。农药施用面积在 2.8 亿 hm^2 以上，农药使用量较大的是上海、浙江、山东、江苏和广东等地。以小麦为主要农作物的北方干旱地区施药量小于南方水稻产区，蔬菜、水果的用药量明显高于其他农作物。近年来我国的农药使用量有增加的趋势，如 1990 年农药使用量为 73.3 万 t，1995 年为 109.0 万 t，2000 年达到 128.0 万 t，2003 年达到 133.0 万 t。但农药利用率不到 30%，大量不被利用的农药将进入土壤、大气或水中，而水中农药可经口、皮肤和呼吸进入人体，产生健康危害。

有机农药的类别主要包括有机氯农药、有机磷农药、氨基甲酸酯类农药、拟除虫菊酯农药，其次是除草剂。在上述几大类有机农药中，有机氯农药的应用历史最长，有机磷农药种类最多。农药的化学性质与其结构相关。有机氯化合物性质稳定，在土壤中降解一般所需的时间为几年甚至十几年。它们可随径流进入水体，随大气飘移至世界各地，然后又随雨雪降到地面。因此在南极洲和格陵兰岛也能检出有机氯农药。我国曾经广泛使用的六六六、滴滴涕等有机氯农药和它们的代谢产物

化学性质稳定，在农作物及环境中降解缓慢，同时容易在人和动物体脂肪中积累。因而虽然有机氯农药及其代谢物毒性并不高，但它们的残毒问题仍然存在。由于有机氯农药有积累性，不易降解，从20世纪60年代起许多国家开始禁止或限制使用，逐渐为有机磷农药所取代。有机磷、氨基甲酸酯类农药化学性质不稳定，在施用后容易受外界条件影响而分解。但有机磷和氨基甲酸酯类农药中存在部分高毒和剧毒品种，如甲胺磷、对硫磷、涕灭威、克百威、水胺硫磷等，如果被施用于生长期较短、连续采收的蔬菜，则很难避免因残留量超标而导致人畜中毒。

农药污染是指农药或其有害代谢物、降解物对环境和生物产生的污染。由于农药的施用通常采用喷雾的方式，农药中的有机溶剂和部分农药飘浮在空气中，污染大气；农田被雨水冲刷，农药则进入江河，进而污染海洋；土壤中的残留农药则可通过渗漏作用到达地层深处，从而污染地下水。由于地下水环境中微生物较少，同时处在避光和缺氧状态下，农药在地下水中往往不易降解，具有持久性，即地下水农药污染很难逆转。所以，农药对环境的污染问题不容忽视。

3.4.1.2 有机氯农药（OCPs）

有机氯农药是环境中一类持久性有机污染物，被列为《关于持久性有机污染物的斯德哥尔摩公约》首批控制的12种化合物之一。常用有机氯农药具有一系列特性：①蒸汽压低，挥发性小，使用后消失缓慢。②脂溶性强，水中溶解度大多低于1×10^{-6}。③氯苯架构稳定，不易为体内酶降解，在生物体内消失缓慢。④土壤微生物作用的产物，也像亲体一样存在毒性。⑤有些有机氯农药，如DDT能悬浮于水面，可随水分子一起蒸发。环境中有机氯农药，通过生物富集和食物链作用，危害生物。

有机氯农药主要分为以苯为原料和以环戊二烯为原料的两大类。前者包括使用最早、应用最广的杀虫剂滴滴涕和六六六，以及杀螨剂三氯杀螨砜、三氯杀螨醇，杀菌剂五氯硝基苯、百菌清等；后者包括作为杀虫剂的氯丹、七氯、艾氏剂等。此外以松节油为原料的莰烯类杀虫剂、以毒杀芬为原料的冰片基氯也属于有机氯农药。

（1）有机氯农药的应用与残留

有机氯农药如六六六（HCHs）和滴滴涕（DDT）等，因具有高效、低成本、广谱杀虫和使用方便等特点，在我国20世纪50—80年代曾大量使用。尽管我国1983年开始全面禁止其生产和使用，但由于其长期的环境残留性，农业上施用的有机氯农药大部分残留在土壤中，导致这类农药禁用多年后仍在我国不同地区的土壤和水环境中频繁被检出，对生态环境安全造成了一定的威胁。

近年来，我国在珠三角、长三角、福建沿海、京津地区的部分河流、湖泊开展了水环境中有机氯农药（OCPs）的调查与风险评估，各地水体 OCPs 污染调查结果（表 3-9）显示，水环境中主要 OCPs 是六六六和滴滴涕。

表 3-9 我国不同区域水环境中 OCPs 残留调查与风险评估

区域	水样类型	OCPs 数 / 个	浓度 /（ng/L）	浓度均值 /（ng/L）	主要污染物	健康风险评估
北京市	UW	8	ND～190.0	122	HCH 和 DDT	较低
武汉东湖	SW	17	ND～120	18. 63	HCH 和 DDT	有
永定河	SW	15	ND～197.71	7. 81	HCH 和 DDT	—
沙颍河	SW	16	21. 0～61.4	30. 6	HCH 和硫丹 I	有
九龙河口	SW	25	39. 3～96.4	60. 0	HCH 和 DDT	—
白洋淀	SW	15	0. 11～4.50	1. 34	HCH	—
密云水库及支流	SW	17	9.81～32.1	15. 1	HCH	无
杭州湾	SW	10	1.35～26.36	9. 39	HCH 和 DDT	—
太湖	UW	14	31.36～1 241	205. 6	HCH 和 DDT	有
阳柴湖	SW	17	10.12～59. 75	15. 84	HCH 和七氯	—
微山湖	SW	12	65.31～100.31	85.47	HCH 和 DDT	—
长江江浙段	SW	24	3.07～23. 70	14.2	HCH 和 DDT	—
巢湖	SW	24	1.6～1 678. 6	132.4	异艾氏剂	—
太湖	SW	7	24.27～154.07	93.78	DDT	—
孔雀河	SW	12	ND～195	—	HCH 和 DDT	—
珠江	SW	20	2.42～39.52	—	HCH、硫丹	有
滦河	SW	15	ND～5. 47	1.11	HCH	—

续表

区域	水样类型	OCPs 数 / 个	浓度 /（ng/L）	浓度均值 /（ng/L）	主要污染物	健康风险评估
武汉内湖和长江武汉段	SW	8	3.18～13.62	15.64	HCH 和 DDT	无明显健康风险，但需处理才能饮用
京山市	UW	17	1 835.83～11 599.40	8 783.80	HCH 和七氯	有
汪洋沟	SW	14	32.3～43. 3	36.5	DDT	无
千岛湖	SW	10	1. 9～7. 6	—	HCH 和 DDT	无
千岛湖入库河流	SW	10	1.2～ 212	—	HCH 和 DDT	无
岳阳市	UW	5	ND～185.6	35.2	HCH	—
深圳市	市政饮用水	6	1 602～12 900	4 073	HCH	有
鄱阳湖	SW	20	19.10～111.78	—	HCH 和七氯	—
钱塘江	SW	10	1.31～6.68	—	HCH	无
黄河口	SW	2	2 560～9 809	2 836	HCH	有
黄河口周边	UW	2	5 110～185 340	45 520	HCH	有
晋江	SW	2	13.48～22. 25	17.60	HCH	—
象山湾	SW	2	2.88～34. 72	16.61	HCH	—
淮河	SW	2	4.39～46.36	—	HCH	—
海河天津段	SW	2	60～7 280	435.6	HCH	—

注：ND 表示未检出；—表示未分析；SW：地表水；UW：地下水

检出的 OCPs 主要源于历史使用残留，这与其理化性质和早期大量使用有关。土壤中吸附的 OCPs 经雨水冲刷、地表径流、淋溶、渗漏进入水体，由于其高疏水性，大部分吸附到水中悬浮颗粒物再沉淀到底泥，当水中浓度下降时，底泥、悬浮颗粒物中的农药又可释放进入水体，导致水中 OCPs 长期存在。也有学者发现林丹和三氯杀螨醇的新近使用是水体 HCHs 和 DDT 另一主要来源，两者在我国直到 2014 年才被禁止生产。水体 DDT 新近污染除来自三氯杀螨醇，还可来自含 DDT 的船用防污漆。有学者报道每年我国使用 150 万～300 万 t 的船用防污漆且大多用于中小型渔业船，这些防污漆中的DDT会持续污染水体。

（2）有机氯农药的危害

①对人类健康的危害

有机氯农药属神经及实质脏器毒物，对人和大多数其他生物体具有中等强度的急性毒性。暴露在有机氯农药环境中将对人体产生不利的影响。许多有机氯农药可以对人类生殖机能产生影响，损害精子、使受孕和生殖能力降低，并可导致胚胎发育障碍、子代发育不良或死亡。有机氯农药还能影响人的智力发育及神经系统，大量研究证明，若母乳中含有大量的有机氯农药，将会通过母乳传递给后代，从而产生不可估量的危害。研究表明，母亲在怀孕期间食用了含有机氯农药的鱼，出生的孩子大部分表现出一定的智力障碍。Wendel等对59个长期接触DDT的人进行调查，发现他们的神经系统也受到了不同程度的损害，有机氯农药还会损坏免疫系统，并诱导机体发生癌变等。

②对其他生物的危害

自20世纪60年代以来不断发现有机氯农药对鸟类产生毒害作用的现象，如慢性中毒、贫血、卵壳变薄易脆、孵化率降低、繁殖能力减弱、致死、致畸等。有研究表明有机氯农药DDT的代谢产物DDE可影响食肉鸟类蛋壳的厚度，Ryckman等研究了DDT和DDE对加拿大安达略湖地区的鸟类的影响，发现蛋壳的平均厚度低于DDT污染发生前。同时有些种群的鸟嘴发生了畸变。20世纪50—70年代，由于DDE导致繁殖成功率及幼鸟存活率降低，致使北美许多地区的白头海雕数量剧减。但是，当有机氯农药减少使用时，鸟类的蛋壳厚度、繁殖成功率和幼鸟数量都有显著提高。有机氯农药是能够干扰动物内分泌功能的环境激素。目前已确定环境激素有70种，其中44种化学类农药激素以有机氯农药为主。Kelce等发现DDT的代谢物p,p'-DDE与雌激素受体（ER）结合能力很小，但具有抗雄激素作用，能抑制雄性大鼠雄激素活性。

众所周知，美国生物学家蕾切尔·卡逊于1962年出版了《寂静的春天》，书中描述了人类可能将面临一个没有鸟、蜜蜂和蝴蝶的世界。实际上造成春天寂静的原因就是过度使用DDT等有机氯农药，造成环境污染和鸟类、有益昆虫等生物死亡。正是这本意义非凡的书在世界范围内引起人们对野生动物的关注，唤起了人们的环境意识。这本书同时引发了公众对环境问题的注意，将环境保护问题提到了各国政府面前。各种环境保护组织纷纷成立，从而促使联合国于1972年6月12日在斯德哥尔摩召开了“人类环境会议”，并由各国签署了《人类环境宣言》，开始了环境保护事业。

（3）有机氯农药毒性作用机理

①对神经系统的影响

有机氯农药的主要靶器官是神经系统。DDT作用于神经类脂膜，能降低神经

膜对 K^+ 离子的通透性，改变神经元膜电位，抑制神经末梢ATP酶活性，对 Na^+、K^+-ATP酶的抑制更明显。目前认为，DDT分子与神经膜上受体结构互补，是毒性作用的基础。DDT与神经膜上的DDT受体部位作用时，由于其分子结构中带有对位氯的苯环，以范德华力从一定的方向插入到受体脂蛋白中，造成膜结构扭曲，而DDT结构中的三氯乙烷侧链则置于膜孔道中，使孔道处于开放状态，使得 Na^+ 易透过膜孔道而漏出，导致不正常的神经冲动，从而引发产生各种症状。六六六、狄氏剂、艾氏剂和氯丹等化合物可刺激突触前膜，导致乙酰胆碱的释放量增加并大量积集在突触间隙。狄氏剂和六六六还可与γ-氨基丁酸受体结合，产生竞争性拮抗作用，使正常的神经传递受阻，因而产生神经毒作用。

②对酶活性的影响

有机氯农药对肝脏微粒体细胞色素P450等酶具有诱导作用。DDT能诱导产生较多的脱氯化氢酶，加速其转化为DDE的过程，致使肝细胞肿大，影响其他药物的代谢。随着DDE的蓄积，加强了对某些酶的抑制，肝细胞脂肪变性、萎缩乃至死亡。六六六还能诱导肝脏中氨基酮戊酸（ALA）合成酶，促进卟啉合成。因此，长期接触六六六的人有可能患卟啉症。由于血液中卟啉的增加，皮肤容易对光过敏或发生痤疮，这种诱导作用以体内蓄积的乙体六六六为最强。

③对类固醇激素代谢的影响

有机氯农药通过诱导作用，可改变雌、雄激素以及肾上腺皮质激素的代谢，影响体内各种类固醇激素的水平。此外，DDT的代谢产物DDD还能抑制肾上腺皮质分泌激素，降低肾上腺皮质对ACTH（血浆促肾上腺皮质激素）的反应。

有机氯农药中毒者有强烈的刺激症状，主要表现为头痛、头晕、眼红充血、流泪怕光、咳嗽、咽痛、乏力、出汗、流涎、恶心、食欲不振、失眠以及头面部感觉异常等，中度中毒者除有以上述症状外，还有呕吐、腹痛、四肢酸痛、抽搐、紫绀、呼吸困难、心动过速等；重度中毒者除上述症状明显加重外，尚有高热、多汗、肌肉收缩、癫痫样发作、昏迷，甚至死亡。

3.4.1.3 有机磷农药

（1）有机磷农药的应用与残留

有机磷农药（OPPs）是用于防治植物病虫害的含有磷的有机化合物。这一类农药品种多、药效高、用途广、易分解，在人、畜体内一般不积累，在农药中是极为重要的一类化合物。有机磷农药大多呈油状或结晶状，一般不溶于水，易溶于有机溶剂如苯、丙酮、乙醚、三氮甲烷及油类，对光、热、氧均较稳定，遇碱则易分解破坏。市场上销售的有机磷农药剂型主要有乳化剂、可湿性粉剂、颗粒剂和粉剂四大剂型。近年来混合剂和复配剂已逐渐增多。

人们对有机磷类化合物的研究可追溯至180多年前，但真正系统地研究有机磷农药的生物活性却始于第二次世界大战期间。鉴于对硫磷等有机磷化合物具有杀虫活性的突出特点，第二次世界大战结束后，即受到世界各国的关注，并很快成为世界性的杀虫剂被广泛用于控制农业和家庭害虫。许多国际上知名的化学公司都生产经营有机磷农药，1992年，全球杀虫剂的销售额中，有机磷农药占据了近40%的杀虫剂市场，有机磷农药的销售在整个90年代一直占据着统治地位，不仅使用量倍增，适用范围也逐渐扩大，从控制农作物病虫害的杀虫剂拓展到除草剂、杀菌剂、杀鼠剂、脱叶剂和植物生长调节剂等用途。在美国，20世纪90年代初每年仅对硫磷和甲基对硫磷这两种有机磷农药的使用量就将近3 175 t；在英国，1994年用于生产的有机磷农药395 t，按照有效成分重量计算，有机磷农药占英国杀虫剂市场的60%，1992—1994年，乐果的使用量增加了89%，毒死蜱的使用量增加了近8倍；在我国，20世纪90年代初，农药产量每年接近30万t，杀虫剂的使用量约占农药总产量的75%，其中有机磷杀虫剂占杀虫剂总产量的77%，如常用的对硫磷、内吸磷、马拉硫磷、乐果、敌百虫及敌敌畏等。近年来，高效低毒的品种发展很快，逐步取代了一些高毒品种，然而目前世界上使用的有机磷农药仍达上百种，尤其在杀虫剂方面，有机磷类为三大支柱之一，并长期居首位。

有机磷农药施用到农田后，仅有1%～2%作用于防治对象，10%～20%进入大气和被植物吸收，其余的80%～90%进入土壤并通过不同的途径进入其他环境介质中。有机磷农药从土壤和水体表面向大气中的挥发、在土壤中的吸附与移动以及通过径流或淋溶进入水体，进而经各种途径进入生物体内富集。同时，进入环境中的有机磷农药会在各种物理、化学、生物因素的作用下发生光解、水解、微生物降解等一系列反应。有机磷农药在环境中的迁移转化与其本身的理化性质（包括挥发性能、水溶解度、分配系数和在环境中的代谢能力等）有关。蒸气压高的有机磷农药挥发性强，易从土壤和水体挥发到大气中，并由呼吸道进入人体；水溶性大的有机磷农药在土壤中移动性强，易经淋溶或径流进入地下水，易被生物吸收而引发急性危害。水溶性小的有机磷农药土壤吸附性强，一旦进入生物体内，极易造成富集而引发慢性危害。

有机磷农药的高使用量、低利用率以及其在环境中复杂的迁移转化能力，使我国各个地区、各种环境系统和各类食品中均能检测到有机磷农药的残留，详见表3-10。丁浩东等研究显示，我国地表水体中最高的五种有机磷农药是敌敌畏、乐果、对硫磷、马拉硫磷、甲基对硫磷，其平均检出率分别是63.29%、41.64%、40.76%、43. 57%、40.56%。全国水体中农药平均浓度最高的是乐果（0.187 μg/L）其浓度范围为0～30.180 μg/L，其次为马拉硫磷、甲基对硫磷、敌敌畏和对硫磷。

表 3-10　不同区域水环境中 OPPs 残留调查

区域	水样类型	OPPs 数 / 个	浓度 /（μg/L）	浓度均值 /（μg/L）	主要污染物	健康风险评估
京山市	UW	4	1.739～2.194	2.105	毒虫畏	无
绍兴上虞区	SW	5	0.17～12.05	3.2	敌敌畏	有
江汉平原	UW	10	0.031～0.264	0.086	氧化乐果	—
烟台市	SW	27	0.023～0.243	0.118	甲基毒死蜱	—
珠江河口	SW	9	0.46～43.60	7.25	甲拌磷、乙拌磷、敌敌畏	—
桑沟湾	SW	8	0.001～0.265	0.061	马拉硫磷和对硫磷	—
武汉市	农村饮水	12	0～1.52	0.38	三唑磷和马拉硫磷	无
北京市	UW	2	0.016～0.018	0.017	敌敌畏和氧化乐果	较低

对硫磷、甲基对硫磷、甲拌磷都是高毒性有机磷农药，这些农药具有高毒性、持续效果长的特点而曾广泛应用，这些高毒性有机磷农药虽然灭虫效果好，但对环境的影响也很大。国内也在积极推广使用低毒性有机磷农药如毒死蜱。我国农业部第 322 号公告在 2007 年 1 月 1 日已全面禁止在国内销售和使用甲胺磷、对硫磷、甲基对硫磷、久效磷和磷铵 5 种高毒性有机磷农药，但是现在水体中甲基对硫磷检出率仍比较高，说明有机磷农药对环境的污染影响仍存在。

（2）有机磷农药污染的危害

①对人体健康的危害

有机磷农药常用作杀虫剂，其作用机理是可以和乙酰胆碱酶结合，从而抑制昆虫体内乙酰胆碱酶的活性，而乙酰胆碱是一种非常重要的神经传导介质。同样的机理也会作用于人体。环境中残留的有机磷农药会通过饮用水、蔬菜、粮食进入人体内并在人体内富集，尤其是亲脂性较强的有机磷农药，如三唑磷、伏杀硫磷、喹硫磷、毒死蜱。长期低剂量接触某些 OPPs，对机体具有致畸、致癌、致突变危害，还可能引起咳嗽、肌肉麻木，诱发心血管疾病、癌症和糖尿病等慢性疾病；对于孕妇，OPPs 能够通过胎盘屏障影响胎儿的生长发育，进一步研究还发现胚胎期和儿童期，OPPs 暴露不仅会造成儿童生长发育不良，还可能与儿童社会情感问题（如孤独症、脑性瘫痪和精神发育迟缓）等疾病相关。

②对水生动物的危害

近年来，不断出现有机磷农药污染近岸水域导致大批鱼虾贝死亡事故的报道，OPPs废水已开始成为人们普遍关注的污染物之一。有机磷农药对水生动物的神经毒性主要是抑制其胆碱酯酶的活性，其毒性分为急性中毒和慢性中毒。当处于高浓度OPPs中，水生动物主要发生急性中毒，中毒症状主要表现为，开始可能出现急躁不安，有狂游冲撞等剧烈反应，然后呼吸困难，游泳不稳定，最后痉挛麻痹、失去平衡，直至昏迷致死。水生动物暴露于OPPs亚致死浓度下普遍表现为食欲减退，呼吸困难，食物转化率下降，新陈代谢水平降低，生长减缓，甚至停止。OPPs能引起孵化率下降，对胚胎有致畸作用；还可抑制内分泌，导致内分泌功能失调，甚至影响性腺发育和分泌；还对肝脏、胰脏、鳃、肠、肌肉等实质性脏器存在毒性效应，引起红细胞数量下降等。

（3）有机磷农药的代谢途径及毒性机理

有机磷农药可经消化道、呼吸道及完整的皮肤和黏膜进入人体。吸收的有机磷农药在体内分布于各器官，其中以肝脏含量最大，脑内含量则取决于农药穿透血脑屏障的能力。体内的有机磷首先经过氧化和水解两种方式生物转化，氧化使毒性增强，如对硫磷在肝脏滑面内质网的混合功能氧化酶作用下，氧化为毒性较大的对氧磷；水解可使毒性降低，例如对硫磷在氧化的同时，被磷酸酯酶水解而失去作用。其次，经氧化和水解后的代谢产物，部分再经葡萄糖醛酸与硫酸结合反应而随尿液排出；部分水解产物对硝基酚或对硝基甲酚等直接经尿液排出，而不需经结合反应。

有机磷农药中毒的主要机理是抑制胆碱酯酶的活性。有机磷与胆碱酯酶结合，形成磷酰化胆碱酯酶，使胆碱酯酶失去催化乙酰胆碱水解作用，积聚的乙酰胆碱对中枢神经有两种作用：

①毒蕈碱样作用：乙酰胆碱在副交感神经节后纤维支配的效应器细胞膜上与毒蕈碱型受体结合，产生副交感神经末梢兴奋的效应，表现为心脏活动抑制，支气管胃肠壁收缩，瞳孔括约肌和睫状肌收缩，呼吸道和消化道腺体分泌增多。

②烟碱样作用：乙酰胆碱在交感、副交感神经节的突触后膜和神经肌肉接头的终极后膜上烟碱型受体结合，引起节后神经元和骨骼肌神经终极产生先兴奋、后抑制的效应。这种效应与烟碱相似，称烟碱样作用。

乙酰胆碱对中枢神经系统的作用，主要是破坏兴奋和抑制的平衡，引起中枢神经调节功能紊乱，大量积聚主要表现为中枢神经系统抑制，可引起昏迷等症状。

有机磷与胆碱酯酶结合形成的磷酰化胆碱酯酶有两种形式。一种结合不稳固，如对硫磷、内吸磷、甲拌磷等，部分可以水解复能；另一种形式结合稳固，如三甲苯磷、敌百虫、敌敌畏、对溴磷、马拉硫磷等，使被抑制的胆碱酶不能再复能，可

谓胆碱酯酶老化。胆碱酯酶不能复能，可以引起迟发影响，如引起周围神经和脊髓长束的轴索变性，发生迟发性周围神经病。

3.4.1.4 氨基甲酸酯类农药

（1）应用及环境残留

基甲酸酯类农药是人类针对有机氯和有机磷农药的缺点而开发出的一种新型农药，可用作杀虫剂、除草剂、杀菌剂等。这类杀虫剂分为五大类：①萘基氨基甲酸酯类，如西维因；②苯基氨基甲酸酯类，如叶蝉散；③氨基甲酸肟酯类，如涕灭威；④杂环甲基氨基甲酸酯类，如呋喃丹；⑤杂环二甲基氨基甲酸酯类，如异索威。氨基甲酸酯类农药具有选择性强、高效、广谱、对人畜低毒、易分解和残毒少的特点，在农业、林业和牧业等方面得到了广泛的应用。氨基甲酸酯类农药已有 1 000 多种，其使用量已超过有机磷农药，销售额仅次于拟除虫菊酯类农药位居第二。氨基甲酸酯类农药使用量较大的有速灭威（Metolcarb）、西维因（Carbaryl）、涕灭威（Aldicarb）、克百威（Carbofuran）、叶蝉散（IsoprOCarb）和抗蚜威（Pirimicarb）等。其中涕灭威和克百威属于剧毒型氨基甲酸酯农药，尽管部分国家在某些行业已经禁止此类农药的使用，但是由于杀虫效果好，持续时间较长，在我国仍有较多应用，在水源地水体中普遍检出。王静等分析了浙江省 11 个地级市饮用水水源地水体中氨基甲酸酯农药污染现状及健康风险，结果表明，涕灭威、灭多威、克百威检出率较高，浓度分别为 0.86～29.0 ng/L、0.1～170 ng/L 和 0.01～14.0 ng/L；残杀威、猛杀威零星检出，检出率分别为 25%、12.5%；涕灭威在所有类型水源地中均有检出，但是河流型水源地浓度平均值为 18.0 ng/L，远高于水库型水源地，因此河流型水源地水体中氨基甲酸酯农药污染比水库型水源地严重。

（2）氨基甲酸酯类农药的危害

氨基甲酸酯类农药具有致突变、致畸和致癌作用。因此，国际癌症研究机构在 2007 年把氨基甲酸酯类列为 2A 类致癌物。研究表明，将西维因以各种方式处理小鼠和大鼠，均可引起癌变，并对豚鼠、狗、小鼠、猪、鸡和鸭有致畸作用。西维因等氨基甲酸酯类农药进入人体后，在胃的酸性条件下可与食物中的硝酸盐和亚硝酸盐生成 *N*- 亚硝基化合物，显示出较强的致突变活性。氨基甲酸酯类农药除了杀虫作用之外，还有显著刺激作物生长的作用，其缺点是毒性大，易发生人畜中毒事件，其残留对人、畜及环境可产生极大的危害。

（3）毒性作用机理

氨基甲酸酯类农药毒性作用机理与有机磷农药相似，主要是抑制胆碱酯酶活性，使酶活性中心丝氨酸的羟基被氨基甲酰化，因而失去酶对乙酰胆碱的水解能力。氨基甲酸酯类农药不需经代谢活化，即可直接与胆碱酯酶形成疏松的复合体。

由于氨基甲酸酯类农药与胆碱酯酶的结合是可逆的，且在机体内很快被水解，胆碱酯酶活性较易恢复，故其毒性作用较有机磷农药中毒为轻。

3.4.1.5 拟除虫菊酯农药

（1）应用与环境残留

拟除虫菊酯农药（synthetic pyrethroids，SPs）是模拟天然除虫菊素由人工合成的仿生杀虫剂，也是继有机氯和有机磷农药之后的第三代农药。20 世纪 60 年代后期，特别是 70 年代，人们大力发展拟除虫菊酯杀虫剂。该类药剂具有杀虫效果明显、对害虫的杀伤力强，对高等动物低毒，无特殊臭味和易生物降解等特点，在国内外得到广泛使用。我国常用的品种有溴氰菊酯、氰戊菊酯、氯氰菊酯、二氯苯醚菊酯和氟氯氰菊酯等，广泛应用于农业生产和家庭公共卫生的防治。然而随着 SPs 使用量的逐年增加，大量的 SPs 随着雨水径流、农田排水和人类排污进入水环境。Feo 等对西班牙埃布罗河中水体开展研究，发现氯氰菊酯检出率最高为 87.5%，浓度水平为 4.9～30.5 ng/L。Chang 等分别对河北保定地区自来水、井水、王快水库和曹河水体中 SPs 进行研究，结果表明自来水、井水和水库水体中并未检出 SPs，而曹河水体中高效氯氟氰菊酯和氯氰菊酯浓度分别为 63 ng/L 和 32 ng/L。除此之外，Xue 等也在官厅水库水体、沉积物孔隙水和沉积物中均发现 SPs 的存在，3 类样品中发现赋存浓度最高的均为溴氰菊酯，其在水体、孔隙水和沉积物（干重）中平均含量分别为 4.3 ng/L、31.8 ng/L 和 81.4 ng/kg。Jabeen 等对巴基斯坦的印度河中水体、沉积物和鱼所赋存的典型 SPs 进行研究，结果表明该地区 SPs 污染与当地密集的农业活动有关，其中溴氰菊酯和氯氰菊酯在水体中并未检出，但是在沉积物中和鱼肉组织内均得到检出，沉积物和鲤鱼肌肉组织（干重）中溴氰菊酯含量分别为 0.21～0.32 mg/kg 和 0.49～0.84 mg/kg，而氯氰菊酯含量分别为 0.18～0.20 mg/kg 和 0.14～0.17 mg/kg，这也充分印证了 SPs 在水环境中具备强大疏水性，同时也说明了食用该地区鱼类也是 SPs 进入人体的一种可能途径。不同于印度河地区的 SPs 主要源于农业源污染，Weston 等在加利福尼亚—加州三角洲地区的生活污水处理厂、农田径流和地表水体进行 SPs 赋存和源解析的研究，结果发现，该地区 SPs 污染主要源于人类生活排放。Li 等分别在北京地区和珠江地区的沉积物研究中也得到了相似的结论，这主要可能归因于部分 SPs 也被广泛应用于生活场所中蚊蝇的杀灭。

（2）拟除虫菊酯农药的危害

虽然传统认识上认为拟除虫菊酯农药对环境低毒无害，但是越来越多的研究表明，拟除虫菊酯农药也会通过直接效应或者食物链的富集效应影响水生生物的安全，尤其是影响水生无脊柱动物和鱼类的健康。因此，许多国家和地区已经开始重视和重新审视拟除虫菊酯农药在水环境中的残留行为。据研究，拟除虫菊酯为

神经毒物，近年来的研究也证明拟除虫菊酯能刺激乳腺癌细胞增殖，具有拟雌激素活性、生殖内分泌毒性，对免疫、心血管系统等多方面造成危害。除此之外，水环境中的拟除虫菊酯农药也会借助人类亲水和长期饮水的机会，从而损害人体分泌功能和影响男性生殖功能。拟除虫菊酯类农药可经消化道和呼吸道吸收，经皮肤吸收甚微。吸收后主要分布于脂肪以及神经等组织。在肝脏内进行生物转化，主要方式是羟化、水解和结合。代谢过程中产生的酯类以游离形式排出；酸类如环丙烷羧酸或苯氧基苯甲酸，则与葡萄糖醛酸结合后排出。拟除虫菊酯类农药在体内代谢和排出过程都较快，故在体内蓄积较少。由于这类农药在体内代谢快、蓄积程度低，呈现的慢性毒作用也较低，目前尚未有拟除虫菊酯有致突变、致畸变和致癌变作用的报道。

3.4.1.6 除草剂

除草剂是近20年来逐渐发展起来的一种农药类型，随着化学工业的发展除草剂的品种也逐渐增多。在我国研制和投产的除草剂也已达数十种。目前全世界除草剂的使用量已超过杀虫剂而跃居第一位。

大多数除草剂对人畜的急性毒性较低，极少有急性中毒发生。但是使用除草剂能在蔬菜中残留，通过食物链而使人畜发生慢性危害作用。例如，五氯酚钠、二硝基酚等则对温血动物的毒性较高，有抑制呼吸的作用；2,4-D和2,4,5-T有致畸胎作用。用除草剂杀草强喂饲大鼠两年，有一半以上的供试大鼠产生了甲状腺肿瘤和其他肿瘤。

（1）百草枯

百草枯为速效触杀型灭生性季铵盐类除草剂，对家禽、鱼、蜜蜂低毒，对眼睛有刺激作用，可引起指甲、皮肤溃烂等；口服3 g即可导致系统性中毒，并导致肝、肾等多器官衰竭，肺部纤维化（不可逆）和呼吸衰竭。

（2）2,4,5-T

2,4,5-T又名2,4,5-三氯苯氧基乙酸，属苯氧羧酸类除草剂，急性毒性会产生呼吸速率增加，血压下降，血液浓缩，血中尿素氮上升，直至深度昏迷、休克和死亡。在其生产和使用降解过程中均可产生“三致”物质二噁英类。美国在越南战争中使用了2,4,5-T严重污染了越南的土壤、大气和水域，并使受此农药影响的越南妇女生产畸形儿、不孕症及癌症发病率增高。

（3）除草醚

除草醚为醚类选择性触杀型除草剂。试验证明它对哺乳动物有“三致”作用。我国已于1997年10月发出通知，自2000年12月31日停止生产除草醚，并于2001年12月31日前停止销售和使用除草醚。

（4）阿特拉津

阿特拉津是选择性内吸传导型除草剂。侵入途径主要为吸入、食入、经皮吸收，对皮肤和眼睛有刺激作用，属低毒除草剂。动物实验致癌、致畸为阳性，对人有致突变作用。

（5）地乐酚

地乐酚属硝基苯酚除草剂，在美国大量使用于棉花、大豆和花生地中。此除草剂具有致癌变、致畸和使农场男性工人患不育症的作用，并可使早期胎儿发育缺陷。此外，它还能影响人体免疫系统和引起白内障。

3.4.1.7 有机农药的去除技术

大多数有机农药残留及其降解产物均无法通过常规饮用水处理工艺（混凝 - 沉淀 - 过滤 - 消毒）和传统污水处理工艺得到有效去除。为使出水满足相应的水质标准，许多饮用水处理、污水处理及中水回用处理过程中引入了不同的预处理或深度处理方法与技术。常用的处理技术主要分为两类：第一类为物理化学法，如吸附法、膜分离法和超声法；第二类为化学法，包括化学氧化法、光化学氧化法和电化学氧化法等。此外，近几十年发现微生物对水环境的农药降解起主要作用，在农药的微生物降解研究中，分离构建一种由天然微生物构成的复合系统，将其应用于被污染的环境是消除农药污染的一个有效方法。

（1）物理化学法

①吸附法

吸附法是主要是通过一些具有吸附性的物质或生物吸附来减少农产品和环境中残留的农药，选择性能优良的吸附剂是吸附法的重要研究内容。

a. 活性炭纤维吸附

活性炭纤维（ACF）是 20 世纪 70 年代发展起来的新型高效吸附剂，用天然纤维或人造纤维经过碳化、活化制成。ACF 具有很大的比表面积（1 000～2 500 m^2/g），巨大的比表面积赋予它高的吸附量。另一重要特点是丰富的微孔（<2 nm），占总体积的 90% 以上，没有过渡孔和大孔，微孔直接分布在表面上，因而吸附速度快，对低浓度吸附质的吸附能力特别优良。汤亚飞等采用活性炭纤维作吸附剂，对其去除水中微量的敌敌畏、乐果、甲基对硫磷和对硫磷进行了研究，结果表明活性炭纤维具有良好的吸附性能，初始浓度为 10 μg/L 时，处理后四种农药的平均残余质量浓度为 0.02～0.14 μg/L。

b. 活性炭吸附

活性炭吸附技术可以去除水中的微量有机污染物，并对水中高锰酸盐指数、TOC 等都有不同程度的降低。活性炭吸附技术具有反应器设计简单、吸附容量高、

不会改变污染物的结构形态、投资成本和运行成本低、活性炭再生后可重复使用等诸多优点，因此成为去除水中有机微污染物的最佳方法之一。何文杰等研究了阿特拉津、甲萘威和呋喃丹与粉末活性炭的吸附过程及规律，结果表明粉末活性炭对这 3 种农药吸附效果较好，在 30 min 的吸附时间内，在初始投加量为 20 mg/L 的粉末活性炭条件下，阿特拉津、甲萘威和呋喃丹的去除率已达到 80% 以上。刘旭等考察了粉末活性炭吸附去除水中呋喃丹的可行性，结果表明采用粉末活性炭可有效去除水中的呋喃丹，在去离子水条件下，呋喃丹初始质量浓度为 0.035 mg/L，投炭量为 20 mg/L，吸附时间为 120 min 时，呋喃丹的去除率大于 98%。然而，活性炭吸附技术在实际应用中，仅仅依靠吸附来去除水中有机物的使用寿命只有 3～6 个月，并且活性炭再生比较困难，再生技术成本较高，所以人们寻求更好的处理技术，随着研究的深入，出现了后来的生物活性炭技术。

生物活性炭技术同时发挥了活性炭的物理吸附作用和微生物的生物降解作用。所以在水处理中，人为有意识地助长活性炭表面好氧微生物的生长，从而达到去除可生物降解的有机物的目的。生物活性炭一般采用自然挂膜方式，常温下其挂膜需要 4～5 周，但氨氮的自养硝化菌的成熟大约需 7 周，如果水温下降至 10℃，所需时间更长。因而采用此法常要求适宜水温在 20～30℃，不能低于 10℃；大多数细菌、藻类、原生生物的最佳 pH 范围是 6.5～7.5。微生物的生长繁殖既需要营养物也需要氧气，但是水中的溶解氧一般都很低，不能满足微生物生长的需要。所以生物活性炭工艺运行时在水中一般都曝气以增加氧气的含量。采用生物活性炭提高了出水水质，可以增加水中溶解性有机物的去除效率；延长了活性炭的再生周期，大大降低了运行费用。

②膜分离法

膜分离法去除有机农药的主要机理为尺寸排阻。当膜的平均孔径小于农药分子尺寸时，农药会被膜截留，二者的排斥力取决于农药与膜之间的亲和力。膜工艺处理水中有机农药的效果受多种因素影响，如膜的特性（膜材料、截留分子质量或孔径、脱盐率和带电性）、农药性质（农药分子质量或粒径、亲 / 疏水性）、溶液性质（溶液 pH、溶质浓度、离子环境和有机物浓度）、膜的污染程度和过滤体系运行参数。反渗透膜（RO）能有效去除水中有机农药，且具有许多优于其他工艺的性能，提高了脱盐率、化学性质更稳定并降低了运行压力。Raval 等先以 NaClO 作为氧化剂对 RO 膜表面进行处理，再以壳聚糖对受损膜表面进行修复，改性处理后膜的水通量变为原膜的 2.5 倍，且截留率由 92% 升至 95%，改性处理使得 RO 膜的处理能力和处理效果均得以改善。RO 膜不但能有效去除水中农药等有机微污染物，还能去除水中 Ca、Mg 盐，降低水的硬度，去除水中胶体、天然有机物（NOM）及毒性化合物。纳滤膜（NF）的应用，既能大幅降低工艺运行过程中的能耗，又能有效去除水中的有机农药。杨青等对比了不同类型纳滤膜处理吡虫啉农药废水的效果，研究了操作压力和进水水质对污染物去除率及膜通量的影响，其研究结果表明 NF90 膜的去除效果较好，在操作压力为 1.4 MPa 时，对各种污染物的去除率为 85%～99%。Bruggen 等研究表明，水体中的异丙隆、阿特拉津、敌草隆和西玛津在 NF70 系列膜上吸附去除率均达到 90% 以上。

膜处理工艺也存在一些问题与不足，其中最大的问题是膜污染，膜污染会改变膜的表面特性，从而对有机农药截留作用产生显著影响。因此，工艺选择前，应对可能在膜表面沉积从而导致膜污染的有机物和无机物的种类及含量进行综合评估。除膜污染外，运行费用高是限制膜工艺被广泛采用的另一主要原因。基于上述问题，反渗透法和纳滤法一般不单独用于水处理，而是与其他工艺联合使用，并应选择合适的运行参数，以保证其正常运行。

③超声波法

超声波法应用于农药废水处理，其主要原理是在超声波作用下液体产生空化作用从而降解废水中的农药分子。目前此技术比较成熟，国外已开始实践应用于农药废水处理。Kotronarou 等在利用超声波法降解有机磷等农药的过程中发现，经过超声波的空化作用后，有机物分子中的化学键断裂，其中磷、硫都被降解成了 PO_4^{3-} 和 SO_4^{2-}。Cristina 等用声强 75 W/cm^2、频率 20 kHz 的超声降解 pH 为 6.0，浓度为 82 μmol/L 的对硫磷溶液，30℃下经 120 min 超声辐照，硫磷可被完全降解。Robina 等用 20 kHz，75 W/cm^2 超声波辐射 30 min，82 μmol/ L 马拉磷溶液 pH 从 6 下降到 4，2 h 内全部降解，产物均为无机小分子。

采用超声法和其他技术组合降解农药是农药废水处理技术的新发展。王利平等使用超声－臭氧组合工艺降解乐果农药废水，发现二者有协同作用，在处理水量为 5 L，pH 为 3.0，O_3 流量 5.20 mg/L，反应 2.5 h 后，COD 去除率为 29.06%，同时 BOD_5/COD_{Cr} 由 0.2 提高至 0.35，显著提高了废水的可生化性，有利于后续生物处理。任百祥等采用超声波 -Fenton 降解百草枯模拟农药废水，在超声频率 196 kHz，功率 200 W 的条件下，投加 40 mmol 的 H_2O_2 和 8 mmol 的 $FeSO_4$，反应 2.5 h，COD 去除率可达 95.1%；超声波和 Fenton 之间具有明显的耦合作用。

（2）化学法

化学法去除农药是指针对农药不同的官能团采用相应的化学试剂与其进行反应，从而促使农药降解的方法。目前化学降解法应用较多，主要包括氧化降解、水解、光催化降解等，其中应用较多的是氧化降解技术，主要包括臭氧降解法和过氧化氢降解法。

①氧化降解

a. 臭氧降解法

臭氧降解法可将农药中的化合物氧化到它们的最高价态，这是因为臭氧在水中可以生成具有强氧化能力的单原子氧（O）和羟基自由基（·OH），这些物质可以促进水体中的有机农药发生快速的降解。臭氧氧化法产生臭氧不需要额外购置药剂，其具有操作设备简单、无污染和高效处理等优点。其利用臭氧的强氧化性和与水接触反应产生的羟基自由基（·OH）破坏有机高分子中的双键发色团，如硝基、硫化羟基、偶氮基、碳亚氨基等，来降解废水中的特征污染物。刘超等以DDT、六氯苯、α-氯丹、γ-氯丹等农药为对象开展了多种农药的臭氧氧化研究，当各类农药的初始浓度均为5 μmol/L，反应温度为25℃，pH为7的条件下，臭氧的初始投加量为5 mg/L、反应进行30 min后，臭氧对α-氯丹和γ-氯丹的降解率分别为62%和40%。然而研究显示，臭氧难以氧化六氯苯和DDT，即使采用臭氧过氧化氢联合处理技术，去除效果也并不理想。此外，臭氧发生器成本高、后续维护费用高是目前臭氧氧化法应用的不足。

b. 过氧化氢降解法

过氧化氢降解法是利用过氧化氢的氧化性、经过催化可以生成活泼的自由基等特性从而引发有机农药的氧化降解。其突出的优点就是反应活性强，生成H_2O和O_2，降解物无毒，过量使用也不会引发污染问题，被称为“最清洁”的化学品，常被应用于残留农药的降解，尤其是对有机磷农药降解作用更加明显，相比不加双氧水的处理降解率可提高5～13倍。

目前H_2O_2与Fe^{3+}和Fe^{2+}混合形成的混合溶液（Fenton试剂），也可以较好地促进有机农药的降解，受到国内外很多研究者的关注。Choi等研究发现Fenton试剂可以促使有机磷类农药乙基对硫磷的降解，降解率高达80%。李俊芳等的研究结果表明，在pH为中性和紫外光照射下，H_2O_2对农药吡虫啉的降解促进作用随着时间的延长而增高，最高降解率是在紫外光降解12 h后，降解率最高可达99.9%，催化剂和初始浓度的增高对农药吡虫啉的降解也有一定影响。另外，刘昆等研究了H_2O_2对4种不同农药的降解效果发现，西维因和马拉硫磷在碱性条件下（pH为10.0）降解率较高，而二嗪磷和精异丙甲草胺在中性条件下（pH为7.0）降解率较高。

②水解

水解法可分为酸性和碱性两种，在处理大多数有机磷类农药废水时可取得较好的处理效果。绝大多数有机磷农药偏酸性，在碱性水溶液中极不稳定，在水解酶作用下易水解。徐波等以三唑磷农药废水为研究对象，预处理工艺采用了碱性水解氧化工艺，研究表明在碱性环境下进行水解，反应完成后废水中COD的浓度下降了

30%～35%，同时可降解氨氮、磷化物，并使盐浓度大幅度降低，确保了后续生物处理工艺的稳定运行。刘立芬等在常温常压下水解去除高盐度有机磷农药废水，具有较好的COD去除率，并可回收吡啶酚钠，研究表明pH是水解过程的重要影响因素。水解法处理有机磷农药废水时，产生NH_3和H_2S等恶臭气体需要有效地收集和处理，并且需要在强酸强碱条件下反应，因此对设备的要求高，设备应耐腐蚀。

③光化学降解

农药的光化学降解，是指农药在吸收光能后直接或者间接地利用光能，农药分子从基态变成激发态继而引起各种化学反应最终降解的过程。其中直接光降解指农药分子具有直接吸收光子的能力，吸收光能量后农药分子中较弱的键断裂，包括脱硫置换氧化反应，环氧化反应、脱羟基、脱卤反应等；间接光降解是指农药所存在的环境中含有某些物质具有吸收光子的能力，农药分子借助这些中间体吸收光能或者释放转移的能量，包括这些物质产生的自由基中间体，造成农药的发生光化学反应。例如光能引起有机磷农药中的磷酯键即P—O键和P—S键断裂而使农药分解。有研究表明，如果有机磷农药中的一个磷酸酯键被水解将大大降低其毒性，以对硫磷为例，将使其毒性降低100倍。因此，破坏有机磷农药的磷酯键是降低有机磷农药毒性行之有效的方法。

农药的光降解除了受农药自身的结构、光源强度、光的波长的影响，还受酸碱度、温度环境中存在的其他物质（溶解氧、腐殖质、丙酮、H_2O_2）等条件的影响。一般情况下，过酸或者过碱条件下农药的降解率会很高，而在偏酸性、偏碱性以及中性条件下时农药的降解率会受农药自身分子结构的影响。通常水溶液中都会存在一定量的溶解氧，溶解氧性质活泼会影响农药的光降解，研究发现臭氧浓度越高越有利于农药的光降解。赵慧星等研究了实验室条件下常见农药的降解情况，发现温度与农药的光降解速率快慢关系密切，在一定范围内农药的降解速率与温度呈正相关。总之，农药的光降解受到环境中很多因素的影响，农药的降解行为是这些影响因素共同作用的结果。

④光催化降解

纳米TiO_2作为一种新型的光催化剂，既具有较高的光催化活性，又具有价格便宜、来源广、在酸性条件下稳定、无毒等特点，因而纳米TiO_2广泛用于环境污染治理、废水处理以及农药降解等领域。目前，有研究者对纳米TiO_2用于废水中残留有机磷农药的光催化降解进行了研究。陈士夫等采用TiO_2为催化剂降解磷酸酯类农药，在375 W中压汞灯照射1.5 h后，初始浓度为400 μmol/L，敌敌畏、久效磷的残留量均小于10%，3.5 h后则完全降解。为了进一步提高光催化降解农药的效率，有学者研究了采用复合光催化剂。张新荣等研究表明，当附载型复合光催化剂$TiO_2 \cdot SiO_2$用量为8g/L时，64 μmol/L敌百虫光照80 min后完全降解。彭

延治等利用UV-TiO_2-Fenton光催化体系对敌百虫农药进行了降解，研究表明铁离子改变了TiO_2的表面吸附能力，提高了TiO_2的活性，有利于光催化降解的进行。王淑伟等报道了掺杂$ZnFe_2O_4$的纳米级TiO_2光催化剂对水溶液中乙酰甲胺磷农药的降解，初始浓度为1.0×10^4 mol/ L的乙酰甲胺磷农药3 h内的降解率可达61.2%。

关于有机氯农药的光催化降解研究，在有机氯农药光催化降解的早期研究中，如林丹、硫丹等都曾被成功降解，并且大多数有机氯农药都可以被光催化降解，有的甚至可以在几分钟的时间内达到100%降解率。李爽等用TiO_2光催化降解地下水中的六六六，发现当地下水pH为5，温度为14℃，在8 W紫外光下照射30 min，其降解效果最好，并且发现在降解体系中加入Fe^{3+}能增强六六六的降解速率。

刘珍研究表明，在纳米二氧化钛（TiO_2）含量为2.0 mg/L、pH为7、温度为28℃的条件下，功夫菊酯水溶液在紫外光照射下的降解速率远快于模拟太阳光照射，其降解速率加快了50.97倍。龚丽芬等通过用日光灯对碳铈共掺杂的TiO_2照射30 min，得到其菊酯降解率可达92%。并且在研究了超声波与TiO_2光催化的耦合方法后得出这种方法能够有效地降解菊酯农药的残留物，且不同浓度的农药溶液都可以有一定程度的降解，最高效率可达98.3%。

⑤电化学氧化法

电化学氧化法中电子是主要反应物，而且电子转移只在电极与有机物之间进行，不需添加其他的氧化剂、还原剂，不会造成二次污染。研究者探索了不同电极材料用于农药废水的处理。钱一石等以Ti/RuO_2-IrO_2为阳极，不锈钢为阴极，无水碳酸钠为支持电解质，采用电催化氧化法处理农药废水，反应温度40℃、处理电压5V时，废水中的COD去除率可达95%以上。杜英莲采用Ti/SnO_2电极为阳极，石墨电极为阴极，在原始pH为7的条件下，调节电流密度40 mA/cm^2，加入电解质4 g/L，电解1 h，处理浓度为1×10^{-6}的六六六溶液去除率达到93.3%。刘福达等采用电化学法预处理某农药厂生产废水（主要生产除草剂），研究结果显示，铁炭微电解预处理效果明显优于电解法，COD的去除率可达60.52%，为后续废水生化处理创造了良好的条件。A Ghalwa等采用了不同电极材料去除阿维菌素农药废水中的COD，在初始pH、温度一定的情况下，用不锈钢作为电极进行电凝处理是一种高效、清洁的废水处理方法，阿维菌素去除率可达95%，COD的去除率可达77%。

因为电化学处理设备集成度高、操作简易、占地面积小等优点，可应用于废水预处理，也可用于生化处理后的废水深度处理。然而，在处理高浓度有机废水时，使用电催化氧化法需要电极具有高析氧电位，存在电极材料成本高、易损耗等缺点。

（3）生物降解技术

农药的生物降解技术主要是通过微生物、降解酶、工程菌将大分子分解成小分子化合物的过程。采用生物降解技术是治理农药污染的有效途径。

①微生物降解

降解农药的微生物种类主要有细菌、真菌、放线菌、藻类等，主要是通过其分泌酶经过氧化、还原、水解、环裂解、缩合、脱卤、脱羧、甲基化等途径完成酶促降解。微生物对农药的降解作用方式可分为两类。一类是微生物直接作用于农药，其实质是酶促反应，主要是微生物本身能产生降解有机农药的降解酶或是微生物的基因发生重组或改变，产生新的降解酶系。例如，有机磷农药中所含有的P—O键、P—S键以及P—N键等在降解酶作用下发生断裂，使有机磷农药被降解。而另一类是通过微生物的活动改变化学和物理的环境，而间接作用于有机磷农药使其发生降解。微生物降解农药常见的作用方式有3种。

a. 矿化作用。指微生物直接以有机农药作为生长基质，将其完全分解成无机物如CO_2和H_2O等的过程。矿化作用是最理想的降解方式，因为农药被完全降解成无毒的无机物。解秀平分离到1株能以甲基对硫磷及其降解中间产物对硝基苯酚为唯一碳源生长，且能够将其彻底降解为CO_2和H_2O的细菌X4。X4在7 h内对50 mg/L甲基对硫磷、50 mg/L对硝基苯酚的降解率为99%以上，对其他有机磷农药也有良好的降解效率。

b. 共代谢作用。指微生物在有其可利用的碳源存在时，对其原来不能利用的物质也可分解代谢的现象。共代谢反应中产生的既能代谢转化生长基质又能代谢转化目标污染物的非专一性酶，是微生物共代谢反应的关键。例如，艾涛等分离得到1株以共代谢方式降解乐果的真菌菌株L3，120 h对乐果的降解率为29.2%。

c. 种间协同代谢。指同一环境中的几种微生物联合代谢某种有机磷农药。有时单一微生物无法完成对有机农药的降解，需要其他菌种将其代谢产物进行进一步降解。因而在这种情况下，培养混合菌是一种可行的解决问题的方法。

20世纪70年代后期以来，固定化微生物的研究迅速发展，其应用范围很广。其中，应用固定化微生物技术降解污水中的农药，成为一个新的研究领域。李青云等以沸石为载体，采用吸附法固定化降解菌GF31，研究结果表明，降解菌固定化之后，生物稳定性获得提高，对pH及氯氰菊酯浓度的变化具有良好的适应性，固定化细胞的降解速率和去除率皆比游离细胞体系高。Jiyeon等利用海藻酸钙固定微生物，对蝇毒磷的降解进行试验，取得了满意的结果，其降解能力优于未固定化微生物。Quan等用蜂窝状航空陶瓷包埋固定无色杆菌（*Achromobacter* sp.），制成流动床来降解2,4-D，去除率达87.9%～100%。

②降解酶

如果用微生物产生的酶来处理农药残留而不是直接使用微生物菌株，那么对环境造成威胁或潜在威胁的风险即可降低。研究表明，一些酶比产生这类酶的微生物菌体更能忍受变异的环境条件，如对硫磷水解酶可耐受高达10%的盐浓度和50℃的温度，而产生这种酶的假单胞菌在这种条件下却不能生长。固化酶对环境条件有较宽的忍受范围，可用于农药及类似结构的环境污染物的净化。如对硫磷水解酶在10%（质量分数）的无机盐、1%（质量分数）的有机溶剂、50℃下都能保持活性，而产生该酶的假单胞菌在同样的条件下不能生长。此外，由于降解酶不存在碳源的选择问题，酶的降解效果远胜于微生物本身。Mulbry等首次从以荧光假单胞菌为主的混合菌中成功分离提纯了对硫磷降解酶。Horne等用香豆磷和蝇毒磷作为磷源，从分离到的菌株P. monteil-liC11中鉴定出另一种酶hydrolysis of coroxon，该酶对有机磷酸酯和硫酯有较强的底物专一性，是一种新型的磷酸三酯酶。固化酶对环境条件有较宽的忍受范围，可用于农药及类似结构的环境污染物的净化。用降解酶净化农药具有良好的效果，能否应用取决于稳定性及固定化技术的实用性。

到目前为止，从微生物中分离提取的农药降解酶多为有机磷农药降解酶，其中最多的种类为水解酶，如对硫磷水解酶、有机磷酸脱水酶（organophosphorus acid anhydorase，OPAA）、B-5水解酶、磷酸三酯酶、乙基对硫磷水解酶（organophosphate hydrolase，OPH）等。白俊岩等利用有机磷水解酶对甲基对硫磷具有高效降解的特性，通过优化降解条件，对初始浓度为1 μg/mL、5 μg/mL、10 μg/mL的甲基对硫磷降解率均达到98%以上。近年来人们对其他农药降解酶的研究的关注程度逐渐增加，特别是对拟除虫菊酯类降解酶的报道。汤鸣强等采用超声波方法破碎FDB细菌菌体细胞，得到粗酶液并对氰戊菊酯进行降解，研究表明菌体胞内粗酶液对氰戊菊酯表现明显的降解活性。

由于各种有机农药都有类似的结构，只是取代基不同，所以一种有机农药降解酶往往可降解多种农药。使用农药降解酶目前已被公认为是消除农药残留比较有潜力的新方法。

③工程菌

近年来随着分子生物学及基因工程的发展，农药降解酶基因工程的研究也取得了一定的进展。人们希望通过基因工程技术将农药降解酶基因或降解质粒克隆到合适的宿主菌中并使其高效表达，构建“高效农药降解菌”，为农药的微生物降解开辟一条新途径。构建具有降解农药能力的工程菌，主要是通过对农药降解酶进行遗传改造，目前较为广泛的有两种方法：一是将几种农药降解酶的基因同时转入同一个表达载体，使该工程菌能够同时编码几种降解酶，扩大它对农药的降解谱；二是可以通过蛋白质工程手段对活性蛋白的一个或多个氨基酸的编码基因进行定点突变或运用体外分子定向进化技术促进编码基因在体外进化，使降解酶的结构发生变化，积累有益突变，排除有害突变和中性突变，进而提高酶的降解能力。

20世纪90年代以来，人们为了提高乙基对硫磷水解酶（OPH）在大肠杆菌中的表达和分泌对OPH的前导序列进行了大量的定点突变和体外分子定向进化，并取得很好的效果。Liu等把含有甲基对硫磷水解酶编码基因mpd和假单胞菌P. putidaDLL-1的同源调节基因DNA片断克隆到广泛宿主pBBR1MCS-2上，将得到的重组质粒pB-BR-mpd导入呋喃丹降解菌CDS-1，构建出基因工程菌CDS-pBBR-mpd，该菌种对甲基对硫磷的降解能力较P. putida DLL-1提高了6.75倍。Lan等通过在载体pETDuel中同时表达有机磷水解酶OPH基因opd和酯酶B1基因b1，构建了一株能够同时降解有机磷农药、氨基甲酸酯类农药以及拟除虫菊酯类农药的基因工程菌。沈标等采用三亲接合法成功地将带有lux A B基因的Ptr102质粒转入甲基1605降解菌DLL-1中，获得的接合子荧光非常强，而且标记质粒非常稳定。刘虎从具有拟除虫菊酯降解能力的铜绿假单胞菌GF31中克隆氯氰菊酯降解酶基因，通过与载体构建表达质粒，转化大肠杆菌BL21（DE3）、Rosseta（DE3）、Rosseta-gami成功构建了基因工程菌，该工程菌表达出较好的氯氰菊酯降解酶活性。除草剂2,4-D降解质粒、莠去津降解酶基因等已成功地克隆表达。

（4）组合技术处理农药废水

目前农药废水处理过程中采用的物理、化学和生物工艺技术都有各自的优势和局限性。在实际处理农药废水中，由于农药废水有着高毒性、高盐分、高氨氮、高COD等特点，并且废水中有机污染物复杂多样，运用物理、化学等单一工艺处理很难做到达标排放，需要多种工艺组合处理才能达到理想效果。朱丹等研究UV-TiO_2-Fenton-活性炭的工艺处理的效果，以敌百虫农药废水为研究对象，分别探讨了各工艺单独使用和复合联用对敌百虫农药废水的处理效果。研究结果显示，UV-TiO_2-Fenton-活性炭复合联用处理敌百虫农药废水时，COD的去除率显著提高。荆国华等对UV/Fenton氧化降解模拟三嗪磷农药废水进行实验研究。结果表明，最佳试验参数为$[Fe^{2+}]/[H_2O_2]$为1∶20，H_2O_2为理论投加量，pH为5～7；在此条件下光催化降解过程符合一级反应动力学，反应速率常数为0.03 min^{-1}，COD去除率达90%。康琼仙等采用UASB-SBR组合工艺处理高浓度难降解有机农药废水。先采用UASB处理，COD去除率平均达到58.3%，B/C由0.26左右提高到0.34左右，色度去除率平均为70%；接着采用SBR试验，COD去除率平均达到84.5%。在实际工作中，需要结合待处理农药废水的实际情况，实现对各种处理技术的联合使用，提高处理质量。

以目前的技术来看，农药降解的物理、化学的方法比较成熟、稳定且经济方便，但对低浓度有机农药的降解效果不够好。生物降解方面研究进展很快，尤其是

随着生物技术的日新月异，大批农药降解酶已得到分离纯化并进行了较深入的生理生化研究，为其大规模廉价生产奠定了基础。为减少或消除农药广泛使用带来的对环境和食物安全的负面影响，利用微生物或微生物源酶制剂降解残留有机磷农药越来越受到重视。至今，高活性的降解菌已经被分离出来，但由于降解菌在室内和自然生态环境中的降解能力存在很大的差异，如何更好、更有效地发挥降解菌的降解能力，有待深入的研究。

3.4.2 抗生素

3.4.2.1 抗生素的分类与应用

抗生素主要是由微生物产生的次级代谢产物、人工合成或者半合成的具有抗菌性能的化合物，被广泛用于治疗各种细菌感染或致病微生物感染类疾病。抗生素可使95%以上由细菌感染而引起的疾病得到控制，1929年发现青霉素并应用于临床以来，抗生素种类已发展到几千种。除被用于临床上以外，抗生素还被大量用于畜牧业和水产养殖业以防治感染性疾病，并用作抗菌生长促进剂以加快动物的生长。根据抗生素的化学结构和作用机制，可将其分为大环内酯类抗生素、喹诺酮类抗生素、β-内酰胺类抗生素、磺胺类抗生素、四环素类抗生素等，各类抗生素作用机制和特点不同，详见表3-11。这些不同类型和功能的抗生素，极大地保障了人类的健康和促进了农业生产。

表3-11 抗生物的常见类型及作用机理

常见类型	作用机制及特点	典型代表
大环内酯类抗生素	通过阻断转肽作用及mRNA位移，选择性抑制蛋白质合成，对革兰氏阳性菌和阴性菌具有高效的广谱抗性	螺旋霉素类、红霉素类和阿奇霉素
喹诺酮类抗生素	通过干扰DNA超螺旋结构的解旋过程使得DNA复制受到阻碍，对革兰氏阳性菌具有良好的杀菌效果	环丙沙星、恩诺沙星和氧氟沙星
磺胺类抗生素	结构中含有对氨基苯磺酰胺，作用机制为通过影响二氢叶酸的合成，从而使细菌生长和繁殖受到抑制，因其具有化学性质稳定、抗菌广谱、生产和使用简便等特点，所以在畜牧和水产养殖中得到极为广泛的使用	磺胺嘧啶、磺胺甲噁唑、磺胺喹喔啉和磺胺间甲氧嘧啶等
β-内酰胺类抗生素	作用机制为通过抑制转肽酶干扰细菌细胞壁合成，对革兰氏阳性菌具有良好的抗性	头孢菌素、青霉素和青霉烯类抗生素
四环素类抗生素	干扰菌体蛋白的合成，使其达到抑菌效果，同时该类抗生素具有价格低廉、广谱抗菌性和优良治疗效果的特点	四环素、氧四环素、强力霉素和金霉素

由于当下世界各国对于抗生素的管控和策略不同，同时民众对使用抗生素的态度也不同，这使得近10年的全球抗生素消耗总量增长了35%，抗生素的过量使用已经成为非常严峻的社会问题。例如，由于抗生素不仅能够预防畜禽的疾病，还可以促进畜禽的生长，因此抗生素在许多发展中国家又被作为饲料添加剂在养殖业中被大量使用，尤其是随着近年来畜禽养殖业的大力发展，抗生素在养殖业中滥用问题日趋严重已经引起了全球的关注。研究报告显示，2013年我国畜禽养殖就消耗掉84 240 t抗生素，同时人类医用抗生素使用为77 760 t。抗生素进入人体或动物体内之后，有75%～90%是以母体结构形态或代谢产物形态通过尿液或粪便排出体外。30%的诺氟沙星和70%的氧氟沙星未能代谢而从尿液中排出体外；55%的罗红霉素和65%的阿奇霉素以母体结构形态经由粪便排出体外。因此，抗生素的大量使用容易导致其通过直接或间接的途径进入环境，进而造成环境污染、危害生物体健康。

3.4.2.2 水体中抗生素污染现状

20世纪90年代末，水体中抗生素污染问题开始受到广泛关注，抗生素被称为水环境中的新型污染物。1983年以来，德国、意大利、瑞士、瑞典、美国、加拿大、韩国等国家相继在地表水及地下水中检测到多种抗生素药物。Zuccato等在意大利城市污水处理厂、阿诺河和波河水体中开展抗生素的赋存研究，结果表明污水处理厂并不能有效地去除抗生素，大环内酯类和氟喹诺酮类是该地区水环境中主要的赋存抗生素，其中污水处理厂水体中含量最高的抗生素为螺旋霉素（375～603 ng/L），而阿诺河和波河水体中最高浓度抗生素分别为克拉霉素（44.76 ng/L）和氧氟沙星（18.06 ng/L），进一步地溯源解析研究表明，污水充当着河流水环境中抗生素重要的输入源。Azanu等选择加纳的医院污水处理厂和受纳河流进行抗生素污染的研究，发现医院污水处理厂是河流中抗生素重要的贡献源，其中主要的抗生素污染是环丙沙星（15.7 μg/L）和红霉素（10.6 μg/L），而受纳河流水体中主要的抗生素污染是磺胺甲噁唑（2.9 μg/L）和环丙沙星（1.2 μg/L），但河流水体中不同抗生素风险商评估表明环丙沙星对水环境具有较大生态风险；另外研究人员使用该地区河水浇灌生菜，随后也在生菜中发现了抗生素的残留，生菜可食用组织（干重）中总抗生素残留水平维持在12.0～104 μg/kg，说明水体中抗生素污染除了通过饮用水方式进入人体之外，还可以通过食用被污染水体灌溉的生菜进入人体。Dinh等选择法国的农村集水区中抗生素赋存特征进行研究，发现区域内河流水体中抗生素主要源于生活污水和医院废水的混合输入，其中主要污染抗生素类型为氟喹诺酮类。

除了河流受到了抗生素的严重污染之外，水库和湖泊也都作为抗生素的“汇”

被广泛检出。Li 等研究了我国天津地区的四大水库水源地水体中抗生素的含量水平，发现 4 个水库中总抗生素污染水平为 24.83～154.15 ng/L，远小于常见河流水体中抗生素水平，且风险商评价也表明该水库中抗生素生态风险处于低水平。Huerta 等也对西班牙 3 个饮用水源型水库水体中抗生素进行研究，发现水体中主要抗生素污染类型为大环内酯类和磺胺类抗生素。Wang 等在湖北洪湖水体研究中发现抗生素污染十分严重，水体中污染主要为四环素类和磺胺类抗生素，其中四环素、氧四环素、金霉素和磺胺嘧啶的平均浓度分别为 304.8 ng/L、161.9 ng/L、349.9 ng/L 和 106.5 ng/L，风险商评估表明这 4 种物质处于中等生态风险水平，另外研究还发现，抗生素在水体中赋存水平与水体基本理化参数（DO、温度和营养物质）显著相关。除此之外，Ding 等在鄱阳湖水体中也发现含量水平较高的为四环素类和磺胺类抗生素，但风险商评估表明鄱阳湖水体中抗生素生态风险较低。

由于部分抗生素进入水环境以后易被颗粒物吸附，从而随着颗粒物沉降效应进入沉积物或直接吸附于沉积物表面，近年来不同种类的抗生素在沉积物中已被广泛检出。Carmona 等研究了西班牙 Turia River 沉积物中抗生素的赋存状况，发现环丙沙星是检出率（32%）和残留水平（14 μg/kg）最高的抗生素，诺氟沙星、氧氟沙星和氧四环素等在此并未检出。Yang 等在美国佛罗里达 Alafia River 的沉积物中仅检出甲氧苄氨嘧啶，其含量分布为 0.01～0.83 μg/kg，而其他氯霉素、环丙沙星、氧氟沙星和氧四环素等均未检出。Kim 等在时空尺度上对美国 Cache La Poudre River 中抗生素残留情况进行研究，检出率高低顺序依次为四环素类＞大环内酯类＞磺胺类，相应顺序的抗生素平均含量分别为 75.5 μg/kg、8.5 μg/kg 和 14.1 μg/kg，且水流速度较缓和环境温度较低会增强抗生素在沉积物中的持久性。Zhou 等分别对我国北方的黄河、海河和辽河沉积物的 17 种典型抗生素进行研究，发现诺氟沙星、氧氟沙星、环丙沙星和氧四环素在这 3 条河流中检出率最高，其含量水平分别高达 5 770 μg/kg、1 290 μg /kg、653 μg/kg 和 652 μg/kg。Liang 等研究发现，我国珠江流域水体中沉积物的抗生素检出率和残留浓度最高的是诺氟沙星，其次则是脱水红霉素，另外诺氟沙星的标准化分配系数 *K*oc 与沉积物中有机质含量有关，而脱水红霉素的标准化分配系数 *K*oc 与水体中 pH 高低有关，这说明环境条件会影响水环境中抗生素的地球化学行为。除此之外，我国多位研究人员分别在白洋淀、渭河和太湖上覆水、沉积物孔隙水和沉积物中抗生素研究发现，抗生素在水环境的不同介质中分配机制处于动态变化过程。

3.4.2.3　水体中抗生素的主要来源

抗生素进入自然水体的主要途径包括污水处理厂、水产养殖场、畜牧养殖场和药品不恰当丢弃。抗生素在人和动物体内并不能完全被降解吸收，其中绝大多数的

抗生素及其活性代谢产物随着粪便而被排泄出来，随后历经一系列的粪便处理过程（污水处理和粪便施肥）及其环境行为，抗生素及其活性产物会通过直接输入或者间接搬运等方式最终进入水环境。图 3-1 展示了抗生素进入自然水环境的途径。

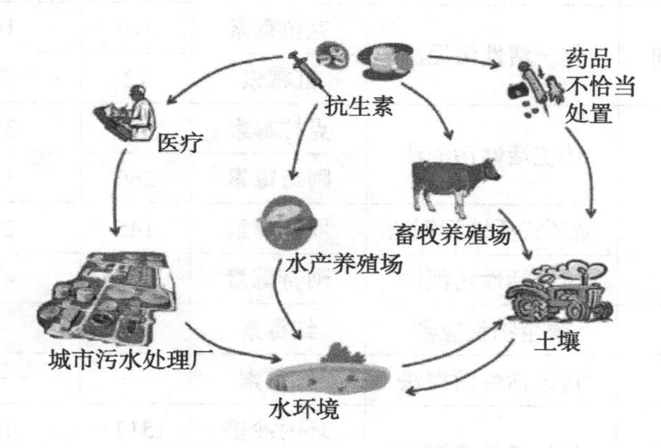

图 3-1 抗生素进入水环境的途径

（1）污水处理厂

抗生素在生物体内只有一部分能够代谢，研究表明抗生素进入人体后，75%～90% 以上以原药形式经由病人粪便和尿液排出体外。环境污染研究表明，大多数的医疗废水、制药废水排放进入污水处理厂，传统的污水处理技术无法去除污水中高浓度的抗生素，废水中的抗生素去除不彻底就会排放进入受纳地表水中。屈桃李等从医院废水、污水处理厂及水产养殖场中均检测出磺胺类药物，而污水处理厂的磺胺类药物浓度最高。此外，在抗生素制备的过程中，产生的废水含有多种难降解的活性抗生素，它们具有一定的生物毒性，在废水生化处理中抑制微生物的生长，使抗生素生产废水很难降解。这部分抗生素尽管经污水处理厂进行处理，但是由于现有污水处理技术很难将抗生素彻底清除，排放汇入地表水后可能造成饮用水水源污染。表 3-12 汇总了 4 类常用抗生素在不同污水处理厂的去除效果，由此可知，不同种类的抗生素，其去除率不尽相同。研究结果显示，大环内酯类抗生素的去除率普遍偏低，可能是由于该类抗生素结构稳定不易被破坏。喹诺酮类抗生素与磺胺类抗生素的去除率波动较大，这与不同污水处理厂所用处理工艺不同有关。总体而言，这两类抗生素的去除率处于中等水平。β- 内酰胺类抗生素的去除率均较高，可能是由于该类抗生素稳定性较差，容易被微生物所分泌的某些酶水解。另外，不同污水处理工艺对抗生素的去除效果不同，传统活性污泥法对抗生素的去除效果较差，而膜生物反应器工艺对抗生素的去除效果相对较好。总之，抗生素在污水处理厂的去除率与其自身物理化学性质和污水处理工艺有关，但大部分抗生素的去除效果并不理想，从而导致其随出水进入排放海域或河流。可见，污水处理厂出水是自然水环境中抗生素重要来源之一。

表 3-12　不同种类抗生素在污水处理厂污水中的浓度及去除率

类别	国家	污水处理工艺	主要抗生素	浓度 /（ng/L）		去除率 / %
				进水	出水	
大环内酯类抗生素	意大利	传统活性污泥法	克拉霉素	319	145	55
			红霉素	12	72	-5
	日本	传统活性污泥法	克拉霉素	647	359	43
			阿奇霉素	260	138	49
	中国	循环式活性污泥法	罗红霉素	145	276	-149
		传统活性污泥法	阿奇霉素	301	435	-150
	西班牙	膜生物反应器	红霉素	—	—	67.3
		传统活性污泥法	红霉素	—	—	23.8
喹诺酮类抗生素	意大利	传统活性污泥法	环丙沙星	513	148	71
			氧氟沙星	463	191	59
	日本	传统活性污泥法	左氧氟沙星	552	301	42
	中国	循环式活性污泥法	氧氟沙星	330	196	36
		传统活性污泥法	诺氟沙星	380	138	57
	西班牙	膜生物反应器	氧氟沙星	—	—	94
		传统活性污泥法	氧氟沙星	—	—	-23.8
	澳大利亚	传统活性污泥法	环丙沙星	3 800	640	83
			诺氟沙星	170	85	85
磺胺类抗生素	意大利	传统活性污泥法	磺胺甲噁唑	246	101	59
	西班牙	膜生物反应器	磺胺甲噁唑	—	—	60.5
		传统活性污泥法	磺胺甲噁唑	—	—	55.6
	美国	传统活性污泥法	磺胺甲噁唑	1 090	201	81
			磺胺甲嘧啶	100	<LOQ	100
			磺胺地索辛	200	<LOQ	100
	澳大利亚	传统活性污泥法	磺胺甲噁唑	360	270	25
β- 内酰胺类抗生素	意大利	传统活性污泥法	阿莫西林	18	<LOQ	100
	中国	循环式活性污泥法	头孢氨苄	73	<LOQ-29	83～100
		传统活性污泥法	头孢拉定	88	<LOQ-34	73～100
	澳大利亚	传统活性污泥法	头孢氨苄	4 600	<LOQ	100
			阿莫西林	190	<LOQ	100

资料来源：徐维海，张干，邹世春，等 . 典型抗生素类药物在城市污水处理厂中的含量水平及其行为特征 [J]. 环境科学，2007，28（8）：1779-1783.

（2）水产养殖场与畜牧养殖场

抗生素除了用于医治人体或动物体疾病之外，还普遍被用于动物饲养添加剂以保障动物健康及快速生长，这在水产养殖场与畜牧养殖场应用较为广泛。据报道，美国平均每年约生产 22 700 t 抗生素，其中有 50% 用于水产养殖业与畜牧养殖业。淡水养殖场一般建造在河流、湖泊附近，海水养殖场常建造于近海岸海域中，因此养殖场中抗生素的使用通常会对附近地表水产生影响。Minh 等在其研究中考察了维多利亚海湾中抗生素的分布情况，发现海域中土霉素和磺胺甲嘧啶的检出浓度较高，推测是受到了该海域附近水产养殖场的影响。Zou 等研究我国渤海湾中抗生素分布情况时发现，所考察海域中抗生素的来源主要有入海河流及附近水产养殖场排放的废水。

畜牧养殖场中动物所食用的抗生素只有部分被代谢，大部分以母体结构随排泄物排出，从而进入环境中。有研究表明，若金霉素添加于牛饲料中的量为 70 mg/（头 · d）时，牛粪便中金霉素含量为 14 μg/g。

抗生素进入环境中会发生一系列的迁移转化，使污染物在环境中扩散。例如，排放到土壤中的四环素类抗生素会通过渗流或淋溶作用向深层土壤扩散甚至污染地下水，同时污染物也会随地表径流向地表水中扩散，由于具有较好的亲水性和低挥发性，其在水环境中具有显著的持久性，在地表水中会随流域向更远的地方扩散。此外，污染物会扩散进入水底沉积物中以及通过地下渗流作用污染河床以下土壤甚至到达包气带进而污染地下水。

3.4.2.4 水体抗生素污染的危害

抗生素直接或间接进入水体后，由于其仍然存在生物活性，哪怕只有痕量水平，对生态环境和人类健康都会产生一定的潜在危害。

（1）诱导抗药菌或抗药基因的产生

到目前为止，已发现的四环素类抗性基因达到 40 种以上，此外还有 4 种磺胺类抗性基因和 10 种 β- 内酰胺类抗性基因。Luo 等研究了天津市海河中磺胺类抗生素与抗药性基因产生的相关性，结果表明，河流中磺胺类抗生素抗药基因（如 sul 1/16S-r DNA 和 sul_2/16S-r DNA）的相对丰度与河流中磺胺类抗生素的浓度呈正相关性。Jiang 等的研究得出了类似的结论：黄浦江中 2 种磺胺类抗药基因和 8 种四环素抗药基因浓度与河流中残留磺胺类抗生素和四环素浓度呈正相关性。抗性基因会在人体内积少成多，增强了人体细胞的耐药性，当致病菌获得多重抗性基因后，既具有致病性又具有多重耐药性，对人体具有极大的危害。例如，青霉素的用量由当年的几十万单位到现如今的几百万单位，疗效还不甚理想。最典型的就是含有 NDM-1 基因的“超级细菌”，其出现曾引起世界范围内的恐慌，人们担心人类疾病将来无药可以治。

（2）对人类健康的危害

抗生素类污染物可能威胁饮用水的安全性。饮用水水源可能被抗生素污染，若净水厂不能将抗生素去除，其将进入饮用水管网。Benotti 等考察了美国 19 所净水厂的进水、出水和住宅区管网自来水中多种药物类污染物的污染情况，研究表明，17 所净水厂的进水中均含有磺胺甲噁唑，最高浓度为 110 ng/L（平均浓度为 ng/L）；11 所水厂的进水中含有甲氧苄啶，最高浓度为 11 ng/L（平均浓度为 0.8 ng/L）；4 所净水厂出水中检测到磺胺甲噁唑，最高浓度为 3 ng/L（平均浓度为 0.39 ng/L）；1 所净水厂的住宅区管网自来水中检测出磺胺甲噁唑，浓度为 0.32 ng/L。人类长期饮用或食用含有抗生素的“有抗食品”，会对人体健康产生潜在的危害。

抗生素通过食物链在高营养级生物体内富集的浓度可能比环境中的水平高，这对处在食物链最高等级的人类将构成很大的健康威胁。抗生素沿食物链传递到人，能引起肠道疾病、过敏反应，甚至影响人体免疫系统。严重时甚至引起人群食物中毒，部分药物有致癌、致畸、致突变或有激素类作用，严重干扰人类各项生理功能。复旦大学公共卫生学院的一项研究表明，在 1 000 个儿童中，至少有 58% 的儿童尿液中检出一种抗生素，1/4 的儿童尿液中检出 2 种以上抗生素，有的尿液样本中能检出 6 种抗生素。如果这类成分长期存在于体内，将对儿童的生长发育造成不良影响。

（3）对动植物及水环境质量的影响

由抗生素引起动植物的生长问题也进入了人们的视野。大量研究报告表明，土壤中的抗生素残留不仅会影响植物根系生长和种子萌发，而且会导致作物发育迟缓和产量下降。有研究发现，低剂量的抗生素也会影响植物细胞分化、分裂和性状表现等生长发育过程，并且抗生素的低剂量效应和高剂量效应都会对植物生长和性状表现产生一定的影响。Sanderson 等基于现有的水生生态毒理学试验数据，采用定量结构活性相关法对 226 种抗生素进行生态危害性评价。结果显示，超过一半的抗生素对鱼类有毒性作用。其中，20% 的抗生素对藻类的毒性作用非常强，约 33% 的抗生素对鱼类的毒性作用非常强，44% 的抗生素对大型溞的毒性作用非常强，16% 的抗生素对大型溞的毒性作用极强。

另外，值得注意的是，目前针对抗生素类污染物的毒性或风险商评估通常是在单一抗生素条件下开展，然而在实际水环境中，抗生素往往是以多种药物混合共存的形式存在，协同作用可能产生比单一抗生素更强的毒性。Backhaus 等研究了包括抗生素在内的 26 种痕量药物混合物在污水处理厂出水中的环境风险，结果表明，该药物混合物的环境风险值是任何单一药物环境风险值的 1 000 倍以上，可见混合药物的危害远大于单一药物。

抗生素通过影响水体微生物的组成和活性，引起水环境微生物区系的生态结构发生改变，对水环境造成不可逆转的破坏。其影响机制为，抗生素的不断聚集抑制了水体或底泥中微生物的活性，从而导致一个相对厌氧的环境，使得水体中的有机物发生厌氧降解，产生比有氧降解毒性更大的副产物，如氨气和硫化氢，这些副产物又会进一步导致水体和底泥有机物的降解率下降，从而导致水体有机物的加速聚集和水环境的进一步恶化。

3.4.2.5 抗生素的去除技术

为了降低抗生素对生态环境的影响，国内外针对水中抗生素污染的去除开展了大量研究。目前，水体中抗生素的去除常用的方法有物理化学法、化学法和生物处理法。

（1）物理化学法

用来去除抗生素的物理化学法有吸附法、砂滤法和膜过滤法等，其原理主要是通过吸附、截留等手段将污染物与水分离。

①吸附法

吸附法是利用多孔材料作吸附剂来吸附水中的抗生素，从而达到分离去除效果。常用的吸附剂有碳质类、树脂、有机金属骨架、矿物等。吸附法的优点是在去除污染的同时不会产生有毒的代谢物。但是，这种方法并不是完全消除掉污染物，而是将其浓缩在一个新的相中。

碳质类吸附剂主要有活性炭、生物质炭、石墨烯基碳质材料、碳纳米管等。碳质类材料具有丰富的孔隙结构和巨大的比表面积，尤其是活性炭在去除水中有机金属离子、有机物等方面应用非常广泛。Liu 等研究了颗粒活性炭（GAC）对磺胺嘧啶、诺氟沙星、甲硝唑、四环素等抗生素的吸附效果，结果表明 GAC 对磺胺嘧啶有很强的吸附能力，吸附容量为 147.12 mg/g，并且外界环境（如温度和 pH）对吸附效果的影响较弱。Adamsc 等研究显示，10 mg/L 的聚合氯化铝（PAC）对河水中 50 μg/L 的磺胺类抗生素的去除率为 49%～73%，当 PAC 投量提高到 20 mg/L 时，对其去除率增至 65%～100%；此外，由于河水中含有 10.7 mg/L 的有机物，PAC 对河水中磺胺类的去除率由纯水中的 50%～90% 降至 10%～20%。Synder S 等研究显示，GAC 过滤和 PAC 吸附对微量抗生素都有很好的去除作用，通常活性炭颗粒越小、用量越多、接触时间越长、水中有机物越少则去除效果越好。

②砂滤法

砂滤介质上生成的生物膜对抗生素具有一定的降解效果。Gobel A 等研究显示，作为三级处理技术，双层砂滤对抗生素表现出较好的去除效果，甲氧苄氨嘧啶在整个工艺流程中去除总量的 74% 源于该双层砂滤的作用，砂滤对抗生素的去除效果与吸附常数相关。在实际应用中，可以通过充氧提高降解效率、多层或多段设计等技术改进，提高砂滤的性能和处理效果。

③膜过滤法

微滤（MF）、超滤（UF）、纳滤（NF）、反渗透（RO）等膜技术为抗生素污染物的去除提供了很好的选择，尤其是纳滤和反渗透技术。

在纳滤过程中，液体横向流动，在有机半透膜的作用下形成具有选择性的分离层。纳滤膜本体带有电荷性（羧基、磺酸基带电集团），因此它在很低压力下仍可截留分子量为数百的物质。Košutic K 等研究显示，孔径为 0.87 nm 的致密纳滤膜对抗生素的去除率＞96.8%，而孔径为 1.02～2.00 nm 的疏松纳滤膜对磺胺胍等药物只能截留去除 69.0% 和 67.3%。综合考虑流量等多因素，致密纳滤膜 NF90 是最佳选择，既可以高效截留抗生素，所需的运行压力和能耗又相对较低，实际工程中实用性较好。膜过滤技术对大分子抗生素的去除效果最好，而小分子抗生素需要较小的膜孔径，容易造成膜通量下降和堵塞，耗能较高。因此，在选择膜的类型时，需要综合考虑膜、污染物和废水性质等因素。

反渗透（RO）膜的孔径结构能够阻止大分子化合物，但是一些小分子化学物质会通过，适用于截留污水中大分子化合物和离子化合物。Adams C 等研究显示，低压 RO 对河水中磺胺类抗生素的平均去除率达 90.2%，如果用 2 个和 3 个 RO 单元组成处理系统，对其去除率可以分别提高到 99% 和 99.9%。该法不需要热能，操作简便，能源利用率高。但是膜非常容易被污染和破坏，很容易被氧化剂攻击，基于这个原因，在反渗透法处理之前要先用碳过滤器处理。反渗透法与其他处理方法相比，处理速度慢。

目前影响膜处理的主要因素是膜垢，此外 Ca^{2+}、Mg^{2+} 等离子对膜处理效果和寿命也有一定影响。为了解决这些问题，膜处理常与其他技术联合使用。NF/RO、MF/RO 等是常用的组合工艺，可成功去除污水中 90% 以上的残留抗生素及其他药物。例如，澳大利亚某污水处理厂采用活性污泥和 MF/RO 去除污水中浓度为 10～5 430 ng/L 的 28 种抗生素，经过活性污泥（STR=12.5 d）处理后出水抗生素残留浓度为 10～640 ng/L，对其去除率为 89%；出水进入 MF/RO 系统，MF 对其进水中抗生素的去除率为 43%，RO 部分对其进水抗生素的去除率为 89%，最终出水中抗生素的总浓度降至 32 ng/L。此外，膜与活性炭的结合在一些较先进的污水处理厂得以应用，PAC 作为预处理手段能显著提高膜对污水中药物的去除效果，并且可以根据水质调节 PAC 用量，灵活可控。

（2）化学法

目前用于去除抗生素的化学法主要有化学氧化法和高级氧化技术。

①化学氧化法

氯气和次氯酸盐经常用于饮用水处理厂的消毒和杀菌。在所有氯化物中，次氯酸盐的氧化性最强（E_0=1.48 V），其次是氯气（E_0=1.36 V）和二氧化氯

（E_0=0.95 V）。关于氯化法降解抗生素研究，Adamas 等用 1.0 mg/L 的 Cl_2 降解含量为 50 μg/L 磺胺、甲氧苄氨嘧啶、卡巴多司抗生素，结果表明抗生素的降解效率达到 90% 以上。但是在河水和蒸馏水的对比试验中发现，河水中的自然有机物影响了这个氧化反应，推测可能是由于河水中的有机物比较复杂或者其他原因导致 Cl_2 与抗生素的反应活性降低。作者对反应后的氯化产物进行了检测，发现其毒性比降解之前更高。Stackelberg 等的研究中采用 NaClO 降解大环内酯类和磺胺类抗生素，其结果与前者类似。

利用氯化法能有效去除有机物含量低的水体（如饮用水）中的抗生素，但是为了避免在氧化过程中产生毒性更大的氯代物，此种方法已经被高级氧化技术取代。

②高级氧化技术

高级氧化技术（AOP）最显著的特点是以羟基自由基（·OH）为主要氧化剂与有机物发生反应，反应中生成的有机自由基可以继续参加 OH 的链式反应，羟基自由基（E_0=2.8 V）的氧化活性高于其他氧化剂，能与很多有机物质反应，但是选择性比较差。这些高活性的自由基通常来自臭氧（O_3）或者过氧化氢（H_2O_2）并伴随着金属或者半导体催化剂或 UV 照射。在此过程中，生成不稳定、低毒、易于生物降解的中间体。AOP 法主要包括臭氧法、Fenton 法和 photo-Fenton 法，光分解法、半导体光催化法和电化学处理法。

a. 臭氧法

臭氧由最初用于消毒到目前作为污水处理中的高级氧化剂（E_0=2.07 V），在微量抗生素污染物去除方面有广阔的应用前景。它能够与有机物发生直接或者间接的氧化反应。直接的氧化反应就是利用臭氧分子，它能够与含有 C=C 双键、芳环或者含有 N、P、O、S 原子的有机物进行反应；间接反应是臭氧在水中发生分解反应，生成羟基自由基（·OH），将污染物氧化去除。具体反应途径与 pH 和水体水质相关，通常在纯水中，酸性条件下（pH<4）以直接反应为主，碱性条件下（pH>10）以间接反应为主。而对于地下水和地表水（pH≈7），两种途径都可能发生。对于抗生素，不管在实验室条件下还是水厂实验条件下，都发现采用臭氧做预处理时，提高臭氧的投量可以增加去除率，而延长氧化时间不仅不会提高去除率，反而降低了抗生素的去除率，这可能是由于臭氧过量导致抗氧化中间体的积聚，从而抑制了废水的降解处理。此外，固体悬浮物对吸附常数较高的抗生素有吸附作用，天然有机物会与抗生素竞争 O_3 氧化剂，这些因素都会影响抗生素的去除效果。因此，降低水中的悬浮固体及天然有机物浓度，可以提高 O_3 对抗生素的处理效果。在臭氧氧化法基础上，采用 UV 照射、过氧化氢或者催化剂来辅助，能有效促进臭氧在水中的吸收，产生大量的羟基自由基，提高氧化效果减少臭氧的剂量。Isil A B 等采用 O_3 及 $O_3/H_2O_2/O_3$ 氧化降解两种人类抗生素和一种兽类抗生素废水，发现当单

独投加臭氧 2.96 mg/L 时，能使两种人类抗生素的 BOD_5/COD（可生化性）从 0 分别提高到 0.1 和 0.27，兽类抗生素废水的 BOD_5/COD 由 0.077 提高到 0.38，而在投加 H_2O_2/O_3（投加浓度为 0.013 mol/L）后，人类抗生素废水的 COD_{Cr} 去除率几乎为 100%。Thomas A 等采用 UV/O_3 处理含有 5 种抗生素、5 种 β- 阻抗剂、4 种抗炎剂、2 种脂类代谢产物和抗癫痫药物酰胺咪嗪、天然雌激素、雌素酮等药剂的废水，臭氧投加量为 15 mg/L，在接触反应 18 min 后，发现所有的残留药剂浓度均已低于 LC/MS/MS 检测限。因此臭氧氧化技术具有反应时间相对较短，对抗生素降解比较彻底的优点，但是大规模处理时，实际运行费用相对较高，所以适于与其他技术联用。

b. Fenton 法和 Photo-Fenton 法

目前，许多研究者已经将 Fenton 法和 Photo-Fenton 法应用于抗生素的处理上，例如 β- 内酰胺类、喹诺酮类、磺胺类、四环素类。将 Fenton 法在无光照和光照两种条件下进行比较，发现光照条件下的降解效率更高，并能改善污水的生物可降解性和矿化程度。UV 照射可以增强氧化性主要是由于它能够通过光解铁离子化合物来产生二价铁离子并产生更多·OH。影响 Fenton 法和 Photo-Fenton 法的主要因素包括 pH、温度、催化剂、过氧化氢和所降解物的浓度，其中最重要的变量是 pH。pH＜3 的时候，Fenton 反应就会由于溶液中的羟基自由基含量降低而受到严重影响；当 pH＞4 以后，溶液中会产生大量的氢氧化物沉淀，这就抑制了活性 F^{2+} 的再生和羟基自由基的形成。

总体来看，photo-Fenton 法的处理效果很好，但是此方法不适用于处理有机污染物含量较高的污水，例如市政污水、医院和抗生素制药厂产生的废水，同时浊度过高的废水也会阻止 UV 的照射。Fenton 法和 photo-Fenton 法氧化技术需要反复调节 pH，如果 pH 控制得不好，容易生成大量的氢氧化物沉淀，并且其中的可溶性催化剂回收较难，废水盐分增加而且排出的铁泥量大，增加了后续处理成本。

c. 半导体光催化法

在半导体光催化过程中，发生氧化反应需要 3 个条件：一是光敏催化面（具有代表性的无机半导体材料如 TiO_2）；二是光能；三是合适的氧化剂。此方法要求所选用的半导体在光照下具有较高的活性（例如 TiO_2 稳定性好、性能高并且廉价）。简单来说，半导体光催化法主要分为 5 个步骤进行：将反应物从液相中转移至半导体的表面；反应物的吸附；吸附面上的反应；产物的解吸；将产物从接触面上去除。

许多研究者采用半导体光催化法来降解不同种类的抗生素，并一致得出结论认为此方法有效可行。例如，用此法来降解 β- 内酰胺类抗生素，降解率高于50%，同时对可溶性有机碳的去除效率达到80%；磺胺类抗生素用半导体光催化法降解后，去除效率达到80%以上，同时也增强了矿化作用（TOC的去除率在40%～80%）。中间产物的毒性很小，并且处理后的污水生物可降解性增强。Chatzitakis等对喹诺酮类和氯霉素类抗生素的半导体光催化降解研究中也得出与之前类似的结论。

近十几年来，TiO_2和负载催化薄膜等光催化剂显著提高了光解处理的能力，使光化学氧化在抗生素去除上表现出很大的发展潜力，适量氧化剂的参与可以增强光催化氧化效果。例如，在TiO_2催化光解处理中投加1～5 g/L的H_2O_2，可提高头孢拉定的光催化氧化反应速率。但是，氧化剂用量并非越多越好，过多的H_2O_2会吸附在TiO_2表面，使催化光解反应速率降低。光催化氧化法仍然存在不足，目前应用最多的催化剂TiO_2具有较高的选择性且难以分离回收。因此，制备高效的光催化剂是该方法广泛应用的前提。

d. 电化学氧化法

电化学是指通过施加电场使污染物在电极表面氧化达到去除目的。Sun提出了一种新型的降解水中磺胺嘧啶的电化学膜过滤工艺，采用新型薄膜为阴极，两块石墨板为阳极。结果表明，外加电场促进自由基·OH和O_2·的生成，有利于磺胺嘧啶的降解，电化学膜过滤工艺在水中磺胺类抗生素（SAs）去除方面有很大潜力。近年来，研究者采用电化学氧化与生物处理相结合的方法实现了工业废水中抗生素类有机污染物的高效去除，呈现出较大的应用前景。

（3）生物处理

生物处理法是一种较为传统的废水处理方式，其主要是通过微生物来实现对污染物的降解，是去除有机污染物最常用的方法，包括好氧、厌氧、厌氧/好氧组合处理等方法。

①好氧生物处理

在好氧生物处理中，活性污泥法是比较成熟的技术之一。有研究报道，传统活性污泥法（CAS）对污水中微量氟喹诺酮类抗生素的去除率为88%～91%，对磺胺类的去除率为67%～94%，对大环内酯类抗生素的去除率为30%～61%，但是对甲氧苄氨嘧啶的去除率仅为2%～32%。工艺参数的改进可以提高活性污泥对抗生素的处理效果。如较长的污泥停留时间（SRT）可以提高活性污泥的浓度，进而提高抗生素的吸附去除率，同时也可以丰富微生物种群，较长的水力负荷（HRT）则可以延长微生物与抗生素的接触时间，有助于难降解抗生素的去除。Gobel A等发现，污泥停留时间（SRT）为20 d时，CAS对污水中μg/L水平的克拉霉素和甲氧苄氨嘧啶的去除率＜10%；当＞50 d时，对两种抗生素的去除率＞90%。又如，在SRT为6 d时传统活性污泥法对甲氧苄氨嘧啶几乎没有降解，而在硝化细菌的参与下，

延长 SRT 至 49 d，对甲氧苄氨嘧啶的去除率达到 69%。

②厌氧生物处理

厌氧生物处理在污水的抗生素处理上也有一定优势。UASB、ASBR 和传统厌氧处理设备等均被应用于处理畜禽养殖废水，但对抗生素的去除效率各有不同。CHen 等调查了我国东部两家养猪场的厌氧处理单元对废水中抗生素的去除效果，研究发现传统的厌氧处理工艺对四环素类抗生素具有较好的去除效果，去除率最高可达 98.3%；但对磺胺类抗生素去除率较差，磺胺甲噁唑（SMX）和磺胺嘧啶（SD）的去除率分别仅为 31.9% 和 8.3%。相比于传统的厌氧反应，UASB 具有高负荷和高处理效率等特点，用 UASB 降解模拟废水中的磺胺二甲嘧啶（SMZ），其去除率为 32.6%～38.8%。两相厌氧污泥法可以去除污水中 95%～100% 的残留磺胺甲噁唑和罗红霉素（μg/L 浓度水平），且处理效果不受温度等的影响。以四段上流厌氧污泥床来处理泰乐菌素废水，对其平均去除率为 95%，并且该厌氧生物膜能够对抗生素环境产生适应性。

③好氧、厌氧法的结合

好氧生物处理负荷低，厌氧处理出水水质较差，通过好氧、厌氧法的结合可以解决这些问题，提高整体处理效果。彭先芝等分析了广州某污水厂对水中磺胺类、喹诺酮类、氯霉素等 27 种药物（ng/L～μg/L 水平）的去除情况和机理。结果显示，经过初沉池后，抗生素中仅氯霉素减少 30%；经过厌氧→缺氧→好氧处理后，对磺胺类、喹诺酮类和氯霉素的去除率分别达到 87%、845 和 100%；再经过加氯消毒，除微量磺胺类外，97% 以上的抗生素得以有效去除。Batt A L 等分析比较了美国 4 种污水处理工艺对抗生素的去除效果。结果表明，采用纯氧活性污泥结合 Al_2O_3 絮凝工艺的处理效果最好，对抗生素的去除率为 63.9%～97.0%；其次是采用两段生物处理工艺（活性污泥法和硝化脱氮），对抗生素的去除率达 59.1%～84.5%；生物接触反应器与延时曝气活性污泥工艺流程的处理效果相近，对抗生素的去除率分别为 24.3%～74.3% 和 32.6%～82.9%。

研究结果说明，SRT 是生物处理的重要参数，延长 SRT 和 HRT、曝气以及辅以 Al_2O_3 絮凝等物化处理方法，可以提高活性污泥对抗生素的生物降解效果。氯气消毒对抗生素有部分去除作用，相反紫外线消毒则没有任何降解作用。因此，将物化法与生物法结合，并且保证运行参数的最佳状态，可以改善对污水中微量抗生素的去除效果。

④人工湿地去除抗生素

有文献显示，人工湿地已经被诸多研究者应用于抗生素污水的去除。人工湿地主要包括 3 种工艺类型，即表面流、水平潜流和垂直流人工湿地。作为污水深度处理工艺，不同构型的人工湿地对抗生素的去除效率为 0.4%～99%。Hijosa-Valsero

等考察了人工湿地构型对抗生素去除效果的影响，通过构建7个不同构型的人工湿地，在野外运行9个月对污水中的目标化合物进行去除。结果显示所有人工湿地对磺胺甲噁唑的去除效率都很好（59%±30%～87%±41%），而其他抗生素的处理效果则受到人工湿地构型的影响：表面流人工湿地对酮洛芬、布洛芬和卡马西平的去除效果较好，而垂直流人工湿地对咖啡因的处理效果好。

有研究表明，流动性较小的表面流人工湿地和具有较好通气性和高富氧的垂直流人工湿地对3种常见抗生素（环丙沙星盐酸、土霉素盐酸和磺胺二甲嘧啶）废水有一定的去除效果。也有研究表明，水平潜流湿地的微生物降解作用最大，主要由于水平潜流湿地的水位差小，能有效增大抗生素水体与基质及基质中微生物接触面积，便于微生物集聚，提高基质拦截能力和微生物的吸附力和降解量，使抗生素的去除效果更好。麦晓蓓等研究也发现，在水平潜流湿地中，水流速度对水中抗生素的去除影响较大，较缓的流速使抗生素与基质的交流更容易发生，能高效去除大环内酯类、喹诺酮类和磺胺类抗生素。阿丹选取4种工艺（下行垂直流、上行垂直流、表面流、水平潜流）对生活污水中14种抗生素的去除效果和影响因素进行研究，结果表明即使在进水含有高浓度污染物的条件下，不同构型的模拟湿地均能很好地去除生活污水中磺胺类、喹诺酮类、四环素类和大环内酯类抗生素。

可见人工湿地是一种能够经济高效去除生活污水中多种抗生素的处理工艺。

（4）技术组合工艺在抗生素废水处理中的应用

①抗生素类制药废水的处理

对抗生素类制药废水的处理方法已取得较大的成果，但目前已有的各种处理技术都有其优缺点。单一厌氧系统通常可以有效降低制药废水的化学需氧量，但其性能差异很大。厌氧处理性能的差异可以用不同的废水特性来解释，包括盐度、毒性以及在厌氧条件下难降解生物有机化合物的浓度等。单一的好氧处理往往也无法达到良好的处理效果。于是近年来人们对各种工艺如何取长补短联合使用，提高处理效率并降低处理成本进行了深入的研究，以应对更复杂的抗生素废水和更严格排放标准[《医疗机构水污染物排放标准》（GB 18466—2005）]。

王彩冬等研究了山东新时代药业有限公司抗生素生产园区采用的“预处理+水解酸化+生物强化一级处理+Fenton氧化+曝气生物滤池深度处理”组合工艺的工艺流程、运行参数和运行效果，结果出水水质达到《山东省南水北调沿线水污染物综合排放标准》（DB 37/599—2006）重点保护区域（修改通知单）标准；陈建发等采用“厌氧-缺氧-好氧生物处理法（A^2O法）+生物滤池+絮凝沉淀”组合技术处理抗生素类制药废水，具有良好的处理效果，其化学需氧量、氨氮、总磷的平均去除率分别达79.3%、66.5%、97.7%，出水化学需氧量、氨氮、总磷等指

标均达到GB 8978—1996的一级排放标准；Delia等研究了高效厌氧多室床反应器（AMCBR）和完全搅拌釜反应器（CSTR）联合使用对制药废水的降解效率，研究结果表明该系统可以有效去除制药废水中的抗生素，对土霉素的去除率可达99%；Shi等研究了上流式厌氧污泥床（UASB）与膜生物反应器（MBR）和序批式反应器（SBR）组合处理高盐度制药废水，结果表明UASB+MBR和UASB+SBR系统均实现了较高的有机去除效率，其化学需氧量去除率分别为94.7%和91.8%。在实际的污水处理工艺中，一般单纯的生物处理很难将污水中的抗生素完全去除，因此在废水处理系统的前期处理阶段，通过物理方法进行预处理以及在最后阶段补充各种先进的化学氧化工艺越来越受到重视。

②畜禽养殖行业废水

畜禽养殖行业常用的兽用抗生素种类主要包括磺胺类、四环素类、大环内酯类、内酰胺类等。其中抗生素使用量依次为四环素＞磺胺类＞大环内酯类＞其他。畜禽对抗生素的利用率较低，且大部分抗生素通过粪便途径排出。目前我国规模化畜禽养殖场污水多来自畜禽尿液和冲洗水，部分养殖场甚至采用水冲粪和水泡粪等工艺。常见畜禽粪便中抗生素残留水平依次为猪＞家禽＞牛。畜禽养殖废水水质复杂，含有大量的有机物、悬浮固体、氮和磷，其COD为5 000～20 000 mg/L，TN为800～2 000 mg/L，TP为25～65 mg/L。对于畜禽养殖废水这种富含有机物和悬浮物的废水，直接好氧生物处理不仅能耗大、运行成本高，而且出水水质难满足达标排放的要求。因此，常采用厌氧－好氧联用工艺处理废水，通过厌氧处理过程去除大部分有机物。

厌氧处理技术具有成本低廉并产甲烷等优点，目前上流式厌氧污泥床（UASB）、厌氧序批式反应器（ASBR）、厌氧折流板反应器（ABR）和连续搅拌釜反应器（CSTR）已成功应用于畜禽养殖废水中污染物的去除。根据抗生素的浓度和种类、生物反应器类型和操作条件等，厌氧处理系统对不同抗生素的降解能力差异明显。据报道，稳定运行的厌氧处理系统在较长的STR和HTR条件下，可明显提高养猪场废水中抗生素和抗性基因的去除率。Zhang等对华南地区某中型规模养猪场各废水处理单元中抗生素的去除效果作了调查，发现UASB可去除废水中90%以上的抗生素。与其他的研究相比，该养猪场厌氧消化池有较长的HRT（5 d），使得废水中抗生素有足够的时间被微生物降解和吸附。尽管厌氧处理装置可大幅度降低水中有机物的含量，但畜禽养殖废水本身高浓度有机物和氨氮的特性会降低厌氧反应器的降解效率。因此，厌氧出水仍需要进一步处理，包括好氧生物处理和深度处理等。

常用的好氧处理工艺主要有序批示活性污泥法（SBR）、间歇式好氧反应器（IASBR）、曝气生物滤池（BAF）、膜生物反应器（MBR）和人工湿地等。Hu等调查了活性污泥法对废水处理设施中 18 种抗生素的去除效果，结果显示废水处理设施进出水抗生素浓度分别为 37.2～2 935.4 ng/L 和 5.4～1 065.7 ng/L，平均去除率约为 70%。Zheng 等通过间歇式好氧反应器（IASBR）降解养猪场厌氧消化反应器出水中的污染物，结果表明，IASBR 可去除厌氧出水中 76%～85% 的抗生素，其中磺胺类和四环素类抗生素的去除率分别为 81.1%～91.3% 和 92.1%～98.5%。也有采用曝气生物滤池（BAF）去除废水中的抗生素，结果显示该装置对养猪场废水中抗生素总去除率高达 91%。MBR 因其较长的 STR、污泥产量较少、生物多样性高等优点在处理含较高浓度抗生素的废水时表现较好的去除能力。Song 等用传统膜生物反应器对养猪废水中 11 种抗生素的去除效果进行了研究，结果表明逐步将 HTR 由 5 d 缩短至 1 d 的过程中抗生素总的去除率逐渐由 83.8% 降至 25.5%，但 COD 和氨氮的去除率始终保持在 90% 以上。

许多研究表明现有技术改进与组合工艺也对畜禽养殖废水中抗生素等微量难降解污染物有较好的去除效果。Song 等采用生物膜 - 膜生物反应器（BF-MBR）处理养猪场厌氧反应器出水中的污染物，结果表明，在 HRT 分别为 5～4 d、3～2 d 和 1 d 时，BF-MBR 对废水中抗生素总的去除率分别为 86.8%、80.2% 和 45.3%。相较于单独采用 MBR，BF-MBR 对抗生素的去除率提高了 15%，并节约了 40% 的碱度。蔡宇以上海某奶牛场废水为处理对象，采用厌氧 - 好氧组合工艺处理添加了 4 种磺胺类抗生素的奶牛场废水（4 种抗生素的浓度均为 1 000 μg/L），当厌氧和好氧单元的 HRT 均为 5 d 时，常规污染物的降解效果几乎未受影响，所添加的 4 种抗生素的去除率均大于 98%。这说明当奶牛场废水中抗生素浓度相对较高时，生化工艺去除抗生素的效果更好。

人工湿地常作为传统污水处理出水的后处理方法，通过植被、微生物和基质之间的相互作用去除污染物实现水质净化的过程。由于其价格低廉操作简单，在农村地区常用作畜禽废水的后处理。人工湿地去除畜禽养殖废水中兽用抗生素的能力主要与抗生素自身的理化性质有关，同时人工湿地的结构也影响其去除能力。进水中兽用抗生素进水浓度相似的情况下，表面流人工湿地对磺胺甲嘧啶和四环素的去除率分别为 40% 和 92%；水平潜流人工湿地对这两者的去除率分别为 59% 和 92%；垂直潜流人工湿地对两者的去除率分别为 87% 和 99%。可见垂直潜流人工湿地能高效去除磺胺甲嘧啶和四环素，而且由于两者的理化性质差异，使得人工湿地对四环素的去除能力优于磺胺甲嘧啶。人工湿地基质也影响畜禽养殖废水中抗生素去除效果。人工湿地土壤基质去除畜禽养殖废水中抗生素能力显著高于其他湿地基质，尤其是富含黏土质的土壤，由于其具有较大的比表面积和较高的表面能，能吸附更多的抗生素。Liu 等分别采用火山石和沸石填充垂直潜流人工湿地，处理经过厌氧反应器处理后的养猪废水，发现火山石人工湿地对环丙沙

星、土霉素和磺胺甲嘧啶的去除率分别为 82%、91% 和 68%，而沸石人工湿地对其去除率分别为 85%、95% 和 73%。由此可见，沸石填充的垂直潜流人工湿地优于火山石填充，而且由于 3 种抗生素理化性质不同，人工湿地对它们的去除能力大小依次为土霉素＞环丙沙星＞磺胺甲嘧啶。对比砂子，沸石基质吸附畜禽养殖废水中抗生素的效果较优，而且沸石和湿地植物耦合可强化垂直潜流人工湿地去除畜禽养殖废水中抗生素和其抗性基因能力，其综合去除能力分别达到 95.0% 和 95.1%。

抗生素在我国使用广泛，滥用情况普遍，进入水体的抗生素成为水资源安全利用的巨大挑战。目前国内关于抗生素处理技术多处于研究阶段，现有的常规处理技术处理后有些抗生素未被完全降解只是结构上发生了变化，仍有可能具有毒性和抗性基因诱导能力，处理不当可能造成二次污染。因此，需重点关注如何将常规处理与高级氧化方法联用，以去除水体中抗生素污染达到更高的出水水质。

3.4.3 多环芳烃

3.4.3.1 多环芳烃的特性及其来源

（1）多环芳烃的特性

多环芳烃（PAHs）是分子中含有两个以上苯环的碳氢化合物，包括萘、蒽、菲、芘等 200 余种化合物。有些多环芳烃还含有氮、硫和环戊烷。PAHs 种类较多，常以混合物存在于水中，具有很强的生物积累性和持久性。按照结构和分子量的不同，PAHs 可分为两类：2～3 个苯环连接的称为低环芳烃，这类芳烃对生物的急性毒性效应明显，但是毒性相对较低，在环境中容易通过迁移转化被降解；4～6 个苯环连接的称为稠环芳烃，这类芳烃则对生物产生慢性毒性，水溶性低脂溶性高，在环境中难以通过迁移转化被降解。常见的具有致癌作用的多环芳烃多为 4～6 环的稠环化合物。

1976 年，美国国家环境保护局（EPA）将包括菲、萘等在内的 16 种 PAHs 列为优先控制的污染物（见表 3-13）。在自然界中这类化合物存在生物降解、水解、光作用裂解等消除方式，使得环境中的 PAHs 含量始终有一个动态的平衡，从而保持在一个较低的浓度水平上。但是，近些年来随着人类生产活动的加剧，破坏了其在环境中的动态平衡，使环境中的 PAHs 大量增加。

表 3-13　EPA 16 种 PAHs 的主要物理化学参数

化合物	中文名	缩写	CAS 号	分子量	熔点[a]	沸点[a]	水溶性[a]	$\log K_{ow}$[b]	环数	致癌性
Naphthalene	萘	NAP	90-20-3	128.3	80.3	218	2.42e-04	3.34	2	不致癌
Acenaphthylene	苊烯	ACEY	208-96-8	152.2	90.0	280	1.06e-04	3.85	3	致癌
Acenaphthene	苊萘嵌戊烷	ACE	83-32-9	154.2	93.9	279	2.53e-05	3.89	3	影响器官
Fluorene	芴	Flu	86-73-7	166.2	115	295	1.14e-05	4.14	3	致癌
Phenanthrene	菲	PHE	85-01-8	178.2	99.2	339	6.45e-06	4.39	3	致癌
Anthracene	蒽	ANTH	120-12-7	178.2	215	340	2.44e-07	4.39	3	致癌
Fluoranthene	荧蒽	Flu A	206-44-0	202.3	108	380	1.14e-06	4.9	4	毒理影响
Pyrene	芘	PYR	129-00-0	202.3	150	399	6.67e-07	4.9	4	致癌
Chrysene	䓛	CHR	218-01-9	228.3	225	448	8.76e-09	5.32	4	毒理影响
Benzo[*a*]anthracene	苯并 [*a*] 蒽	B*a* A	56-55-3	228.3	159	437	4.12e-08	5.32	4	致癌
Benzo[*b*]fluoranthene	苯并 [*b*] 荧蒽	B*b* F	205-99-2	252.3	166	446*	5.94e-09	5.95	5	致癌
Benzo[*k*]fluoranthene	苯并 [*k*] 荧蒽	B*k* F	207-08-9	252.3	217	480	3.17e-09	5.95	5	致癌
Benzo[*a*]pyrene	苯并 [*a*] 芘	B*a* P	50-32-8	252.3	177	495	6.42e-09	5.95	5	强致癌
Indeno[1,2,3-*cd*]pyrene	茚并 [1,2,3-*cd*] 芘	Ind	193-39-5	276.3	164	536	6.88e-10	6.45	6	致癌
Dibenz [*a*,*h*]anthracene	二苯并 [*a*,*h*] 蒽	D*i* B	53-70-3	278.4	268	524	1.22e-08	6.5	5	致癌
Benzo[*g*,*h*,*i*]perylene	苯并 [*g*,*h*,*i*] 苝	B*ghi* P	191-24-2	276.3	277	500	9.41e-10	6.45	6	致癌

注：a 数据来自美国国家环境保护局 https: //comptox.epa.gov/dashboard；b 辛醇－水分。

（2）多环芳烃的来源

PAHs 作为在生态环境中广泛存在的一类持久性污染物，其来源主要分为人为源和自然源。当燃烧温度不高（650～900℃）或者氧气不足时，一些物质（如煤、石油和有机高分子碳氢化合物）不能完全燃烧氧化，此时极易生成 PAHs。

①自然来源

自然源主要包括各种陆生和水生植被的燃烧，如森林和草原的火灾，自然沉积环境中发生的成岩作用，地质中储存的石油原油发生泄漏，火山口爆发以及微生物合成过程等。这些不同途径的 PAHs 自然源构成了天然环境的“自然本底”。其中高等植物和微生物在自身发展中合成的 PAHs 占有较大比重，而石油、煤等物质本身含有少量 PAHs，通过不同的方式也会释放到环境中。

②人为来源

人类活动产生和排放的各种污染物是环境中 PAHs 的主要来源。任何有机物加工、废弃、燃烧或使用的地方都有可能产生多环芳烃，如炼油厂、炼焦厂、橡胶厂和火电厂等工厂排放的烟尘，各种交通车辆排放的尾气以及煤气及其他取暖设施甚至居民的炊烟中都含有 PAHs。此外，原油工业在加工和运输过程中造成的石油泄漏和交通运输过程中排放的尾气等也是人为源中重要的组成部分。

食品中的多环芳烃的主要来源有：

- 食品在用煤炭和植物燃料烘烤或熏制时直接受到污染；
- 食品成分在高温烹调加工时发生热解或热聚反应所形成，这是食品中多环芳烃的主要来源；
- 植物性食品可吸收土壤、水和大气污染中的多环芳烃；
- 食品加工中受机油和食品包装材料等的污染，在柏油路上晒粮食使粮食受到污染；
- 污染的水可使水产品受到污染；
- 植物和微生物可合成微量多环芳烃。

3.4.3.2 水环境中多环芳烃污染现状与迁移转化

多环芳烃（PAHs）大多数是以吸附态和乳化态形式存在，一旦进入环境，便受到各种自然界固有过程的影响，通过复杂的物理迁移、化学及生物转化反应，在大气、水体、土壤、生物体等系统中不断变化，改变分布状况。多环芳烃进入大气后，可通过化学反应、降尘、降雨、降雪等过程进入土壤及水体中。目前，世界上绝大多数国家的江河、湖泊及海口水体都不同程度地受到 PAHs 污染，我国某些地区或某些水系的不同流域中 PAHs 最高的可达 9 000 ng/L 以上，造成这种现象的原因主要是近年来随着工业发展速度的加快，工业生产所带来的废水污染日趋严重。

有机化工、焦化生产、石油工业、染料生产等工业所排放的废水是PAHs来源的主要贡献者，其中石油工业、焦化厂所排放PAHs最严重。据相关文献及我国环境监测数据报道，PAHs中致癌性最强的苯并[*a*]芘在焦化生产工业所排放的废水中含量高达25.4～46.0 μg/L，远高于我国工业废水排放标准规定最高不超过0.03 μg/L的限值。我国主要水系PAHs污染现状见表3-14。

表3-14 我国主要水系PAHs污染水平

研究地点	介质	年份	样本数量/个	污染水平/(g/L)
大辽河	地表水	2011	27	567.45～1 743.73
杭州	地表水	2002	15	989～9 620
红枫湖	地表水	2004	24	47.2～178.5
开封南郊	地表水	2011	17	9.75～4 573.6
都江堰	地表水	2005	21	153～483
上海	雨水	2009	57	74～980
天津	饮用水	2007	18	0.6～30.8
山东	地表水	2006	20	1 308～7 629
广东	沿海海水	2006	30	87.06～90.62
阳泉市	地表水	2015	16	155.2～635.3
豫南	地表水	2012	156	2～66
重庆	地表水	2016	38	76.2～473.6
珠江三角洲	地表水	2010	16	32.03～754.76
黄河中下游	地表水	2006	12	176～369
淮河上游	地表水	2016	16	79.94～421.07
松花江	地表水	2008	14	152.95～2 444.54

资料来源：马晓龙.零价铁对水中多环芳烃的去除性能研究[D].北京：北京农业学院，2018：4.

王辉等对大辽河2011年丰水期和枯水期地表水中16种优先控制的PAHs浓度进行监测，研究结果显示，两个时期16种优先控制的PAHs平均浓度567.45～1 743.73 ng/L，且丰水期浓度高于枯水期。朱利中等对杭州市地表水的监测研究结果同样表明丰水期浓度高于枯水期，而且水体中PAHs浓度的季节性差异比较明显。雨水中也监测到了不同浓度水平的PAHs，闫丽丽对上海2009年的雨水样品进行了监测，研究数据显示PAHs的平均浓度为74～980 ng/L。李桂英等对珠江三角洲地区饮用水源地PAHs污染现状的监测分析结果显示，16种优先控制的PAHs的平均污

染浓度为32.03～754.76 ng/L，与此同时也对枯水期与丰水期的污染程度进行了对比考察，考察结果也与上述研究结果一致。

PAHs通过地表径流、排污和大气干湿沉降等途径进入水环境，参与水生生态系统中各种地球化学循环。在其迁移过程中，伴随着各种复杂而有规律的物理、化学和生物变化，最终或者被降解，或者进入各种储存库成为一种潜在污染源，并且可能通过食物链发生生物累积而不断富集和放大，进而影响水环境中的生物种群和群落。Mitra等通过对哈得逊河口沉积物中PAHs的分析发现，影响其解吸迁移到孔隙水中的主要因素是有机碳含量、沉积物再悬浮作用等。Latimer等研究发现，河口沉积物的再悬浮作用是PAHs在底栖生物与上层水体之间迁移的一种重要机制，沉积物的再悬浮过程将释放大量的PAHs，且粒径越小的沉积物释放的PAHs越多。研究表明，PAHs在生物体内的生物富集与其K_{ow}值及生物本身的生理特征密切相关。Nakata等对日本Ariake海滨岸生态系统的研究发现，生物的摄食行为和暴露程度导致该区域的PAHs产生了生物放大作用。Berrojalbiz等通过研究浮游生物体内的富集与循环发现，PAHs在浮游生物中的生物富集和累积系数与其分配系数K_{ow}值相关，并且其在浮游动物中的富集系数高于浮游植物。水生生态系统的营养级对有机污染物的迁移转化也存在一定的影响。对于同一条食物链上的低、高营养级生物而言，由于存在被捕食与捕食的食性关系，当高营养级的生物捕食富集了有机污染物的低营养级生物后，在食物链的放大作用下，其体内能迅速累积较高浓度的污染物。因此，生物的营养级越高，其生物富集能力越强。

3.4.3.3 多环芳烃的毒性与危害

多数PAHs具有致癌、致畸和致突变性。环境中的PAHs具有较高的疏水亲脂性和远距离传输性，能够在生物体内累积并沿食物链在生物中传递，进而影响整个生态系统。当PAHs进入人和动物的体内富集到一定程度后，就会对人和动物的免疫系统、神经系统和内分泌系统等产生一定的危害作用，对人类和生态环境的健康发展构成严重威胁，因此受到各国专家学者们的广泛关注。

（1）对人体健康的影响

从18世纪末期英国研究者Pott发现烟道清洁工患阴囊皮肤癌的概率较其他职业者高开始，专家学者们对PAHs毒性的研究已经有两百多年的历史。PAHs通常以致癌性非常强的苯并[*a*]芘（B*a*P）作为生物毒性的代表，B*a*P被生物体吸收后，通过生物酶系统转化为多种代谢产物，再经过人体一系列转化后会形成“终致癌物”，这种“终致癌物”会诱导如皮肤癌、膀胱癌、白血病等癌症的发生。研究表明，从事焦炉工作的工人患肺癌的概率是普通人的2倍。冰岛居民日常食用的烟熏制品中PAHs的浓度较高，使该地区的人胃癌的发病率远高于其他地区。

（2）对水生生物的毒性

由于PAHs的亲脂疏水性，导致其更容易在水生生物体内富集，与此同时还可以吸附于颗粒物表面进入沉积物系统。沉积物中的PAHs可随特定食物链逐级放大，导致生物体在细胞、组织，乃至个体层次产生不同的毒性效应。有研究表明，水环境中B*a*P对虹鳟鱼形态和发育有明显的影响，B*a*P含量增加可严重影响虹鳟鱼的形态及生长发育。杨涛等的研究结果表明，PAHs对甲壳类、贝类、鱼类等水生生物均具有较强的毒性效应，且其毒性效应与生物分子相互作用后在细胞→组织→器官→个体→种群→群落→生态系统→景观→生物圈逐级放大。蒋闰兰等研究了PAHs对水生动物的急性、亚急性、慢性毒性，以及对水生动物理化酶、细胞、组织和器官的影响，统计结果表明，PAHs对水生生物的生长发育各方面均有较大影响。同种PAHs对不同水生动物的急性致死效应不同，同种水生动物对不同种PAHs的耐受性也不同。但大致趋势是，甲壳类等无脊椎动物比鱼类对PAHs更敏感。PAHs对水生动物的急性毒性主要由其水溶性决定，低分子量的PAHs因为有较高的水溶性而被认为具有明显的急性毒性，而高分子量的PAHs因为水溶性极低其急性毒性不明显，更多表现为致癌性。

鳃呼吸是水生动物吸收水体中PAHs的主要途径，鳃最先受其影响。吴玲玲等对暴露于菲溶液中36 d的斑马鱼鳃组织进行分析后发现，与对照组相比，其鳃组织均受到损伤，鳃小片上皮细胞发生肥大和水肿，而经较高浓度菲溶液（100 μg/L）处理的斑马鱼，其鳃丝上皮增厚、鳃小片上皮细胞水肿程度均增加，部分鳃小片上皮明显隆起、少数鳃小片上皮细胞甚至坏死和脱落，严重影响了鳃丝的呼吸功能。肝脏作为重要的代谢和解毒器官，也是脂溶性污染物（如PAHs）的主要储存场所。肝脏的形态组织结构也是用来评价环境污染的有效生物标志物。将斑马鱼分别暴露于0.05 μg/L和100 μg/L的菲溶液中360 d后，与对照组相比，低浓度组斑马鱼肝细胞肿大，细胞质出现空泡，少数细胞核变形；高浓度组肝细胞表现为细胞形状变得不规则，细胞核固缩，细胞质空泡化程度加重，甚至有部分肝细胞的细胞核溶解导致肝组织发生局部坏死。此外，有研究报道PAHs可以通过垂体－性腺轴干扰鱼类的内分泌功能，进而影响鱼类性腺发育、繁殖能力、诱发性器官畸变。

此外，PAHs对水生植物的影响也非常广泛，对植物生长、开花，进行光合作用和呼吸作用各个阶段都会产生影响。植物叶片的呼吸作用会受到PAHs的影响，并且植物的生长、花期开花、结果也都会受到PAHs的影响。刘建武等研究发现，萘对不同植物体中过氧化物酶的活性影响效果不同。PAHs对能够进行光合作用的藻类影响较大，主要是影响藻类光合作用过程中电子传递。

3.4.3.4 水中多环芳烃的去除技术

多环芳烃不仅造成水域生物中毒，破坏水域生态系统，而且严重污染水源，危害人畜健康。因此，加强水体中多环芳烃的去除，研究如何处理水环境中的 PAHs 成为值得关注的问题。目前水环境中 PAHs 的去除技术主要包括物理化学法（吸附法、混凝沉淀法及过滤法）、化学法（化学氧化、电化学氧化及微波降解）和生物法（微生物降解及植物降解）。

（1）物理化学法

物理化学法主要是选用吸附、混凝沉淀、过滤等方法实现对 PAHs 的转移，并未将 PAHs 从水环境中降解消除，是一种操作相对简单的应急处理方式或辅助处理方式。

①吸附法

吸附法是去除水中多环芳烃的绿色方法之一，其通过吸附剂的吸附活性作用实现对多环芳烃的去除。吸附法的高效应用关键是选择恰当有效的吸附剂，良好吸附剂的特征一般为比表面积较大，表面活性离子含量高，因此，增大吸附剂的比表面积，提高其表面活性离子的含量已经成为水中多环芳烃吸附去除研究的重要内容。针对多环芳烃的特性，人们开发出各种各样的吸附剂，目前用于吸附 PAHs 的吸附剂主要有碳材料、土壤矿物、生物质吸附剂等。

a. 碳材料

在众多的吸附材料中，碳材料以其优异的物理化学性质成为应用非常广泛的一类吸附剂。传统的碳材料包括活性炭、活性炭纤维等。活性炭具有发达的孔道结构，较大的比表面积，而且化学稳定性好、易回收，具有优异的吸附性能。活性炭纤维孔径分布均一，比表面积大，吸附速率快，吸附容量大，在污水处理、空气净化等方面都有一定的应用。新型的碳材料包括以碳纳米管、石墨烯为代表的纳米碳材料，这类材料最主要的特点在于单原子层结构赋予的超高比表面积，良好的力学、物理和化学性质，是一种性能优异、应用前景非常广阔的吸附剂。

i. 活性炭

活性炭是以煤炭、石油焦、农林废弃物为原料，经过高温炭化，再经活化得到的粉末状或颗粒状的碳材料，活性炭生产所用的原材料、活化技术、改性技术都对活性炭的物理和化学性质有着重要影响，常用的活化技术包括热活化和化学活化，主要改变活性炭比表面积、孔结构以及表面官能团等性质。GE 等使用煤基活性炭经微波加热处理得到改性的活性炭，用于吸附水溶液中的萘，发现对萘的吸附容量达 189.43 mg/g。Li 等研究发现活性炭滤床对溶剂中菲的吸附去除率达 90%，同时微波法可再生活性炭，而再生活性炭对菲的吸附量为原始活性炭的67%，这使得购置活性炭的成本降低4/5。

ii. 石墨烯

石墨烯是一种由碳原子形成的具有理想二维平面蜂窝状结构的单原子层碳纳米材料。石墨烯独特的面吸附特性、高比表面积、良好的化学稳定性及机械稳定性使其在吸附重金属离子、染料、有机气体等方面都有广泛的应用。关于石墨烯吸附PAHs的研究已取得一定的进展，石墨烯吸附性能除了与其本身的表面性质有关外，还与吸附质的物性、吸附温度、溶液pH、溶液中共存的腐殖酸、重金属离子等有关。SUN等比较了氧化石墨烯（GO）、还原氧化石墨烯（rGO）及石墨（G）对水溶液中的萘、蒽、芘的吸附性能，吸附容量大小为rGO＞GO＞G；该学者还研究了pH、腐殖酸、温度对吸附的影响，结果表明rGO对PAHs的吸附能力在pH为2～11时无变化，而温度的提高及腐殖酸的存在会抑制对PAHs的吸附。

石墨烯超大的比表面积、强疏水性使得其在吸附处理环境中芳香性污染物中有广泛的应用前景，但其高昂的制备费用、难以回收、容易产生二次污染等缺点限制了在工业上的应用，今后的研究重点应在于开发高效廉价的石墨烯制备方法，探索石墨烯的回收方法及重复利用性能。

iii. 碳纳米管

碳纳米管（carbon nanotubes，CNTs）是由石墨片围绕中心轴卷曲形成的管状纳米材料，根据石墨片的层数可以分为单壁碳纳米管（single-walled carbon nanotubes，SWCNTs）和多壁碳纳米管（multi-walled carbon nanotubes，MWCNTs）。碳纳米管具有典型的层状中空结构，具有较大的比表面积、好的水热稳定性、机械稳定性以及疏水性。良好的疏水性使得其在PAHs吸附领域有很好的应用。

b. 土壤矿物

土壤矿物是指粒径小于2 μm的硅酸盐矿物，特殊的晶体结构赋予土壤矿物许多特性，例如稳定的结构、较高的比表面积、较大的离子交换能力等。最常用作吸附材料的土壤矿物有高岭土和蒙脱土。膨润土是一种以蒙脱石为主要成分的黏土矿物，具有较大的比表面积和阳离子交换容量，但是由于膨润土表面存在的硅氧结构以及夹层中的阳离子使其具有很强的亲水性，对疏水性的PAHs吸附能力差。随着研究的不断发展，人们发现通过表面活性剂对膨润土表面的硅氧结构进行改性可以有效地提高其表面疏水性，从而提高对PAHs的吸附能力。罗瑜等用溴化十二烷基三甲铵（DTMAB）、十二烷基硫酸钠（SDS）、十二烷基苯磺酸钠（SDBS）按不同配比制得阴－阳离子有机膨润土，改性膨润土比原土吸附剂的有机质含量提高了近200倍，同时改善了表面的荷电性质，增强了其对多环芳烃的吸附选择性，对多环芳烃芘的去除率最高可达97%。

c. 生物质吸附剂

生物质吸附是指用生物质材料去除溶液中的各类污染物。生物质材料表面良好的孔隙结构，丰富的官能团及结合位点，使得其具有良好的吸附性能，常用的生物质吸附材料包括真菌、藻类和农林废弃物等。生物质吸附剂具有来源广泛、可再生、环境相容性好、实用、廉价等优点，成为吸附去除 PAHs 的良好吸附剂。

i. 真菌生物质

真菌表面具有高度选择性的半透膜，有利于有机分子在其表面富集，处理 PAHs 时通常包括吸附和降解两个过程，其中吸附为快速过程，降解为慢速过程，因此真菌处理 PAHs 时通常需要较长的时间，但是去除彻底，不会产生副产物。常见的真菌生物质主要有假丝酵母属、白腐真菌等。DING 等研究了黄孢原毛平革菌对菲和芘的吸附，在最优条件下，60 d 内对菲和芘的去除率分别达到 99.55% 和 99.47%。当向体系中加入 $CuCl_2$ 溶液，Cu^{2+} 的存在使得真菌表面疏水性增强，同时增强了真菌对菲的吸附能力，提高了短时间内对 PAHs 的去除效果。

ii. 藻类生物质

藻类表面含有蛋白质、脂类等有机质且带有一定的电荷，有利于污水中有机分子吸附从而达到去除效果。此外，从海藻中提取的硫酸多糖、褐藻类的海带或马尾藻中提取的海藻酸钠等也都具有生物吸附作用。HONG 等分别使用灭活前、后的微生物（细菌、藻类）对石油中有机成分的吸附稳定性进行探究，吸附质为多环芳烃和原油，结果表明，灭活前的微生物对污染物的吸附稳定性顺序为萘＞菲≈芘＞原油；灭活后的微生物对 PAHs 的吸附效果基本与灭活前一致，但对原油的吸附则比灭活前的吸附能力低。由于藻类具高能量密度、不与农作物生产冲突（竞争耕地与肥料）、生长无须消耗有限的淡水资源等优势，因此具有用于吸附降解 PAHs 的可行性。

iii. 农林废弃物

农林废弃物主要包括稻草、秸秆、甘蔗渣、椰壳、米糠、竹屑和松针等，主要由纤维素及木质素组成，其表面含有大量的羟基、羧基、羰基等活性官能团，通常情况下由于表面亲水性，农林废弃物对 PAHs 的吸附效果一般，但是经热处理或化学处理后，吸附效果会有明显的增强。KONG 等研究了不同碳化温度下大豆秸秆碳化所得活性炭对水溶液中的萘、菲、苊等的吸附效果，发现吸附能力随碳化温度的升高而增强，700℃下碳化得到的活性炭，对萘、菲、苊的去除率分别达到 99.89%、100%、95.64%。

选择合适的生物质作为 PAHs 的吸附剂不仅要考虑其高效性，还应结合该生物质与多环芳烃作用是否给环境带来危害、生物质本身是否还继续有可利用性、吸附过程中的可再生性以及生物质通过解吸回收环境中的PAHs等多方面综合考虑。

②混凝沉淀法

水中的多环芳烃容易附着在悬浮颗粒上，因此混凝法是去除水中多环芳烃有效方法之一。混凝沉淀法通过改变胶体表面电荷，使胶粒失稳而碰撞凝结沉淀，或者通过水中高分子混凝剂的水解和缩聚反应，使产生的高分子聚合物吸附胶体粒子而沉淀。混凝沉淀技术高效应用的关键是混凝剂的选择。目前，混凝剂的使用种类多样，如无机高分子混凝剂、有机混凝剂、单一型混凝剂和复合型混凝剂等。但是探索廉价高效的混凝剂依然是混凝沉淀法研究的重要方向。混凝沉淀法与其他多环芳烃去除技术相结合，能够做到技术间的取长补短。张会琴研究发现混凝沉淀法对微污染废水中菲、芘、萘和荧蒽的去除率分别为82.09%、67.61%、61.72%和38.27%，而其用混凝－高级氧化耦合处理后，对菲、芘、萘和荧蒽的去除率达到98.51%、90.12%、68.59%和45.06%，多环芳烃的去除效率大大提高。混凝沉淀法对水中悬浮颗粒物和真溶性污染物去除效果较好，是实现多环芳烃深度去除的重要途径。

③过滤法

过滤即以化学位差或外加能量为推动力，利用膜对多环芳烃的选择性过滤，从而实现多环芳烃的分离。在多环芳烃废水处理中，过滤是强化多环芳烃去除的重要步骤，其利用膜对混合物中各组分的选择渗透作用性能的差异，以外界能量或化学位差为推动力来实现多环芳烃的分离去除。马宁等研究发现与单独臭氧氧化处理相比，纳滤－多相催化臭氧氧化工艺处理使得苯并[*a*]芘和萘的去除率分别由20%和60%提高到90%以上。混凝沉淀与滤膜工艺联用，不仅可强化多环芳烃的去除，而且可以有效控制膜污染，提高水质。研究发现把混凝沉淀作为微滤膜的预处理工艺，与单独微滤工艺相比，混凝沉淀－微滤工艺不仅使多环芳烃的去除率提高，而且改善了跨膜压差状况，延长了滤膜的使用寿命，降低了水处理成本。Gong等通过电絮凝与膜过滤联用的方式处理造纸废水，对多环芳烃的去除效率达到90%以上，处理后水质达到工业用水的再用要求。

而在实际饮用水处理中，砂滤是应用较为广泛的过滤技术，对多环芳烃的去除有良好效果。许宜平等发现在自来水厂常用的净水工艺“预氯化－混凝沉淀－砂滤－清水”中，砂滤是主要的工艺阶段，与原水相比，其过滤和吸附作用使得出水中多环芳烃总量下降64%，与前一工艺混凝沉淀段相比，多环芳烃总量下降77%，去除效果显著。

（2）化学法

化学法主要包括化学氧化、催化氧化及声化学技术等，具有快速、去除率高和二次污染小等优点。

①化学氧化法

化学氧化法是指利用氧化剂的氧化作用去除多环芳烃的技术，其具有多环芳烃去除彻底、无二次污染等优点。常用的氧化剂主要有 H_2O_2、臭氧、氯、ClO_2 等。氧化剂氧化条件下，工艺参数对多环芳烃的去除有较大影响。刘金泉等研究用 ClO_2 去除水中蒽、芘和苯并 [*a*] 蒽的影响因素，发现当反应时间分别为 30 min、60 min、120 min，ClO_2 浓度为 0.1 mmol/L、0.4 mmol/L、0.5 mmol/L，pH 为 7.2 时，蒽、芘和苯并 [*a*] 蒽的降解率才能达到最大值，最大值分别为 99.0%、67.5% 和 89.5%。因此，多环芳烃去除工艺参数的研究已是氧化剂氧化法的研究热点。

与其他氧化剂相比，臭氧去除多环芳烃的效果较好。而在饮用水处理中，氯化法生成的产物毒性要比原有多环芳烃的大，因此有人认为饮用水的净化应采用氯化法以外的其他方法。

②催化氧化法

虽然氧化剂对多环芳烃有较好的去除效果，但是其成本较高，限制了其大规模应用，因此，在保证反应质量的前提下，如何节省氧化剂的用量，提高氧化剂与多环芳烃的反应速率已成为氧化法的重要研究课题。向反应体系中投加催化剂是解决这一问题的有效途径之一。光催化氧化法主要是在体系中添加相关氧化剂和具有催化性能的半导体材料（如 TiO_2）等，利用紫外光照射反应体系，使氧化剂 H_2O_2、O_3 等吸收紫外光能迅速分解产生 · OH，进而攻击水体中有机物的结构，最终破坏其原有结构和性质，使其降解去除。氧化体系的高效与否取决于在一定条件下该氧化体系能否生成充足而氧化性强的 · OH。在各种催化技术中，光催化技术是目前国内外用于处理工业废水的一种先进技术，在高级氧化方法中受到了越来越高的重视和应用，该技术在反应过程中产生的 · OH 氧化性强，处理效果好、周期短、无二次污染。李贞燕等对比考察了 UV-O_3 和 UV-TiO_2-O_3 两种氧化体系下 · OH 的作用及其对反应效率的影响，发现在光催化作用下，TiO_2 产生的具有极强氧化还原能力的电子和空穴将其表面吸附的 H_2O 和 OH^- 氧化成超强氧化能力的 · OH，这不仅提高了整个反应的反应速率，而且使得萘和芴的降解率由 UV-O_3 氧化体系的 90% 分别提高到 98.35% 和 100%。

③声化学技术

超声对化学反应影响的主要原因在于空化泡增大 - 破裂过程中能产生非常大的冲击波。据有关数据统计，在空化泡爆裂时，局部空间内可产生高达兆帕的瞬时压力，中心瞬时温度高至 3 000～5 000 K，目前对超声的应用主要集中于其对反应传质的影响。利用其在化学反应介质中产生瞬间高温高压等极端条件，可使在常规条件下难以发生的化学反应或难以溶解的物质反应和溶解。

已有研究者采用超声技术处理含有芳香族化合物等有机物污染的水体。出于

现实情况的考虑，近年来对声化学的研究，已成为组成复杂、高浓度的POPs污染水体方面新的热点研究方向。同时，可将声化学与其他技术联用，以此提高对有机废水的降解去除性能。目前声化学联用技术最常用的有超声技术与光催化联用，超声技术与O_3氧化技术联用，超声技术与H_2O_2联用，超声技术与活性炭吸附联用。将超声技术应用于水中PAHs的去除方面的研究已取得良好效果，对其去除机理也有了相对完善的结论。Ioannis D Manariotis利用超声技术对水中PAHs的降解去除研究结果表明，超声频率对污染物的去除有一定的影响，高频去除率优于低频。同时，超声对PAHs的去除主要依靠空化泡的热解攻击环状结构，在反应过程中·OH与空化泡起主要作用。

除此以外，化学法还包括电化学氧化法和微波降解法。电化学氧化法的处理效率受电流密度、水体pH等因素影响，目前来看，过程控制因素过多，能量需求高，投入高，实际处理效果难以达到理论水平，给大规模应用带来很大难度。微波降解法即通过微波辐射降解水中的多环芳烃，具有快速、高效的特点，但同样具有处理量小、耗能高和投入高的缺陷，不适合大规模应用。

（3）生物法

①微生物降解技术

微生物代谢是去除污染环境中PAHs的一种有效方法。主要是依靠微生物与污染物的循环，通过新陈代谢或代谢分解来改变污染物，具有可持续性强、环境友好性高和经济实用性强等优点。多环芳烃降解微生物的种类多样，但是不同菌属的降解菌对水中多环芳烃的降解率不同。水中PAHs的微生物降解已有大量研究，对于水中低浓度、体系环境简单、低环数的PAHs具有良好的降解效果。但对高环数、体系环境复杂、环数较高的PAHs去除性能效果较差，在复杂的体系环境中微生物自身的生长繁殖的稳定性受到限制。Patel等利用混合培养DAK11细菌对500×10^{-6}的PAHs有显著的降解性能，但当体系中有表面活性剂CTAB以及重金属离子存在时会抑制DAK11细菌的生长，从而使得降解效果下降。苏小梅等研究表明VBNC细菌在实验室条件下对水中的PAHs有优异的去除性能，但在不受人工影响的自然条件下降解去除效果并不理想，主要原因是在自然水体中VBNC细菌的存活性受到限制。

微生物降解过程复杂，不同微生物之间可相互促进、相互抑制。惠艳研究发现菌株H3与菌株H6间存在竞争关系，其组合对多环芳烃的降解率小于单一菌株；菌株H6与菌株H7组合则有互补分解代谢作用，其组合对多环芳烃的降解率优于单一菌株；菌株H3与菌株H7间相互影响作用不明显；但菌株H3、菌株H6及菌株H7组合，反应前期有互相协同加强作用，后期表现出相互竞争抑制作用。因此，多环芳烃高效降解菌株的研究有助于多环芳烃去除效率的提高，是微生物降解

研究的重要趋势。

多环芳烃微生物降解法与其他方法联用，可发挥不同方法的协同作用，这不仅可以强化处理多环芳烃废水，而且可以处理复杂废水。邓留杰研究发现单纯生物反应器对水中芘的去除率为56.2%，而生物电化学耦合技术对有机污染物的去除速率明显增大，对芘的去除率达到95%以上。许宜平等分析厌氧－膜生物反应器对垃圾渗滤液中多环芳烃的去除率超过80%，多环芳烃的主要降解反应发生在厌氧滤池工艺段，而SCOD（溶解性化学耗氧量）、BOD和TOC的主要去除工艺段则是膜生物反应器。

②植物降解技术

水中植物主要通过其吸附和吸收作用而实现对多环芳烃的降解。焦杏春等研究发现，多环芳烃在水稻根系中呈3种状态存在：根表弱吸着态、根表强吸着态和根内吸收态。根内吸收态部分约占多环芳烃总量的60%，比表面积和脂含量是影响水稻根系化合物浓度的主要参数。植物降解技术具有对有机污染物去除彻底、处理成本低廉、对环境扰动少和资源可持续利用性强的特点。水中植物对多环芳烃的降解过程是一个时间动态过程，且植物的不同部位对不同多环芳烃的降解程度不同。凌婉婷等研究了黑麦草对水中菲和芘的吸收作用，发现菲和芘在植物体内有明显的传导作用。植物根系和茎叶富集系数先快速升高而后趋于稳定，茎叶中菲和芘含量、茎叶对菲和芘的富集系数比根低1～3数量级，积累量也明显小于根系，同时黑麦草根系对水中芘有更强的富集能力，其根系富集系数比菲大85%～179%，而其茎叶对菲的富集作用较强。除此之外，植物残体和植物落叶对水中多环芳烃有很好的生物吸附作用。

虽然水中植物本身对多环芳烃有良好的吸附和吸收作用，但是栖息在植物根系的微生物对水中多环芳烃的去除也起着重要作用，袁蓉等发现凤眼莲对初始浓度分别为4.3 mg/L、9.9 mg/L、13.2 mg/L的萘污水的净化率分别达到92.0%、85.4%、84.2%，究其原因，发现栖息在其发达根系上的各种微生物的协同降解作用起了主要作用。因此，种植根系发达的水生植物是发挥植物降解和微生物法协同去除作用的重要途径。

加强多环芳烃去除技术的研究有助于保护生态环境，保证人类健康，对生态和社会的和谐发展有重要意义。不同的降解方法对多环芳烃具有不同的降解程度和降解选择性，加强联合多种方法的复合降解方法研究，一方面避免具有相互抑制作用方法的复合应用，另一方面实现多种方法的优势互补，这是实现多环芳烃废水深度处理的重要途径。

3.4.4 环境内分泌干扰物

3.4.4.1 环境内分泌干扰物及其来源

环境内分泌干扰物（EDCs）又可以称为环境激素、环境荷尔蒙或环境雌激素等，是指环境中存在的能够干扰生物体内源激素的合成、释放、转运、结合、作用或清除，从而影响机体的内环境稳定、生殖、发育及行为的外源性化学物质。它的产生始于20世纪30年代，当时人们采用人工合成的方法生产雌性激素（DES）用作药品以及纺织工业的洗涤和印染用剂，这种合成雌性激素在诞生的同时就被指出有导致恶性肿瘤的危险。随着人类科技的进步，大量化学品进入环境，如食品添加剂、化妆品、杀虫剂等。这些物质在环境中的浓度是极小的，且急性毒性一般很低，起初并没有发现其对人类及动物机体有毒害作用。但近些年来，不断有报道指出这些物质中有很多对机体的生殖、免疫、神经系统等内分泌系统造成损害，严重影响机体健康。

内分泌干扰物（EDCs）是环境中的激素类似物，其分子结构与人体内激素的分子结构非常相似，能模拟或干扰机体内分泌功能，如影响体内激素的合成、分泌、传递、结合、启动以及消除等环节，从而对个体的生殖、免疫、神经等产生多方面的影响。近几十年来，发现环境中存在的许多化学污染物都有一定的雌激素样活性，主要包括：

①烷基酚类：包括壬基酚、辛基酚、双酚A等。这类物质的雌激素活性较高，而且污染广泛，烷基酚是非离子表面活性剂烷基酚聚氧乙烯醚（APEs）的主要降解产物之一。这些非离子表面活性剂本身没有雌激素样活性，但在处理污染物时在环境中降解后，能释放具有雌激素样活性的烷基酚。

②农药：包括有机氯杀虫剂如DDT、十氯酮、狄氏试剂以及拟除虫菊酯类等；除草剂如甲草胺、杀草强、莠去津等；杀真菌剂如苯菌灵、六氯苯等；杀虫剂如林丹、氯丹、硫丹、三嗪等；杀线虫剂如滴灭威、呋喃丹、二溴氯丙烷等。

③邻苯二甲酯类（PAEs）：是塑料制品的主要原料，可用作增塑剂和软化剂。橡胶、润滑油的添加剂中也含有这类物质，已成为全球性的污染物，可造成大气、土壤、水体的严重污染。

④多氯联苯化合物（PCBs）：这类物质具有良好的绝缘性和耐火性，应用十分广泛。在环境中性质稳定，可通过食物链富集。

⑤金属类：已发现某些金属如有机锡、镉及其络合物、铅及其络合物等也有干扰内分泌的作用。

以上环境化学污染物中，属于联合国环境规划署2001年提出首批控制的12种

持久性有机污染物，包括DDT、多氯联苯、六氯苯、多氯代二苯并－对－二噁英、多氯代二苯并呋喃、艾氏剂、狄氏剂、异狄氏剂、火蚁灵、氯丹、毒杀芬、七氯。这些污染物都属于环境内分泌干扰物，它们能在环境中持久地存在，通过食物链进行生物富集，并能够在环境中长距离迁移进而对人和其他生物的健康以及生态环境产生严重的危害。

EDCs主要出现在以下环节中：①雌激素类药品，包括大量口服避孕药和激素辅助性治疗药物，通过人类的粪便进入到环境中；②催熟剂，为了加快蔬菜水果的生长周期，种植者不惜施加一定浓度的“催熟剂”，如乙烯利、脱落酸等；③激素饲料，在畜牧业和渔业的生产中，养殖者为了使鱼虾类和家禽类快速生长，向饲料中添加“催生剂”；④化妆品，市面一些声称能让皮肤变得细腻光滑的美容保健品中，有些加入了违禁环境雌激素；⑤工业生产，很多物质在生产过程中所产生的“三废”都含有大量的环境激素，如含有烷基苯酚类的表面活性剂、塑料黏合剂以及润滑油等物质的生产等。这些物质广泛存在于河流、土壤、大气及农产品中。因此，人类有广泛接触EDCs的可能性。水源中的环境激素主要来自雨水、工业废水和生活污水。降雨之后空气清新是由于雨水带走了空气中的污浊成分（包括空气中的环境激素物质），这些物质随着雨水流向各种水系，被水中的藻类、微生物、浮游生物、鱼类摄取后在其体内蓄积浓缩。地下水受环境激素物质污染的一个重要原因是垃圾填埋场的污水渗出，雨后垃圾填埋场地面水分渗入地下，垃圾中的毒物由此溶入水中而与地下水成为一体，这种恶劣水质的地下水进入河流、井水、湖泊，环境激素成分也随之参加循环。自来水厂的水源顺着水管流入各家各户，水管为防锈，常涂环氧树脂为保护膜，而环氧树脂的原料联苯酚A是环境激素。

3.4.4.2 几种典型环境内分泌干扰物及其危害

与其他环境污染物相比，环境内分泌干扰物对人体健康的影响有以下显著特点：低剂量长期作用，具有慢性毒性效应；对人体生长、发育、生殖产生影响，特别对后代影响极大；与人体各系统重大疾病有密切关系，危害巨大；采用常规的方法不易筛选和检测。本节重点介绍几种典型环境内分泌干扰物及其危害。

（1）二噁英类

二噁英类也称为戴奥辛，是210种不同化合物的统称，包括75种多氯二联苯，135种多氯二联苯呋喃，是一类持久性污染物质。二噁英类在环境中以混合物的形式存在，其中许多化合物的毒性资料不完全，有致癌性、致畸性以及生殖毒性资料的仅限于几种化合物。二噁英类在绝大多数体内和体外致突变试验中都呈现阴性，许多研究也未能证实二噁英类对DNA有直接损伤作用。然而，2,3,7,8–四氯二苯并二噁英（2,3,7,8–TCDD）有极强的致癌作用，可在实验动物的多个部位诱发出肿瘤。流行病学研究表明，人群接触 2,3,7,8-TCDD 及其同系物与患癌症的总体危险性增加有关。根据动物实验与人群流行病学研究结果，1997 年国际癌症研究机构（IARC）将 2,3,7,8-TCDD 定为明确的人类致癌物。

①二噁英类的一般毒性

二噁英类毒物作用的主要组织和器官是皮肤和肝脏。暴露于高浓度的二噁英类可对实验动物和人诱发氯痤疮，表现为皮肤发生过度角化、色素沉着以及出现痤疮。二噁英类可引起实验动物肝实质细胞的增生与肥大，导致肝脏肿大，严重时可引起肝脏的变性、坏死以及肝功能异常。

②二噁英类的生殖发育毒性

二噁英类能损害雌性动物的卵巢功能，抑制雌激素的作用，引起动物不孕、胎仔数减少、流产等。实验发现，给予怀孕小鼠毒性剂量以下的二噁英类，可使胎鼠产生腭裂、肾盂积水、胸腺和脾脏萎缩、皮下水肿以及生长迟缓等现象。实验表明，出生前暴露于四氯二噁英（2,3,7,8-TCDD）可使子代雄鼠的性行为改变。孕期暴露于二噁英类对雄性仔鼠的生殖系统影响很大，可导致前列腺变小，精细胞减少、成熟精子退化等。流行病学研究发现，在生产中接触 2,3,7,8-TCDD 的男性工人，其血清睾酮水平降低，而促卵泡素和黄体激素增加，这显示二噁英类可能有抗雄激素和使男性雌性化的作用。

③二噁英类的致癌性

二噁英是一种极强的促癌剂，它可以引起多系统、多部位的恶性肿瘤。有调查显示，当年接触橙色试剂的美国士兵恶性肿瘤发病率为 4.95%，是对照组的 2 倍。职业流行病学研究表明，TCDD 与人类呼吸系统、肺、胸腺、结缔组织和软组织、造血系统、肝等几乎所有的肿瘤有关，其中以引发软组织肉瘤的危险性增加最为显著。基于动物实验及最新流行病学调查结果，国际癌症研究机构（IARC）在 1997 年将 2,3,7,8-TCDD 定为人类 I 级致癌物。

④二噁英类的免疫毒性

TCDD 的免疫毒性基本确定，并认为免疫系统是 TCDD 主要的和最敏感的靶器官之一。TCDD 的免疫毒性表现为胸腺萎缩（主要表现为胸腺皮质中淋巴细胞的减少）、体液细胞免疫抑制、抗体产生能力抑制、抗病毒能力降低。TCDD 对胸腺的毒性不是影响 T 细胞免疫功能，而是对 T 细胞（CTL）杀伤性的作用。研究发现 0.004～40 μg/L 可明显抑制小鼠 CTL 的产生，但未引起脾脏、淋巴结细胞明显变化或迟发性变态反应。

（2）多氯联苯

多氯联苯（Polychlorinated biphenyls，PCBs）是一类苯环上碳原子连接的氢被氯不同程度地取代的联苯化合物。迄今为止，已能人工合成 209 种这类化合物。在

环境中的主要来源是人工合成的工业化学品、垃圾焚烧等燃烧过程、金属冶炼、氯碱工业、制浆造纸和其他含氯化工生产过程的副产物，以及印刷品、建筑材料中的密封剂。自在环境中发现PCBs以来，研究人员就对PCBs对动物的毒性作用进行了大量的研究。

① PCBs中毒

1968年，在日本西部由于摄入污染PCBs的米糠油而引起了爆发性中毒事件。该病以皮肤损害为其典型特征，主要表现为皮肤、指甲、眼结膜和口腔黏膜的色素沉着和氯痤疮。这些典型病例出现上眼睑肿胀、睑板腺分泌亢进的症状。

② PCBs的生殖、发育的毒性

人们之所以关注PCBs是因为已在人卵泡液中发现PCBs和许多其他工业污染物及杀虫剂。体外试验证明商用PCBs能降低小鼠体外受精率、增加细胞受精卵的畸形率。若幼体在子宫内和哺乳期受到高水平的PCBs的影响，其后果相当严重。

流行病学研究表明，父母暴露于多氯联苯（PCBs）环境可导致儿童的精神运动损害，短时记忆缺陷以及低IQ值，研究提示，儿童生长发育迟滞主要与胚胎期或父母怀孕前期的暴露情况有关，而与出生后的暴露没有显著相关性。母体接触PCBs能通过胎盘影响胎儿，引起胎儿PCBs中毒。患“Yusho”病（日本油病）的母亲的新生儿临床表现出特有的“胎儿PCBs综合征”，出现全身皮肤黏膜黑褐色色素沉着（以腋窝、生殖器、毛囊、口唇、结膜等部位较明显，一般在出生后2～5个月消失，齿龈增生，面部水肿，眼球凸出，睑结膜分泌亢进，新生儿长牙（有1、2颗牙），骨骼X线出现异常钙化以及出生体重下降。

③致癌

职业流行病学研究表明，生产多氯联苯类（PCBs）的工人，其肿瘤患病率和死亡率显著高于常人。1976年，意大利Sevcso某工厂事故导致PCBs污染，数十年后进行的受污染人群流行病学调查发现污染与消化道癌、淋巴癌、粒细胞白血病、甲状腺癌、卵巢癌、软组织癌的发生有密切关系，相对危险最高达6.6倍。乳腺癌组织中PCBs含量测定研究表明，PCBs污染与乳腺癌的发生有密切关系。

（3）双酚A

双酚A（BPA）是重要的有机化工原料，苯酚和丙酮的重要衍生物，主要用于生产聚碳酸酯、环氧树脂等多种高分子材料。也可用于生产增塑剂、阻燃剂、抗氧剂、农药、染料等精细化工产品。BPA与人们的日常生活密切相关，其产品广泛用于食品和饮料的包装，金属材料的涂层等。鉴于其有明显的雌激素效应，生产量巨大、应用范围广和环境中无处不在的特点，引起了国际学术界、产业界和环境行政部门的高度重视和广泛关注。

① BPA 对生殖系统的影响

BPA 对雄性生殖系统有较为明显的影响，可引起生殖障碍及发育异常。实验表明，环境雌激素会引起各种形式的雄性生殖系统异常，包括性腺发育不良，尿道下裂，睾丸和附睾重量减轻，引起生精细胞、支持细胞及间质细胞的凋亡等。BPA 对雌性生殖系统的影响主要表现为卵巢萎缩、流产、受孕率下降和生殖道发病率增加等。早在 1938 年 Dodds 等就发现了双酚 A 的雌激素活性，它对雌激素受体具有亲和力，刺激人类乳腺癌细胞 MCF-7 的增殖并诱导孕酮受体的表达。相关试验表明，双酚 A 可能通过破坏支持细胞骨架和改变支持细胞形态而损害雄性生殖功能。也有研究表明，BPA 处理后小鼠生育指数和妊娠率随染毒剂量增加而下降，着床前死亡率、吸收胎率、死胎率均随染毒剂量增加而升高，而活胎率随剂量增加而下降。

② BPA 对胚胎发育的影响

实验研究发现 BPA 对早期胚胎发育能力有显著影响，低浓度的 BPA 能促进早期胚胎发育，而高浓度的 BPA 能抑制早期胚胎发育，且只在囊胚期检测到凋亡阳性信号，随着 BPA 浓度的增加，发生凋亡的胚胎比率逐渐增加。裴新荣等采用全胚体外培养方法研究 BPA 对胚胎发育的毒理作用，发现随着 BPA 剂量的增加，胚胎的体外生长发育受影响越严重，呈现出明显的剂量效应关系。≥60 mg/L 的 BPA 即可诱发卵黄囊生长和血管分化不良、生长迟缓及形态分化异常，严重者出现体位异常及各种畸形，如心脏发育迟缓、心包积液等。研究发现 BPA 还能引起胎仔骨化不全，肛门闭锁、脑室扩大等畸形。

③ BPA 对神经系统的影响

BPA 具有神经毒性作用，影响神经系统的发育和功能。研究发现≥25 μmol/L 时，体外培养的胎鼠脑多巴胺神经元凋亡比例显著增加，细胞活性随剂量增加而降低。多项动物实验的神经行为学研究表明，围生期双酚 A 暴露会引起子代行为学改变，包括多动症、对新环境的探索适应能力降低、痛觉反应改变及攻击性行为等。

④ BPA 对生长发育的影响

在大多数情况下，儿童承受环境毒物的能力比成人差，因此他们对环境毒物更敏感。而且，由于儿童处于快速的生长发育阶段，更易受到环境毒物的伤害。当青春期暴露于低剂量双酚 A 时，会干扰生殖系统发育过程，引起多种类型的青春期发育异常，常见的有因 BPA 对乳房的雌激素效应而引起假性性早熟。BPA 可以通过干扰甲状腺素的功能而引起个体的生长发育及智力发育障碍。

⑤ BPA 的致癌作用

环境雌激素可通过多种途径进入体内，启动细胞内不同的信号传导途径，发挥

拟雌激素样作用，增加体内雌激素的实际负荷量，以致乳腺癌、卵巢癌及子宫内膜癌等与雌激素相关的肿瘤发病率呈现上升趋势。环境雌激素诱导肿瘤可能与它们损伤DNA、抑制抑癌基因或诱导抗凋亡基因以及抑制微管微丝，破坏细胞有丝分裂有关。BPA能够抑制微管聚合，干扰有丝分裂纺锤体，诱导多个微管成核位置从而形成多个微管组织中心和多极纺锤体并诱导细胞的多极分裂，进而通过染色体的不等分布，导致非整倍体形成。

（4）有机锡化合物

由于在工农业上，特别是在海洋防污涂料方面的广泛应用，有机锡化合物已通过各种途径进入海洋环境，使海洋生物普遍受到污染。有机锡化合物是迄今为止由人为活动引入海洋环境最毒的化学物质之一，它对多种海洋污损生物具有长期有效的杀生效果，但同时也会影响其他非目标生物。

软体动物对有机锡的毒害作用极为敏感，2 ng/L的三丁基锡（TBT）就会干扰牡蛎的钙代谢和诱导织纹螺发生性畸变。当TBT质量浓度达到1 μg/L时就会对海洋甲壳类动物产生影响。研究表明，相同浓度的三苯基锡（TPT）也会引起和促进腹足类动物产生性畸变，从而导致繁殖失败，生育能力下降。TBT和TPT对藻类有较强的毒害作用，能破坏叶绿体光合片层的网状结构，使敏感海藻和浮游生物生长受阻。TBT对鱼类和哺乳动物的免疫能力具有抑制作用，这些化合物在动物体内富集会影响体内吞噬细胞的活性，破坏动物的免疫能力。由于较高浓度的TBT污染，德国北海沿岸海螺已基本灭绝，英国一些河口港湾蛤蜊种群已开始消失。美国一些海岸相继发现海洋哺乳动物搁浅在沙滩上，原因就是锡中毒。这是因为有机锡是一种船底涂料和渔网防腐剂，鲸和海豚喜欢追逐海船，因而易于中毒。有机锡的毒性主要表现为损害动物的神经细胞和内脏，动物脑细胞受损害后丧失方向感，而鲸和海豚具有集体追逐头领的习性，因此当其中一两头鲸或海豚因中毒而失去辨别方向能力盲目冲上海滩时，其他的也盲目跟进，一旦在海滩上搁浅，便无法回到大海，从而表现出“集体自杀”。更严重的是，目前不光是水生生物受到有机锡污染，处于食物链高营养级的鸟体内也发现了高浓度的有机锡污染物。此外，海洋中易于受到TBT污染的软体动物（如牡蛎、贻贝、扇贝等）以及鱼（如鲑鱼、鲈鱼、鲤科鱼等）都通过商业活动供人类食用，有机锡在食物链中的富集和传递对人体健康具有潜在的风险。

3.4.4.2 环境内分泌干扰物的去除技术

内分泌干扰物进入水体后将对人类健康和生态环境造成危害，从水中去除该类物质已成为一个新的研究热点。通常污水处理厂是控制污染物进入水环境的重要环节，但现有城市污水处理厂的设计和运行一般仅考虑有机物、氮、磷等常规污染物的去除，对部分内分泌干扰物的处理效果不理想，导致其随着出水排放，从而危害水环境。如果EDCs能在释放到水环境中之前，通过一定的水处理技术最大限度地从污水中去除，则可有效地减少其对环境的危害。

研究环境内分泌干扰素（EDCs）的处理技术，须明确其自身的特点：一是引起激素效应的污染物浓度极低，且具有生物累积性，常规的水处理技术无法满足这样的要求；二是环境内分泌干扰素普遍表现出脂溶性、疏水性和化学稳定性。此外，EDCs还具有较长半衰期和低剂量效应，呈现出难降解和难去除的特点。目前，EDCs的去除技术主要包括物化法、化学氧化法和生物法。

（1）物化法

去除EDCs常用的物化法有吸附法和膜分离法。

①吸附法

在去除EDCs的技术中，吸附法因具有操作成本低、设计简单、易于使用、有害副产物产生较少等优点而受到国内外许多学者的广泛关注。目前，国内外吸附EDCs的材料由活性炭等常规吸附材料转向树脂颗粒、高分子复合物和仿生学吸附剂等新型吸附材料。

a. 活性炭吸附

活性炭对污水中典型EDCs有较强的吸附去除能力，孙红文等采用颗粒活性炭和粉末状活性炭炭柱吸附水中微量的2,4-二氯苯氧乙酸（2,4-D）和壬基酚（NP），静态吸附实验的研究结果表明，两种活性炭的饱和吸附量都达到100 mg/g以上，能快速有效地去除水中微量的典型环境内分泌干扰素。Tsai等对比了矿物安山岩、硅藻土、二氧化钛、活性白土以及两种活性炭对双酚A（BPA）的吸附性能，结果表明活性炭对BPA具有最好的吸附能力。有研究发现活性炭对EDCs的吸附在模拟污水和真实污水中去除效果相差较大，Snyder等对比了污水处理厂出水和地表水中活性炭对EDCs的吸附去除情况，发现在污水处理厂出水中活性炭对EDCs的吸附能力比在地表水中对EDCs的吸附能力明显要弱很多。为了解决活性炭吸附能力下降的问题，在实际水处理过程中，可通过一定的改性处理方法，获得孔结构与表面化学性质均有利于去除水中EDCs的活性炭来提高其吸附效果，或将活性炭与其他技术结合，如与膜或生物处理过程有机结合以解决在复杂的污水处理过程中活性炭吸附能力的退化问题。

b. 树脂和高分子复合吸附剂吸附

由于大部分EDCs都是亲脂性物质，因此根据相似相容原理人们研究出树脂颗粒和高分子复合吸附剂。人工合成的吸附树脂是一种内部呈交联网状结构的高分子球体，其理化结构可以根据实际用途进行设计。因其具有吸附能力强、再生容易、效果显著等优点，被广泛应用于有机废水的治理与资源化。有研究表明，对于

总酚≤2 300 mg/L 的复合模拟水样，XDA-2 型树脂对 BPA 的吸附去除率≥99%。Ifelebuegu 等研究了聚 1- 甲基吡咯 -2- 方酸（PMPS）颗粒对 EDCs 的吸附效果。研究结果表明，PMPS 颗粒可有效去除水中的 EDCs，且 pH 为 4 时吸附效果最佳。Murray 等测试了亚微米尺寸的树脂颗粒（SMR）对 EDCs 处理效果，研究结果表明，SMR 对水中双酚 A（BPA）的去除率达到 87%。Song 等制备了磁性中孔三聚氰胺 - 甲醛复合物（Fe_3O_4-mPMF）对 BPA、4-tert-BP、NP 和 4 - 叔辛基苯酚进行吸附研究。研究结果表明，Fe_3O_4-mPMF 可从河水、果汁中去除 EDCs，说明利用高分子复合物吸附水中的 EDCs 是一种可行的技术。

c. 仿生吸附剂

由于大部分 EDCs 都是亲脂性物质，因此根据相似相容原理人们研究出一种环境友好型吸附剂——仿生吸附剂，可以处理常规方法无法根除的、浓度较低的 EDCs。这种仿生材料可以分成两类：聚羟基丁酸酯类和乙酸纤维素 - 三油酸甘油酯类。

Zhang 等以微生物降解废物产生的聚羟基丁酸酯（poly-3-hydroxybutyrate，PHB）制备了仿生吸附剂——PHBBMA（biomimetic adsorbent from PHB），对氯苯和邻氯硝基苯有很好的吸附效果，在 20℃条件下吸附 36 h，富集倍数超过 1 000 倍。三油酸甘油酯（triolein）是一种广泛存在于动物体内的中性油脂，无毒，分子量大，容易被包埋于高聚物中而不发生泄漏，因此作为首选富集 POPs 的功能体被研究。Liu 等制备了乙酸纤维素（CA）包覆三油酸甘油酯的仿生吸附剂（CA-triolein），这种复合吸附剂对水中痕量亲脂性的有机氯杀虫剂，如狄氏剂、异狄氏剂、艾氏剂有较好的吸附效果，这些物质（起始浓度为 10 μg/L）约有 90% 能被吸附。与乙酸纤维素和活性炭颗粒相比，仿生吸附剂中的三油酸甘油酯有较高的吸附容量，它能在较低的浓度下较快地吸附水中的 POPs，并且达到较低的残余浓度。考虑到吸附剂再生的问题，宋立岩等用三油酸甘油酯作为仿生材料的包埋体，将线性仿生脂肪细胞膜优化为网状，并同时控制细胞膜的孔径，使之只允许亲脂性的有机物随溶液抽提出来。他们还研究了改性仿生脂肪细胞对林丹的去除情况，结果显示对林丹的去除率达 97%，这说明仿生吸附剂可有效去除水中的 EDCs。

目前，有关仿生吸附剂的很多问题都还处在探索中。例如：①所需处理时间长，污染物要进入亲脂性富集纳米粒中被固体脂富集，首先要通过亲水性吸附外包膜，有机物在外包膜中的内扩散是吸附过程的速率控制步骤；②用吸附法来处理复杂污染体系时，共存浓度高（往往毒性低）的污染物会迅速在其表面达到饱和吸附，而低浓度高毒性的 EDCs 得不到有效吸附；③外包膜乙酸纤维素在水体中不稳定，容易发生水解、生物降解。包膜是影响这类仿生吸附剂吸附效果的关键因素。理想的外包膜应具有亲水性、耐生物降解性、环境友好型等特点。因此，外包膜材料的选择可以不局限于有机聚合物，力学强度较好的亲水性无机材料有望成为新一代仿生吸附剂的外包膜材料。

②膜分离法

典型的EDCs具有分子质量较大的特点，这决定了它们可以用膜分离技术去除。目前应用较多的膜分离法有超滤（UF）和纳滤（NF）。

王琳等使用截留相对分子质量分别为10 000、6 000、2 000的超滤膜去除典型内分泌干扰物BPA，对应的去除率分别为93.0%、88.9%和97.7%。

相对于超滤，纳滤能够截留更小的分子。张阳等研究了纳滤膜DesalM5DK去除BPA和四溴双酚A（TBBPA）的情况，结果表明，Desal5DK对BPA的去除率高达89%，对TBBPA的去除率更是高达95%。Wintgens等对11组纳滤膜的实验发现，纳滤对壬基酚（NP）和BPA的去除率达70%～100%，且膜的疏水性越强，对NP的去除率越低。孙晓丽等考察了在天然有机物（腐殖酸）存在的条件下，pH和离子强度等对纳滤分离水中BPA的效果。结果表明纳滤膜对BPA的截留率达94%以上，pH越大，对BPA的截留率越大，离子强度增大，增强了对腐殖酸物质的截留，BPA的截留率会降低。张洁欣等用自制的等离子体改性聚砜纳滤中空纤维膜去除水中BPA。结果发现，当溶液浓度较高，压力为0.22 MPa，pH为6，低离子强度时，去除率达到90%以上。纳滤膜在运用中对预处理和运行条件方面有较高的要求，应加强纳滤技术应用及其组合工艺的研究。实践中应选择截留分子量为200～500的纳滤膜，从而适应大部分EDCs去除的要求。

（2）化学氧化法

采用化学氧化法去除EDCs主要有电化学氧化法和高级氧化法。

①电化学氧化法

电化学氧化法去除水中EDCs是指以铂等作为阳极，在外电场作用下，EDCs在电极表面被氧化降解，达到最终去除的目的。Tannaka等以镀铂的钛（Pt /Ti）和镀二氧化锡的钛（SnO_2/Ti）作电极，研究了两种电极对BPA的氧化去除效果，实验发现当水溶液BPA浓度为1 mmol /L时，Pt/Ti电极对BPA降解20 h后，BPA去除率只有50%，而采用SnO_2 /Ti电极时，对BPA降解6 h后即可降解完全，说明采用SnO_2 /Ti电极对BPA进行去除是可行的。电化学氧化法整个过程中不需要添加其他化学试剂，无二次污染，但存在的不足就是电极易被污染。

②高级氧化法

高级氧化法对EDCs的去除的关键是氧化剂的选择，污水处理中一些常用的氧化剂的标准电极电位从高到低依次为FeO_4^{2-}、O_3、$S_2O_4^{2-}$、H_2O_2、Cl_2、ClO_2。光化学氧化技术是指在可见光或紫外光作用下，使有机污染物被氧化降解的反应过程。同时，可利用一些光催化剂与光线产生协同作用，提高降解污染物的效果。研究表

明一些联用技术如 UV/O_3、UV/H_2O_2 和其他联合技术对 EDCs 的去除效果更明显。Rosenfeldt 等研究表明 UV/H_2O_2 对 BPA 在水溶液中的去除效率可达 90% 以上。高生旺利用原位化学沉淀法在室温条件下制备了磁性纳米 Fe_3O_4BiOI 复合材料，在可见光下催化降解 BPA、双酚 S（BPS）、四溴双酚 A（TBBPA）。研究结果表明，在催化剂量为 1 000 mg/L，pH 为 9 时，BPA、BPS、TBBPA 的去除率最高分别达到 92.0%、90.6%、98.5%。Zheng 等利用改进的水热法制备了 Bi_2WO_6-rMoS（2）复合光催化剂，并研究其去除水溶液中磺胺甲噁唑（SMZ）的效果。研究结果表明，在电压为 9 kV，Bi_2WO_6-rMoS 浓度为 80.0 mg/L，SMZ 浓度为 20 mg/L 的条件下，21 min 后，复合催化剂对 SMZ 的去除率达到 97.6%。Moussavi 等采用真空紫外线（VUV）与 H_2O_2 结合降解 BPA。研究结果表明，VUV 能显著加速 BPA 的矿化，在 pH 为 3 和 H_2O_2/BPA 质量比为 4 时，可以在 60 min 内矿化 97.6% 的 BPA。此外 Si 等联用臭氧与超滤技术，对污水处理厂二级出水中的 EDCs 进行处理。研究结果表明，组合工艺对雌激素酮（E1）、雌二醇（E2）、雌三醇（E3）、雌炔醇（EE2）和双酚 A（BPA）的去除率接近 100%。高级氧化法对 EDCs 的去除率较高，处理时间短，一般几十分钟就能完成、反应条件温和，缺点是用药量较多。

（3）生物技术

生物降解转化法是目前关于内分泌干扰物研究取得成果较多的处理方法之一。生物技术通过微生物、植物的代谢对水中的有机物进行降解，相较于其他处理方法具有处理能力大、运行费用低、净化效果好、能耗小等优点。

已有研究表明，一些真菌和细菌能够有效降解 EDCs。Kasonga 等研究了附着 5 种南非真菌的序批式反应工艺（SBR）对卡马西平（CBZ）、双氯芬酸（DCF）、布洛芬（IBP）及其中间体的去除效果。研究结果表明，复合了南非真菌的 SBR 在 1 d 内对 CBZ、DCF 和 IBP 的去除效率分别为 89.8%、95.8% 和 91.4%。Kresinova 等研究了一种真菌（Pleurotusostreatus HK35）对 E1、E2、E3、EE2、BPA 和 4- 正壬基苯酚的去除效果。研究结果表明，在模型实验室条件下，其降解效率在 12 d 内大于 90%。且废真菌基质是有效的生物降解剂，在污水处理厂安装了中试规模的滴流床反应器并成功运行了 10 d，其中生物反应器能够去除废水中 76% 以上的 EDCs。Zhang 等使用生物氧化锰和工程化大肠杆菌细胞与多铜氧化酶 CotA 复合物降解 BPA 和 NP。结果表明，复合物消除了 BPA 和 NP 的雌激素活性；复合物在重复使用中处理能力良好且多次使用后易于恢复活性。Wirasnita 等研究了活性炭培养基人工湿地（AC-CW）对 BPA、双酚 F（BPF）、BPS 和 4- 叔丁基苯酚（4-tert-BP）的去除效果。研究结果表明，AC-CW 对所有 EDCs 的去除性能显著高于正常 CW。实验后，在活性炭中只检测到非常少量的 BPS 和 4-tert-BP。

高等植物也可以通过降解转化作用去除水体中的 EDCs，比如 BPA。有研究发现马齿苋和水葫芦能够降解转化水体中的BPA。沉水植物因其生活在水下，直接暴露于水体中的有机污染物中，有研究表明沉水植物也具有高效降解转化水体中BPA的能力。如伊乐藻，被认为可以高效去除水体中的BPA。沉水植物金鱼藻、狐尾藻降解转化NP的速度非常快，特别是金鱼藻，0～1 d为其快速反应阶段，1 d去除率达到90% ± 0.8%；8 d对NP和BPF的去除率均超过了95%。

综上所述，目前尚缺乏高效、稳定、成熟的去除EDCs的技术和工艺。常规给水处理工艺对EDCs的去除效果不是很好，实际应用的污水处理工艺对EDCs具有一定的去除率，但还不能使出水中大部分EDCs的浓度低于可能造成内分泌干扰效应的浓度阈值。膜分离和化学法的去除率相对较高，但成本也相对较高，距离实际应用还有许多工作要做。考虑EDCs难降解的特点，各种技术的组合是EDCs处理的研究和开发的方向。

3.4.5 塑化剂

3.4.5.1 塑化剂及其来源

塑化剂一般也称增塑剂，是工业上被广泛使用的高分子材料助剂，主要在塑料加工中添加这种物质，可以使其柔韧性增强，容易加工；也可作为农药载体、驱虫剂和化妆品等的原料，如人造革、塑料地板、塑料台布、塑料雨衣、塑料拖鞋、浴帘、塑料软管等生活用品，各种包装塑料袋、保鲜膜、塑料桶等材料，婴儿奶嘴、出牙器、软体玩具、气球等儿童用品等。

塑化剂的成分复杂，根据其化学组成可分为五大类：邻苯二甲酸酯类、磷酸酯类、脂肪族二元酸酯类、柠檬酸酯类和环氧类，其中邻苯二甲酸酯类与磷酸酯类的毒性最高。塑化剂产品种类多达百余种，全球每年增塑剂的产量高达数百万吨，我国是世界上最大的增塑剂消费国，占全球总消费量的1/4。应用最多的塑化剂是邻苯二甲酸酯类（PAEs），全球用量约800万t/a，占总塑化剂市场份额的75%。常被用于日用品、玩具、化妆品、手套、医药产品、食品包装，也可添加于胶黏剂、涂料、油墨中。此外，在地毯衬垫、驱虫剂、头发喷雾剂、指甲油与火箭燃料等方面也有所应用。

3.4.5.2 水环境中的塑化剂污染

目前，在很多国家和地区的空气、土壤、水、食物以及动植物体内均检测到塑化剂的存在。水环境中的PAEs塑化剂的含量与其溶解度有很大关系：烷基侧链越短、分子量越低则越易溶于水；相反侧链越长，分子量越高越难溶于水，且在未被沉积物吸附或结合时，一般呈透明油状，漂浮于水面。PAEs塑化剂可通过直接或间接途径进入地表水和地下水中：直接途径包括固体废物、大棚塑料薄膜经雨水冲

刷、土壤浸润或者含PAEs的工业废水和生活污水的排放；间接途径是该类有机化合物进入大气后，通过雨水淋洗或干沉降转移到地表水环境中。

目前，对水环境中PAEs塑化剂的含量进行了比较系统和详尽的检测，结果显示多数检测到的PAEs塑化剂在10^{-6}级。黄晓丽等研究了长春市不同位置的4个湖泊表层水体中PAEs塑化剂的含量，结果表明：4个湖泊水体中PAEs塑化剂的总浓度范围为3.02～13.03 μg/L。李新冬等研究了章江赣州城区段水体中PAEs塑化剂的含量，结果显示塑化剂的总浓度为0.401～4.35 μg/L，受降水影响，各时期塑化剂的总浓度符合以下规律：枯水期＞平水期＞丰水期，主要是由于降水可以稀释污染物浓度；另外水体下游PAEs塑化剂的含量显著高于上游水体中含量，表明PAEs塑化剂是比较稳定且有累积性。钟嶷盛等对北京公园水体中PAEs塑化剂的浓度分布进行了研究，结果显示水体中PAEs塑化剂的总含量为6.4～138.1 μg/L，平均浓度为27.9 μg/L，并且以东南部和西北部公园的水体污染最为严重。另外，与基质材料混合的PAEs塑化剂也可直接释放到大气中，气态分子形式存在的PAEs塑化剂可沉积并直接吸附在大气颗粒上，再通过降水将大气中的PAEs塑化剂迁移到地表水中，导致其在河流、湖泊及沉积物中广泛分布。

3.4.5.3 塑化剂污染的危害

塑化剂是一种新型环境污染物，其危害已成为全球关注的话题。美国国家环境保护局将邻苯二甲酸二甲酯（DMP）、邻苯二甲酸二乙酯（DEP）、邻苯二甲酸二丁酯（DBP）、邻苯二甲酸丁基苄基酯（BBP）、邻苯二甲酸二正辛酯（DOP）、邻苯二甲酸二（2-乙基已基）酯（DEHP）列为优先控制的有毒污染物，我国也将DMP、DEP和DOP确定为环境优先控制污染物。

很多研究已证明，空气、土壤以及水等环境中塑化剂的积累将对生物的生长和繁殖产生重大的影响，而高剂量塑化剂将对哺乳动物有致癌、致畸和致突变的危害。PAEs对人体健康的危害也很大，经由食物链进入人体，可影响人体的内分泌功能、伤害基因、降低生殖能力、增大心血管疾病风险。PAEs会干扰人体的合成、分泌、运输、结合反应甚至影响人类或动物天然激素的新陈代谢，从而影响生殖功能、神经系统和免疫系统。是被WHO公告的一种环境雌性荷尔蒙，干扰人体的内分泌系统，被称为"环境荷尔蒙"。由于PAEs塑化剂的内分泌干扰特性及其代谢物的低挥发性、低水溶性，且易通过食物链进行生物富集，它对生物体生殖系统和水生态环境具有巨大的潜在危害。

3.4.5.4 饮用水中塑化剂的限值

水是生命之源，人每天都离不开饮用水。因此，饮用水中PAEs的安全标准要求越来越高，国家标准对水中塑化剂含量做出了严格限制：我国国家标准 GB 5749—2006 规定生活饮用水中 DEHP 限值 0.008 mg/L，DBP 限值 0.003 mg/L；世界卫生组织规定饮用水中 DEHP 限值 0.008 mg/L；美国国家环境保护局规定瓶装水中 DEHP 限值 0.006 mg/L；日本规定饮用水中 DEHP 限值为 0.1 mg/L。

3.4.5.5　塑化剂的去除技术

目前去除水中塑化剂的方法有很多，比如利用微生物降解和转化、光化学降解、高级氧化技术、活性炭吸附法、膜分离法等。为了克服每种技术方法的局限性，提高塑化剂的去除效率，在饮用水处理中可采用多种技术的联用。

（1）微生物降解技术

微生物对 PAEs 塑化剂的降解方式有 3 种：一是以 PAEs 塑化剂为唯一碳源和能源进行代谢降解；二是微生物之间相互协同作用对 PAEs 塑化剂进行降解；三是 PAEs 塑化剂作为难降解有机污染物同生长基质以共代谢的方式进行降解。

目前，可以从环境介质中分离高效的邻苯二甲酸酯降解细菌，达到降解目的。李文兰等在活性污泥中分离出能高效降解邻苯二甲酸丁基苄酯（BBP）的降解菌群，能在 1d 内降解 90% 以上的 BBP，该活性污泥对 BBP 的降解符合一级动力学，其降解速率随着 BBP 浓度的增加而降低，说明高浓度的 BBP 对生物降解有抑制作用。LIANG 等从河流污泥中分离出不动杆菌“JDC-16”，该菌株能以邻苯二甲酸二乙酯（DEP）为唯一碳源并使其降解。以上对 PAEs 塑化剂的生物降解都具有专一性，分离出的菌株和菌群只能对某一种物质完成生物降解。PAEs 塑化剂的完全矿化需要多种代谢基因和酶，因此有些被筛选出的菌株并不能使 PAEs 塑化剂完全矿化。在自然环境中，PAEs 塑化剂也可通过各种微生物的协同作用来完全降解。WU 等研究了戈登氏菌 JDC-2 和节杆菌 JDC-32 对邻苯二甲酸二辛酯（DOP）的降解能力，结果表明在二者的共同作用下，可以在 48 h 内完全降解 DOP。除细菌外，某些真菌也可以降解 PAEs 塑化剂。王静雯采用深海酵母菌株 Mar-Y3 和深海曲霉菌株 IR-M4，对九种 PAEs 类底物进行降解，研究结果显示，真菌 Mar-Y3 可以利用邻苯二甲酸二甲酯类（DMP）作为唯一碳源和能源，将其完全转化为相应的苯二甲酸单甲酯和苯二甲酸；而曲霉菌株 IR-M4 仅能利用 DMI 和 DMP 作为唯一碳源和能源，将其完全转化为相应的邻苯二甲酸单甲酯和邻苯二甲酸，并且证实该曲霉菌株在降解过程中产生的二酯酶与单酯酶均具有很高的选择性和特异性。微生物对环境中邻苯二甲酸酯污染的降解具有高效、安全的特点，因而被认为是治理 PAEs 污染的主要发展途径。但是现阶段的微生物间接研究仍停留在实验室阶段，且菌株的筛选与驯化需要很强的专业性，尚不能大面积推广应用。

（2）光化学降解技术

PAEs塑化剂在水环境中的光化学降解分为直接光解和间接光解。直接光解是生色团吸收太阳辐射中波长为290～400 nm的光子能量，使分子由基态转化为激发态，从而使分子化学键断裂或结构重排生成小分子的过程。间接光解又分为两类：一类是环境水体中的光敏物质如天然有机质（Natural Organic Material，NOM）吸收光子后变为激发态3 NOM *，激发态3 NOM *通过分子碰撞将能量传递给PAEs塑化剂从而发生降解，又称敏化光降解；另一类是水中的共存天然阴阳离子（如Fe^{3+}、NO_3^-等）或其络合物先通过光诱导产生羟基自由基（·OH）、O_2水合电子等活性物质，再通过氧化还原等方式将PAEs塑化剂降解。

目前，对PAEs塑化剂光化学降解的研究主要集中于邻苯二甲酸二丁酯（DBP）、邻苯二甲酸二（2-乙基己基）酯（DEHP）、邻苯二甲酸二甲酯（DMP）、邻苯二甲酸二乙酯（DEP）等。张志远研究了NO_3^-对DBP光降解的最佳条件和影响，结果表明当NO_3^-浓度为50 mg/L时，DBP光解速率最大，光解速率常数为0.2 259 h^{-1}，6 h降解率为75.06%；随NO_3^-浓度增大，产生·OH浓度越大，在0～1 mg/L内呈线性关系，浓度继续增大产生·OH速率降低。潘水红研究得出，在水环境中富里酸FA浓度为0～2 mg/L时，DEHP降解速率随浓度的增加而加快，超过这个范围，促进作用逐渐减弱。Lau等研究了在254 mm的UV光照环境中，不同酸碱度对DBP光解的影响，发现1 h的反应时间内，DBP的降解率达到90%，这说明在酸碱度适宜的条件下，254 mm的UV光解是降低DBP含量的有效方法。

（3）高级氧化技术

高级氧化技术能快速、直接地氧化各种水体污染物，实用性强而得到多方应用。欧盟水框架指令把高级氧化技术作为水处理的未来方向，高级氧化技术原理是在氧化过程中通过催化剂、负载金属离子、光辐射、电波等方式使反应过程产生高度反应性微粒自由基，这些自由基与有机物之间进行取代，断键，电子转移吸附，使有毒大分子有机物降解成无毒小分子物质或者达到与水分离的目的。王梓豪等研究表明TiO_2通过吸收光子能量产生电子－空穴，空穴夺取吸附在DEHP上的电子，与TiO_2表面吸附的OH反应生成·OH，DEHP的一条侧链与·OH发生加成反应分解成邻苯二甲酸单酯和侧链生成五元环状的中间体物质，进一步在酸性环境条件下转化邻苯二甲酸酐，而邻苯二甲酸单酯继续脱酯生成邻苯二甲酸，最终两者都被氧化成二氧化碳和水。李坤林等研究了UV/Si-FeOOH/H_2O_2体系对DMP的降解性能，当pH为5，Si-FeOOH（Si/Fe摩尔比为0.2）投加量为0.5 g/L，H_2O_2浓度为2.0 mmol/L，UV强度为125 W时，进30 min反应时间，DMP达到97%的去除率。从现有研究结果来看，UV-H_2O_2、紫外线、电辐射等都能起到良好的PAEs去除效果，但限于成本相对昂贵，大规模应用仍然较少。

（4）活性炭吸附法

活性炭是水处理中最重要的吸附剂之一，其巨大的比表面积、发达的内部细孔结构，使活性炭能够快速高效地去除水中有机物。刘宇飞研究了活性炭和沸石滤柱对PAEs的去除效果，活性炭对总PAEs的去除效率比沸石要高出15.3%～37.9%。S. Venkata Mohan等研究了活性炭对水中DEP的吸附特点，结果发现pH对活性炭吸附DBP具有很大的影响，在酸性情况下更加有利于活性炭的吸附。Po Keung TSANG等研究了4种活性炭对DBP的吸附效果，结果发现4种活性炭对DBP吸附能力顺序如下：果壳活性炭＞椰壳活性炭＞1.0 mm煤质活性炭＞1.5 mm煤质活性炭，这说明活性炭粒径越小，吸附性能越好。仇洪建控制PAEs进水浓度为20 μg/L，投加10 mg/L的粉末活性炭，能够去除水中63.55%的DEHP、66.94%的DMP和53.29%的DBP，且PAEs的去除率随着活性炭投加量的增加而提高。

（5）膜分离法

膜分离法由于其出水质量高且无二次污染而被广泛应用于饮用水深度处理中。国内外的研究表明，纳滤膜能够有效去除水中的塑化剂。金叶研究NF270-2540和DK2540纳滤膜对DMP、DEP、DBP的去除效果，发现两种纳滤膜对3种PAEs的吸附量随PAE初始浓度的升高而增大；两种纳滤膜对PAEs的截留特性在运行初期表现为膜面的吸附和膜孔的筛分，吸附平衡后主要表现为膜孔的筛分；两种纳滤膜对水中的DBP具有很好的去除效果。沈智育等采用DL1210型纳滤膜去除水中的DBP和DEHP，考察了温度、酸碱度、膜压力（TMP）对纳滤膜去除性能的影响，发现当温度和酸碱度升高时，膜滤效果会降低，而TMP的改变对纳滤工艺并无显著影响。当pH为5，温度为5℃时，纳滤对DBP和DEHP的去除率分别为91.8%和89.8%，去除表现良好。

（6）多种技术联用处理饮用水中的PAEs

有学者对饮用水中PAEs的去除进行了研究，发现常规处理工艺对PAEs的去除效果有限，而臭氧-活性炭工艺与其他工艺联合有较好的去除效果。

郑永红等检测了某自来水厂水源及处理单元水体中邻苯二甲酸二甲酯（DMP）、邻苯二甲酸二乙酯（DEP）、邻苯二甲酸二丁酯（DBP），邻苯二甲酸丁基苄基酯（BBP）的浓度，4种目标物均有检出，其浓度范围为0.010～0.142 μg/L；出水水样中DBP和BBP完全被检出，DMP及DEP部分被检出，PAEs出水浓度反而比进水高，质量浓度分别为0.258～0.676 μg/L和1.702～2.897 μg/L。高乃云等采用混凝-沉淀-砂滤工艺去除水中的苯二甲酸二甲酯（DMP），常规处理对DMP的去除率为13.29%，砂滤去除率优于其他处理单元，但总体去除效果仍不理想，说明常规水处理工艺对邻苯二甲酸酯类物质的去除能力偏弱。

在饮用水深度处理方面，刘军等研究了臭氧氧化，活性炭吸附及臭氧－活性炭组合工艺对DMP、DEP和DBP的去除效果，控制PAEs进水浓度为200 μg/L，臭氧单独工艺对PAEs的去除率为40%～70%，而单独的活性炭吸附工艺和臭氧－活性炭组合工艺均能完全去除饮用水中微量的PAEs。虽然单独的活性炭吸附工艺可以完全去除水中的PAEs，但增加臭氧氧化后对水中其他污染物，如农药、消毒副产物前体物等去除效果好，而且可将大分子的腐殖酸分解成小分子有机物，延长活性炭饱和时间，与活性炭吸附工艺有取长补短的作用。高旭等以嘉陵江源水的自来水厂滤后水为研究对象，在中试规模上研究了臭氧－生物活性炭工艺对饮用水中微量PAEs的去除效果。研究发现，较优的工艺参数为，生物活性炭有效高度为100 cm，臭氧投量为3 mg/L左右，臭氧接触时间15 min，活性炭空床接触时间9 min。同时，臭氧－生物活性炭工艺对不同分子量PAEs的去除表现出明显差异：对小分子的PAEs去除率高于大分子的PAEs。此外陈秋丽研究了臭氧、活性炭以及臭氧＋活性炭3种预处理技术与纳滤膜的组合工艺对PAEs的去除特性，研究结果表明，臭氧＋纳滤膜组合工艺的去除率小于90%，而活性炭＋纳滤膜和臭氧＋活性炭＋纳滤膜两种组合工艺的去除率均大于95%。从绿色环保、节能高效的角度出发，宜选择活性炭预处理技术作为纳滤膜的保护屏障。由于活性炭在连续运行过程中容易形成生物膜，因此在低浓度PAEs的进水条件下，采用人工投加营养物质的挂膜方式，活性炭挂膜启动周期约为30 d。PAEs初始浓度为10～50 μg/L时，生物活性炭＋纳滤膜组合工艺对PAEs的去除率均在70%以上，在连续运行5个月的过程中，PAEs的去除率稳步上升，最后稳定在90%～99%，因此生物活性炭＋纳滤膜组合工艺可以作为微量PAEs污染水源水的深度处理工艺。

3.4.6 其他有毒污染物及危害

3.4.6.1 酚类化合物

常用的酚类化合物有石炭酸（苯酚）、来苏儿（煤酚皂溶液）、木馏油、雷锁辛（间苯二酚）、六氯酚、臭药水（煤焦油皂溶液）等，其中石炭酸的毒性和腐蚀性最大。酚类是水质污染的一个重要标志。含酚废水主要来自焦化厂、煤气、石油化工厂、绝缘材料厂等工业部门以及石油裂解制乙烯、合成苯酚、聚酰胺纤维、合成染料、有机农药和酚醛树脂生产过程。含酚废水中主要含有酚基化合物，如苯酚、甲酚、二甲酚和硝基甲酚等。

酚类对皮肤、黏膜有刺激、麻痹和引起坏死的作用，吸收后对中枢神经系统的作用是先兴奋后抑制，并能直接损伤心肌和小血管等。低浓度酚能使蛋白变性，高浓度酚能使蛋白沉淀。吸入高浓度酚蒸气可引起急性中毒，其表现为头痛、头昏、乏力、视物模糊、肺水肿等。误服酚可引起消化道灼伤，出现烧灼痛，呼出气带酚气味，呕吐物或大便可带血，可发生胃肠道穿孔，并可出现休克、肺水肿、肝或肾损害。小儿酚中毒多因误服所致；若用大量酚涂擦皮肤也可因迅速吸收而引起中毒。

3.4.6.2 偶氮化合物

偶氮化合物是亲脂性化合物。偶氮基-N=N-与两个烃基相连接而生成的化合物，通式为R-N=N-R′。偶氮基能吸收一定波长的可见光，是一个发色团，偶氮染料是品种最多、应用最广的一类合成染料，可用于纤维、纸张、墨水、皮革、塑料、彩色照相材料和食品着色。有些偶氮化合物可用作分析化学中的酸碱指示剂和金属指示剂；有些偶氮化合物可用作聚合反应的引发剂，如偶氮二异丁腈等。

偶氮化合物类合成色素的致癌作用明显。偶氮化合物在体内分解，可形成芳香胺化合物，芳香胺在体内经过代谢活动后与靶细胞作用而可能引起癌变。此外，许多食用合成色素除本身或其代谢物有毒外，在生产过程中还可能混入砷和铅。过去用于人造奶油着色的奶油黄，早已被证实可以导致人和动物患上肝癌，而其他种类的合成色素如橙黄能导致皮下肉瘤、肝癌、肠癌和恶性淋巴癌等。苏丹红是一种人工合成的偶氮红色染料，常作为工业染料。进入体内的苏丹红主要通过胃肠道微生物还原酶、肝和肝外组织微粒体和细胞质的还原酶进行代谢，在体内代谢成相应的胺类物质。在多项体外致突变试验和动物致癌试验中发现苏丹红的致突变性和致癌性与代谢生成的胺类物质有关。

3.4.6.3 芳胺

芳胺指具有一个芳香性取代基的胺，即—NH_2、—NH—或含氮基团连接到一个芳香烃上，芳香烃的结构中通常含有一个或多个苯环，其中苯胺是这类化合物最简单的实例。芳胺产品是一类重要的原料和中间体，广泛应用于化工、医药、染料、农药等领域，可用来制备农业化学品、染料、医药中间体和荧光增白剂等。我国水中优先污染物黑名单中，包含对硝基氯苯、二硝基苯胺、对硝基苯胺等7种苯胺类化合物。涂料色浆中的主要禁用芳胺有3个，包括黄、橙色谱的3,3-二氯联苯胺（DCB）和3,3-二甲基联苯胺（DMB），红色谱的2-甲基-5-硝基苯胺。以DCB为原料的颜料产量约占有机颜料的30%，所以以DCB为原料的黄、橙色是需要密切注视的。国际癌症研究事物局将化合物按其毒性分为3类，即1-对人类致癌，2A-对人类大概会致癌，2B-人类有可能致癌。DCB属于最轻的2B类致癌物

质，且对人体是否有害国际上还有疑问。

3.4.6.4 丙烯腈

丙烯腈是3大合成材料（纤维、橡胶和塑料）的重要化工原料，在有机合成工业和人民经济生活中用途广泛。丙烯腈是重要的化工原料，也是致突变剂和潜在的人类致癌剂，属于我国确定的58种优先控制和美国EPA规定的114种优先控制的有毒化学品之一，丙烯腈进入人体后可引起急性中毒和慢性中毒。丙烯腈所致急性中毒的临床症状：轻度中毒时表现为乏力、头晕、头痛、恶心、呕吐等，并伴有黏膜刺激症状；中毒严重时还会导致胸闷、心悸、烦躁不安、呼吸困难、抽搐、昏迷，若不及时抢救甚至会呼吸停止。丙烯腈对人体的慢性毒性目前尚无定论，一般表现为神经衰弱综合征，如头晕、头痛、乏力、失眠、多梦、易怒等。此外，丙烯腈可致接触性皮炎，表现为红斑、疱疹及脱屑，愈后可有色素沉着。

丙烯腈生产过程中排出的废水含有剧毒物质丙烯腈、乙腈、氢氰酸、聚合物、硫铵等，对环境危害极大。当丙烯腈作为化工原料生产腈纶时，所产生的废水中含有较多的污染物，如丙烯腈、乙腈、丁二腈、丙烯醛、丙酮氰醇、丙烯酸甲酯、丙烯酰胺、二甲基甲酰胺、氰化物和硫氰酸钠等。腈纶废水污染物组成复杂，水质不稳定，可生化性较差，且水中含有毒有害物质，多数污染物为已知的致癌物，且排量较大。目前，丙烯腈废水的处理方法主要有精馏法、焚烧法、Fenton氧化法、湿式催化氧化法、超临界水氧化法、生物法、辐射法以及膜法等。

第四章

生物性污染

4.1 生物性污染概述

4.1.1 生物性污染及其分类

地球上高山、大海、沙漠、河流等的天然屏障作用，使得不同的区域形成了形态各异的生态系统。生物污染是指外来生物被有意或无意地引入一个新的生态系统内，并对该系统造成影响或危害的现象。

生物性污染是由可导致人体疾病的各种生物特别是寄生虫、细菌和病毒等引起的环境（大气、水、土壤）和食品的污染。未经处理的生活污水、医院污水、工厂废水、垃圾和人畜粪便以及大气中的飘浮物和气溶胶等排入水体或土壤，可使水、土环境中虫卵、细菌数和病原菌数量增加，威胁人体健康。污浊的空气中病菌、病毒数量大增，食物受霉菌或虫卵感染都会影响人体健康。海湾赤潮及湖泊中的富营养化，某些藻类等生物过量繁殖，也是水体生物污染的一种现象。由于水体生物与其他环境要素间存在广泛的联系，本书所述的生物污染，不仅包含水环境生物污染，还涉及大气、土壤、食品和室内空气的生物污染。

生物污染按照物种的不同，可以分为：①微生物污染（包括病毒、细菌、真菌等）；②动物污染（主要为有害昆虫、寄生虫、原生动物、水生动物等）；③植物污染（杂草是最常见的污染物种，还有某些树种和海藻等）。

4.1.2 生物性污染的特点

生物污染与化学污染、物理污染的不同之处在于：生物是活的、有生命的，外来生物能够逐步适应新环境，不断增殖并占据优势，从而危及本地物种的安全。生物污染具有以下几个特点。

①预测难。人们对外来生物在什么时候、什么地方入侵，难以作出预测。

②潜伏期长。一种外来生物侵入之后，其潜伏期长达数年甚至数十年，因此难以被发现，难以跟踪观察。

③破坏性大。外来生物的侵入，在破坏了当地生态环境的同时，也破坏了该生态系统中各类生物的相互依存关系，可能造成严重的后果。

4.2 环境中的微生物

在自然界中，微生物种类繁多，对外界环境的适应能力有很强，因此它们是自然界分布最广泛的一群生物。无论是南极、北极、高山、海洋、淡水还是土壤、空

气、动植物体内，几乎到处都是它们的踪迹。绝大多数微生物对人类和动物、植物是有益的，但也有一部分微生物能引起人或动植物病害，称为病原微生物。

4.2.1 土壤中的微生物

在自然界中，土壤给微生物的生存提供了良好的环境。因为土壤具有微生物生长繁殖所必需的各种环境条件，所以土壤有“微生物天然培养基”的美称。土壤内各种微生物的种类最多，数量最大，是人类微生物资源的主要来源。肥沃土壤每克土含几亿至几十亿个微生物，贫瘠土壤每克土含几百万至几千万个微生物。土壤的微生物有细菌、放线菌、真菌、藻类和原生动物等类群。在土壤微生物中细菌数量最多，占微生物总数的70%～90%，主要是异养型，少数为自养型。土壤中常见的细菌有氨化细菌、硝化细菌、反硝化细菌、固氮细菌、纤维素分解菌、硫细菌、磷细菌等，其中以芽孢杆菌、产气芽孢杆菌最多，此外腐生性球状菌群也较多。土壤中常见的真菌种类有诺卡菌属、链霉菌属和小单胞菌属。每克土壤中有真菌几千至几十万个，均为严格耗氧的异养菌。土壤中最常见的霉菌有青霉、曲霉、支孢霉和头孢霉等。土壤中藻类的数量不多，不到微生物总数的1%，但分布却很普遍，一般生长在土壤表层，多为单细胞绿藻和硅藻。原生动物在不同类型的土壤中变化很大，每克土壤有几十个至几十万个，在富含有机质的土壤中主要有鞭毛虫、纤毛虫、肉足虫等，大多数种类是异养型的，以吞食各种有机物的碎片、藻类、菌类为生。

土壤中微生物的水平分布取决于碳源，例如在动植物残体较多的土壤中有进较多的氨化细菌和硝化细菌。土壤中微生物的垂直分布与紫外线的照射、营养、水、温度、通气等环境因子有关。土壤微生物的数量还会随季节的变化而变化，在一年之内，春秋两季出现微生物数量的两个高峰。

4.2.2 水体中的微生物

水体是微生物生存的天然场所，淡水中的微生物主要源于土壤、空气、污水、人和动物的排泄物以及死亡、腐败的动植物残体等。水体中细菌的种类很多，在自然界中细菌共有47科，水体中就占39科。

处于城镇等人口聚集地区的湖泊、河流等淡水，由于不断接纳各种污染物，含菌量很高，每毫升水中可达几千万个甚至几亿个，主要是一些能分解各种有机物的腐生菌，如芽孢杆菌、生孢梭菌、变形杆菌、大肠杆菌、粪链球菌等，有的甚至还含有伤寒、痢疾、霍乱、肝炎等人类病原菌。

在较清洁的河溪、湖泊等水域，因未受污染含有机质较少，在每毫升水中一般只含几十个到几百个细菌，并以自养为主。常见细菌有绿硫细菌、紫色细菌、蓝细

菌、球衣菌和荧光假单胞菌等。此外，还有许多藻类（绿藻、硅藻等）、原生动物（如囊虫及其他固着型纤毛虫、变形虫、鞭毛虫等）和后生动物（如枝角类、桡足类等）。影响微生物在淡水水体中分布的因素有水体类型、污染程度、有机物的含量、溶解氧量、水温、pH 及水深等。

由于海洋具有盐分较多、温度低、深海静水压力大等特点，所以生活在海水中的微生物，除了一些河水、雨水及污水等带来的临时种类外，绝大多数是耐盐、嗜冷、耐高渗透压和耐水压力的种类。海水中常见的微生物有假单胞菌属、弧菌属、黄色杆菌属、无色杆菌属及芽孢杆菌属等。许多海洋细菌能发光，称为发光细菌。这些细菌在有氧存在时发光，对一些化学药剂和毒物敏感，故常利用它们进行水质和空气污染的分析。

4.2.3 空气中的微生物

在空气中不含微生物生长所需的营养物质和充足的水分，而且还有较强的紫外线照射，因此空气不是微生物生长繁殖的场所。然而，空气中却飘浮着许多微生物，这是因为土壤、水体、各种腐烂有机物以及人和动物身体上的微生物不断以微粒、尘埃等形式飘逸到气中而造成的。空气中的微生物虽然都是过客，但却是呼吸道病原菌和物品霉腐微生物的传染源。

空气中微生物数量的多少与环境状况、环境绿化程度等有关。一般在畜舍、公共场所、医院、宿舍、城市街道的空气中，由于尘埃多，微生物的种类和数量多；在海洋、高山、高空、森林地带、终年积雪的山脉或基地上空的空气中，微生物的数量极少。

微生物在空气中停留的时间和分布的范围，取决于气流的强弱、尘埃颗粒的大小、空气的相对湿度、紫外线辐射的强弱以及微生物的适应性和对恶劣环境的抵抗能力。由于空气中的微生物随风水平传播的距离几乎是无限的，因此，很多微生物的分布是全球性的。空气中的微生物没有固定的类群，其分布常因地区不同而不同。空气中常见的真菌有曲霉、青霉素、木霉、根霉、毛霉和白地霉等，主要是这些真菌的孢子。常见的细菌有芽孢杆菌、微球菌和产色素真菌等。此外还有一些人类的病原菌，如结核杆菌、白喉杆菌、肺炎球菌、溶血链球菌、金黄色葡萄球菌、麻疹病毒、流感病毒和脊髓灰质炎病毒等。

空气是人类和动物赖以生存的极其重要的因子，也是传播疾病的媒介。为了防止疾病传播，提高人类的健康水平，必须控制微生物的数量。目前，一般以室内 1 m^3 空气中细菌总数为 500～1 000 个作为空气污染的指标。

4.3 几种典型的生物污染

4.3.1 水体富营养化

4.3.1.1 水体富营养化的成因与危害

水体富营养化是指在人类活动的影响下，藻类及其他浮游生物迅速繁殖，水质恶化，鱼类及其他生物大量死亡的现象。在自然条件下，湖泊也会从贫营养状态过渡到富营养状态，不过这种自然过程非常缓慢。而人为排放含营养物质的工业废水和生活污水所引起的水体富营养化则可以在短时间内出现。水体出现富营养化现象时，浮游藻类大量繁殖，形成水华（淡水水体中藻类大量繁殖的一种自然生态现象）。因占优势的浮游藻类的颜色不同，水面往往呈现蓝色、红色、棕色、乳白色等。这种现象在海洋中则叫作赤潮或红潮。

我国湖泊、水库星罗棋布类型繁多，随着工业化、都市化进程加快，各大淡水湖泊和城市湖泊均已达到中度污染，水体富营养化日趋严重，1998 年在珠江口海域发生的大面积赤潮持续了 30 多天，一次造成约 4 亿元的渔业损失；2000—2007 年，渤海共发生赤潮 20 余次，影响面积达数千平方公里，造成的经济损失达数十亿元；2007 年，江苏省无锡市因太湖蓝藻引发公共饮用水危机，一夜之间让数百万群众的生活受到严重干扰。因此，水体富营养化已经成为水质恶化的主要水环境问题之一。

（1）水体富营养化的成因

水体富营养化的形成首先要有充足的营养，其次要有适宜的条件。

水体中过量的氮主要来自未加处理或处理不完全的工业废水和生活污水、有机垃圾和家畜家禽粪便以及农施化肥，其中最大的来源是农田上施用的大量化肥。大量氨氮和硝酸盐氮进入水体后，改变了其中原有的氮平衡，促进某些适应新条件的藻类种属迅速增殖，覆盖了大面积水面，如水花生、水葫芦、水浮莲、鸭草等，这些水生植物死亡后，细菌将其分解，从而使其所在水体中增加了有机物，导致其进一步耗氧，使大批鱼类死亡。最近，美国的有关研究部门发现，含有尿素、氨氮为主要氮形态的生活污水和人畜粪便，排入水体后会使正常的氮循环变成“短路循环”，即尿素和氨氮的大量排入，破坏了正常的氮、磷比例，并且导致在这一水域生存的浮游植物群落完全改变，原来正常的浮游植物群落是由硅藻、鞭毛虫和腰鞭虫组成的，而这些种群几乎完全被蓝藻、红藻和小的鞭毛虫类所取代。

水体中的过量磷主要来源于肥料、农业废弃物和城市污水。据有关资料说明，在过去的15年内地表水的磷酸盐含量增加了25倍，在美国进入水体的磷酸盐有60%是来自城市污水。城市污水中磷酸盐的主要来源是洗涤剂，它除了引起水体富营养化以外，还使许多水体产生大量泡沫。水体中过量的磷一方面来自外来的工业废水和生活污水，另一方面还有其内源作用，即水体中的底泥在还原状态下会释放磷酸盐，从而增加磷的含量，特别是在一些因硝酸盐引起的富营养化的湖泊中，由于城市污水的排入使之更加复杂化，会使该系统迅速恶化，即使停止加入磷酸盐，问题也不会解决。这是因为多年来在底部沉积了大量的富含磷酸盐的沉淀物，由于不溶性的铁盐保护层作用，这些深沉物通常是不会参与混合的。但是，当底层水含氧量低而处于还原状态时（通常在夏季分层时出现），保护层消失，从而使磷酸盐释入水中所致。

（2）水体富营养化的危害

水体中的藻类暴发性增殖，导致以下恶果：

①增加饮水处理费用，影响饮水质量

面对藻类大量生长的水源水，自来水厂处理的难度加大费用也增多。藻体不断堵塞滤池，影响水厂生产，而且水中的气味以及毒素有时难以除尽，会严重影响水厂出水质量。此外，某些藻类代谢产物经加氯消毒后可形成致突变物质。

②降低风景水体的旅游价值

藻类大量繁殖后，湖水变浊，透明度降低，水体外观呈赤色，甚至有大量的藻类团块漂浮水面，水中藻类及厌氧菌可产生各种具气味化合物，如土腥素及硫醇、吲哚、胺类、酮等，使水体散发出土腥味、霉味、鱼腥味、臭味。总之，湖泊感观性状明显下降，难以满足游客观光游览的要求。在被污染海域某些含红色素的藻类繁殖，数天内使海水变成红色。

③鱼、贝类窒息死亡

大量藻类的夜间呼吸及死亡藻体的分解，消耗了水中的溶解氧，致使贝类等水生生物不能正常发育和生长，甚至窒息而死。水中藻类过度繁殖也会堵塞鱼鳃和贝类的进出水孔，使之不能呼吸而死亡，水产渔业遭受经济损失。

④藻类毒素危害

有的藻类能生产毒素，危及人体健康，如在形成赤潮时某些甲藻产生石房蛤毒素，此类毒素可被贝类富集于体内，虽对贝类无致死作用，但人食用这些贝类后，出现中毒甚至死亡。

⑤破坏湖泊生态

藻类因自身质量于死亡后逐步沉淀于水底，并被细菌氧化分解，则消耗水体中大量的氧，造成厌氧环境。此外，水中的硝化细菌在硝化作用中进一步消耗水中的

溶解氧，加重水体的缺氧。若沉淀于水底后，被泥沙覆盖，则湖底沉积物增多，湖泊相互间淤浅而成为“死湖”。

4.3.1.2 富营养化的防治

富营养化的防治是水污染处理中最为复杂和困难的问题。这是因为：①污染源的复杂性导致水质富营养化的氮、磷营养物质，既有天然源又有人为源；既有外源性又有内源性。这就给控制污染源带来了困难；②营养物质去除的高难度，至今还没有任何单一的生物学、化学和物理措施能够彻底去除废水的氮、磷营养物质。通常的二级生化处理方法只能去除30%～50%的氮、磷。目前对富营养化的防治措施主要是从控制外源性营养物质输入和减少内源性营养物质负荷输入两方面入手。

（1）控制外源性营养物质输入

绝大多数水体富营养化主要是外界输入的营养物质在水体中富集造成的。如果减少或者截断外部输入的营养物质，就使水体失去了营养物质富集的可能性。为此，首先应该着重减少或者截断外部营养物质的输入，控制外源性营养物质，从控制人为污染源着手，应准确调查清楚排入水体营养物质的主要排放源，监测排入水体的废水和污水中的氮、磷浓度，计算出年排放的氮、磷总量，为实施控制外源性营养物质的措施提供可靠的科学依据。

（2）减少内源性营养物质负荷输入

氮、磷元素在水体中可能被水生生物吸收利用，或者以溶解性盐类形式溶于水中，或者经过复杂的物理化学反应和生物作用而沉降，并在底泥中不断积累，或者从底泥中释放进入水中。减少内源性营养物负荷，有效地控制湖泊内部磷富集，应视不同情况采用不同的方法。主要的方法有：

①工程性措施

包括挖掘底泥沉积物、进行水体深层曝气、注水冲稀以及在底泥表面敷设塑料等。挖掘底泥可减少以至消除潜在性内部污染源；深层曝气可定期或不定期采取人为湖底深层曝气而补充氧，使水与底泥界面之间不出现厌氧层，经常保持有氧状态，有利于抑制底泥磷释放。此外，在有条件的地方，用含磷和氮浓度低的水注入湖泊，可起到稀释营养物质浓度的作用。

②化学方法

这是一类包括凝聚沉降和用化学药剂杀藻的方法，例如有许多种阳离子可以使磷有效地从水溶液中沉淀出来，其中最有价值的是价格比较便宜的铁、铝和钙，它们都能与磷酸盐生成不溶性沉淀物而沉降下来。例如，美国华盛顿州西部的长湖是一个富营养水体，1980年10月用向湖中投加铝盐的办法来沉淀湖中的磷酸盐，在投加铝盐后的第四年夏天，湖水中的磷浓度则由原来的65 μg/L降到30 μg/L，湖泊水质有较明显的改善。在化学法中，还有一种方法是用杀藻剂杀死藻类。这种方法适合于水华盈湖的水体。杀藻剂将藻类杀死后，水藻腐烂分解仍旧会释放出磷。因此，应该将被杀死的藻类及时捞出，或者再投加适当的化学药品，将藻类腐烂分解释放出的磷酸盐沉降。

③生物性措施

生物性措施是利用水生生物吸收利用氮、磷元素进行代谢活动以去除水体中氮、磷营养物质的方法。目前，有些国家开始试验用大型水生植物污水处理系统净化富营养化的水体。大型水生植物包括凤眼莲、芦苇、狭叶香蒲、加拿大海罗地、多穗尾藻、丽藻、破铜钱等许多种类，可根据不同的气候条件和污染物的性质进行适宜的选栽。水生植物净化水体的特点是以大型水生植物为主体，植物和根区微生物共生，产生协同效应净化污水。经过植物直接吸收、微生物转化、物理吸附和沉降作用除去氮、磷和悬浮颗粒，同时对重金属分子也有降解效果。水生植物一般生长快，收割后经处理可作为燃料、饲料，或经发酵产生沼气。这是目前国内外治理湖泊水体富营养化的重要措施。近年来，有些国家采用生物控制的措施控制水体富营养化，也收到了比较明显的效果。例如德国近年来采用了生物控制，成功地改善了某人工湖泊（平均水深 7 m）的水质。其办法是在湖中每年投放食肉类鱼种如狗鱼、鲈鱼去吞食吃浮游动物的小鱼，几年之后这种小鱼显著减少，而浮游动物（如水蚤类）增加了，从而使作为其食料的浮游植物量减少，整个水体的透明度随之提高，细菌减少，氧气平衡的水深分布状况改善。但也发现，浮游植物种群有所改变，蓝绿藻生长量比例增高，因为它们不能被浮游动物捕食，为此可以投放鲢鱼来控制这种藻类的生长。

4.3.3 病原微生物污染

能使人、禽畜与植物致病的微生物统称为病原微生物或致病微生物。空气、水体、土壤均可作为病原微生物驻留的场所与传播疾病的媒介。

4.3.3.1 空气中的病原微生物

（1）病原微生物的来源与危害

大气中因生物因素造成的对生物、人体健康以及人类活动的影响和危害，就是大气的生物污染。人类生活和生产活动使空气中存在某些病原微生物，并可通过空气引起疾病的传播。空气中的微生物多数是借助土壤以及人和生物体传播，或借助大气飘浮物和水滴传播。有些微生物如结核杆菌，可在干燥细小的土壤颗粒中生存很长时间，以后随风进入空气，再被人畜吸入而引起感染。飘浮物以及病人、病畜等的喷嚏、咳嗽等排泄物和分泌物所携带的微生物中，常见的有杆菌（如无色杆

菌、芽孢杆菌）、球菌（如细球菌、八叠球菌）、霉菌、酵母菌和放线菌等腐生性微生物。

在室外空气中，微生物的数量与人和动物的密度、植物的数量、土壤和地面的铺装情况、气温与湿度、日照与气流等因素有关。室外空气中的微生物大部分为非致病的浮生微生物，常见的有芽孢杆菌、无色杆菌、小球细菌、八叠球菌属以及一些放线菌、酵母和真菌等，一般对干燥的不良环境有较强的抵抗力。空气中病原微生物多以寄生方式生活，不能在空气中繁殖，加上空气稀释、空气流动和日光照射灯影响，病原微生物较少。

在室内空气中，特别在通风不良、人员拥挤的环境中有较多的微生物存在。细菌、真菌、过滤性病毒和尘螨等都会构成室内生物性污染。室内空气生物污染是影响室内空气品质的一个重要因素，主要包括细菌、真菌（包括真菌孢子）、花粉、病毒、生物体有机成分等。在这些生物污染因子中有一些细菌和病毒是人类呼吸道传染病的病原体，有些真菌（包括真菌孢子）、花粉和生物体有机成分则能够引起人类的过敏反应。室内生物污染对人类的健康有着很大危害，能引起各种疾病，如各种呼吸道传染病、哮喘等。迄今为止，已知的能引起呼吸道病毒感染的病毒就有200种之多，包括目前正在传播的新型冠状病毒，这些感染的发生绝大部分是在室内通过空气传播的，其症状可从隐性感染直到威胁生命。

（2）空气中病原微生物的传播途径

①附着于尘埃上。来源于人们活动过程所产生的不同大小的尘埃粒子中，往往附着有多种微生物。因重力关系，较大的颗粒可迅速落到地面，随清扫或通风移动而传播。那些较小的、直径在10 μm以下的尘埃，则可较长时间悬浮于空气中。

②附着于飞沫小滴上或飞沫核上。在人们咳嗽与打喷嚏时，有百万个细小飞沫喷出来，其直径小于5 μm占90%以上，长期飘浮在空气中。飞沫小滴中的病菌，可以从人传染到人。较小的飞沫喷出后，迅速蒸发而形成飞沫核。飞沫核比飞沫小滴更小，因而所含细菌较少，但扩散距离更远，可通过呼吸道吸入体内。

③附着于污水喷灌产生的气溶胶上。如果污水中存在病原微生物，在喷灌时所形成的气溶胶中可以带菌，污染空气，传播疾病。

（3）空气微生物污染的防治措施

防止空气污染传播疾病，除应注意隔离病人和戴用口罩等措施外，可根据具体情况采用下列措施。

①加强通风换气。开启门窗交换气流后，由于空气的流通稀释，室内空气中的细菌数可以显著减少。对于人口密集的公共场所，采用此种简便易行的方法可收到良好的效果。

②空气过滤。对空气清洁度要求较高的场所，如手术室、无菌操作室、婴儿室

等，可利用各类空气过滤器，使空气中含有病菌的尘埃滤出后，再通入室内。

③空气消毒。常用的空气消毒的方法有两类：一类是物理学方法，即紫外线照射；另一类是化学物质喷熏消毒法。

紫外线照射：市售的紫外线灭菌灯的波长为250 nm，有较好的灭菌作用。此种的紫外线灭菌灯适用于手术室、病房、无菌实验室等处的灭菌之用。强烈直射的日光含有紫外线也具明显的杀菌作用。

化学物质喷熏消毒法：常用的空气消毒化学药品有过氧乙酸、乳酸、三乙烯乙二醇、丙二醇、次氯酸钠、甲醛等。目前认为过氧乙酸是一种优良的广谱消毒剂，对于细菌及芽孢、病毒、真菌等都有杀灭作用。过氧乙酸的分解产物是乙酸、过氧化氢、水与氧，这些物质对人体无害。其缺点是稀释的过氧乙酸易分解，宜临用时稀释配制；此外高浓度的过氧乙酸溶液对金属和织物有一定的腐蚀作用，可用喷雾法或熏蒸法对空气进行消毒。

4.3.3.2 水中的病原微生物

河川、湖泊淡水中微生物的数量一般取决于季节、降水量和流入水量。邻近城镇的水体，含有害微生物和寄生虫卵较多。地下水如井水、泉水，埋藏越深，微生物越少。

（1）水中病原微生物的来源与危害

水中的微生物绝大多数是水中天然的寄居者，一部分来自土壤，少部分是和尘埃一起由空气中降落下来的，它们对人体一般无致病作用。受污染的水体可能带有伤寒、痢疾、结核杆菌和大肠杆菌，还有螺旋体和病毒。水体中的病原体主要来自人类粪便，通过粪便污染水体，常见的病原体有：伤寒菌、痢疾杆菌、致病性大肠杆菌、鼠疫杆菌、霍乱弧菌、脊髓灰质炎病毒、甲型肝炎病毒等。水体中的寄生虫有血吸虫（卵和毛蚴）、痢疾变形虫、线虫、贾第虫以及一些有害昆虫如蚊、蚋、舌蝇等的幼虫。海水中病原菌比淡水少，但海滨、港口因接纳污水，也常含有病原菌。水生生物中常带有致病菌：鱼的受污染部位主要是口腔、鳃、胃、肠及排泄腔等；贝类中与病原菌关系密切的是牡蛎，可以传播伤寒。

在自然界清洁水中，每毫升水中的细菌总数在100个以下，而受到严重污染的水体可达100万个以上。某些病原微生物污染水体后，有可能引起传染病的暴发，对人体健康造成极大的影响。进入水体中的病原体一部分会因不适应水环境而逐渐死亡，也有一小部分可较长期地生活在水环境中。

（2）水中病原微生物的防治措施

为防止通过水体传播疾病，应做好以下几方面工作。

①做好水源的卫生防护。围绕水源确定防护地带，建立相应的卫生制度，使水

源、水处理设施、输水总管等不受污染，从而保证良好的生活饮用水。

②污水的处理。排放前污水应加氯消毒或加明矾、石灰、铁盐等絮凝剂，絮凝后再砂滤，可除去大部分的病毒及病原菌。

③水的消毒。一般自来水厂的处理可以除去大部分的病原微生物，如混凝沉淀再结合快砂滤可除去90%的病毒。对于由污水而生成的再生水，通常用石灰作絮凝剂，使水维持较高的碱性（pH＞11.5），并接触1 h以上，则病毒的杀灭率可达99.9%。

为了使生活饮用水水质达到卫生标准，确保饮用水的安全，水经混凝、沉淀、过滤等一般处理后，还必须进行水的消毒。饮用水消毒是消灭和防止肠道传染病的一个重要环节。饮用水的消毒方法很多，可分为物理法和化学法两类。前者包括煮沸、紫外线照射等，后者是在水中投加各种消毒剂，包括氯、臭氧等氧化剂。我国《生活饮用水卫生标准》（GB 5749—2006）规定生活饮用水菌落总数每毫升不得超过100个；总大肠菌群不得检出。

4.3.3.3　土壤中的病原微生物

土壤是多种微生物的居住场所，也是微生物在自然界中最大的贮藏库。土壤中微生物绝大部分是自然存在的，对物质的分级、代谢、转化起着极其重要的作用；但也有一部分是来自人畜粪便，往往带有各种致病性微生物和寄生虫卵。

（1）土壤中生物污染来源

土壤生物污染的污染物主要是未经处理的粪便、垃圾、城市生活污水、饲养场和屠宰场的污物等。其中危险性最大的是传染病医院未经消毒处理的污水和污物。受污染的土壤，当温度、湿度等条件适宜时，又可通过不同途径使人、畜感染发病，如人畜与污染土壤直接接触或生食受污染土壤上种植的瓜果、蔬菜等。事物都是普遍联系的，大气和水中的微生物也可以进入土壤引起生物污染。造成土壤生物污染的来源，主要有以下几个方面：①用未经彻底无害化处理的人畜粪便施肥；②用未经处理的生活污水、医院污水和含有病原体的工业废水进行农田灌溉或利用其污泥施肥；③病畜尸体处理不当。

在土壤中已发现有100多种可能引起人类致病的病毒，主要包括土壤中的病原微生物有：粪链球菌、沙门菌、志贺菌、结核杆菌、霍乱弧菌、致病性大肠杆菌、炭疽杆菌、破伤风杆菌、肠道病毒，此外还有蛔虫卵、钩端螺旋体等。其中最为危险的是传染性肝炎病毒。土壤传染的植物病毒有烟草花叶病毒、烟草坏死病毒、小麦花叶病毒和莴苣大脉病毒等。

（2）土壤病原微生物危害与传播途径

土壤中的各种病原微生物和寄生虫通过多种途径危害人体健康。被病原体污染

的土壤能传播伤寒、副伤寒、痢疾和病毒性肝炎等疾病，土壤中致病的原虫和蠕虫进入人体主要通过两个途径：

①通过食物链经消化道进入人体。全世界约有一半以上的人口受到一种或几种寄生性蠕虫的感染，热带地区受害尤其严重。欧洲和北美较温暖地区以及部分温带地区，人群受某些寄生虫感染，有较高的发病率。例如人蛔虫、毛首鞭虫等一些线虫的虫卵，在土壤中需要几周时间发育，然后变成感染性的虫卵通过食物进入人体；人体排出含有病原体的粪便通过施肥或污水灌田而污染土壤，再经过生吃未洗净的蔬菜、瓜果等形式经口进入人体引起传染病。

②穿透皮肤侵入人体。土壤生物污染分布最广的是肠道致病性原虫和蠕虫类造成的污染，有的寄生在动、植物体内，有的通过土壤穿透皮肤进入人体，有的病毒也可通过土壤使人感染。例如十二指肠钩虫、美洲钩虫和粪类圆线虫等虫卵在温暖潮湿土壤中经过几天孵育变为感染性幼虫，再通过皮肤侵入人体。

有些人畜共患的传染病或与动物有关的疾病也可通过土壤传播给人。例如，患钩端螺旋体病的猪、牛和羊等动物就可以通过粪尿中的病原体污染土壤。钩端螺旋体在中性或弱碱性的土壤中能存活几个星期，还可以通过黏膜、伤口和被浸软的皮肤侵入人体，使人致病。炭疽杆菌能形成芽孢以抵抗恶劣环境，可在土壤中生活几年甚至几十年。而破伤风杆菌和气性坏疽杆菌等致病菌则多来自动物粪便，尤其是马粪。当人们受伤时，受污染土壤的破伤风杆菌通过接触而使人患破伤风，伤口越深越有利于破伤风杆菌在厌氧环境下生长，甚至可能危及生命。

土壤生物污染不仅可以由动物经土壤再传播给人体，而且还可以直接从土壤危害人体健康，不管是霉菌还是真菌，都可以从土壤直接侵入人体。此外，被有机废弃物污染的土壤，又是蚊蝇孳生和鼠类繁殖的场所。蚊、蝇、鼠是许多传染病的传播媒介，也可以将土壤中的有些病原微生物传播给人而致病。

土壤生物污染不仅会危害人体健康，还会引起植物病害。土壤生物污染可造成农作物减产。一些植物致病菌污染土壤后能引起茄子、马铃薯和烟草等百余种植物的青枯病，能造成果树细菌性溃疡和根癌。某些真菌会引起大白菜、油菜和萝卜等 100 多种蔬菜烂根，还可导致玉米、小麦和谷子等粮食作物的黑穗病。还有一些线虫可经土壤侵入植物根部并引起线虫病，甚至在土壤中传播植物病毒。另外，由于人类滥用化肥和农药，使一些通常无侵袭能力的镰刀菌和青霉菌等变得有侵袭能力，从而导致植物根坏死。例如某些致病真菌污染土壤后能引起大白菜、油菜、芥菜、萝卜、甘蓝、荠菜等 100 多种栽培的和野生的十字花科蔬菜的根肿病，引起茄子、棉花、黄瓜、西瓜等多种植物的枯萎病，菜豆、豇豆等的根腐病以及小麦、大麦、燕麦、高粱、玉米、谷子的黑穗病等。此外，甘薯茎线虫，黄麻、花生、烟草根结线虫，大豆孢囊线虫，马铃薯线虫等都能经土壤侵入植物根部引起线虫病。而

剑线虫属、长针线虫属和毛线虫属还能在土壤内传播一些植物病毒。广义来说，这些都属于土壤生物污染引起的病害。

（3）土壤生物性污染的预防措施

总的来说，应该加强管理污染源和对污染土壤进行末端治理，有必要切断各种病原微生物和寄生虫的传播途径。防止土壤的生物污染，首先要对粪便、垃圾和污泥进行无害化处理。粪便及污泥的无害化处理方法有：

①采用辐射杀菌法或高温堆肥法灭菌，好气法进行微生物发酵，以消灭垃圾中的致病菌和寄生虫卵；用密封发酵法、药物灭卵法和沼气发酵法等无害化灭菌法处理粪肥；同时还要防止感染动物。

②防止医院废水直接流入土壤，加强对工业“三废”的治理和综合利用，合理使用农药和化肥并积极发展高效低毒低残留的农药。

③可以改变土壤的理化性质和水分条件来控制病原微生物的传播，加强地表覆盖以抑制扬尘，切断致病菌的空中传播途径，还可以直接对土壤施药灭菌和杀毒。

4.3.4 生物入侵

4.3.4.1 生物入侵的渠道

在自然界长期的进化过程中，生物与生物之间相互制约、相互协调，将各自的种群限制在一定的栖境和数量，形成了稳定的生态平衡系统。自然界中的物种总是处在不断迁移、扩散的动态中。而人类活动的频繁又进一步加剧了物种的扩散，使得许多生物得以突破地理隔绝，拓展至其他环境当中。对于此类原来在当地没有自然分布，因为迁移扩散、人为活动等因素出现在其自然分布范围之外的物种，统称为外来物种。外来入侵物种通常在原有生活区域没有危害，然而一旦扩散到新的环境，适应了当地环境并成为优势物种，就会对区域生态平衡带来毁灭性的影响——严重威胁当地动植物的生存，有的甚至能够威胁当地居民的生产和生活，造成严重的财产和生命损失。以美国白蛾为例，1979 年第一只美国白蛾由朝鲜传入我国东北，所到之处，枝枯叶落，如同经历一场“无烟火灾”。29 年之后，也就是 2008 年，它从西北方向进入临沂市，随后开始了大规模的繁殖，肆无忌惮地啃噬着绿色。或许更让人意外的是，上了餐桌的牛蛙、小龙虾、福寿螺，以及被人当宠物养的巴西龟等，这些其实也是外来入侵物种。

外来入侵物种具备两个基本特征：一是本地原来没有，二是造成了社会、经济和环境危害。这些外来入侵物种通常在有意与无意间通过 3 种渠道入侵。

（1）自然入侵

这种入侵不是人为原因引起的，而是通过风媒、水体流动或由昆虫、鸟类的传带，使得植物种子或动物幼虫、卵或微生物发生自然迁移而造成生物危害所引起的外来物种的入侵。如紫茎泽兰、薇甘菊美洲斑潜蝇都是靠自然因素而入侵我国的。

（2）无意引进

这种引进方式虽然是人为引进的，但在主观上并没有引进的意图，而是伴随着进出口贸易，海轮或入境旅游在无意间被引入的。如“松材线虫”就是我国贸易商在进口设备时随着木材制的包装箱带进来的。航行在世界海域的海轮，其数百万吨的压舱水的释放也成为水生生物无意引进的一种主要渠道。此外，入境旅客携带的果蔬肉类甚至旅客的鞋底，可能都会成为外来生物无意入侵的渠道。

（3）有意引进

这是外来生物入侵的最主要的渠道，世界各国出于发展农业、林业和渔业的需要，往往会有意识引进优良的动植物品种。如20世纪初，新西兰从我国引种猕猴桃，美国从我国引种大豆等。但由于缺乏全面综合的风险评估制度，世界各国在引进优良品种的同时也引进了大量的有害生物，如大米草、水花生、福寿螺等。这些入侵种由于被改变了物种的生存环境和食物链，在缺乏天敌制约的情况下泛滥成灾。全世界大多数的有害生物都是通过这种渠道而被引入世界各国的。

总之，由于人类有意识或无意识地把某种生物带入适宜栖息和繁衍地区，致使其种群不断扩大，分布区逐步稳步的扩展，威胁本地“土著”生物物种的生存，从而对生物多样性、林业、农业、自然生态环境甚至人体健康造成危害。外来入侵物种是全球化的一个有害副产品，也有“生物海盗”之称。据统计，在我国已产生严重危害的外来入侵物种至少已达283种，世界自然保护联盟公布的全球100种最具威胁的外来入侵物种中，我国就有50种。

4.3.4.2 生物入侵的危害

（1）危害生物多样性

外来有害生物侵入适宜生长的新区后，其种群会迅速繁殖，并逐渐发展成为当地新的“优势种”，严重破坏当地的生态安全。外来物种入侵会严重破坏生物的多样性，并加速物种的灭绝。生物的多样性是包括所有的植物、动物、微生物种和它们的遗传信息和生物体与生存环境一起集合形成的不同等级的复杂系统。虽然一个国家或区域的生物多样性是大自然所赋予的，但任何一个国家莫不是投入大量的人力、物力尽力维护该国生物的多样性。而外来物种入侵却是威胁生物多样性的头号敌人，入侵种被引入异地后，由于其新生环境缺乏能制约其繁殖的自然天敌及其他制约因素，其后果便是迅速蔓延，大量扩张，形成优势种群，并与当地物种竞争有限的食物资源和空间资源，直接导致当地物种的退化，甚至被灭绝。例如，尼罗河鲈鱼被引进非洲维多利亚湖之后，导致了湖中200多种地方鱼种的灭绝；1970年

前后，野生动物保护人员在蒙大拿河流中引进了一种糠虾，本意是想增加鲑鱼的饵料，以增加鲑鱼的数量，然而事与愿违，鲑鱼习惯于在水面摄食，糠虾却在晚上鲑鱼看不到的时候才升到水面。不仅如此，糠虾还吃掉了鲑鱼鱼苗生长所需的浮游生物，结果反而使鲑鱼的数量下降，进而使主要依赖鲑鱼为生的熊、捕食鸟和鹰等动物遭受了灭顶之灾。

（2）破坏生态

外来物种入侵，会对植物土壤的水分及其他营养成分，以及生物群落的结构稳定性及遗传多样性等方面造成影响，从而破坏当地的生态平衡。如引自澳大利亚而入侵我国海南岛和雷州半岛许多林场的外来物种薇甘菊，由于这种植物能大量吸收土壤水分从而造成土壤极其干燥，对水土保持十分不利。此外，薇甘菊还能分泌化学物质抑制其他植物的生长，曾一度严重影响整个林场的生产与发展。

（3）危害人类健康

外来生物入侵也对人的生命健康造成严重威胁。如起源于东亚的“荷兰榆树病”曾入侵欧洲，并于1910年和1970年两次引起大多数欧洲国家的榆树死亡。又如40年前传入我国的豚草，其花粉导致的“枯草热”对人体健康造成极大的危害。每到花粉飘散的7—9月，体质过敏者便会发生哮喘、打喷嚏、流鼻涕等症状，甚至由于导致其他并发症而死亡。为了获得更多的蜂蜜，1956年，巴西圣保罗大学的研究人员决定引进一些非洲蜂种。他们深知非洲蜂凶猛狂暴，一遇挑战就群起而攻之，且毒性很大。因此，他们仅引进了35只种蜂，本想将它们改造、驯养成为适应巴西生存环境的多产蜜蜂，不料却意外逃走了26只。这些逃走的非洲蜂与当地的巴西蜂交配后，生成了一种繁殖力很强、毒性很大的杂种蜂——巴西杀人蜂，蜂害便从此开始。先是养蜂人受毒蜂蜇伤的事件不断发生，接着是一个工作人员打死了一只停在他胳膊上的蜜蜂，结果立刻受到蜂拥而至的群蜂攻击。据不完全统计，因杀人蜂害死亡的人数已达200多人，牛马等牲畜的损失更是难以计数。

（4）危害生产和经济的发展

我国从南到北、从东到西，几乎随处可见这些外来生物入侵者制造的麻烦。我国是遭受外来物种入侵最严重的国家之一。2001—2003年，国家环境保护总局组织开展了全国外来入侵物种调查。调查发现，全国共有283种外来入侵物种，每年对经济和环境造成的损失约1 200亿元，而现在损失已经高达2 000亿元。据世界自然保护联盟（IUCN）的报告，外来物种入侵给全球造成的经济损失每年超过4 000亿美元。令人担忧的是，在这些外来入侵物种中，46.3%已经入侵自然保护区。环保专家认为，近年来，我国外来生物入侵现象日益增多，由此造成的生物安全问题也越来越严重，有效防范外来物种入侵刻不容缓。

20世纪80年代初，福建省宁德地区为了“保滩护堤，保淤造地”，开始引种

和推广英国大米草与美国护花米草。结果大米草以每年267～333 hm^2 的速度增长，如今已吞噬滩涂7 300 hm^2 以上。大米草繁殖力极强，生长旺盛，阻塞航道，影响海水交换，致使水质下降，导致贝类、蟹类等大量死亡，虾病、鱼病增多，海带、紫菜等生长受到影响，产量逐年下降。大米草的延伸之处，滩涂荒废，影响当地滩涂养殖业的发展，影响群众的生产和生活。“洋草”成了“祸草”，这是发生生物污染的典型一例。南美的风信子造成的生物污染，使非洲的维多利亚湖濒临“死亡”，沿湖国家肯尼亚、乌干达和坦桑尼亚的经济遭受了巨大损失。

4.3.4.3 生物入侵的防治措施

生物入侵的形势如此严峻，使得越来越多的国家逐渐意识到单靠一国的力量根本无法阻挡外来物种的肆意入侵，而积极的国际合作才能更有效地解除外来物种对生物多样性的威胁。

（1）建立统一协调的管理机构

在这一点上，美国的做法值得借鉴。在1999年以前，美国也没有设立专门机构领导防治外来物种的入侵工作，但日益严重的入侵危机和坚决的反入侵的决心促成了美国入侵物种理事会的诞生，而此理事会的主要职责则是与不同级别、不同地区、不同种类的各个部门、机构、单位进行积极协作，并对各部门之间的协作计划的执行进行监督。

目前，我国在防治生物入侵方面还没有一部专门的法律，相关的法律规定多散见于环境保护法、动物保护法、动植物检验检疫法、货物管理法、草原法等16部法律和12部行政法规以及地方性法规中。我国一些省份的立法在国内已经占据前沿地位，如沈阳早已于2004年出台《沈阳市外来物种防治管理暂行办法》，湖南于2011年也通过首个省级外来物种管理法规《湖南省外来物种管理条例》，这些地方性法律在外来生物的引进、预防、监测和面对生物入侵危害时的治理中都做了较为详细的规定，在本地保护生态环境，应对外来物种入侵中发挥了重要的作用。

到目前为止，我国已经陆续发布了4批禁止入境的有害外来生物名单，这四批名单大都是由生态环境部和中国科学院联合定制的，第一批于2003年发布，最后一批于2016年发布；除此之外，我国农业、检疫部门也相继出台一些危害性较强的物种名单，至此我国形成了主要以生态环境部、农业部和林业局发布的名单为核心的各种外来物种名录，主要包括农业部发布的《中华人民共和国禁止携带、邮寄进境动物、动物产品和其他检疫名录》《中华人民共和国进境植物检疫性有害生物名录》，国家质量监督检验检疫总局发布的《进境植物检疫潜在危险病、虫、杂草名录》，国家林业局公布的《林业检疫性有害生物名单》等。

（2）完善风险评估制度

要阻止外来物种的入侵，首要的工作就是防御，外来物种风险评估制度就是力争在第一时间、第一地区将危害性较大的生物坚决拒之门外。

我国长期以来对于有意引进的外来物种仅仅是由检疫部门根据检疫目录进行病虫害及疫种的一般性检疫，如果外来物中本身没有病虫害，或本身不是疫虫、疫草，则一般却可以安全过关。因此，对于首次引进或短期内不能发现其危害性的有害生物，没有对其进行科学的风险评估，导致一大批有害生物堂而皇之地被引进我国。这个问题已在国内引起广泛关注。2000 年 12 月 19 日国家质量监督检验检疫总局颁布的《进境植物和植物产品风险分析管理规定》（2003 年 2 月 1 日施行）设专章规定了“风险评估”制度，规定由国家质检总局采用定性、定量或两者结合的立法开展风险评估制度。

我国有关生物入侵风险评估的规定大都存在于各种相关法律规定的零散条文中，如《环境影响评价法》以及国务院在《环境保护法》和《环境影响评价法》基础上出台的《外来物种环境风险评估技术导则》，该导则是关于生物入侵对规划和建设项目可能造成的生态影响进行评价并设定相关标准的规定；再如《海洋环境保护法》中为应对外来生物引进，而要求进行科学论证的相关规定；《渔业法》中对引进的水产苗种要求进行安全评价的规定；又如国家生态环境部发布的《外来物种风险评估技术意见》和有关入侵物种防治工作的相关意见，国家质量监督检验检疫总局关于进境动植物产品风险分析管理的相关预防性规定等都在一定程度上发挥着对生物入侵的预防作用。

（3）跟踪监测

某一外来生物品种被引进后，如果不继续跟踪监测，则一旦此种生物被事实证明为有害生物或随着气候条件的变化而逐渐转化为有害生物后，对于一国来讲，就等于放弃了在其蔓延初期就将其彻底根除的机会，面临的很可能就是一场严重的生态灾害。

首先应建立引进物种的档案分类制度，对其进入我国的时间、地点都作详细登记；其次应定期对其生长繁殖情况进行监测，掌握其生存发展动态，建立对外来物种的跟踪监测制度。一旦发现问题，就能及时解决。既不会对我国生态安全造成威胁，也无须投入巨额资金进行治理。

（4）综合治理

对于已经入侵的有害物种，要通过综合治理制度，确保可持续的控制与管理技术体系的建立。外来有害物种一旦侵入，要彻底根治难度很大。因此，必须通过生物方法、物理方法、化学方法的综合运用，发挥各种治理方法的优势，达到对外来入侵物种的最佳治理效果。

外来物种入侵作为全球性问题已经引起世界各国和国际组织的广泛关注，世界自然保护联盟、国际海事组织（IMO）等国际组织已制定了关于如何引进外来物种、如何预防、消除、控制外来物种入侵等各方面的指南等技术性文件。而美国、澳大利亚、新西兰等国家也先后建立了防治外来物种入侵的各种技术准则及指南，并进行了相应的立法，努力加强对外来入侵物种的防御能力及综合治理能力。

1982—1988 年，众多科学家开始在环境问题科学委员会（SCOPE）的组织下就外来物种入侵的本质开展讨论。1992 年在巴西里约热内卢召开的世界环境与发展大会上，与会各国签署了《国际生物多样性公约》（以下简称《公约》），这是有关生物安全的一个最重要的全球性公约。对于外来物种的入侵，《公约》第 8 条明确规定：必须预防和控制外来入侵物种对生物多样性的影响。同时《公约》还要求每一缔约国应直接或要求其管辖下提供《公约》所规定生物体的任何自然人和法人，将该缔约国在处理这种生物体方面有关使用和安全的任何现有资料以及有关该生物体可能产生的不利影响的任何现有资料，提供给将要引进这些生物的缔约国。

此外，与控制外来物种密切相关的两个国际规则：《关于卫生和植物卫生措施协议》（SPS 协议）以及《贸易技术壁垒协议》（TBT 协议）也都明确规定，在有充分科学依据的情况下为保护生产安全和国家安全，可以设置一些技术壁垒，以阻止有害生物的入侵。事实上，对于抵御海洋外来生物的入侵早在 1982 年的《联合国海洋公约》里已明确规定，各国必须采取一切必要措施以防止、减少和控制由于故意或偶然在海洋环境某一特定部分引进外来的新的物种致使海洋环境可能发生重大和有害的变化。

总体来看，为防治外来物种入侵，目前已通过了 40 多项国际公约、协议和指南，且有许多协议正在制定中。虽然许多公约在一定程度上还缺乏约束力，虽然各国在检疫标准的制定上还存在着一些差距和矛盾，但这些文件仍在一定范围内发挥着日益重要的作用，而国际海事组织、世界卫生组织、联合国粮农组织也正在更加积极致力于加强防治外来物种入侵的国际合作。

参考文献

第一章

[1] 金传良，郑连生，李贵宝，等 . 水量与水质技术实用手册 [M]. 北京：中国标准出版社，2007.
[2] 郑正 . 环境工程学 [M]. 北京：科学出版社，2006.
[3] 河海大学《水利大辞典》编辑修订委员会 . 水利大辞典 [M]. 上海：上海辞书出版社，2015.
[4] 刘昌明，程志恺 . 中国水资源现状评价和供需发展趋势分析 [M]. 北京：水利水电出版社，2001.
[5] 王大纯，张仁权，史毅虹，等 . 水文地质学基础 [M]. 北京：地质出版社，2002.
[6] 陈志恺 . 中国水资源的可持续利用问题 [J] . 中国水利，2000（8）：38-40.
[7] 张利平，夏军，胡志芳 . 中国水资源状况与水资源安全问题分析 [J]. 长江流域资源与环境，2009，18（2）：116-120.
[8] 陈莹，刘昌明 . 大江大河流域水资源管理问题讨论 [J] . 长江流域资源与环境，2004，13（3）：240-245.
[9] 王建华，何国华，何凡，等 . 中国水土资源开发利用特征及匹配性分析 [J]. 南水北调与水利科技，2019，17（4）：1-8.
[10] 徐敏，张涛，王东，等 . 中国水污染防治 40 年回顾与展望 [J]. 中国环境管理，2019（3）：65-71.
[11] 卢荣 . 化学与环境 [M]. 武汉：华中科技大学出版社，2008.
[12] 魏复盛 . 水和废水监测分析方法 [M]. 北京：中国环境出版社，2019.
[13] 袁涛 . 环境健康科学 [M]. 上海：上海交通大学出版社，2019.
[14] 郭新彪 . 环境健康学 [M]. 北京：北京大学医学出版社，2006.
[15] 王光辉，丁忠浩 . 环境工程导论 [M]. 北京：机械工业出版社，2006.
[16] 苏琴，吴连成 . 环境工程概论 [M]. 北京：国防工业出版社，2004.
[17] 朱蓓丽 . 环境工程概论 . 3 版 [M]. 北京：科学出版社，2011.
[18] 高廷耀，顾国维，周琪 . 水污染控制工程 . 3 版 . 上册 [M]. 北京：高等教育出版社，2012.

第二章

[1] 河海大学《水利大辞典》编辑修订委员会 . 水利大辞典 [M]. 上海：上海辞书出版社，2015.

[2] 李剑松 . 热污染产生原因及其危害 [J]. 黑龙江科技信息，2015（3）：9.

[3] 王新兰 . 热污染的危害及管理建议 [J]. 环境保护科学，2006（12）：69-71.

[4] 张运林，秦伯强，朱广伟，等 . 长江中下游浅水湖泊沉积物再悬浮对水下光场的影响研究——以龙感湖和太湖为例 [J]. 中国科学 D 辑：地球科学，2005，35（增刊Ⅱ）：101-110.

[5] 王光辉，丁忠浩 . 环境工程导论 [M]. 北京：机械工业出版社，2006.

[6] 郑正 . 环境工程学 [M]. 北京：科学出版社，2006.

[7] Hao O J，Kim H，Chiang P C. Decolorization of wastewater [J]. Critical Reviews in Environmental Science and Technology，2000，30（4）：449-505.

[8] Barsoum Z，Jonsson B. Influence of weld quality on the fatigue strength in seam welds [J]. Engineering Failure Analysis，2011，18（3）：971-979.

[9] Machova J，Svobodova Z，Sudova E，et al. Negative effects of malachite green and possibilities of its replacement in the treatment of fish eggs and fish：a review [J]. Strahlentherapie，2007，52（12）：41-45.

[10] Rafatullah M，Sulaiman O，Hashim R，et al. Adsorption of methylene blue on low-cost adsorbents：A review [J]. Journal of hazardous materials，2010，177（1-3）：70-80.

[11] 张素玲，郭中伟，史凯莹 . 活性炭处理色度废水的研究 [J]. 河北化工，2006，29（4）：54-56.

[12] 阮晨，黄庆 . 活性炭吸附法去除印染工业废水色度的试验与研究 [J]. 四川环境，2006，25（4）：29-34，58.

[13] 兰慧芳，邹专勇，朱卫红，等 . 颗粒活性炭对模拟活性染料废水的吸附脱色效果 [J]. 纺织学报，2013，34（5）：70-75.

[14] 任行，李艳红，沙乃庆，等 . 活性炭改性研究进展 [J]. 广东化工，2020（3）：89-90.

[15] 蒋柏泉，公振宇，陈建新，等 . 载铜活性炭的制备及其处理印染废水的应用 [J]. 南昌大学学报，2011，31（1）：7-11.

[16] DU C M，HUANGDW，LIHX，et a1. Adsorption of acid orange Ⅱ from aqueous solution by plasma modified activated carbon fibers [J]. Plasma Chemistry and Plasma Processing，2013，33：65-82.

[17] 陈红英，张骞，吴超，等．高色度去除率改性活性炭的制备与表征 [J]. 浙江工业大学学报，2015，43（4）：460-463.
[18] 黄雅婷，王黎明．生物-活性炭法处理印染废水 [J]. 印染，2008，15：35-37.
[19] 范晓丹，李皓璇，姬海燕，等．生物活性炭法深度处理印染废水及其生物毒性的表征 [J]. 环境工程学报，2015，9（1）：188-194.
[20] 马小隆，冀静平，祝万鹏．膨润土的改性及对染料废水的处理研究 [J]. 中国给水排水，1998（4）：7-9.
[21] 顾伟，朱建耀．膜分离技术及其在污水处理中的应用 [J]. 哈尔滨职业技术学院学报，2007（5）：117-118.
[22] 陈伟，佟玲，陈文清，等．膜分离技术在印染废水分质处理与分段回用中的应用 [J]. 环境污染与防治，2008，30（7）：62-66.
[23] 孙久义．我国膜分离技术综述 [J]. 当代化工研究，2019（2）：27-29.
[24] 刘国信，刘录声．膜法分离技术及其应用 [M]. 北京：中国环境科学出版社，1992.
[25] 陈伟，佟玲，陈文清，等．膜分离技术在印染废水分质处理与分段回用中的应用 [J]. 环境污染与防治，2008，30（7）：62-66.
[26] 张亚斌．几种膜技术在废水处理方面的应用研究分析 [J]. 电力学报，2013，28（2）：177-180.
[27] 薛勇刚，官嵩，戴晓虎，等．膜分离技术用于印染废水处理及回用的研究进展 [J]. 染整技术，2014，36（5）：26-31.
[28] 鲍廷镛，方孟伟，吴葭蕙，等．反渗透法处理锦纶染色废水 [J]. 水处理技术，1981，7（4）：19-21.
[29] 涂德贵．印染废水反渗透膜处理及回用技术 [J]. 化学工程与装备，2011（8）：192-194.
[30] Qin J J，Maung H O，Kiran A K. Nanofiltration for recovering waste water from a specific dyeing facility [J].Separation and Purification Technology，2007，56（2）：199-203.
[31] 张芸，王晓静，代文臣，等．组合膜分离技术资源化处理印染废水工艺的研究 [J]. 水资源与水工程学报，2015，26（4）：29-34.
[32] Rozzi A. Textile wastewater reuse in northern Italy（COMO）[J].Water Science & Technology，1999，39（5）：121-128.
[33] Marcucci M，Nosenzo G，Capnnelli G，et al. Treatment and reuse of textile effluents based on new ultrafiltration and other membrane technologies [J]. Desalination，2001，138：75-82.
[34] Albuquerque L F，Salgueiro A A，Melo J L D S，et al. Coagulation of indigo blue

present in dyeing wastewater using a residual bittern [J]. Separation & Purification Technology，2013，104（104）：246- 249.

[35] 奚诚成．絮凝剂行业现状及展望 [J]. 市场观察，2016（Z1）：268.

[36] 董文博．印染废水综合净化技术研究 [D]. 大连：大连海事大学，2020.

[37] 方忻兰．高效絮凝剂壳聚螯合剂的研制及其絮凝效果的研究 [J]. 环境污染与防治，1996（4）：5.

[38] 李春华，张洪林，蒋林时．絮凝剂在印染废水脱色中的应用进展 [J]. 辽宁城乡环境科技，2002（4）：9-12.

[39] 隋聚艳．天然高分子絮凝剂处理印染废水研究进展 [J]. 印染助剂，2018，35（1）：16-21.

[40] 刘明华．水处理化学品 [M]. 北京：化学工业出版社，2010.

[41] 高华星．高分子絮凝剂用于染色废水处理研究 [J]. 环境污染与防治，1993（6）：2-7.

[42] Khai Ern Lee，Norhashimah Morad，Tjoon Tow Teng，et al. Development，characterization and the application of hybrid materials in coagulation/floc-culation of wastewater：A review [J]. Chem Eng J，2012，203：370-386.

[43] Gao Baoyu，Wang Yan，Yue Qinyan，et al. Color removal from simulated dye water and actual textile wastewater using a composite coagulant prepared by ploy-ferric chloride and polydimethyldiallylammonium chlo-ride [J]. Sep Purif Technol，2007，54（2）：157- 163.

[44] Yeap K L，Teng T T，Poh B T，et al. Preparation and characterization of coagulation/flocculation behavior of a novel inorganic-organic hybrid polymer for reactive and disperse dyes removal [J]. Chem Eng J，2014，243：305-314.

[45] 侯玉琳．微生物絮凝剂与 PAC 复配用于印染废水的研究研究发现 [J]. 天津化工，2018，32（5）：15-17.

[46] 羊小玉，周律．混凝技术在印染废水处理中的应用及研究进展 [J]. 化工环保，2016，36（1）：1-4.

[47] 陶然，杨朝晖，曾光明，等．微生物絮凝剂及其絮凝微生物的研究进展 [J]. 环境监测管理与技术，2019，31（2）：82-88.

[48] 程艳茹，龚继文，封丽，等．水处理中微生物絮凝剂产生菌的选育及应用 [J]. 微生物学杂志，2005（4）：6-9.

[49] 曾建忠，林俊岳，李榕城．一株耐盐絮凝菌的脱色性能研究 [J]. 井冈山大学学报：自然科学版，2014，35（2）：31-34.

[50] 皮姗姗，李昂，魏薇．微生物絮凝剂在水污染控制中的应用研究进展 [J]. 中国给水排水，2017，33（16）：27-31.

[51] 周霞．印染废水深度处理技术研究 [D]. 武汉：武汉纺织大学，2012.

[52] Moussavi C，Khavanin A，Alizadeh R. The investigation of catalytic ozonation and integrated catalytic ozonation/biological processes for the removal of phenol from saline wastewaters [J]. Journal of Hazardous Materials，2009，171（1-30）：175-181.

[53] 迟婷．臭氧氧化技术对各种染料处理效果及机理的研究 [D]. 青岛：青岛科技大学，2015.

[54] 刘青．催化臭氧－生物活性炭技术深度处理印染废水的研究 [D]. 南京：南京师范大学，2014.

[55] 王涛，阮新潮，曾庆福，等．微波无极紫外光氧化处理印染终端废水回用中试 [J]. 武汉科技学院学报，2005，18（8）：55-58.

[56] 冯丽娜，刘勇健．TiO_2/ 活性炭光催化技术在印染废水深度处理中的应用研究 [J]. 污染防治技术，2008，21（6）：54-56.

[57] 王宝宗，景有海，尚文健．采用内电解法对印染废水进行深度处理 [J]. 环境工程，2009，27（S1）：191-193.

[58] 张大全，高立新．电化学法对印染废水的处理效果研究 [J]. 工业水处理，2012，32（2）：47-50.

[59] 化艳娇．生物活性炭和臭氧－生物活性炭对印染废水深度处理研究 [D]. 上海：华东理工大学，2013.

[60] 周克钊．高浓度活性污泥法处理印染废水为主的城镇污水 [J]. 中国给水排水，2013，29（3）：103-108.

[61] Eltaief Khelifi，Hana Gannoun，Youssef Touhami. Aerobic decolourzation of the indigo dye containing textile wastewater using continuous combined bioreactors [J]. Journal Hazardous Material，2008，152：683-689.

[62] 李博．某公司印染废水处理工程实例 [J]. 中国环境管理干部学院学报，43（2）：69-71.

[63] 郑攀峰，王栋，刘钟阳，等．高压脉冲放电－臭氧氧化处理活性艳红 K-2BP 废水 [J]. 化工环保，2007（1）：12-16.

[64] 刘建，许道铭，卜玉琳．化学－生化组合法深度处理印染废水 [J]. 铀矿冶，2006（3）：158-162.

[65] 危想平，肖鹏．活性炭－臭氧处理印染废水试验 [J]. 印染，2004（20）：5-7.

[66] 胡洪营，孙艳，席劲瑛，等．城市黑臭水体治理与水质长效改善保持技术分析 [J]. 环境保护，2015，43（13）：24-26.

[67] 刘晓玲，徐瑶瑶，宋晨，等．城市黑臭水体治理技术及措施分析 [J]. 环境工程学报，2019，13（3）：519-529.

[68] 王谦，高红杰．我国城市黑臭水体治理现状、问题及未来方向 [J]. 环境工程学报，2019，13（3）：507-510.

[69] 孙韶玲，盛彦清，孙瑞川，等．河流水体黑臭演化过程及恶臭硫化物的产生机制 [J]. 环境科学与技术，2018，41（3）：15-22.

[70] 童敏，杨乐．底泥疏浚对温州市牛桥底河水环境质量的影响 [J]. 华东师范大学学报（自然科学版），2015（2）：58-66.

[71] 杜霞，何文辉，邵留，等．上海市农村富营养化河道生态修复工程研究 [J]. 上海环境科学，2013，32（1）：15-19.

[72] 袁鹏，徐连奎，可宝玲，等．南京市月牙湖黑臭水体整治与生态修复 [J]. 环境工程技术学报，2020，10（5）：696-701.

[73] 黄建洪，莫文锐．氧化塘 / 湿地系统处理城市污染河水的效果 [J]. 中国给水排水，2011，27（19）：35-38.

[74] 刘晓静，刘晓晓．氧化深塘和潜流湿地组合技术在农村河涌水质净化应用 [J]. 环境工程学报，2019，13（7）：1759-1765.

[75] 李滢莹．静安区彭越浦河涌生态浮岛 + 曝气充氧组合工艺增强河涌净化能力研究 [J]. 城市道桥与防洪，2019（8）：28-29，234-236.

[76] 罗刚，刘军．生物修复技术在白海面黑臭河涌治理中的应用 [J]. 环境科学与管理，2009（2）：119-122.

[77] 张璇，蒋伟勤．快滤 -MBR 原位直接净化黑臭河涌水体工艺研究 [J]. 水处理技术，2017，43（4）：105-108.

[78] 黄琼，杨凡．超磁分离与曝气生物滤池组合工艺在黑臭水体治理中的应用 [J]. 中国市政工程，2019（4）：50-53，116.

[79] 张华明，李兴亮，玉山，等．裂变放射性核素 ^{90}Sr、^{137}Cs 分离的研究进展 [J]. 同位素，2009，22（4）：237-246.

[80] 中国科学院原子能研究所．放射性同位素应用知识 [M]. 北京：科学出版社，1959.

第三章

[1] 如风．化学污染的分类及防治方法 [J]. 化工管理，2014（7）：97-98.

[2] 中国大百科全书委员会，环境科学委员会．中国大百科全书．环境科学 [M]. 北京：中国大百科全书出版社，2002.

[3] 蒋少军，俞守业，梅建辉．我国硫酸工业废水处理技术综述 [J]. 硫酸工业，2007（2）：8-12.

[4] 马晓军．石灰中和法处理冶炼酸性生产废水的工艺优化 [J]. 北方环境，2011（4）：76-79.

[5] 万学武，康宏宇 . 高浓度泥浆法在冶炼烟气制酸污水处理中的应用 [J]. 硫酸工业，2011（6）：31-34.
[6] 巫瑞中 . 石灰—铁盐法处理含重金属及砷工业废水 [J]. 江西理工大学学报，2006（3）：58-61.
[7] 高峰，贾永忠，孙进贺，等 . 锌冶炼废渣浸出液硫化法除砷的研究 [J]. 环境工程学报，2011，5（4）：812-814.
[8] 陈寒秋 . 电絮凝技术在锌冶炼废水处理中的应用 [J]. 硫酸工业，2010（3）：25-28.
[9] 易求实，杜冬云，鲍霞杰，等 . 高效硫化回收技术处理高砷净化污酸的研究 [J]. 硫酸工业，2009（6）：6-10.
[10] 王联 . 碱性废水中和处理新方法 [J]. 仪化科技，1993，8（3）：51-52.
[11] 杨建生 . 用烟道气处理染织厂废水 [J]. 纺织导报，1988（13）：11.
[12] 福元，张晓丽 . 利用碱性废水对烟气脱硫的试验研究 [J]. 陕西环境，1997，4（1）：15-17.
[13] 胡黔生 . 热电厂利用氧化铝厂工业废水冲渣除尘的实践 [J]. 矿业研究与开发，2001，21（3）：43-47.
[14] 王淑勤，胡满银，赵毅，等 . 燃煤电厂碱性废水烟气脱硫的试验研究 [J]. 华北电力大学学报，2002，29（1）：70-72.
[15] 负宏飞 . 碱性废水脱硫脱硝一体化技术研究 [D]. 兰州：兰州理工大学，2014.
[16] 唐晓东，杨世 . 含有机硫废碱液的综合利用 [J]. 化工环保，1999，19（5）：31-34.
[17] 刘如芬，王淑勤，刘玉兰 . 粉煤灰处理碱性工业废水的试验研究 [J]. 电力情报，2001（4）：20-22.
[18] 陈有军 . 环境污染综合治理技术实用全书 [M]. 北京：华龄出版社，2000.
[19] 董秀芳，刘有智，李同川 . 焚烧法处理硝基化合物生产过程中产生的碱性废水 [J]. 化学工程师，2005，112（1）：25-27.
[20] 刘建明，吴叔兵 . 碱性废水处理及回收利用研究进展 [J]. 中国资源综合利用，2008，26（9）：36-39.
[21] 张维润 . 电渗析处理赤泥碱性废水 [J]. 水处理技术，1996，22（5）：271-276.
[22] 徐洁，康长安，辛朝 . 电渗析技术处理氧化铝厂碱性废水实验研究 [J]. 工业安全与环保，2011，37（3）：41-42.
[23] 刘可鑫，保积庆，肖连生，等 . 电渗析法处理氧化铝厂外排废水 [J]. 安全与环境学报，2004，4（1）：89-92.
[24] 何善媛，刘敏 . 利用膜技术回收利用碱性废水研究进展 [J]. 中国资源综合利用，2005（6）：13-16.
[25] Youssef P G，Al-Dadah R K，Mahmoud S M. Comparative Analysis of Desalination

Technologies [J]. Energy Procedia，2014，61：2604-2607.

[26] 杨驰宇 . 浅谈地表水中氯化物的污染与防治 [J]. 环境科学动态，2004（1）：25-26.

[27] 吕建国 . 苦咸水淡化技术研究进展 [C]. 全国苦咸水淡化技术研讨会论文集，2013：120-123.

[28] 杨涛 . 沧化 18000 吨 / 日反渗透高浓度苦咸水淡化工程 [J]. 水处理技术，2002（1）：38-41.

[29] Walha A K，Amar R B，Firdaous L，et al. Brackish groundwater treatment by nanofiltration，reverse osmosis and electrodialysis in Tunisia：performance and cost comparison [J]. Desalination，2007，207（1-3）：95-106.

[30] 金靓婕，梁承红，李荫 . 基于膜过滤的反渗透海水淡化预处理 [J]. 海军航空工程学院学报，2015，30（9）：396-400.

[31] 孙巍，张兴文，罗华霖，等 . 超滤膜和反渗透膜联用处理苦咸水 [J]. 辽宁化工，2007（3）：187-189，208.

[32] 范功端，苏昭越，魏忠庆，等 . 超滤－反渗透一体化装置处理苦咸水的中试研究 [J]. 中国给水排水，2015，31（17）：7-11.

[33] Greenleel F，Lawler D F，Freeman B D，et al. Reverse osmosis desalination：water sources，technology，and today's challenges [J]. Water Research，2009，43（9）：2317-2348.

[34] 韩建伟 . 反渗透工艺与多效蒸馏工艺海水淡化技术经济比较 [J]. 广州化工，2017，45（4）：105-107.

[35] 赵子豪，袁益超，陈昱，等 . 多级闪蒸海水淡化技术浅析 [J]. 科技广场，2017，189（8）：46-49.

[36] 王建平，倪海，朱国栋 . 沙漠油田高浓度苦咸水淡化技术的研究 [J]. 净水技术，2001（4）：19-22.

[37] 苗超，齐春华，谢春刚，等 . 沙漠油田苦咸水多效板式蒸馏淡化系统设计与性能测试 [J]. 中国给水排水，2017，33（8）：95-98，103.

[38] 马学虎，兰忠，王四 . 海水淡化浓盐水排放对环境的影响与零排放技术研究进展 [J]. 化工进展，2011，30（1）：233-242.

[39] 程志磊，杨保俊，汤化伟，等 . 超高石灰铝法去除水中氯离子实验研究 [J]. 工业水处理，2015，3（5）：38-41.

[40] 朱峰 . 两钠转化结晶二次母液中 NaCl 脱除方法研究 [D]. 武汉：武汉工程大学，2014.

[41] 谢正苗，吴卫红，徐建民 . 环境中氟化物的迁移和转化及其生态效应 [J]. 环境科学进展，1999，7（2）：40-41.

[42] 吴杰 . 饮用水化学成分对地方性氟中毒的影响 [J]. 环境与健康杂志，1994，11（14）：87-88.

[43] 仇付国，王晓昌，王云波 . 活性氧化铝和骨碳除氟研究 [J]. 西安建筑科技大学学报，2001，33（1）：56-60.

[44] David L，Ozsvath. Fluoride and Environmental Health a Review [J].Rev Environ scibiotechnol，2009，4（15）：59-79.

[45] 李加美，金鲁明 . 氟对体外培养的血管内皮细胞增殖的影响 [J]. 环境与健康杂志，2007，24（2）：76-78.

[46] 中国环境保护总局 . 水和废水监测分析方法 [M]. 北京：中国环境科学出版社，2002.

[47] 史志诚 . 动物毒物学 [M]. 北京：中国农业出版社，2001.

[48] 段得贤 . 家畜内科学 [M]. 北京：中国农业出版社，1999.

[49] 张俊福 . 大通地区大气氟化物对小麦和油菜的污染危害 [J]. 青海环境，2000，10（1）：37-38.

[50] 余文娟 . 化学沉淀法去除饮用水中微量超标的氟、硬度及硫酸根 [D]. 太原：太原理工大学，2012

[51] 周律，赵宇，刘力群 . 负载铝离子的新型骨炭吸附剂除氟特性 [J]. 清华大学学报（自然科学版），2010，50（11）：1875-1879.

[52] 司春朝，王萍，乔洪涛 . 改性骨炭去除饮用水中氟离子的研究 [J]. 广东化工，2012，39（12）：43-44.

[53] 曹俊敏 . 改性牛骨炭的制备及其对水中氟的吸附性能研究 [D]. 南京：南京信息工程大学，2019.

[54] 查春花，张胜林，夏明芳，等 . 饮用水除氟方法及其机理 [J]. 净水技术，2005，24（6）：46-48.

[55] 唐芳，梅向阳，梁娟 . 沸石吸附去除废水中的砷和氟的实验 [J]. 应用化工，2010，39（9）：1341-1347.

[56] 白雨平，郜玉捕，郭海军，等 . 地下水氟污染的壳聚糖吸附处理工艺 [J]. 净水技术 . 2012，31（2）：30-33.

[57] 张金辉，李思，李萍，等 . 国内外含氟废水吸附处理方法研究进展 [J]. 水处理技术 . 2013（5）：7-12.

[58] Sneha Jagtap，Mahesh Kenkie，Sera Das，et al. Synthesis and characterization of lanthanum impregnated chitosan flakes for fluoride removal ini water [J]. Desalinaion，2011，273（7）：267-275.

[59] 李永富，孟范平，杜秀萍 . 用于吸附氟离子的交联载镧壳聚糖的制备与表征 [J]. 材

料导报B：研究篇 . 2012，26（1）：5-9.

[60] 廖国权，孔令东，李华，等 . 交联负载铝壳聚糖树脂对氟的吸附性能研究 [J]. 环境工程学报 . 2011，5（12）：2783-2787.

[61] 王吉坤，李阳，刘敏，等 . 活性氧化铝去除煤化工废水氟化物的性能研究 [J]. 洁净煤技术，2020，26（6）：77-82.

[62] 韩晓峰 . 改性活性氧化铝去除饮用水中氟化物的效能研究 [D]. 太原：太原理工大学，2015.

[63] 朱茂旭，李艳苹，张良，等 . 水滑石及其焙烧产物对磷酸根的吸附 [J]. 矿物学报，2005（1）：27-32.

[64] 王玉莲，廖卫平，刘振波，等 .Mg-Al 水滑石及焙烧态样品吸附水中氟离子的研究 [J]. 烟台大学学报（自然科学与工程版），2009（1）：23-29.

[65] 窦若岸，陈彬彬，罗生乔，等 . 化学沉淀法处理高浓度含氟废水的研究 [J]. 有机氟工业，2016（2）：9-11.

[66] 武丽敏，钱振华 . 含氟工业废水处理的一种新方法 [J]. 工业水处理，1995，15（3）：20-22.

[67] 卢建杭，刘维屏，郑巍 . 铝盐混凝去除氟离子的作用机理探讨 [J]. 环境科学学报，2000，20（6）：709-713.

[68] 王华然，王尚，杨忠委，等 . 臭氧消毒饮水过程中溴酸盐的生成规律及控制措施的研究 [J]. 中国消毒学杂志，2010（5）：509-511.

[69] Matsuyama Z，Kataya ma S，Nakamura S. A case of sodium bromated intoxication with cerebral lesion [J]. Rinsho shinkeigrku-Clinical neurology，1993，33（5）：535-540.

[70] Delker D，Hatch J，et al. Molecular biomarkers of oxidative stress associate with bromated catcinogenicity [J]. Toxicologh，2006，22（2）：158-165.

[71] 丁磊，高阳，贾韫翰，等 . 不同分子质量的腐殖酸对溴离子在 MIEX 树脂上吸附行为的影响 [J]. 过程工程学报，2018，18（6）：221-228.

[72] Wert E C，Edwards-Brandt J C，Singer P C，et al. Evaluating Magnetic Ion Exchange Resin（MIEX）Pretreatment to Increase Ozone Disin fection and Reduce Bromate Formation [J]. Ozone Science & Engineering，2005，27（5）：371-379.

[73] 卫雅伟，张宝忠，刘永德 . 化学法去除饮用水中溴酸盐的研究进展 [J]. 科技世界，2019，23（3）：47-48

[74] Amy G L，Siddiqui M S，Rice R G. Bromate ion formation：a critical review [J]. Journal，1995，87（10）：58-70.

[75] 李继，董文艺，贺彬，等 . 臭氧投加方式对溴酸盐生成量的影响 [J]. 中国给水排水，2005，21（4）：1-4.

[76] GyparakisS，Diamadopoulos E，Formation and revers osmosis removal of bromate ions during ozonation of groundwater in coastal areas [J]. Separation Science and Technology，2007，42（7）：1465–1476.

[77] Sarp S，Stanford B，Snyder S A，et al. Ozone oxidation of desalinated seawater，with respect optimized control of boron and bromated [J]. Desalination and Water Treatment，2011，27（1–3）：308–312 .

[78] Westerhoff P. Reduction of nitrate，bromated，and chlorate by zero valent iron（Fe^0）[J]. Journal of Environmental Engineering，2003，129（1）：10–16.

[79] Xie L，Shang C. h Effects of Operational Parameters and Common Anion on the Reactivity of Zero–Valent Iron in Bromate Reduction [J]. Chemosphere，2007，66（9）：1652–1659.

[80] 何宇豪 . 杂氮碳修饰纳米零价铁还原去除饮用水中溴酸盐的研究 [D]. 南京：南京大学，2020.

[81] 徐咏咏 . 改性纳米零价铁去除水中溴酸盐的研究 [D]. 杭州：浙江大学，2013.

[82] Huang W–J，ChengY–L. Efffect of characteristics of acticated carbon on removal of bromated [J]. Separation and Purification Techonlogy，2008，59（1）：101–107.

[83] 朱琦，刘冬梅，崔福义，等 . 活性炭向生物活性炭转化过程中溴酸盐的控制 [J]. 哈尔滨工业大学学报，2010，42（6）：5–7.

[84] Chen H，Xu Z，Wan H，et al. Aqueous bromated reduction by catalytic hydrogenation over Pb/Al_2O_3 catalysts [J]. Applied Catalysis B：Enviornmental，2010，96（3）：307–313.

[85] 周娟，陈欢，李晓璐，等 . 催化水中溴酸盐的加氢还原研究 [J]. 中国环境科学，2011，31（8）：1274–1279.

[86] 罗艳 . SBA–15 负载贵金属催化剂催化还原水中溴酸盐的应用研究 [D]. 哈尔滨：哈尔滨工业大学，2017.

[87] 李彦俊，魏宏斌 . 废水处理中硫化物去除技术的研究与应用 [J]. 净水技术，2010，29（6）：9–12，56.

[88] 联合国环境规划署 . 环境卫生基准硫化氢 [M]. 北京：中国环境科学出版社，1983.

[89] 魏世林 . 制革废水中的硫化物对环境的污染及其治理方法 [J]. 中国皮革，2003，31（1）：3–5.

[90] 池勇志，李亚新 . 硫化物的危害与治理进展 [J]. 天津城市建设学院学报，2001，7（2）：105–108.

[91] 赵大传，汪云琇 . 焦化厂蒸氨废水硫化物处理方法探讨 [J]. 化工环保，1996，16：346–350.

[92] 陈季华 . 废水处理工艺设计及实例分析 [M]. 上海：华东师范大学出版社，1989.

[93] Karhadkar P P. Sulfide and Sulfate Inhabition of Methanogenesis [J]. Water Research，1987，21（9）：1061-1066.

[94] 王良均，吴孟周 . 石油化工废水处理设计手册 [M]. 北京：中国石化出版社，1996.

[95] 刘明华，张新申 . 吸附法处理制革工业中含硫、含铬废水的研究 [J]. 中国皮革，2000，29（11）：9-12.

[96] 席宏波，杨琦，尚海涛，等 . 纳米铁去除废水中硫离子的有研究 [J]. 环境科学，2008（9）：2529-2535.

[97] 林奇，樊欣蕊，邹丽蓉 . 含硫废水处理技术的研究进展 [J]. 油气田环境保护，2020，30（5）：27-30.

[98] 赵庆良，李伟光 . 特种废水处理技术 [M]. 哈尔滨：哈尔滨工业大学出版社，2004.

[99] 李刘柱，黄太彪，高嵩，等 . 炼油碱渣废水中硫化物去除技术的研究进展 [J]. 化工环保，2016，36（2）：151-155.

[100] 王良均 . 石油化工废水处理设计手册 [M]. 北京：中国石化出版社，1996.

[101] 吴浩汀 . 制革废水处理技术探讨及展望 [J]. 中国皮革，2000，29（19）：6-8.

[102] 陈绍伟，吴志超，宋伟如 . 制革含硫废水脱硫的预处理 [J]. 上海环境科学，1995，14（8）：24-26.

[103] 潘国龙 . 催化氧化法处理含硫废水 [J]. 环境工程，1993，17（4）：15-17.

[104] 王根，杨广元，张宝刚，等 . 臭氧氧化法处理含硫石油废水的实验研究 [J]. 工业水处理，2013，33（4）：55-57.

[105] 董建龙 . 油田污水中硫离子去除技术研究 [D]. 西安：西安石油大学，2019.

[106] 余政哲，孙德智，段晓东，等 . 光化学催化氧化法处理含硫废水的研究 [J]. 哈尔滨商业大学学报（自然科学版），2003，19（1）：69-72.

[107] 周群英，高廷耀 . 环境工程微生物学 [M]. 北京：高等教育出版社，2000.

[108] 杨柳燕，蒋锋 . 二段生物接触氧化法处理含硫废水的中试研究 [J]. 应用与环境生物学报，1999，5：99-101.

[109] 李亚新，苏冰琴，耿诏宇，等 . 生物法处理含硫酸盐酸性废水及回收单质硫工艺 [J]. 给水排水，2000，26（8）：28-31.

[110] 董斐然，谢永珍，董建礼，等 . 含硫废水处理技术中国专利分析研究 [J]. 高技术通讯，2019，29（1）：85-89.

[111] 胡亮，陈加希，何艳明 . 硫酸盐污水的污染状况分析 [J]. 云南冶金，2010，39（3）：102-105.

[112] 陈传涛 . 浅谈硫酸盐对钢筋混凝土侵蚀机理和防治措施 [C]. 建筑科技与管理学术交流会论文集，2014（3）：42-43.

[113] 汪明明 . 复合沉淀法协同去除水中的硫酸盐及硬度 [D]. 哈尔滨：哈尔滨理工大学，2015.

[114] 于文波，胡明成 . 硫酸盐的环境危害及含硫酸盐废水处理方法 [J]. 科技信息，2011（11）：401-402.

[115] 王三敏 . 浅析盐水中去除硫酸根离子的方法 [J]. 中国井矿盐，2011，41（2）：3-6.

[116] 宋长友，崔江丽，罗胜铁，等 . 石灰－卤水法制备高纯氢氧化镁的研究 [J]. 化学工程师，2010，1：66-68.

[117] Kalyuzhnyi Sergy，Fedorovich Vyacheslav. Integrated mathematical model of UASB reactor for competition between sulphate reduction and methanogenesis [J]. Water Science and Technology，1997，36（7）：201-208.

[118] 李冬梅，王海增，王立秋 . 焙烧水滑石吸附脱除水中硫酸根离子的研究 [J]. 矿物学报，2007，27（2）：109-114.

[119] 刘桂荣，廖立兵 . 柱撑蒙脱石吸附水中硫酸根离子的实验研究 [J]. 矿物学报，2001，21（3）：470-472.

[120] 曹凤民，郑军 . 精制盐水脱除硫酸根的技术改进 [J]. 氯碱工业，2003，1：13-16.

[121] 张继育 . 脱除盐水中硫酸根方法的比较 [J]. 氯碱工业，2007，5：16-33.

[122] 董建威 . 高浓度含氮废水处理技术研究 [J]. 广东化工，2014，41（15）：166-167.

[123] 乔光建，张均玲，唐俊智 . 地下水氮污染机理分析及治理措施 [J]. 水资源保护，2004（3）：9-12.

[124] S Lefebvre，C Bacher，et al. Modelling Nitrogen in a Marichuture Ecosystrm as a Tool to Evaluate its Outflow [J]. Estuarine，Coastal and Shelf Science，2001（52）：305-325.

[125] 陈红菊，岳永生 . 生物净化剂对养殖水体亚硝酸盐含量影响的研究 [J]. 淡水渔业，2003，33（1）：16-18.

[126] 冯绍元，黄冠华 . 试论水环境中的氮污染行为 [J]. 灌溉排水，1997，16（2）：32-34.

[127] 陈明 . 水处理过程中氨氮和亚硝酸盐的产生及其对策 [J]. 中国供水卫生，2000，8（1）：16-17.

[128] 张胜，张云 . 地下水厂污染的微生物修复实验研究 [J]. 水文地质工程地质，2005（2）：17-19.

[129] 唐朝春，许荣明 . 吸附法处理氨氮废水研究进展 [J]. 应用化工，2019，48（1）：156-160.

[130] 文艳芬，唐建军，周康根 . MAP 化学沉淀法处理氨氮废水的工艺研究 [J]. 工业用水与废水，2008，39（6）：33-36.

[131] 周明罗，黄飞．吹脱法处理高浓度氨氮废水的研究 [J]. 广州环境科学，2005，34（1）：9-11.
[132] 徐彬彬．吹脱法处理焦化厂高浓度氨氮废水的试验研究 [D]. 成都：西南交通大学，2011.
[133] 鲁璐，祁贵生，王焕，等．低浓度氨氮废水处理实验研究 [J]. 化工中间体，2013（1）：42-46.
[134] 李婵君，贺剑明．折点加氯法处理深度处理低氨氮废水 [J]. 广东化工，2013，40（20）：43-44.
[135] 黄军，邵永康．高效吹脱法＋折点氯化法处理高氨氮废水 [J]. 水处理技术，2013，39（8）：131-133.
[136] 李德生，范太兴，申彦冰，等．污水处理厂尾水的电化学脱氮技术研究 [J]. 化工学报，2013，64（3）：1084-1092.
[137] 马宏瑞，陈阳，马鹏飞．电化学氧化法处理高浓度氨氮废水研究 [J]. 中国皮革，2018，47（3）：50-56.
[138] 王家宏，秦静静，蒋伟群，等．电化学氧化法处理低浓度氨氮废水的研究 [J]. 陕西科技大学学报，2016，34（2）：12-15.
[139] 徐磊．A-A/O 工艺法处理高浓度氨氮废水的工程实践 [J]. 绿色科技，2014（2）：182-184.
[140] 郝祥超，王良，张俊华，等．A/O 工艺在高氨氮废水中的应用 [J]. 环境科学与管理，2010，35（7）：82-84.
[141] 李建峰，盖丽芳，高森．氮肥企业污水 A/A/O 处理工艺研究 [J]. 煤炭与化工，2015，38（3）：157-160.
[142] 徐磊．A-A/O 工艺法处理高浓度氨氮废水的工程实践 [J]. 绿色科技，2014（2）：182-184.
[143] 杨成荫，陈杨，欧阳坤，等．氨氮废水处理技术的研究现状及展望 [J]. 工业水处理，2018，38（3）：1-5.
[144] 付朝臣，刘家宏，栾清华，等．不同运行工况条件下 Orbal 氧化沟工艺脱氮除磷效果研究 [J]. 环境科学与管理，2021，46（6）：108-112.
[145] 袁建奎，戚红．SBR 工艺在处理高氨氮废水中的应用浅析 [J]. 煤矿现代化，2013（Z1）：24-25.
[146] 王伟萍，吴生，钟丽云，等．SBR- 沸石系统处理氨氮废水的研究 [J]. 绿色科技，2013（12）：161-164.
[147] 尹翠霞，韦兆庆，张晓春，等．SBR 处理高氨氮煤制甲醇及系列深加工废水 [J]. 中国给水排水，2016，32（24）：108-111.

[148] Broda E. Two kinds of lithotrophs missing in nature [J]. Microbiol，1977，17：497-493.

[149] MulderA A A，Vandegraaf L A，et al. Anaerobic ammonium oxidation discovered in a denitrification fluidized bedreactor [J]. FEMS Microbiol. Ecol，1995，16：177-183.

[150] 郑平，张蕾 . 厌氧氨氧化菌的特征与分类 [J]. 浙江大学学报（农业与生命科学版），2009，35（5）：473-481.

[151] 徐浩然 . 电气石强化厌氧氨氧化工艺在高氨氮废水处理中的应用 [D]. 哈尔滨：哈尔滨商业大学，2019.

[152] 张伟，舒金锴 . 含氮废水处理技术研究现状 [J]. 湖南城市学院学报（自然科学版），2018，27（2）：20-24.

[153] Guo J，Zhang L，Chen W，et al. The regulation and control strategies of a sequencing batch reactor for simultaneous nitrification and denitrification at different temperatures [J]. Bioresource Technology，2013，133：59-67.

[154] 陈圳，安立超，戴昕 . 固定化微生物处理高浓度氨氮废水的技术研究 [D]. 南京：南京大学，2017.

[155] 丁一，侯旭光，郭战胜，等 . 固定化小球藻对海水养殖废水氮磷的处理 [J]. 中国环境科学，2019，39（1）：336-342.

[156] 尚海，薛林贵 . 固定化微藻对废水中氮、磷的去除及其特性研究 [D]. 兰州：兰州交通大学，2018.

[157] 李萍 . 短程硝化反硝化处理合成氨工业废水的试验研究 [J]. 山西化工，2018，（4）：198-200.

[158]] 王凡，陆明羽，殷记强，等 . 反硝化－短程硝化－厌氧氨氧化工艺处理晚期垃圾渗滤液的脱氮除碳性能 [J]. 环境科学，2018（8）：1-10.

[159] 荆肇乾，吕锡武 . 污水处理中磷回收理论与技术 [J]. 安全与环境工程，2005（1）：29-32.

[160] 朱赣，三峡库区澎溪河水华期间优势藻碳利用特征研究 [D]. 重庆：重庆大学，2019.

[161] 赵贝贝 . 水体富营养化成因及危害 [J]. 山西农经，2018，225（9）：102-104.

[162] Hupfer M，Jörg Lewandowski. Oxygen Controls the Phosphorus Release from Lake Sediments a Long Lasting Paradigm in Limnology [J]. International Review of Hydrobiology，2008，93（4-5）：415-432.

[163] 陈水勇，吴振明，等 . 水体富营养化的形成、危害和防治 [J]. 环境科学与技术，1999，2：11-15.

[164] 张阳 . 絮凝处理水华的环境安全性研究 [D]. 武汉：武汉理工大学，2010.

[165] 万琼，贾真真，喻盈捷 . 吸附除磷剂的研究进展 [J]. 当代化工研究，2020（21）：4-6.

[166] 兰吉奎，潘涌璋 . 化学沉淀法处理超高浓度含磷废水的研究 [J]. 工业水处理，2011，31（1）：58-60.

[167] 张萌，邱琳，于晓晴，等 . 亚铁盐与高铁盐除磷工艺的对比研究 [J]. 高校化学工程学报，2013（3）：519-525.

[168] 谢经良，刘娥清，赵新，等 . 不同形态铁盐的除磷效果 [J]. 环境工程学报，2012（10）：3429-3432.

[169] 王志刚，贾中原，吕喜军，等 . 含磷废水处理技术研究现状 [J]. 天津化工，2014，28（3）：7-9.

[170] 吴梦 . La-201 树脂的制备及其吸附除磷效能的实验研究 [D]. 赣州：江西理工大学，2000.

[171] 唐朝春，陈惠民，刘名 . 利用吸附法除磷研究进展 [J]. 工业水处理，2015，35（7）：1-4.

[172] Ogata F，Nagai N，Kishida M，et al. Interaction Between Phosphate Ions and Fe-Mg Type Hydrotalcite for Purification of Wastewater [J]. Journal of Environmental Chemical Engineering，2019，7（1）：102897.

[173] 黄瑾晖，王继徽 . 新型除磷剂海泡石复合吸附剂的研制与应用 [J]. 工业水处理，1998，18（2）：17-18.

[174] 邓书平 . 改性沸石制备及除磷性能研究 [J]. 中国非金属矿工业导刊，2011（3）：44-45.

[175] 万琼，贾真真，喻盈捷 . 吸附除磷剂的研究进展 [J]. 当代化工研究，2020（21）：4-6.

[176] 王志刚，贾中原，吕喜军，等 . 含磷废水处理技术研究现状 [J]. 天津化工，2014，28（3）：7-9.

[177] 郭琇，孙洪伟 . 生物除磷主要影响因素的研究 [J]. 水处理技术，2008，34（9）：7-10.

[178] 陈仁杰，荆肇乾，谢禹，等 . 污水生物强化磷回收技术研究 [J]. 应用化工，2021，50（5）：1377-1381.

[179] Paulo C F C. Gardolinskia，et al. Seawater induced release and transformation of organic and inorganic phosphorus from river sediments [J]. Water Research，2004，38（3）：688-692.

[180] 王栋，孔繁翔，刘爱菊，等 . 生态疏浚对太湖五里湖湖区生态环境的影响 [J]. 湖泊科学，2005，17（3）：263-268.

[181] 陈华林，陈英旭 . 污染底泥修复技术进展 [J]. 农业环境保护，2002，21（2）：179-182.

[182] 刘勇华，吴京，唐秋萍 . 浅谈湖泊污染控制理论与方法——以环保疏浚工程为例 [C]. 中国环境科学学会科学技术年会论文集，2018：1522-1526.

[183] 柳惠青 . 湖泊污染内源治理中的环保疏浚 [J]. 水运工程，2000（11）：21-27.

[184] 莫孝翠，杨开，袁德玉 . 湖泊内源污染治理中德环保疏浚浅析 [J]. 人民长江，2003，34（12）：47-49.

[185] Hart B，Roberts S，James R，et al. Use of active barriers to reduce eutrophication problems in urban lakes [J]. Wat. Sci. Tech. 2003，47（7-8）：157-163.

[186] Murayama N，Yoshida S，Takami Y. Simultaneous removal of NH_4^+ and PO_3^{4-} in aqueous solution and its mechianism by using zeolites synthesized fron coal fly ash [J]. Sep Sci Technol，2003，38（1）：113-130.

[187] Azeue，J. M.，Zeman，A.J. Assessment of sediment and porewater after one year of sub- aquous capping of contaminated sediments in Hamilton Harbour，Canda [J]. Wat. Sci. Tech. 1998，37（6-7）：323-329.

[188] 孙傅，增思育，陈吉宁 . 富营养化湖泊底泥污染控制技术评估 [J]. 环境污染治理技，2003，4（8）：61-64.

[189] 金相灿，徐南妮，张雨国，等 . 沉积物污染化学 [M]. 北京：中国环境科学出版社，1992.

[190] 陈华林，陈英旭 . 污染底泥修复技术进展 [J]. 农业环境保护，2002，21（2）：179-182.

[191] Sun Shujuan，Huang Suiliang，Smith P. Experimental investigation of phosphorus release from haihe river sediments capped by natural zeolites and its modified ones [J]. Adv Water Resour，2009，Ⅲ：1096-1101.

[192] 林建伟，朱志良，赵建夫，等 . 负载硝酸盐有机改性沸石抑制底泥氮磷释放的效果及机制研究 [J]. 环境科学，2008，29（2）：56-361.

[193] 汪逸云，尹洪斌，孔明，等 . 镧铝改性凹凸棒黏土对富营养化湖泊有机磷控制效果 [J]. 中国环境科学，2020，40（9）：3801-3809.

[194] 王一华，傅荣恕 . 中国生物修复的应用及进展 [J]. 山东师范大学学报，2003，18（2）：79-83.

[195] 洪祖喜，何晶晶，邵立明 . 水体受污染底泥原地处理技术 [J]. 环境保护，2002（10）：15-17.

[196] 王一华，傅荣恕 . 中国生物修复的应用及进展 [J]. 山东师范大学学报，2003，18（2）：79-83.

[197] 罗义，毛大庆．生物修复概述及国内外研究进展 [J]. 辽宁大学学报，2003，30（4）：298-302.

[198] Dash R R，Gaur A，Balomajumder C. Cyanide in industrial wastewaters and its removal：a review on biotreatment [J]. Journal of Hazardous Materials，2009，163（1）：1-11.

[199] 张建，王万超，李玉庆，等．工业废水中氰化物的生物去除技术研究进展 [J]. 安徽农业科学，2015，43（17）：275-278.

[200] 熊正为．硫酸亚铁法处理电镀含氰废水的试验研究 [J]. 湖南科技学院学报，2007，28（9）：49-52.

[201] 高大明．氰化物污染及其治理技术（续八）[J]. 黄金，1998，19（9）：58-60.

[202] 王德利，张成林，滕占才，等．含氰电镀废水氧化处理的研究 [J]. 黑龙江八一农垦大学学报，2002，14（3）：96-98.

[203] 王明军．氰化物中毒的生化机理 [J]. 黔南民族师范学院学报，2008，28（3）：75-77.

[204] 贾玉．化学沉淀结合 Fenton 法处理焦化废水中氰化物的研究 [J]. 现代工业经济和信息化，2017，7（11）：30-32.

[205] 严智勇．氰化物污染及其生态效应 [J]. 环境与健康杂志，2000，17（Z1）：11-12.

[206] 苏丹，孙贤波．含氰废水的来源及氰化物的质量和排放标准比较 [C]. 上海市化学化工学会 2009 年度学术年会论文集，2009：238-241.

[207] 熊子鹰．水质分析中关于氰化物的研究 [J]. 科学中国人，2015（30）：150-151.

[208] Lakatos G，Fleit E，Meszaros I. Ecotoxicological studies and risk assessment on the cyanide contamination in Tisza river [J]. Toxicology Letters，2003，141（7）：333-342.

[209] 韦朝海，肖锦．含氰废水处理方法的发展及评述 [J]. 工业水处理，1991，11（2）：3-7.

[210] 邱廷省，郝志伟，成先雄．含氰废水处理技术评述与展望 [J]. 江西冶金，2002，22（3）：25-29.

[211] 田世超．电化学催化氧化降解氰化物废水研究 [D]. 天津：河北工业大学，2013.

[212] 谯华，梁实．二氧化氯处理含氰废水的研究 [J]. 西南给排水，2005，27（4）：24-25.

[213] Parga J R，Cocke D L. Oxidation of cyanide in a hydrocyclone reactor by chlorine dioxide [J]. Desalination，2001，140（3）：289-296.

[214] 曹学增，陈爱英．过氧化氢法处理镀锡含氰废水 [J]. 常熟高专学报，2003，17（2）：54-57.

[215] Mehmet K，Emine K，Nevzat O Y，et al. Heterogeneous catalytic degradation of cyanide using copper-impregnated pumice and hydrogen peroxide [J]. Water Research，2005，39：1652-1662.

[216] Yazıcı E Y，Deveci H，Alp I，et al. Generation of hydrogen peroxide and removal of cyanide fromsolutions using ultrasonic waves [J]. Desalination，2007，216（1～3）：209-221.

[217] Barriga-Ordonez F，Nava-Alonso F，Uribe-Salas A. Cyanide oxidation by ozone in a steady-state flow bubble column [J]. Minerals Engineering，2006，19（2）：117-122.

[218] 刘晓红，陈民友，徐克贤，等．臭氧氧化法处理尾矿浆中氰化物的研究 [J]. 黄金，2005，26（6）：51-53.

[219] 孙华林．废水中氰的处理技术进展 [J]. 化工中间体，2002，6：23-25.

[220] 顾桂松，胡湖生，杨明德．含氰废水的处理技术最近进展 [J]. 环境保护，2001，2：16-19.

[221] Fernando K，Lucien F，Tran T，et al. Ion exchange resins for the treatment of cyanidation tailings：Part 3-Resin deterioration under oxidative acid conditions [J]. Minerals Engineering，2008，5：26-28.

[222] 仲崇波，王成功，陈炳辰．氰化物的危害及其处理方法综述 [J]. 金属矿山，2001（5）：44-47.

[223] Kotdawala R R，Nikolaos K，Robert W. Thompson Molecular simulation studies of adsorption of hydrogen cyanide and methyl ethyl ketone on zeolite Na X and activated carbon [J]. Journal of Hazardous Materials，2008，19：33-36.

[224] Lotfi M，Nafaâ A. Modified activated carbon for the removal of copper，zinc，chromium and cyanide from wastewater [J]. Separation and Purification Technology，2002，26：137-146.

[225] Kuyucak N，Akcil A. Cyanide and removal options from effluents in gold mining and metallurgical processes [J]. Minerals Engineering，2013，51（5）：13-29.

[226] 夏亚穆，郭英兰，孙岩．生物法降解氰化物的研究进展 [J]. 化学与生物工程，2010，27（1）：6-8.

[227] 何玉财，刘幽燕，童张法．微生物降解氰化物 [J]. 化工科技，2004，12（2）：58-62.

[228] Babu G R V，Wolfram J H，Chapatwala K D. Conversion of sodium cyanide to carbon dioxide and ammonia by immobilized cells of Pseudomonas putida [J]. Journal of Industrial Microbiology，1992，9（3～4）：235-238.

[229] White D M，Pilon T A，Woolard C，et al. Biological treatment of cyanide containing wastewater [J]. Water Research，2000，34（7）：2105-2109.

[230] 张建，王万超，李玉庆，等 . 工业废水中氰化物的生物去除技术研究进展 [J]. 安徽农业科学，2015（17）：275-278.

[231] Ana-Mariaf，Diet Rich B.Occurrence，Use and Po-tential Toxic Effects of Metals and Metal Compounds [J].Bio Metals，2006，19：419-427.

[232] 王海东，方凤满，谢宏芳 . 中国水体重金属污染研究现状与展望 [J]. 广东微量元素科学，2010（1）：18-22.

[233] 惠霂霖，张磊，王祖光，等 . 中国燃煤电厂汞的物质流向与汞排放研究 [J]. 中国环境科学，2015，35（8）：2241-2250.

[234] 石碧清，赵育，闾振华 . 环境污染与人体健康 [M]. 北京：中国环境科学出版社，2006.

[235] 应波，叶必雄，鄂学礼，等 . 铅在水环境中的分布及其对健康的影响 [J]. 环境卫生学杂志，2016，6（5）：373-376.

[236] 朱芳 . 致命的铅污染 [J]. 生态经济，2014，30（9）：6-9 .

[237] 徐衍忠，秦绪娜，刘祥红，等 . 铬污染及其生态效应 [J]. 环境科学与技术，2002，25（S1）：8-9.

[238] 环境保护部自然生态保护司 . 土壤污染与人体健康 [M]. 北京：中国环境出版社，2013.

[239] 约翰 · 亨布瑞 . 毒物魅影 [M]. 庄胜雄译 . 南宁：广西师范大学出版社，2007.

[240] 詹秀环 . 铝的污染与危害 [J]. 周口师范学院学报，2004（2）：13-14.

[241] 卢荣，化学与环境 [M]. 武汉：华中科技大学出版社，2008.

[242] 王济，王世杰 . 土壤中重金属环境污染元素的来源及作物效应 [J]. 贵州师范大学学报（自然科学版），2005，23（2）：113-120 .

[243] 窦赫扬，李英华，邹继颖 . 水体中锌离子去除方法的研究进展 [J]. 吉林化工学院学报，2018，35（9）：80-83.

[244] 张天锡 . 人体锌代谢与疾病 [J]. 微量元素，1989（1）：1-3.

[245] 吴丰昌，冯承莲，曹宇静，等 . 锌对淡水生物的毒性特征与水质基准的研究 [J]. 生态毒理学报，2011，6（4）：367-382.

[246] 张贵常，吴兆明，崔激 . 锌对水稻生长的影响与 $NaHCO_3$ 的关系 [J]. 作物学报，1987，13（8）：219-222.

[247] 王庆文 . 土壤铅锌污染对青菜的生理响应及重金属累积效应的影响 [J]. 环境科技，2009，22（5）：11-13.

[248] 陈国云，徐小丽 . 关于我国污水排放标准中铜排放标准的探讨 [J]. 重庆环境科学，2010（3）：47-48.

[249] 姜椿芳 . 中国大百科全书环境科学 [M]. 北京：中国大百科全书出版社，2002.

[250] 周健民，沈仁芳．土壤学大辞典 [M]. 北京：科学出版社，2013.
[251] 地质矿产部地质辞典办公室编辑．地质大辞典 4 矿床地质、应用地质分册 [M]. 2005.
[252] 张更宇，张冬冬．化学沉淀法处理电镀废液中重金属的实验研究 [J]. 山东化工，2016，45：215-216，220.
[253] 陈坚，蔡思鑫，李川竹，等．硫化物沉淀系统 Cu^{2+} 诱导结晶过程研究 [J]. 环境污染与防治，2016，38（6）：92-97.
[254] 杨亮，陈东．重金属废水传统处理技术的研究综述 [J]. 广东化工，2017，44（355）：144-145.
[255] 赵次娴，刘陈，刘锐利，等．重金属污水处理技术研究进展 [J]. 广东化工，2021，48（442）：179-181.
[256] 张建梅．重金属废水处理技术研究进展 [J]. 西安联合大学学报，2003，6（19）：56-59.
[257] 王鹏，徐亚平．重金属废水污染及治理技术应用探讨 [J]. 环境与发展，2018（12）：67-68.
[258] 范力，张健强，程新，等．离子交换法及吸附法处理含铬废水的研究进展 [J]. 水处理技术，2009，35（1）：30-33.
[259] 孙建民，于丽青，孙汉文．重金属废水处理技术进展 [J]. 河北大学学报（自然科学版），2004，24（4）：438.
[260] 万金保，王建永．中和 / 微滤工艺处理重金属酸性废水的试验研究 [J]. 中国给水排水，2008：62-64.
[261] Mohsen-nia M，Montazeri P，Modarress H.Removal of Cu^{2+} and Ni^{2+} from wastewater with a chelating agent and reverse osmosisprocesses [J].Desalination，2007，217：276-281.
[262] 罗道成，刘俊峰，陈安国．改性膨润土的制备及其对电镀废水中 Pb^{2+}、Cr^{3+}、Ni^{2+} 的吸附性能研究 [J]. 中国矿业，2003：54-56.
[263] 郝鹏飞，梁靖，钟颖．改性沸石对含铅废水的处理研究 [J]. 环境科学与管理，2009，34：106-108.
[264] 王静，陈光辉，陈建，等．巯基改性活性炭对水溶液中汞的吸附性能研究 [J]. 环境工程学报，2009，3：219-222.
[265] Masciangioli T，Zhang W X. Peer reviewed：Environmental Technologies at the Nanoscale [J]. Environmental Science and Technology，2003，37（5）：102A-108A.
[266] 樊伟，卞战强，田向红，等．碳纳米材料去除水中重金属研究进展 [J]. 环境科学与技术，2013，36（6）：72-77.

[267] Yanwu Zhu, Shanthi Murali, Weiwei Cai, et al. Graphene and graphene oxide: synthesis, properties and applications [J]. Advanced Materials, 2010, 22 (35): 3906-3924.

[268] Ming Hua, Shujuan Zhang, Bingcai Pan, et al. Heavy metal removal from water/ wastewater by nanosized metal oxides: a review [J]. Journal of Hazardous Materials, 2012: 211-212。

[269] Hardiljeet K Boparai, Meera Joseph, Denis M O'Carroll.Kinetics and thermodynamics of cadmium ion removal byadsorption onto nano zero valent iron particles [J]. Journal of Hazardous Materials, 2011, 186 (1): 458-465.

[270] Jun Hu, Donglin Zhao, Xiangke Wang. Removal of Pb (Ⅱ) and Cu (Ⅱ) from aqueous solution using multiwalled carbon nanotubes/iron oxide magnetic composites [J]. Water Science & Technology, 2011, 63 (5): 917-923.

[271] Wei Gao, Mainak Majumder, Lawrence B Alemany, et al. Engineered graphite oxide materials for application in water purification [J]. ACS Applied Materials & Interfaces, 2011, 3 (6): 1821-1826.

[272] Bhattacharyya K G, Gupta S S. Kaolinite and montmorillonite as adworbents for Fe (Ⅲ), Co (Ⅱ) and Ni (Ⅱ) in aqueous medium [J]. Applied Glay Science, 2008, 41 (1): 1-9.

[273] Zhou H, Liu Z, Arixin Bo, et al. Simultaneous removal of cationic and anionic heavy metal contaminants fron electroplating effluent by hydrotalcite adsor bent with disulfide (S^{2-}) intercalation [J]. Journal of Hazardous Materials, 2020, 382: 121111.

[274] Mahfuza M, Hyokyung J, Md Shahimul I, et al. One-pot synthesis of layered double hydroxide hollow nanospheres with ultrafast removal efficiency fro heavy netal ions and organic contaninants [J]. Chemosphere, 2018, 201: 676-686.

[275] Vijay B Y, Ranu G, Sippy K. Clay based nanocomposites for removal of heavy metals from water: a review [J]. Journal of Environmental Management, 2019, 232 (15): 803-817.

[276] Zhu F, Zheng Y M, Zhang B G, et al. A critical review on the electrospun nanofibrous membranes for the adsorption of heavy metals in water treatment [J].Journal of Hazardous Materials, 2020, 401 : 123608.

[277] Zhang L P, Liu Z, Zhou X L, et al .Novel composite membranes for simultaneous catalytic degradation of organic contaminants and adsorption of heavy metal ions [J]. Separation and Purification Technology, 2000, 237 (11): 63-64.

[278] Fang L, Li L, Qu Z, et al. A nove nethod for the sequential removal and separation of multiple heavy netals fron wasterwater [J]. Journal of Hazardous Materials, 2018, 342: 617-624.

[279] Lakouraj M M, Mojerlou F, Zare E N .Nanogel and superparamagnetic nanocomposite based on sodium alginate for sorption of heavy metal ions [J].Carbohydrate Polymers, 2014, 106: 34-41.

[280] Hou T Y, Du H W, Yang Z, et al.Flocculation of different types of combined contaminants of antibiotics and heavy metals by thermosresponsive flocculants with various architectures [J]. Separation and Purification Technology, 2019, 223: 123-132.

[281] Zhu Y F, Zheng Y, Wang F, et al.Fabrication of magnetic macroporous chitosan-g-poly (acrylic acid) hydrogel for removal of Cd^{2+} and Pb^{2+}[J].International Jou Biological Macromolecules, 2016, 93: 483-492.

[282] 渠荣遴，李德森，杜荣骞，等．低浓度含重金属废水的植物修复作用研究 [J]. 现代仪器，2003（3）：32-44.

[283] 余志，凡跃华．水处理絮凝技术的应用与发展 [J]. 浙江化工，2006，37（3）：25-28.

[284] 冯俊生，许锡炜，汪一丰．电絮凝技术在废水处理中的应用 [J]. 环境科学与技术，2008，31（8）：87-89.

[285] 姬秀娟，蒋文举，张帆，等．复合型微生物絮凝剂 XJBF-1 的性能及应用研究 [J]. 中国给水排水，2010，26（11）：74-76.

[286] 刘伟．新型生物絮凝剂协同处理重金属废水的研究与应用 [D]. 昆明：昆明理工大学，2014.

[287] 祝国文，张瑾，杜杰，等．微生物技术治理水体重金属镉、铬污染的研究进展 [J]. 生物资源，2020，42（3）：313-321.

[288] 支田田，程丽华，徐新华，等．藻类去除水体中重金属的机理及应用 [J]. 化学进展，2011，23（8）：1782-1794.

[289] 梁莎，冯宁川，郭学益．生物吸附法处理重金属废水研究进展 [J]. 水处理技术，2009，35（3）：13-16.

[290] 韦朝阳，陈同斌．重金属污染植物修复技术的研究与应用现状 [J]. 地球科学进展，2002，17（6）：833-839.

[291] 张树金，李廷轩，邹同静，等．铅锌尾矿区优势草本植物体内铅及氮、磷、钾含量变化特征 [J]. 草业学报，2012，21（1）：162-169.

[292] 钟哲科，高智慧．植物对环境的修复机理及其应用前景 [J]. 世界林业研究，2001（3）：24-28.

[293] 王兴利，吴晓晨，王晨野，等 . 水生植物生态修复重金属污染水体研究进展 [J]. 环境污染与防治，2020，42（1）：107-112.

[294] 徐发凯，王一帆 . 传统工艺和新兴工艺对重金属废水处理方法的对比研究 [J]. 发展，2020（10）：81-84.

[295] 丛俏，赵晓明，曲蛟 . 固定化生物活性炭纤维处理餐饮污水 [J]. 工业用水与废水，2007（4）：43-45.

[296] 朱勤芳 . 活性炭吸附法在工业废水处理中的应用 [J]. 环境与发展，2018，30（8）：89-91.

[297] Amunda O S，Amooia. Coagulation/flocculation process and sludge conditioning in beverage industrial wastewater treatment [J].Journal of Hazardous Materials，2007，141（3）：778-783.

[298] 赵俊杰，万莹，毛波 . 膜技术在乳品废水处理中的应用 [J]. 食品研究与开发，2011，32（12）：184-186.

[299] Chollangi A，Hossain M D M. Fractionation of dairy waste-water into a protein-rich and a lactose-rich product [J].Asia-Pacific-Journal of Chemical Engineering，2007，2（5）：374-379.

[300] 石洁，关羽琪，王凯伦，等 . 不同预处理方式缓解超滤膜污染的效能研究 [J]. 四川环境，2016，35（6）：38-44.

[301] 孔凡丕，刘鹭，孙卓，等 . 纳滤技术对干酪乳清脱盐性能的影响 [J]. 农业工程学报，2010，26（12）：363-366.

[302] 陈璐，曾韬，李竹，等 . 臭氧化技术在高浓度有机废水处理中的应用研究 [J]. 环境工程，2014，32：121-124.

[303] 周亚粱，黄东月 . 芬顿反应技术的类型及研究进展 [J]. 广东化工，2013（1）：54-61.

[304] Antonio Lopez，oaMichele Paganoa，Angela Volpe，et al. Fenton's-Treatment of Mature Landfill Leachate [J]. Chemosphere，2004（54）：1005-1010.

[305] 李凤娟，宿辉，李小龙，等 . 高级氧化技术在难降解工业废水处理中的应用研究进展 [J]. 环保科技，2017（2）：55-57.

[306] 梁凯 . 生物处理技术在高浓度有机废水处理中的研究进展 [J]. 工业水处理，2011，31（10）：1-5.

[307] 孙佳峰，宋小燕，郁强强，等 . 间歇曝气序批式活性污泥法处理农村废水及其效果的模拟预测 [J]. 环境污染与防治，2020，42（2）：152-158.

[308] 梁红，吴凡松，邓斐今 . 序批式活性污泥法处理豆类加工废水 [J]. 哈尔滨商业大学学报（自然科学版），2003，19（1）：59-62.

[309] 郑效旭，李慧莉，徐圣君，等 . SBR 串联生物强化稳定塘处理养猪废水工艺优化 [J]. 环境工程学报，2020（6）：1503-1511.

[310] 张小玲，李强，王靖楠，等 . 曝气生物滤池技术研究进展及其工艺改良 [J]. 化工进展，2015，34（7）：2023-2030.

[311] 陈重军，张蕊，王亮，等 . 适宜填料提高温室甲鱼养殖废水曝气生物滤池处理效能 [J]. 农业工程学报，2013，29（11）：173-179.

[312] 梁启煜，王迎春，赵佳悦，等 . 多段式生物接触氧化法处理焦化废水实验研究 [J]. 广州化工，2020，48（11）：98-100.

[313] 单明军，张勇 . RBS 在高浓度有机废水处理上的应用 [J]. 工业水处理，2002，22（10）：48-49.

[314] 张华，李广钊 . 吸附生物降解法在啤酒废水处理中的应用 [J]. 环境工程，2000，18（4）：19-20.

[315] 孙志华，吴中琴，姜曙光，等 . AB 法 A 段强化再生处理饮料废水的应用实例 [J]. 工业水处理，2013，33（7）：83-85.

[316] Howell J A. Future of membranes and membrane reactors in green technologies and for water reuse [J].Desalination，2004，162：1-11.

[317] 宋小燕，刘锐，税勇，等 . 一体式 MBR 工艺处理养猪沼液的中试研究 [J]. 环境工程，2017，35（3）：47-51.

[318] 李娜 . 农村混合废物干式厌氧发酵工艺优化及沼渣的综合利用 [D]. 武汉：武汉理工大学，2018.

[319] 方芳，龙腾锐 . 厌氧生物滤池的研究及应用现状叨 [J]. 中国给水排水，1999，15（4）：24-27.

[320] 薛倩，林娜，张玉宝，等 . 厌氧生物滤池技术研究及应用进展 [J]. 北京水务，2016（2）：12-15.

[321] 严月根，胡纪萃 . 升流式厌氧污泥床（UASB）反应器的研究和应用 [J]. 自然科学进展，1993（4）：316-322.

[322] Huang J P，Liu L L，Shao Y M，et al. Study on cultivation and morphology of granular sludge in improved methanogenic UASB [J]. Applied Mechanics and Materials，2012，209：1152-1157.

[323] Zhang Y J，Li Yan，Lina Chi，et al. Startup and operation of anaerobic EGSB reactor treating palm oil mill effluent [J].Journal of Environmental Sciences，2008，20（6）：658-663.

[324] 李津，左剑恶，邢薇 . EGSB 反应器在 20℃下处理啤酒废水的工艺及微生物学研究 [J]. 环境科学，2008，29（4）：990-995.

[325] 向心怡，陈小光，戴若彬，等 . 厌氧膨胀颗粒污泥床反应器的国内研究与应用现状 [J]. 化工进展，2016，35（1）：18-25.

[326] 张磊，赵婷婷，何虎 . 食品加工废水处理技术研究进展 [J]. 水处理技术，2018，44（12）：7-13.

[327] 周艳丽，吴青，穆伊舟 . 黄河流域有毒有机物污染分析及其对策 [J]. 水文，2004，24（6）：44-46.

[328] Guo W J，Li Z，Cheng S P，et al. Performance of a pilot-scale constructed wetland for stormwater run off and domestic sewage treatment on the banks of a polluted urban river [J]. Water Science and Technology，2014，69（7）：1410-1418.

[329] 周秀花 . 永定河流域表层水体中有机污染物筛查及潜在风险研究 [D]. 武汉：中南民族大学，2019.

[330] 王雪芳 . 农药污染与生态环境保护 [J]. 广西农学报，2004（2）：21-24.

[331] 周春梅 ."入世"与中国农产品农药残留的应对措施 [J]. 农业与技术，2001，21（6）：7-10.

[332] 肖军，赵景波 . 农药污染对生态环境的影响及防治对策 [J]. 安徽农业科学，2005，33（12）：2376-2377.

[333] 丁浩东，万红友，秦攀，等 . 环境中有机磷农药污染状况、来源及风险评价 [J]. 环境化学，2019，38（3）：463-479.

[334] 汤嘉骏，刘昕宇，詹志薇，等 . 流溪河水体有机氯农药的生态风险评价 [J]. 环境科学学报，2014，34（10）：2709-2717.

[335] 谢正兰，孙玉川，张媚，等 . 岩溶地下河流域表层土壤有机氯农药分布特征及来源分析 [J]. 环境科学，2016，37（3）：900-909.

[336] 曹红英，梁涛，陶澍 . 北京地区有机氯农药的跨界面迁移与归趋 [J]. 应用基础与工程科学学报，2004，12（3）：250-259.

[337] 谢许情，孔令岩，饶裕莲，等 . 国内水环境中有机农药残留的文献分析 [J]. 现代预防医学，2019，46（23）：4251-4255.

[338] 薛超，谢利晋，毛锦玉，等 . 中国淮河地表水中有机氯农药的风险评价 [J]. 合肥学院学报（综合版）. 2020，10（37）：86-92 .

[339] 陈卫平，彭程伟，杨阳，等 . 北京市地下水有机氯和有机磷农药健康风险评价 [J]. 环境科学，2018，39（1）：117-122.

[340] Shao Y，Han S，Ouyang J，et al. Organochlorine pesticides and polychlorinated biphenyls in surface water around Beijing [J].Environmental Science and Pollution Research，2016，23（24）：24824-24833.

[341] 王乙震，张俊，周绪申，等 . 白洋淀多环芳烃与有机氯农药季节性污染特征及来源分析 [J]. 环境科学，2017（3）：964-978.

[342] Zhi H，Zhao ZH，Zhang L. The fate of polycyclic aromatic hydrocarbons（PAHs）

and organochlorine pesticides（OCPs）in water from Poyang Lake，the largest freshwater lake in China [J]. Chemosphere，2015，119：1134-1140.

[343] Lin T，Hu ZH，Zhang G，et al. Levels and mass burden of DDTs in sediments from fishing harbors：the importance of DDT-Containing antifouling paint to the coastal environment of China [J].Environmental Science & Technology，2009，43（21）：8033-8038.

[344] Wendel D J，Beravan，Wesseling，et al. Chronic nervous-system effects of long-term occupational exposure to DDT [J]. Chemosphere，2001，357（9261）：1014-1016.

[345] Ryckman DP，Weseloh DV，Hamr GA，et a1.Special and temporal trends in organochlorine contaminadon and bill deformities in Double-Creasted cormorants from dle Canadian Great Lakes [J]. Environ Monit Assess，1998，53（1）：169-195.

[346] 张海秀 . 农业环境中有机氯农药污染现状及危害 [J]. 科技信息，2009（5）：184-185.

[347] Kelce W R，Stone C R，Laws S C，et a1.Persistent DDT metabolite p，p'-DDE is a potent androgen receptor antagonist[J]. Nature，1995，375：581-585.

[348] 焦安英，李永峰，熊筱晶 . 环境毒理学教程 [M]. 上海：上海交通大学，2009.

[349] 王威，贺红武，王列平，等 . 有机磷农药及其研发概况 [J]. 农药，2016，55（2）：86-90.

[350] Mansour S A. Pesticide exposure-Egyptian scene [J]. Toxicology，2004，198（1-3）：91-115.

[351] 王丽红 . 有机磷农药残留的生物降解和 OPH 法检测研究 [D]. 杭州：浙江大学，2006.

[352] 贺红武 . 有机磷农药产业的现状与发展趋势 [J]. 世界农药，2008，30（6）：29-33.

[353] 陈家明 . 基于生物修复技术修复有机磷农药污染土壤概况 [J]. 广东化工，2017，44（20）：134-135.

[354] 张辉，刘广民，姜桂兰，等 . 农药在土壤环境中迁移转化规律研究的现状与展望 [J]. 世界地质，2000，19（2）：199-204.

[355] 华小梅，单正军 . 我国农药的生产，使用状况及其污染环境因子分析 [J]. 环境科学进展，1996，4（2）：33-45.

[356] 文一，魏帅，潘家荣 . 有机磷农药混剂急性联合毒性及其评价 [J]. 卫生研究，2008，37（1）：101-102.

[357] 于海星，吕沈亮，郭剑秋，等 . 孕妇毒死蜱暴露水平评估及影响因素分析 [J]. 环境与健康杂志，2015，32（9）：798-802.

[358] 王丽娟 . 水环境中有机磷农药对水生动物和人类的影响及其检测 [J]. 福建水产，2015，37（4）：338-344.

[359] 杨先乐，湛嘉，黄艳平 . 有机磷农药对水生生物毒性影响的研究进展 [J]. 上海水产大学学报，2002，11（4）：378-382.

[360] 刘茜，刘晓宇，邱朝坤，等．有机磷农药在水生动物体内残留研究进展 [J]. 农产品加工，2007（8）：17-20.

[361] 王静，刘铮铮，潘荷芳，等．浙江省市级饮用水源地氨基甲酸酯农药的分析、污染特征及健康风险 [J]. 环境化学，2010，29（4）：623-628 .

[362] 李志伟，梁丹，张建夫．氨基甲酸酯类农药残留分析方法的研究进展 [J]. 华中农业大学学报，2008，27（5）：691-695.

[363] Jaacks L M，Staimez L R. Association of persistent organic pollutants and non-persistent pesticides with diabetes and diabetes-related health outcomes in Asia：A systematic review [J]. Environ Int，2015：76，57-70.

[364] 王未，黄从建，张满成，等．我国区域性水体农药污染现状研究分析 [J]. 环境保护科学，2013，39（5）：5-9.

[365] Feo M L，Eljarrat E，Barcelo D. A rapid and sensitive analytical method for the determination of 14 pyrethroids in water samples [J]. Journal of chromatography A，2010，1217（15）：2248-2253.

[366] Chang Q，Feng T，Song S，et al. Analysis of eight pyrethroids in water samples by liquid–liquid microextraction based on solidification of floating organic droplet combined with gas chromatography [J]. Microchimica Acta，2010，171（3-4）：241-247.

[367] Xue N，Xu X，Jin Z. Screening 31 endocrine-disrupting pesticides in water and surface sediment samples from Beijing Guanting reservoir [J]. Chemosphere，2005，61（11）：1594-1606.

[368] Jabeen F，Chaudhry A S，Manzoor S，et al. Examining pyrethroids，carbamates and neonicotenoids in fish，water and sediments from the Indus River for potential health risks [J]. Environmental monitoring and assessment，2015，187（29）：1-11.

[369] Weston D P，Lydy M J. Urban and Agricultural Sources of Pyrethroid Insecticides to the Sacramento-San Joaquin Delta of California [J]. Environmental Science & Technology，2010，44（5）：1833–1840.

[370] Li H，Tyler Mehler W，Lydy M J，et al. Occurrence and distribution of sediment-associated insecticides in urban waterways in the Pearl River Delta，China [J]. Chemosphere，2011，82（10）：1373-1379.

[371] Pristed M J，Bundschuh M，Rasmussen J J. Multiple exposure routes of a pesticide exacerbate effects on a grazing mayfly [J]. Aquatic Toxicology，2016，178，190-196.

[372] Koureas M，Tsakalof A，Tsatsakis A，et al. Systematic review of biomonitoring studies to determine the association between exposure to organophosphorus and pyrethroid insecticides and human health outcomes [J]. Toxicology Letters，2012，210

（2）：155-168.

[373] 安丽，顾国维，陈祖奇．活性碳纤维及其在环境保护领域中的应用 [J]. 四川环境，2000，19（1）：23-26.

[374] 汤亚飞，王焰新，蔡鹤生，等．有机磷农药微污染水处理研究 [J]. 武汉化工学院学报，2004，26（2）：28-30.

[375] 何文杰，谭浩强，韩宏大，等．粉末活性炭对水中农药的吸附性能研究 [J]. 环境工程学报，2010，4（8）：1693-1696.

[376] 刘旭，刘志滨，吴维．粉末活性炭对水中呋喃丹的吸附性能研究 [J]. 供水技术，2011，5（6）：19-25.

[377] 刘宏远，张燕．饮用水强化处理技术及工程实例 [M]. 北京：化学工业出版社，2005.

[378] Raval H D，Sana P S，Maiti S. A novel high-flux，thin-film composite reverse osmosis membrane modified by chitosan for advanced water treatment [J]. R SC Adv，2014，5（9）：6687-6694.

[379] Ganiyu S O，Van Hullebusch E D，Cretin M，et al.Coupling of membrane filtration and advanced oxidationprocesses for removal of pharmaceutical residues：A critical review [J].Sep Purif Technol，2015，156：891-914.

[380] 杨青，张林生，李月中，等．纳滤膜在治理农药废水污染中的应用研究 [J]. 工业水处理，2009，29（3）：29-31.

[381] B Van der Bruggen，J Schaep，D Wilms，et al. Nanofiltration as a treatment method for the removal of pesticides from ground water [J]. Desalination，1998，117（1-3）：115-123.

[382] Sridev I G，James C W，Thomas J. Sonochemical degradation of aromatic organic pollutants [J]. Waste Management，2002，22（3）：261- 366.

[383] Kotronarou A，Mills G，Hoffmann M R. Decomposition of parathion in aqueous solution by ultrasonic irradiation [J]. Environmental Science & Technology，1992，26（7）：1460-1462.

[384] Cristina S，Magnus E H，Kan C，et al. Determination of organophosphate esters in air samples by dynamic sonication-assisted solvent extraction coupled on line with large-volume in jection gaschromatography utilizing a programmed temperature vaporizer [J]. Journal of Chromatography A，2003（1/2）：103- 110.

[385] Robina F，Lin F K，Shaukat S F，et al. Sonochemical degradationof organophosphorus pesticide in dilute aqueous solutions [J]. Journal of Environmental Sciences，2003，15（5）：710- 714.

[386] 王利平，汪亚奇，蔡华，等 . 超声 / 臭氧组合工艺降解乐果农药废水的实验研究 [J]. 环境工程学报，2010，4（12）：2807-2810.

[387] 任百祥，范晶宝，高镜婷 . 超声波 -Fenton 氧化降解百草枯废水的研究 [J]. 吉林师范大学学报（自然科学版），2016，37（3）：120-124.

[388] 刘超，强志民，张涛，等 . 臭氧和基于臭氧的高级氧化工艺降解农药的研究进展 [J]. 环境化学，2011，30（7）：1225-1235.

[389] 方剑锋，曾鑫年，熊忠华，等 . 过氧化氢降解有机磷农药的研究 I- 降解性能及影响因素 [J]. 华南农业大学学报，2004，25（1）：44- 47.

[390] Choi S S，Sang H S，Kang D G. Removal of neurotoxic ethyl parathion pesticide by two-stage chemical/enzymatic treatment system using Fenton's reagent and organophosphorous hydrolase [J]. Korean Journal of Chemical Engineering，2010，27（3）：900-904.

[391] 李俊芳，罗向阳 . 过氧化氢降解吡虫啉农药的影响因素研究 [J]. 广州化工，2016，44（6）：47-49.

[392] 刘昆，段晋明，刘玉灿，等 . 不同氧化方式对 4 种常见农药的降解效果 [J]. 环境工程学报，2017（1）：78-84.

[393] 徐波，许翔 . 碱解氧化 - 厌氧滤池 -SBR 工艺处理育机磷农药废水 [J]. 给水排水，2004，30（2）：40-42.

[394] 刘立芬，茅佩卿，徐德志，等 . 常温常压水解预处理高盐度高质量浓度有机磷农药废水 [J]. 浙江工业大学学报，2011，39（2）：127-130.

[395] 裴亮，张体彬，赵楠，等 . 有机磷农药降解方法及应用研究新进展 [J]. 环境工程，2011，29（增刊）：273-277.

[396] 赵慧星，赵科华，车军，等 . 实验室条件下几种常见农药降解规律研究 [J]. 安徽农业科学，2009，37（6）：2694-2695.

[397] Chen S F，Liang X，Tao Y W，et al. Study on the photocatalytic degradation of organo-phosphrus pesticides [J]. Chinese Journal of Enviromental Science，2000，18（1）：7- 11.

[398] Zhang X R，Yang P，Zhao M Y，et al. Photocatalytic degradation of organophosphorous pesticides using $TiO_2 \cdot SiO_2$ composite photocatalyst attached to hollow glass microbeads [J]. Environmental Pollution and Control，2002，24（4）：196-198.

[399] 彭延治，徐明芳，曾常军，等 . UV-TiO_2- Fenton 光催化降解敌百虫农药废水的研究 [J]. 工业水处理，2006，26（6）：33- 36.

[400] 王淑伟，何炽，赵景联 . $ZnFe_2O_4$/ TiO_2 光催化剂制备及乙酰甲胺磷降解性能研究 [J]. 环境科学与技术，2010，33（1）：39-42.

[401] 朱荣淑，田斐，曾胜．稀土元素负载改性 TiO_2 紫外光催化降解林丹 [J]. 中南大学学报（自然科学版），2015（3）：1166-1173.

[402] Thomas J，Kumar K P，Chtrak R. Synthesis of Agdoped nano TiO_2 as efficient solar photocatalyst for the segradation of endosulfan [J].Journal of Computational & Theoretical Nanoence，2011，4（4）：108-114.

[403] 李爽，张兰英，王显胜，等．二氧化钛光催化降解地下水中的六六六 [J]. 吉林大学学报（理学版），2007，45（1）：153-157.

[404] 刘珍．拟除虫菊酯类农药的降解研究 [D]. 南宁：广西大学，2017.

[405] 龚丽芬，谢晓兰 .C-Ce-Ti O_2 光催化剂的制备及其对氟氯氰菊酯的降解 [J]. 泉州师范学院学报，2013，31（6）：30-33.

[406] 高建平，杜彩，王建中，等．电化学法处理有机废水的机理探讨 [J]. 农业科技与信息，2009，5（3）：54-55.

[407] 钱一石，荆晓生，黄林，等．电化学法在农药废水处理中的应用 [J]. 应用化工，2011，40（8）：1486-1488.

[408] 杜英莲．电化学法对水体中六六六的降解研究 [J]. 广州化工，2018，46（15）：78-80.

[409] 刘福达，何延青，刘俊良，等．电化学法预处理高浓度农药废水的实验研究 [J]. 中国给水排水，2006，22（9）：56-58.

[410] A Ghalwa，M Nasser，NB Farhat. Removal of abamectin pesticide by electrocoagulation process using stainless steel and iron electrodes [J]. International Journal of Environmental Analytical Chemistry，2015，2（3）：1-7.

[411] 杨自力，刘欢，陈灿，等．杂环类农药废水处理的研究进展 [J]. 精细化工中间体，2020，20（2）：11-14.

[412] 方晓航，仇荣亮．有机磷农药在土壤环境中的降解转化 [J]. 环境科学与技术，2003，26（2）：57- 62.

[413] 解秀平，闫艳春，刘萍萍．甲基对硫磷彻底降解菌 X4 的分离、降解性及系统发育研究 [J]. 微生物学报，2006，46（6）：979- 983.

[414] 艾涛，王华，温小芳，等．有机磷农药乐果降解菌株 L3 的分离鉴定及其性质的初步研究 [J]. 农业环境科学学报，2006，25（5）：1250-1254.

[415] 李青云，周茂钟，刘幽燕，等．固定化铜绿假单胞菌 GF31 对氯氰菊酯降解的强化作用 [J]. 化工学报，2013，64（6）：2219-2226.

[416] Jiyeon H，Cady R E，James R W. Biodegradation of coumaphos，chlorferon，and diethyl-thiophosphate using bacteria immobilized in Ca-alginate gel beads [J]. Bioresource Technology，2009，100（3）：1138-1142.

[417] Quan X C，Shi H C，Zhang Y M，et al. Biodegradation of 2，4-dichlorophenol and phenol in an airlift inner-loop bioreactor immobilized with *Achromobacter* sp [J]. Separation and Purification Technology，2004，34（1-3）：97-103.

[418] 郑重 . 农药的微生物降解 [J]. 环境科学，1990，11（2）：68-72.

[419] Munnecke D M. Hydrolysis of orgnophosphate insecticides by an immobilized enzyme system [J]. Biotechnical Bioeng，1999（22）：2247- 2261.

[420] Mulbry W W，Kearney P C. Degradation of pesticides by micro-organisms and the potential for genetic manipulation [J]. Crop Protection，1991（10）：334- 346.

[421] Horne I，Harcourtr L，Sutherland T D，et al. Isolation of a Pseudomonas monteillistrainwith a novel phosphotriesterase [J].Microbiology Letters，2002（206）：51-55.

[422] 白俊岩，高熳熳，孙磊，等 . 有机磷水解酶对甲基对硫磷的快速降解及检测 [J]. 江苏农业科学，2020，48（4）：186-191.

[423] 李艳芳，罗华建，李亮，等 . 一种定量检测拟除虫菊酯类农药降解酶降解效果的方法 [J]. 广东农业科学，2010，37（9）：224-226.

[424] 汤鸣强，田盼，尤民生 . 氰戊菊酯降解菌 FDB 的分离鉴定及其生长特性 [J]. 微生物学通报，2010，37（5）：682- 688.

[425] Catherine Mee-Hie Cho，Ashok Mulchandani，Wilfred Chen. Altering the Substrate Specificity of Organophosphorus Hydrolase for Enhanced Hydrolysis of Chlorpyrifos [J]. Appl Environ Microbiol，2004，70（8）：4681- 4685.

[426] Liu Z，Hong Q，Xu J H，et al. Constructionof a genetically engineered microorganism for degrading organophosphate and carbamate pesticides [J]. International Biodeterioration& Biodegradation，2006，58（2）：65- 69.

[427] Lan W S，Gu J D，Zhang J L，et al. Coexpression of two detoxifying pesticide-degrading enzymes in a genetically engineered bacterium [J]. International Biodegradation，2006（58）：70- 76.

[428] 沈标，洪青，李顺鹏 . 甲基对硫磷降解菌 DLL-1 的发光酶基因标记及在土壤中的变化 [J]. 农村生态环境，2002，18（1）：16-21.

[429] 刘虎 . 铜绿假单胞菌 GF31 氯氰菊酯降解酶的基因克隆及原核表达 [D]. 南宁：广西大学 .

[430] 仪美芹，王开运，姜兴印，等 . 微生物降解农药的研究进展 [J]. 山东农业大学学报，2002，33（4）：519-524.

[431] 周涛 . 农药废水处理方法与工艺研究进展 [J]. 绿色科技，2020（24）：60-62.

[432] 朱丹，王瑛瑛，廖绍华，赵磊 . UV-TiO_2-Fenton- 活性炭处理敌百虫农药废水的研究 [J]. 云南大学学报（自然科学版），2013，35（1）：87-92.

[433] 荆国华，周作明 . UV/Fenton 处理三嗪磷农药废水 [J]. 华侨大学学报（自然科学版）. 2006，27（2）：197-200.

[434] 康琼仙，康建雄，路璐，等 . UASB-SBR 工艺处理高浓度有机农药废水中试研究 [J]. 2007，30（7）：82-84.

[435] Grenni P，Ancona V，Barra Caracciolo A. Ecological effects of antibiotics on natural ecosystems：A review [J]. Microchemical Journal，2018，136：25-39.

[436] Van Boeckel T P，Gandra S，Ashok A，et al. Global antibiotic consumption 2000 to 2010：an analysis of national pharmaceutical sales data [J]. The Lancet Infectious Diseases，2014，14（8）：742-750.

[437] Megan C. The politics of antibiotics [J]. Nature，2014，509（S17）：1-2.

[438] Zhang Q Q，Ying G G，Pan C G，et al. Comprehensive evaluation of antibiotics emission and fate in the river basins of China：source analysis，multimedia modeling，and linkage to bacterial resistance [J]. Environ Sci Technol，2015，49（11）：6772-6782.

[439] MIRZAEI R，YUNESIAN M，NASSERI S，et al. Occurrence and fate of most prescribed antibiotics in different water environments of tehran，iran [J].Science of the Total Environment，2018，619 /620：446-459.

[440] Zuccato E，Castiglioni S，Bagnati R，et al. Source，occurrence and fate of antibiotics in the Italian aquatic environment [J]. J Hazard Mater，2010，179（1-3）：1042-1048.

[441] Azanu D，Styrishave B，Darko G，et al. Occurrence and risk assessment of antibiotics in water and lettuce in Ghana [J]. The Science of the total environment，2017：622-623.

[442] Dinh Q T，Moreau-Guigon E，Labadie P，et al. Occurrence of antibiotics in rural catchments [J]. Chemosphere，2017，168：483-490.

[443] Li N，Zhang X，Wu W，et al. Occurrence，seasonal variation and risk assessment of antibiotics in the reservoirs in North China [J]. Chemosphere，2014，111：327-335.

[444] Huerta B，Marti E，Gros M，et al. Exploring the links between antibiotic occurrence，antibiotic resistance，and bacterial communities in water supply reservoirs [J]. Sci Total Environ，2013，456-457：161-170.

[445] Wang Z，Du Y，Yang C，et al. Occurrence and ecological hazard assessment of selected antibiotics in the surface waters in and around Lake Honghu，China [J]. Sci Total Environ，2017，609：1423-1432.

[446] Ding H，Wu Y，Zhang W，et al. Occurrence，distribution，and risk assessment of antibiotics in the surface water of Poyang Lake，the largest freshwater lake in China [J]. Chemosphere，2017，184：137-147.

[447] Carmona E，Andreu V，Pico Y. Multi-residue determination of 47 organic compounds in water，soil，sediment and fish-Turia River as case study [J]. J Pharm Biomed Anal，2017，146：117-125.

[448] Yang Y-Y，Toor G S，Williams C F. Pharmaceuticals and organochlorine pesticides in sediments of an urban river in Florida，USA [J]. J Soil Sediment，2015，15（4）：993-1004.

[449] Kim S C，Carlson K. Temporal and spatial trends in the occurrence of human and veterinary antibiotics in aqueous and river sediment matrices [J]. Environ Sci Technol，2007，41（1）：50-57.

[450] Zhou L J，Ying G G，Zhao J L，et al. Trends in the occurrence of human and veterinary antibiotics in the sediments of the Yellow River，Hai River and Liao River in northern China [J]. Environ Pollut，2011，159（7）：1877-1885.

[451] Liang X，Chen B，Nie X，et al. The distribution and partitioning of common antibiotics in water and sediment of the Pearl River Estuary，South China [J]. Chemosphere，2013，92（11）：1410-1416.

[452] Cheng D，Liu X，Wang L，et al. Seasonal variation and sediment-water exchange of antibiotics in a shallower large lake in North China [J]. Sci Total Environ，2014，476-477：266-275.

[453] Li Q Z，Gao J X，Zhang Q L，et al. Distribution and risk assessment of antibiotics in a Typical River in North China Plain [J]. B Environ Contam Tox，2017，98（4）：478-483.

[454] Xu J，Zhang Y，Zhou C，et al. Distribution，sources and composition of antibiotics in sediment，overlying water and pore water from Taihu Lake，China [J]. Sci Total Environ，2014，497-498：267-273.

[455] Zhao L，Dong Y H，Wang H. Residues of veterinary antibiotics in manures from feedlot livestock in eight provinces of China [J]. Sci Total Environ，2010，408（5）：1069-1075.

[456] Wiuff C，Lykkesfeldt J，Aarestrup F M，et al. Distribution of enrofloxacin in intestinal tissue and contents of healthy pigs after oral and intramuscular administrations [J]. J. Vet. Pharmacol. Ther，2002，25（5）：335-342.

[457] HOU J，CHEN Z Y，GAO J，et al.Simultaneous removal of antibiotics and antibiotic resistance genes from pharmaceutical wastewater using the combinations of up-flow anaerobic sludge bed，anoxic-oxic tank，and advanced oxidation technologies [J]. Water Research，2019，159：511-520.

[458] 屈桃李，危志峰，周红艳，等．恩施城区典型区域水体中磺胺类药物的检测评价 [J]. 化学与生物工程，2014，31（9）：76-78.

[459] 刘鹏霄，王旭，冯玲．自然水环境中抗生素的污染现状、来源及危害研究进展 [J]. 环境工程，2020，38（5）：36-40.

[460] 徐维海，张干，邹世春，等．典型抗生素类药物在城市污水处理厂中的含量水平及其行为特征 [J]. 环境科学，2007，28（8）：1779-1783.

[461] CHA J M，YANG S，CARLSON K H.Trace determination of β-lactam antibiotics in surface water and urban wastewater using liquid chromatography combined with electrospray tandem mass spectrometry [J].Journal of Chromatography A，2006，1115（1/2）：46-57.

[462] KMMERER K.Antibiotics in the aquatic environment：a review-Part Ⅰ [J].Chemosphere，2009，75（4）：417-434.

[463] MINH T B，LEUNG H W，LOI I H，et al. Antibiotics in the hongkong metropolitan area：ubiquitous distribution and fate in Victoria harbour [J].Marine Pollution Bulletin，2009，58（7）：1052-1062.

[464] ZOU S C，XU W H，ZHANG R J，et al.Occurrence and distribution of antibiotics in coastal water of the Bohai Bay，China：Impacts of river discharge and aquaculture activities [J].Environmental Pollution，2011，159（10）：2913-2920.

[465] Sarmah A K，Meyer M T，Boxall A B.A global perspective on the use，sales，exposure pathways，occurrence，fateand effects of veterinary antibiotics（vas）in the environment [J].Chemosphere，2006，65（5）：725-759.

[466] Thompson SA，Maani EV，Lindell AH，et al. Novel tetracycline resistance determinant isolated from an environmental strain of Serratia. marcescens. Applied. and Environmental Microbiology，2007，73：2199～2206.

[467] LUO Y，MAO D Q，RYSZ M，et al.Trends in antibiotic resistance genes occurrence in the Haihe River，China [J]. Environmental Science & Technology，2010，44（19）：7220-7225.

[468] JIANG L，HU X L，XU T，et al.Prevalence of antibiotic resistance genes and their relationship with antibiotics in the Huangpu River and the drinking water sources，Shanghai，China [J]. Science of the Total Environment，2013，458/459/460：267-272.

[469] 文汉卿，史俊，寻昊，等．抗生素抗性基因在水环境中的分布、传播扩散与去除研究进展 [J]. 应用生态学报，2015，26（2）：625-635.

[470] Benottim J，Trenholm R A，Vanderfo B J，et al.Pharmaceuticals and endocrine disrupting compounds in U. S.drinking water [J].Environmental Science & Technology，2009，43（3）：597-603.

[471] 王冉，刘铁铮，王恬 . 抗生素在环境中的转归及其生态毒性 [J]. 生态学报，2006，26（1）：265-270.

[472] Agathokleous E，M Kitao，E J Calabrese. Human and veterinary antibiotics induce hormesis in plants：Scientific and regulatory issues and an encironmental perspective [J]. Enviroment International，2018，120：486-495.

[473] 张杏艳，陈中华，龚胜，等 . 畜禽粪便残留四环素类抗生素的水体污染状况及生态毒理效应 [J]. 畜牧与饲料科学，2016，37（5）：30-33.

[474] Backhaus T，Karlsson M. Screening level mixture risk assessment of pharmaceuticals in STP effluents [J].Water Research，2014，49：157-165.

[475] Liu P P，Wang Q R，Zheng C L，et al. Sorption of sulfadiazine，norfloxacin，metronidazole，and tetracycline by granular activated carbon：Kinetics，mechanisms，and isotherms [J].Water，Air，& Soil Pollution，2017，228（4）：129（1-4）.

[476] Adams C，Wang Y，Lofitin K，et al. Removal of antibiotics from surface and distilled water in concentional water trestment processes [J]. J Environ Eng，2002，128（3）：253-260.

[477] Synder S，Westerhoff P，Yoon Y，et al. Pharmaceuticals，personal care products，and endocrine disruptors in water：inplications for the water industry [J]. Sci Total Environ，2007，372，(2-3)：361-371.

[478] Gobel A，McArdell C S，Joss A，et al. Fate of sulfonamide，macrolides and trimethoprim in different wastewater treatment technologies [J]. Sci Total Environn 2007，372（2-3）：361-371.

[479] Adams C，Wang Y，Lofitin K，et al. Removal of antibiotics from surface and distilled water in concentional water trestment processes [J]. J Environ Eng，2002，128（3）：253-260.

[480] KoŠutic K，Dolar D，Aspergera D，et al. Removal of antibiotics from a model wastewater by RO /NF membranes [J]. Seppurif Technol，2007，53（3）：244-249.

[481] Adams C，Ascend M，Wang Y，et al. From surface and distilled water in conventional water Removal of antibiotics from surface and distilled water in concentional water trestment processes [J]. J Environ Eng，2002，128（3）：253-260.

[482] Stackelberg P E，Gibs J，Furlong E T，et al. Efficiency of conventional drinking-water-treatment processes in rimoval of pharmaceuticals and other organic compounds [J]. Sci Total Environ，2007，377：255-272.

[483] Dantas R F，Contreras S，Sans C，et al，Sulfamethoxazole abatement by means of ozonation [J].J Hazard Mater，2008，150：790-794.

[484] 刘佳，隋铭皓，朱春艳．水环境中抗生素的污染现状及其去除方法研究进展 [J]. 四川环境，2011，30（2）：111-114.

[485] Isil A B. Treatment of pharmaceutical wastewater containing antibiotics by O_3 and H_2O_2/O_3 processes [J]. Chemosphere，2003，50（1）：85-95.

[486] Thomas A，Mcdowell D. Ozonation：a tool for removal of pharmaceuticals，contrastmedia and musk fragrances from wastewater [J].Water Res，2003，37（8）：1976-1982.

[487] Bautitz I R，Nogueira R F P. Photodegradation of lincomycin and diazepam in sewage treatment plant effluent by photo-Fenton prcess [J]. Catal Today，2010，151：94-99.

[488] 张玮玮，弓爱君，邱丽娜，等．废水中抗生素降解和去除方法的研究进展 [J]. 中国抗生素，2013，38（6）：401-410.

[489] Chatzitakis A，Berberidou C，Paspaltsis I，et al，Photocatalytic degradation and drug activity reduction of Chloram-phenicol [J].Water Res，2008，42：386-394.

[490] DiPaola A，Addamo M，Augugliaro V，et al. Photolutic and TiO_2-assisted photodigradation of aqueous solutions of tetracycline [J]. Fresen Environ Bull，2004，13（11）：1275-1280.

[491] 范山湖，沈勇，陈六平，等 .TiO_2 固定床光催化氧化头孢拉啶 [J]. 催化学报，2002，23（2）：109-113.

[492] 王志鹏，陈蕾．微生物电解池强化厌氧发酵的研究进展 [J]. 应用化工，2018，47（11）：2490-2493，2499.

[493] Golet E M，Alder A C，Giger W，et al. Environmental exposure and risk assessment of fluoroquin olone antibacterial agents in wastewater and river water of the Glattvally watershed，Switzerland [J]. Enciron Sci Technol，2002，36（17）：3645-3651.

[494] Gobel A，Thomsen A，McArdell C S，et al. Occurrence and sorption behavior of sulfonamides，macrolides and trimethoprim in activatedsludge treatment [J]. Environ Sci Technol，2005，39（11）：3981-3989.

[495] Batt A L，Kim S，Aga D S. Comparison of the occurrence of antibiotics in four full-scale wasterwater treatment plants with carrying designs and operations [J]. Chemosphere，2007，68（3）：428-435.

[496] Chen Y，Zhang H，LouY，et al. Occurrence and dissipation of veterinary antibiotics in two typical swine wastewater treatment systems in ease China [J]. Environmental Monitiring & Assessment，2012，184（4）：2205-2217.

[497] 田世烜，张萌，陈亮 .UASB-SBR 工艺去除生活污水中磺胺二甲基嘧啶的试验研究 [J]. 水处理技术，2011，31（4）：84-87.

[498] Gobel A，Thomsen A，McArdell C S，et al. Occurrence and sorption behavior of sulfonamides，macrolides and trimethoprim in activatedsludge treatment [J]. Environ Sci Technol，2005，39（11）：3981-3989.

[499] Chelliapan S，Willby T，Sallis P J.Performance of an upflow anaerobic stage reactor（UASR）in the treatment of pharmaceutical wastewater containing macrolide antibiotics [J]. Water Res，2006，4（3）：507-516.

[500] 唐才明，黄秋鑫，余以义，等. 污泥和沉积物中微量大环内酯类、磺胺类抗生素、甲氧苄胺嘧啶和氯霉素的测定 [J]. 分析化学，2009，37（8）：1119-1124.

[501] Batt A L，Kin S，Willby Aga D S. Comparison of the occurrence of antibiotics in four full-scale wastewater treatment plants with varying designs and operations [J]. Chemosphere，2007，68（3）：428-435.

[502] Hijosa-Valsero M，Fink G，Schlüsener M P，et al. Removal of antibiotics from urban wastewater by constructed wetland optimization [J]. Chemosphere，2011，83：713-719.

[503] Lin L，Liu Liu C X，Zheng J Y，et al. Elimination of veterinary antibiotics and antibiotic resistance genes from swine wastewater in the vertical flow constructed wetlands [J]. Chemosphere，2013，91（8）：1088-1093.

[504] Liao P，Zhan Z Y，Dai J，et al. Adsorption of tetracycline and chloramphenicol in aqueous solutions by bamboo charcoal：A batch and fixed-bed column study [J]. Chemical Engineering Journal，2013，228：496-505.

[505] 麦晓蓓，陶然，杨扬. 不同构型人工湿地基质中土著菌的耐药性及整合子丰度调查 [J]. 环境科学，2015，36（5）：1776-1784.

[506] Zhang C H，Ning K，Zhang W，et al. Determination and removal of antibiotics in secondary effluent using a horizontal subsurface flow constructed wetland [J]. Environmental Science：Processes & Impacts，2013，15（4）：709-714.

[507] 阿丹. 人工湿地对 14 种常用抗生素的去除效果及影响因素研究 [D]. 广州：暨南大学，2012.

[508] 王彩冬，苏建文，许尚营，等. 抗生素制药废水处理工程实例 [J]. 工业水处理，2016，36（1）：93-95.

[509] 陈建发，刘福权，姚红照，等. "A²O+ 生物滤池 + 絮凝沉淀" 法处理抗生素类制药废水 [J]. 工业水处理，2014，34（5）：21-24.

[510] DELIA T S，HAKAN C. Removal of oxytetracycline（OTC）in a synthetic pharmaceutical wastewater by sequential anaerobic multichamber bed reactor（AMCBR）/ completely stirred tank reactor（CSTR）system：biodegradation and inhibition kinetics [J]. Journal of Chemical Technology and Biotechnology，2012，87（7）：961-975.

[511] SHI X Q, LEFEBVRE O, NG K K, et al. Sequential anaerobic: aerobic treatment of pharmaceutical wastewater with high salinity [J]. Bioresource Technology, 2014, 153: 79-86.

[512] Zhang H M, M K Zhang, G P Gu. Residues of tetracyclines in livestock and poultry manure and agricultural soils from motrh Zhejiang province [J]. Journal of Ecology and Rutal Environment, 2008, 24 (3): 69-73.

[513] Sakar S, K Yetilnezsy, E Kocak. Anaerobic digestion technology in poultry and livestock waste treatment a literature review [J]. Waste Management & Research, 2009, 27 (1): 3-18.

[514] Wang R, F Feng, Y Chai, et al. Screening and quantitation of residual antibiotics in two different swine wastewater treatment systems during warm and cold aeasons [J]. Science of the Total Environment, 2009, 600: 1542-1554.

[515] Angenent L T, M Mau, U George, et al. Effect of the presence of the antimicrobial tylosin in swine waste on anaerobic treatment [J]. Water Research, 2008, 42 (10-11): 2377-2384.

[516] Zhang M, Y-S Liu, J-L Zhao, et al. Occurrence, fate and mass loadings of antibiotics in two swine wastewater treatment systems [J]. Science of the Total Environment, 2018, 369: 1421-1431.

[517] Gluo X, J Liu, B Xiao. Bioelectrochemical enhancement of hydrogen and nethane production from the anaerobic digestion of sewage sludge in single-Chamber membrane-free microbial electrolysis cells [J]. International Journal of Hydrogen Energy, 2013, 38 (3): 1342-1347.

[518] Hu J, J Zhou, et al. Occurrence and fate of antibiotics in a wastewater trentment plant and their biological effects on receicing waters in Guizhou [J]. Process Safety and Environmental Protection, 2010, 113: 483-490.

[519] Zheng W, Z Zhang, R Liu, et al. Removal of veterinary antibioticsfrom anaerobically digested swine wastewater using an intermittently aerated sequefcing batch reactor [J]. Journal of Environmental Sciences, 2018, 65: 8-17.

[520] Yang W, N Cicek. Trrstment of swine wasterwater by submerged membrane bioreactors with consideration of estrogentic antivity removal [J]. Desalination, 2008, 231 (1-3): 200-208.

[521] Song X, R Liu, L Chen, et al. Comparative expernent on treating digested piggerywastewater with a biofilm MBR and convertion MBR: simultaneous removal of nitrogen and antibiotics [J]. Frontiers of Environmental Science & Engineering, 2017, 11 (2): 11.

[522] Song W, X Wang, J Gu, et al. Effects of different swine manure to wheat straw ratios on antibiotic resistance genes and the microbial community structure during anaerobic digestion [J]. Bioresource Technology, 2017, 231: 1-8.

[523] 蔡宇 . 奶牛场废水中典型抗生素的去除研究 [D]. 上海：华东理工大学，2019.

[524] Liu L, Liu Y, Wang Z, Liu X, et al. Behavior of tetracycline and sulfamethazine with corresponding resistance genes fron swine wastewterin pilot-scale constructed wetlands [J]. Jouranl of Hazardous Materials, 2014, 278: 304-310.

[525] Liu L, Li J, Fan H, Huang X, et al. Fate of antibiotics from swine wastewater in comstructed wetlands with different flow configurations [J]. Internaational Biodeterioration & Biodegradation, 2019, 140: 119-125.

[526] Liu L, Liu C, Zheng J, et al. Elimination of veterinary antibiotics and antibiotic resistance genes from swine wastewater in the vertical flow constructed wetlands [J]. Chemosphere, 2013, 91 (8): 1088-1093.

[527] Du L, Zhao Y, Wang C, et al. Removsl performance of antibiotics and antibiotic resistance genes in swine wastewater by integrated vertical-flow constructed wetlands with zeolite substrate [J]. Science of the Total Environment, 2020, 721: 757-762.

[528] Sverdrup L E, Torben N, Paul Henning K. Soil ecotoxicity of polycyclic aromatic hydrocarbons in relation to soil sorption, lipophilicity, and water solubility [J]. Environmental Science & Technology, 2002, 36 (11): 2429-2435.

[529] 戴树桂 . 环境化学进展 [M]. 北京：化学工业出版社，2005.

[530] 占新华，周立祥 . 多环芳烃（PAHs）在土壤 - 植物系统中的环境行为 [J]. 生态环境学报，2003，12（4）：487-492.

[531] 郑志周，李海燕 . 水环境中多环芳烃的污染现状及研究进展 [J]. 环境监测管理与技术，2017，29（5）：1-6.

[532] 王辉，孙丽娜，刘哲，等 . 大辽河地表水中多环芳烃的污染水平及致癌风险评价 [J]. 生态毒理学报，2015，10（4）：187-194.

[533] 朱利中，陈宝梁，沈红心，等 . 杭州市地面水中多环芳烃污染现状及风险 [J]. 中国环境科学，2003，23（5）：485-489.

[534] 闫丽丽 . 上海雨水及雾水中多环芳烃的研究 [D]. 上海：复旦大学，2011.

[535] 李桂英，乔梦，孙红卫，等 . 珠江三角洲地区饮用水源水中多环芳烃污染现状及人体健康危害的评价研究 [J]. 分析测试学报，2010，29（增刊）：193-195.

[536] Mitras, Dickhyt R M. Three-phase modeling of polycyclic aromatic hydrocarbon association with pore-water dissolved organic carbon [J]. Environmental Toxicology and Chenisry, 1999, 18 (6): 1144-1148.

[537] Latimer J, Davis W, Keith D. Mobilization of PAHs and PCBs from in-place contaminatedmarine sediments during simulated resuspension events [J]. Estuarine, Coastal and Shelf Science, 1999, 49: 577-595.

[538] Nakata H, Sakai Y, Iyawaki T, et al. Bioaccumulation and toxic potencies of polychlorinated biphenyls and polycyclic aromatic hydrocarbons in tidal flat and coastsl ecosystems of the Ariake Sea, Japan [J]. Environmental Science and Technology, 2003, 37 (16): 3513-3521.

[539] Berrojalbiz N, Laconre S, Calbet, et al. Environmental quality of mussel farms in the Vigo estuary: Pollution by PAHs, origin and effects on reproduction [J]. Environmental Science and Technology, 2009, 43 (7): 2295-2301.

[540] Huang W, Wang Z, Yan W. Distribution and sources of polycyclic aromatic hydrocarbons (PAHs) in sediments from Zhanjiang Bay and Leizhou Bay, South China [J]. Marine Pollution Bulletin, 2012, 64 (9): 1962-1969.

[541] Okona-Mensah K B, Battershill J, Boobis A, et al. An approach to investigating the importance of high potency polycyclic aromatic hydrocarbons (PAHs) in the induction of lung cancer by air pollution.[J]. Food & Chemical Toxicology, 2005, 43 (7): 1103-1116.

[542] Fasulo S, Iacono F, Cappello T, et al. Metabolomic investigation of Mytilus galloprovincialis (Lamarck 1819) caged in aquatic environments [J]. Ecotoxicol Environ Saf, 2012, 84 (10): 139-146.

[543] 段小丽，魏复盛，杨洪彪，等．不同工作环境人群多环芳烃的日暴露总量 [J]. 中国环境科学，2004，24（5）：515-518.

[544] 李丽，许秋瑾，梁存珍，等．某癌症高发区水中多环芳烃测定及其风险评价 [J]. 环境化学，2012，31（4）：490-496.

[545] Jagoe C H.Responses at the tissue level: quantitative methods in histopathology applied to ecotoxicology [J]. Ecotoxicology: A Hierarchical Treatment Lewis Publishers, Boca Raton, Florida, 1996: 163-196.

[546] 杨涛，陈海刚，蔡文贵，等．菲胁迫对红鳍笛鲷急、慢性毒性效应的研究 [J]. 水产学报，2011，35（2）：298-304.

[547] 蒋闰兰，肖佰财，禹娜，等．多环芳烃对水生动物毒性效应的研究进展 [J]. 海洋渔业，2014，36（4）：372-384.

[548] 吴玲玲，陈玲，张亚雷，等．菲对斑马鱼鳃和肝组织结构的影响 [J]. 生态学杂志，2007，26（5）：688-692.

[549] GERNHOFER M, PAWERT M, SCHRAMM M, et a1.Uhrastruetural biomarkers

as tools to characterize the health status of fish in contaminated streams [J].Journal of Aquatic Ecosystem Stress and Recovery，2001，8（3-4）：241-260.

[550] 郑榕辉，王重刚 . 多环芳烃对鱼类生殖机能的影响 [J]. 台湾海峡，2004，23（2）：245-252.

[551] 刘建武，林逢凯，王郁，等 . 多环芳烃（萘）污染对水生植物生理指标的影响 [J]. 华东理工大学学报，2002，8（5）：520-524，536.

[552] 周晶，苑芳惠，刘春辰，等 . 多环芳烃（萘）污染对南四湖狐尾藻生理指标的影响 [J]. 曲阜师范大学学报（自然科学版），2013，39（2）：86-90.

[553] Li J，Zhou Q，Liu Y，et al. Recyclable nanoscale zero-valent iron-based magnetic polydopamine coated nanomaterials for the adsorption and removal of phenanthrene and anthracene [J]. Science & Technology of Advanced Materials，2017，18（1）：3-16.

[554] 汤敏，欧阳平 . 水中多环芳烃（PAHs）的去除技术研究进展 [J]. 应用化工，2016，45（5）：962-966.

[555] 王旺阳，刘聪，袁珮 . 吸附法去除环境中多环芳烃的研究进展 [J]. 化工进展，2017，36（1）：355-363.

[556] GE X，TIAN F，WU Z，et al. Adsorption of naphthalene from aqueous solution on coal-based activated carbon modified by microwave induction：microwave power effects [J]. Chemical Engineering and Processing：Process Intensification，2015，91：67-77.

[557] Liu J F，Zhang X. Adsorption of phenanthrene dissolved innonionic surfactant solution by activated carbon [J]. Research of Environmental Sciences，2015，28（9）：1481-1486.

[558] ZHONG Y，WANG S，HE Y，et al. Synthesis of magnetic/graphene oxide composite and application for high-performance removal of polycyclic aromatic hydrocarbons from contaminated water [J]. Nano LIFE，2015，5（3）：1542006.

[559] SUN Y，YANG S，ZHAO G，et al. Adsorption of polycyclic aromatic hydrocarbons on graphene oxides and reduced graphene oxides [J]. Chemistry：An Asian Journal，2013，8（11）：2755-2761.

[560] 王旺阳，刘聪，袁珮 . 吸附法去除环境中多环芳烃的研究进展 [J]. 化工进展，2017，36（1）：355-363.

[561] 罗瑜，朱利中 . 阴 - 阳离子有机膨润土吸附水中苊的性能及机理研究 [J]. 环境污染与防治，2005，27（4）：251-254.

[562] DING J，CHEN B，ZHU L. Biosorption and biodegradation of polycyclic aromatic hydrocarbons by phanerochaete chrysosporium in aqueous solution [J]. Chinese Science Bulletin，2013，58（6）：613-621.

[563] Bao M，SUN P. Surdy on bioadsorption and biodegradation of petroleum hydrocarbons bu a microbial consortium [J]. Bioresource Technology，2013，149：22-30.

[564] 周琦，侯梅芳，刘超男 . 生物质吸附去除水环境中多环芳烃的研究进展 [J]. 上海应用技术学院学报（自然科学版），2016，16（1）：73-78.

[565] KONG H，HE J，GAO Y，et al. Removal of polycyclic aromatic hydrocarbons from aqueous solution on soybean stalk-based carbon [J]. Journal of Environmental Quality，2011，40（6）：1737-1744.

[566] Li X X，Zhang Y J，Zhao X L，et al. The characteristics of sludge from enhanced coagulation processes using PAC/PDMDAAC composite coagulants in treatment of micro-polluted raw water [J].Separation and Purification Tech-nology，2015，147（16）：125-131.

[567] 张会琴 . 混凝 - 高级氧化耦合处理印染废水和微污染原水的效果及机理研究 [D]. 重庆：重庆大学，2010.

[568] Ma N，Liu C，Huang T，et al.Wastewater advanced purification by integrating heterogeneous catalytic ozonation and nanofiltration process [J].Environmental Science & Technology，2014，37（12）：182-186.

[569] Gong C，Huang H，Qian Y，et al. Integrated electrocoagulation and membrane filtration for PAHs removal from realistic industrial wastewater：Effectiveness and mechanisms [J]. RSC Advances，2017，7（83）：52366-52374.

[570] 许宜平，张铁山，黄圣彪，等 . 中国南方某城市自来水厂处理工艺对多环芳烃的去除效果研究 [J]. 环境污染治理技术与设备，2005，6（5）：21-24.

[571] 刘浩，邓慧萍，刘铮 . 臭氧多相催化氧化技术处理水中多环芳烃的进展 [J]. 水处理技术，2010，26（8）：1-5.

[572] 刘金泉，黄君礼，苏立强，等 .ClO_2 去除水体中多环芳烃污染物（PAHs）研究 [J]. 哈尔滨工业大学学报，2007，39（8）：1280-1284.

[573] 乌锡康 . 有机化工废水治理技术 [M]. 北京：化学工业出版社，1999.

[574] Di P A，García-López E，Marcì G，et al. A survey of photocatalytic materials for environmental remediation [J]. Journal of Hazardous Materials，2012，211（2）：3-29.

[575] 李贞燕，陈冰 . · OH 对光催化臭氧降解油田采出水中多环芳烃影响的研究 [J]. 水处理技术，2015，41（1）：77-80.

[576] 谢伟立，钟理 . 超声波在有机废水处理中的应用 [J]. 广东化工，2006，33（6）：76-78.

[577] Inoue M，Masuda Y，Okada F，et al. Degradation of bisphenol A using sonochemical reactions [J]. Water Research，2008，42（6-7）：1379-1387.

[578] Davydov L，Reddy E P，France P，et al. Sonophotocatalytic destruction of organic contaminants in aqueous systems on TiO_2，powders [J]. Applied Catalysis B Environmental，2001，32（1–2）：95–105.

[579] 崔晓君，徐立恒，石明娟 . 含酚废水的超声 – 活性炭联合处理 [J]. 计算机与应用化学，2010，27（8）：1052–1054.

[580] Manariotis I D，Karapanagioti H K，Chrysikopoulos C V. Degradation of PAHs by high frequency ultrasound [J]. Water Research，2011，45（8）：2587–2594.

[581] Mahamuni N N，Adewuyi Y G. Advanced oxidation processes（AOPs）involving ultrasound for waste water treatment：a review with emphasis on cost estimation [J]. Ultrasonics Sonochemistry，2010，17（6）：990–1003.

[582] Patel A B，Mahala K，Jain K，et al. Development of mixed bacterial cultures DAK11 capable for degrading mixture of polycyclic aromatic hydrocarbons（PAHs）[J]. Bioresource Technology，2018，253：288–296.

[583] Su X M，Bamba A M，Zhang S，et al. Revealing potential functions of VBNC bacteria in polycyclic aromatic hydrocarbons（PAHs）biodegradation [J]. Letters in Applied Microbiology，2018，66（44）：277–283.

[584] 惠艳 . 优良菌种降解烃类污染物相互作用关系研究 [D]. 西安：西安建筑科技大学，2009.

[585] 邓留杰 . 电化学生物流化床法处理模拟焦化废水 [D]. 广州：华南理工大学，2014.

[586] 焦杏春，陈素华，沈伟然，等 . 水稻根系对多环芳烃的吸着与吸收 [J]. 环境科学，2006，27（4）：760–764.

[587] 魏树和，周启星，Pavel V Koval，等 . 有机污染环境植物修复技术 [J]. 生态学杂志，2006，25（6）：716–721.

[588] 凌婉婷，高彦征，李秋玲，等 . 植物对水中菲和芘的吸收 [J]. 生态学报，2006，26（10）：3332–3338.

[589] 奚泽民 . 植物残体对水中多环芳烃的生物吸附性能及构 – 效关系 [D]. 杭州：浙江大学，2013.

[590] 袁蓉，刘建武，成旦红，等 . 凤眼莲对多环芳烃（萘）有机废水的净化 [J]. 上海大学学报，2004，10（3）：272–276.

[591] 王贵水 . 你一定要懂的化学知识 [M]. 北京：北京工业大学出版社，2015.

[592] 郭新彪 . 环境健康学 [M]. 北京：北京大学医学出版社，2006.

[593] 杨丹，李丹丹，刘姗姗，等 . 双酚 A 对机体的影响及其作用机制 [J]. 现代预防医学，2008，35（17）：3280–3287.

[594] 王薛君，张玉敏，李海山，等 . 双酚 A 对小鼠生殖和发育毒性的研究 [J]. 中国职业医学，2005，32（3）：37- 39.

[595] 裴新荣，李勇，龙鼎新，等 . 双酚 A 对小鼠早期胚胎发育毒性的体外实验研究 [J]. 中国生育健康杂志，2003，14（1）：34-37.

[596] 林勇，曾祥贵，吴德生，等 . 双酚 A 对原代培养胎鼠脑多巴胺神经元的氧化损伤作用研究 [J]. 卫生研究，2006，35（4）：19-23.

[597] Negishi T，Kawasaki K，Suzaki S，et a1. Behavioral alterations in response to fear-provoking stimuli and tranylcypromine induced by perinatal exposure to bisphenol A and nonylphenol in male rats [J].Environ Health Perspect，2004，112（11）：1159-1164.

[598] 张江华，李华文，石丹，等 . 双酚 A 对人胚肝细胞 DNA 损伤和修复功能的影响 [J]. 环境与职业学，2005，22（3）：197- 199.

[599] Fent K. Ecotoxicology of organotin compounds [J]. Critical Reviews in Toxicology，1996，26：1-117.

[600] Waldock M J，Thain J E，Waite M E. The distribution and potential toxic effects of TBT in UK estuaries during 1986 [J]. J Appl Organmet Chem，1987，1：287-301.

[601] Kannan K，Guruge K S，Thomas N J，et al. Butyltin residues in southern sea otters（Enhydralutris nereis）found dead along California coastal waters [J]. Environ Sci Technol，1998，32（9）：1169-1175.

[602] 高俊敏，胡建英，郑泽根 . 海洋生物的有机锡化合物污染 [J]. 海洋科学，2006，30（5）：65-69.

[603] 杨清伟，梅晓杏，孙姣霞，等 . 典型环境内分泌干扰物的来源、环境分布和主要环境过程 [J]. 生态毒理学报，2018，13（3）：42-55.

[604] 孙红文，翟洪艳，高媛，等 . 活性炭对水中典型环境内分泌干扰素的吸收 [J]. 水处理技术，2005，31（6）：47-50.

[605] W T Tsai，C W Lai，T Y Su. Adsorption of Bisphenol-A from Aqueous Solution onto Minerals and Carbon Adsorbents [J]. Journal of Hazardous Materials B，2006，134（1-3）：169-175.

[606] SNYDER S A，ADHAM S，REDDING A M，et al. Role of membrands and activated carbon in the removal of endocrine disruptors and pharmaceuticals [J]. Desalination，2007，202：156-181.

[607] 李铁，饶婷，胡洪营 . 污水中内分泌干扰物的去除技术研究进展 [J]. 生态环境学报，2009，18（4）：1540-1545.

[608] 肖谷清，向练，李依玲，等 . D301 树脂、330 树脂对双酚 A 吸附性能的对比 [J]. 光谱实验室，2012，29（4）：2160-2163.

[609] Ifelebuegu A O，Salauh H T，Zhang Y，et al.Adsorptive properties of poly（1-methylpyrrol-2-ylsquaraine）particles for the removal of endocrine-disrupting chemicals from a queous solutions：Batch and fixed-bed column studies [J].Processes，2018，6（9）：155.

[610] Murray A，Ormeci B，Lai E P C.Use of sub-micron sized resin particles for removal of endocrine disrupting compounds and pharmaceutcals from water and wastewater [J]. Journal of Environmental Sciences，2017，51：256-264.

[611] Song Y H，Ma R Y，Jiao C N，et al.Magnetic mesoporous polymelamine-formaldehyde resin as an adsorbent for endocrine dis rupting chemicals [J].Microchimica Acta，2018，185（1）：19.

[612] Zhang X，Wei C，He Q，et al. Enrichment of chlorobenzene ando-nitrochlorobenzene on biomimetic adsorbent prepared by poly-3-hydroxybutyrate（PHB）[J]. J Hazard Mater，2010，177：508-515.

[613] Liu H J，Ru J，Qu J H，et al. Removal of persistent organic pollutants from micro-polluted drinking water by triolein embedded adsorbent [J]. Bioresour Technol，2009，100：2995-3002.

[614] 宋立岩，赵由才，王建国.仿生脂肪细胞制备以及对水体中林丹去除的研究 [J]. 环境科学学报，2006，26（6）：893-896.

[615] 唐文清，曾荣英，冯泳兰，等.合成碳羟基磷灰石对水中双酚A的吸附性能研究 [J]. 环境工程学报，2009，3（11）：1961-1964.

[616] 王琳，董秉直，高乃云.超滤去除水中内分泌干扰物（BPA）的效果和影响因素 [J]. 环境科学，2007，28（2）：329-334.

[617] 张阳，胡锦英，李光哲.纳滤去除水中内分泌干扰物双酚A和四溴双酚A的研究 [J]. 环境科学，2010，31（6）：1513-1517.

[618] Wintgens T，Gallenkemper M，Melin T. Endocrine disrupterremoval from wasterwater usingmembrane bioreactor and nanofiltration technology [J]. Desalination，2002，146（1-3）：387-391.

[619] 孙晓丽，王磊，程爱华，等.腐殖酸共存条件下双酚A的纳滤分离效果研究 [J]. 水处理技术，2008，34（6）：16-18.

[620] 张洁欣，魏俊富，张环，等.聚砜纳滤中空纤维膜去除内分泌干扰物双酚A [J]. 膜科学与技术，2012，32（2）：41-45.

[621] 吕丹，杨腊梅，邓非凡.纳滤膜技术去除水中内分泌干扰物 [J]. 净水技术，2013，32（4）：21-24.

[622] Tanaka S，Nakata Y，Kimura T，et al. Electrochemical decomposition of bisphenol A

using Pt /Ti and SnO_2 /Ti anodes [J]. Journal of Applied Electrochemistry，2002，32：197- 201.

[623] ROSENFELDT E J，LINDEN K G.Degration of endocrine disrupting chemical bisphenol A，ethinyl estradiol，and estradiol during UV photolysis and advanced oxidation processes [J]. Environmentl Science and Technology，2004，38：5476-5483.

[624] 高生旺．磁性纳米 Fe_3O_4/BiOX（X=Br，I）复合材料的制备和降解内分泌干扰物的研究 [D]. 太原：中北大学，2017.

[625] Zheng K，Sun Y，Gong S，et al.Degradation of sulfame-thoxazole in a queous solution by dielectric barrier discharge plasma combined with Bi_2WO_6-rMoS（2）nanocomposite：Mechanism and degradation pathway [J].Chemosphere，2019，222：872-883.

[626] Moussavi G，Pourakbar M，Shekoohiyan S，et al.The photo chemical decomposion and detoxification of bisphenol A in the VUV/H_2O_2 process：Degradation，mineralization，and cytotoxicity [J].Chemical Engineering Journal，2018，331：755-764.

[627] Si X R，Hu Z F，Huang S Y.Combined process of ozone oxidation and ultrafiltration as an effective treatment technology for the removal of endocrine-disrupting chemicals [J]. Applied Sciences-Basel，2018，8（8）：1240.

[628] Kasonga TK，Coetzee M A A，VanZijlC，et al.Removal of pharmaceutical' estrogenic activity of sequencing batch reactor effluents assessed in the T47D- K Bluc reporter gene assay [J]. Journal of Environmental Management，2019，240：209-218.

[629] Kresinova Z，Linhartova L，Filipova A，et al.Biodegradation of endocrine disruptors in urban wastewater using Pleurotus bioreactor [J].New Biotechnology，2018，43：53-61.

[630] Zhang Z，Ruan Z，Liu J，et al.Complete degradation of bisphenol A and nonylphenol by a composite of biogenic manganese oxides and Escherichia coli cells with surface displayed multicopper oxidase CotA [J].Chemical Engineering Journal，2019，362：897-908.

[631] Wirasnita R，Mori K，Toyama T. Effect of activated carbonon removal of four phenolic endocrine-disrupting compounds，bisphenol A，bisphenol F，bisphenol S，and 4-tert-butylphenol in constructed wetlands [J].Chemosphere，2018，210：717-725.

[632] 王玉．常见内分泌干扰物的生物去除及活性炭吸附去除研究 [D]. 武汉：华中师范大学，2016.

[633] 陈军，柳艳．食品包装材料中邻苯二甲酸酯增塑剂残留的检测 [J]. 检验检疫科学，2003，18（6）：787- 799.

[634] 屈贞财 . 塑料食品包装中有害物的迁移及测定 [J]. 印刷杂志，2016（2）：53-55.

[635] 熊希瑶，贺聪聪，焦啸宇，等 . 水生态环境中邻苯二甲酸酯（PAEs）塑化剂的赋存及行为归趋 [J]. 中南民族大学学报（自然科学版），2021，40（3）：238-244.

[636] 林芳 . 海洋沉积物中邻苯二甲酸酯类化合物的测定方法研究及应用 [D]. 厦门：厦门大学，2009.

[637] 黄晓丽，汤施展，覃东立，等 . 城市湖泊中邻苯二甲酸酯（PAEs）类物质的组成及其分布特征 [J]. 水产学杂志，2017，30（4）：33-39.

[638] 李新冬，张明，代武川，等 . 章江赣州城区段水体中邻苯二甲酸酯的存赋及迁移规律研究 [J]. 江西理工大学学报，2017（5）：51-56.

[639] 钟嶷盛，陈莎，曹莹，等 . 北京公园水体中邻苯二甲酸酯类物质的测定及其分布特征 [J]. 中国环境监测，2010，26（3）：60-64.

[640] Teil M J，Blanchard M，Dargnat C，et al. Occurrence of phthalate diesters in rivers of the Parisdistrict [J].Hydrol Process，2010，21（18）：2515-2525.

[641] 李贞 . HPLC 法测水中六种邻苯二甲酸酯类塑化剂 [D]. 合肥：安徽中医药大学，2015.

[642] Zhang X F，Zhang L J，Li L，et al. Diethylhexyl phthalateexposure impairs follicular development and affects oocytematuration in the mouse [J]. Environmental & Molecular Mutagenesis，2013，54（5）：354-361.

[643] Huang R X，Wang Z X，Liu G，et al. Removal Efficiency of Environmental Endocrine Disrupting Chemicals Pollutants-Phthalate Esters in Northern WWTP [J]. Advanced Materials Research，2013，807-809（1）：694-698.

[644] 肖乃玉，陆杏春，郭清兵，等 . 塑料食品包装中邻苯二甲酸酯类增塑剂迁移研究进展 [J]. 包装工程，2010（11）：123-127.

[645] 吴菲 . 饮用水中痕量邻苯二甲酸酯类检测及其迁移规律 [D]. 长春：吉林大学，2017.

[646] 白杨，张尔攀，赵红挺 . 缺陷 UiO-66 对水中塑化剂的吸附 [J]. 化工进展，2018，37（3）：1062-1069.

[647] 陈斌 . 邻苯二甲酸二甲酯的生物降解与矿化 [D]. 上海：上海师范大学，2015.

[648] 李文兰，杨玉楠，季宇彬，等 . 驯化活性污泥对邻苯二甲酸丁基苄酯的降解 [J]. 环境科学，2005，26（4）：156-159.

[649] LIANG R X，WU X L，WANG X N，et al. Aerobic biodegradation of diethyl phthalate by *Acinetobacter* sp.JDC-16 isolated from river sludge [J].J Cent South Univ Technol，2010，17（5）：959-966.

[650] CHATTE RJEE S，KARLOVSKY P. Removal of the endocrine disrupter butyl benzyl phthalate from the environment [J]. Appl Microbiol Biot，2010，87（1）：61-73.

[651] Wu X，Liang R，Dai Q，et al. Complete degradation of dinoctyl phthalate by biochemical cooperation between *Gordonia* sp. strain JDC-2 and Arthrobacter sp. strain JDC-32 isolated from activated sludge [J]. J Hazard Mater，2010，176（1/3）：262-268.

[652] 王静雯 . 深海真菌对邻苯二甲酸酯的降解特性研究 [D]. 福州：福建农林大学，2015.

[653] 丁耀彬，胡月，唐和清 . 马基诺矿（FeS）非均相类 Fenton 催化活化 H_2O_2 降解 RhB [J]. 中南民族大学学报（自然科学版），2020，39（2）：111-117.

[654] 张志远 . 嘉陵江重庆主城段水环境状况及水中 EOM/Fe^{3+}/NO_3^- 对 DBP 光解的影响 [D]. 重庆：重庆大学，2019.

[655] 潘水红 . 水环境中邻苯二甲酸酯光降解机理的研究 [D]. 温州：温州大学，2018.

[656] Lau T K，Chu W，Graham N. The degradation of endocrine disruptor dinbutyl phthalate by UV irradiation：a photolysis and product study [J]. Chemosphere，2005，60（8）：1045.

[657] 曹龙 . 臭氧 - 活性炭 - 超滤工艺去除水源水邻苯二甲酸酯的效能研究 [D]. 广州：广州大学，2019.

[658] 王梓豪，林倩，易平，等 . 基于纳米二氧化钛光催化的邻苯二甲酸二（2- 乙基）已酯的光降解研究 [J]. 环境影响评价，2018，40（5）：99-104.

[659] 李坤林，陈武强，李小婷，等 . UV/Si-Fe OOH/H_2O_2 氧化降解水中邻苯二甲酸二甲酯 [J]. 环境科学，2010，31（9）：2075-2079.

[660] 刘宇飞 . 活性炭和沸石滤柱对邻苯二甲酸酯的去除效果试验研究 [D]. 重庆：重庆大学，2008.

[661] S Venkata Mohan，S Shailaja，M Rama Krishna，et al. Adsorptive removal of phthalate ester（Diethyl phthalate）from aqueous phase by activated carbon：A kinetic study [J]. Journal of Hazardous Materials，2007（146）：278-282.

[662] Po keung TSANG，Zhanqiang FANG，Hui LIU，et al. Kinetics of adsorption of di-n-butyl phthalate（DBP）by four different granule-activated carbons [J]. Front Chem China，2008，3（3）：288-293.

[663] 仇洪建 . 饮用水中邻苯二甲酸酯类的去除试验研究 [D]. 重庆：重庆大学，2013.

[664] 金叶，章宏梓，吴礼光，等 . 纳滤膜对邻苯二甲酸酯的动态吸附行为及截留特性 [J]. 水处理技术，2011，37（12）：59-63.

[665] 沈智育，沈耀良，郭海娟 . 纳滤工艺去除水中微量内分泌干扰物 [J]. 环境工程学报，2014（5）：1877-1882.

[666] 郑永红，张治国，高良敏 . 饮用水中邻苯二甲酸酯的调查及去除研究 [J]. 水处理技术，2013（6）：17-19，23.

[667] 芮旻，高乃云，徐斌，等．饮用水处理工艺去除两种典型内分泌干扰物的性能 [J]. 给水排水，2006（4）：1-7.

[668] 刘军，王珂，贾瑞宝，等．臭氧 - 活性炭工艺对饮用水中邻苯二甲酸酯的去除 [J]. 环境科学，2003（4）：77-80.

[669] 高旭，余仲勋，郭劲松，等．臭氧 - 生物活性炭工艺对饮用水中邻苯二甲酸酯类的去除中试研究 [J]. 环境工程学报，2011，5（8）：1773-1778.

[670] 陈秋丽．纳滤膜去除水中微量邻苯二甲酸酯的效能及预测模型研究 [D]. 广州：广州大学，2018.

[671] 沈玉全，傅兴发，叶佩弦，等．推拉型偶氮化合物的三阶非线性和光学双稳效应 [J]. 光学学报，1992，12（3）：218-222.

[672] 张沛存，路明义．丙烯腈废水化学氧化预处理研究 [J]. 齐鲁石油化工，2011，39（2）：127-130.

[673] 米治宇，赵春梅．丙烯腈废水的三级处理 [J]. 环境工程，2004，22（5）：32-33.

[674] 王科，沈峥，张敏，等．丙烯腈废水处理技术的研究进展 [J]. 水处理技术，2014，40（2）：8-14.

第四章

[1] 丁晓雯，柳春红．食品安全学 [M]. 北京：中国农业大学出版社，2011：12-56.

[2] 石碧清，赵育，闾振华．环境污染与人体健康 [M]. 北京：中国环境科学出版社，2006：171-184.

[3] 张兰婷．富营养化蓝藻水华发生的主要成因与机制 [J]. 水利发展研究，2019，19（5）：28-33.

[4] 曾北危．生物入侵 [M]. 北京：化学工业出版社，2004：78-80.

[5] 蒋有绪．生物多样性研究进展与入世后的对策 [J]. 世界科技研究与发展，2003（10）：1-2.

[6] 佚名．外来物种每年给非洲造成数十亿美元损失 [J]. 世界科技研究与发展，2003（4）：101.

[7] 赵婉君．我国生物入侵防治的法律制度研究 [D]. 石家庄：河北地质大学，2019：21-23.